# 内蒙古维管植物图鉴

## （双子叶植物卷）

徐　杰　闫志坚
哈斯巴根　刘铁志　著

科学出版社

北京

# 内 容 简 介

本书主要通过大量野外实拍照片记录了内蒙古常见的双子叶植物 98 科、497 属、1245 种（含亚种、变种和变型）。按照《内蒙古植物志》进行了系统排序，同时参照了赵一之先生所著的《内蒙古维管植物检索表》对所记录的植物进行了修订。每种植物配有野外识别特征描述，在内蒙古的分布地点以及图片拍摄地点，以便对照查询。

本书可供农业、林业、牧业、医药业、轻工业、环境保护、植物学、自然保护区管理等生产、科研等部门的管理人员、科技工作者及高等院校相关专业的师生参考使用。

## 图书在版编目（CIP）数据

内蒙古维管植物图鉴. 双子叶植物卷 / 徐杰等著. —北京：科学出版社，2015

ISBN 978-7-03-046915-1

Ⅰ. ①内… Ⅱ. ①徐… Ⅲ. ①维管植物 – 内蒙古 – 图谱 ②双子叶植物 – 内蒙古 – 图谱　Ⅳ. ① Q949.408-64 ② Q949.720.8-64

中国版本图书馆 CIP 数据核字（2015）第 307941 号

责任编辑：吴卓晶 / 责任校对：刘玉靖
责任印制：吕春珉 / 封面设计：北京睿宸弘文文化传播有限公司

科 学 出 版 社 出版

北京东黄城根北街 16 号
邮政编码：100717
http://www.sciencep.com

北京中科印刷有限公司　印刷
科学出版社发行　各地新华书店经销

\*

2015 年 12 月第 一 版　　开本：889×1194 1/16
2015 年 12 月第一次印刷　　印张：50 1/4
字数：1189 000

定价：400.00 元

（如有印装质量问题，我社负责调换〈科印〉）

销售部电话 010-62136230　编辑部电话 010-62130750

# 《内蒙古维管植物图鉴》

## （双子叶植物卷）

著者名单

主要著者： 徐　杰　　闫志坚　　哈斯巴根　　刘铁志

其他著者： 余奕东　　高　丽　　段　新　乔　　孙鸿举

白秀文　　苏　云　　徐　建　国　　赵家明

尹　强

资 助 项 目

中国农业科学院科技创新工程草原非生物灾害防灾减灾团队项目（CAAS-ASTIP-IGR2015-04）

农业部鄂尔多斯沙地草原生态环境重点野外科学观测试验站项目

国家牧草产业技术体系鄂尔多斯综合试验站项目（CRAS-35-29）

公益性行业（农业）"苜蓿高效种植技术研究与示范"项目（201403048-7）

"十二五"国家科技支撑计划：重点牧区草原"生产生态生活"配套保障技术及适应性管理模式研究项目（2012BAD13B07）

鄂尔多斯地区苜蓿标准化生产应用研发项目

国家自然科学基金项目（30660027；30860063）

内蒙古自然科学基金项目（2012MS0512）

　　记得第一次有目的地拍摄植物照片是在 12 年以前,当时数码相机还没有普及,相机像素还不是很高,在农业部鄂尔多斯沙地草原生态环境重点野外科学观测试验站做研究期间,与闫志坚研究员一起野外考察,拍摄了第一组鄂尔多斯沙地植物照片。当时主要是为野外科学观测试验站提供一些沙生植物名录和照片,同时为学生的野外植物学实习提供野生植物照片资料,无意间为本书的出版奠定了基础。

　　12 年来,无论是每年带学生进行野外植物实习,还是做自己的科研项目,都是相机不离手,足迹更是踏遍了内蒙古东西部的各个旗、县。不知不觉中已积累的近 3 万多张植物照片,成为本书的主体内容,其他作者提供的照片更完善了本书的内容。

　　本书在系统分类上参考了赵一之先生 2014 年所著的《内蒙古维管植物检索表》中对《内蒙古植物志》的修订。由于篇幅有限,每个种的分布按"内蒙古植物分区"的 18 个州标注,并且各种的照片都标注了拍摄地点及摄影作者。

　　本书共收入内蒙古维管植物中的双子叶植物种类 98 科、497 属、1245 种(含亚种、变种和变型),其中每种都配有野外植物图片。在完成的过程中,图片摄影和标本采集得到了呼伦贝尔市达赉湖国家级自然保护区、赤峰市阿鲁科尔沁国家级自然保护区、赤峰市高格斯台罕山国家级自然保护区、农业部鄂尔多斯沙地草原生态环境重点野外科学观测试验站、西鄂尔多斯国家级自然保护区、贺兰山国家级自然保护区的大力协助。内蒙古大学环境与资源学院智颖飙教授为本书的出版提供了宝贵的建议,内蒙古师范大学刘婧、燕楠、赵甜、郭蓉静、杨柳等同学参与了本书的文字校对和名录整理。

　　本书的出版不仅为高等院校相关专业的学生提供一本图文并茂的教学参考书,同时还为农业、林业、牧业、医药业及各级自然保护区的生产、科研及管理工作带来极大的便利,是重要的参考资料。

　　由于作者的水平有限,书中难免存在不足之处,真诚希望广大同行提供宝贵意见。

徐　杰

2015 年 12 月

目 录

CONTENTS

# 金粟兰科
## Chloranthaceae

### 金粟兰属 *Chloranthus* Swartz

#### 银线草 *Chloranthus japonicus* Sieb.

**别名：**四块瓦、四叶七

**鉴别特征：**多年生草本植物，高约40厘米。根状茎横走，分枝。茎直立，单生。叶对生，下部节上者退化为鳞片状，膜质。正常叶生于茎顶，4片，对生成假轮生状，宽倒卵形或宽椭圆形，边缘有齿牙状锐锯齿。穗状花序单一。顶生，无花被，雄蕊3，白色，条形，基部合生。核果绿色。

**生境：**湿中生植物。生于阔叶林带的沟谷杂木林下阴湿处。

**分布：**辽河平原、燕山北部州。

银线草（徐杰、刘铁志摄于赤峰市宁城县黑里河）

# 杨柳科
## Salicaceae

### 杨属 *Populus* L.

#### 胡杨 *Populus euphratica* Oliv.

**别名：**胡桐

**鉴别特征：**乔木，高达30米。叶缘具裂片，缺刻、波状齿或全缘。膜质，叶两面同色，均为灰蓝色。根际萌生枝的叶和幼树叶均为全缘，或具1～2裂齿。成年树短枝的叶通常为肾状扇形，上部有不规则裂齿。花序轴被短毛；苞片近菱形，上部有疏齿，花盘杯状，干膜质，边缘有凹缺齿，早落；雌花柱头紫红色。蒴果长椭圆形，2瓣裂。

**生境：**耐盐中生植物。喜生盐碱土壤，为吸盐植物，主要生于荒漠区的河流沿岸及盐碱湖。为荒漠区河岸林建群种。

**分布：**乌兰察布、东阿拉善、西阿拉善、额济纳州。

胡杨（徐杰摄于阿拉善右旗）

### 新疆杨 *Populus alba* L. var. *pyramidalis* Bunge

　　**鉴别特征：**乔木，高达 35 米以上。树干直，树皮青灰色，光滑，少裂。树冠呈圆柱形或尖塔形。萌条和长枝叶掌状深裂而较大，基部平截；短枝上叶近圆形或椭圆形，边缘具粗锯齿，下面绿色，初被薄绒毛，后渐脱落。蒴果光滑，2 瓣裂。

　　**生境：**内蒙古有栽培，在黄河灌区生长最好。

　　**分布：**内蒙古西部广泛栽培。

### 青杨 *Populus cathayana* Rehd.

　　**别名：**河杨、家白杨、大叶白杨

　　**鉴别特征：**乔木，高达 30 米。幼树皮灰绿色，光滑，老树皮暗灰色，具沟裂，树冠宽卵形。长枝叶与短枝叶同形，狭卵形或卵形，先端渐尖，基部圆形、近心形或宽楔形，上面绿色，下面带白色，边缘具细密锯齿；叶柄近圆柱形。蒴果具短梗或无梗，卵球形，急尖，先端反曲。

　　**生境：**中生植物。生于海拔 1300～2000 米山地阴坡或沟谷中。

　　**分布：**阴山、贺兰山州。

新疆杨（徐杰摄于呼和浩特市）

青杨（苏云摄于阿拉善贺兰山）

## 钻天柳属 *Chosenia* Nakai

### 钻天柳 *Chosenia arbutifolia*（Pall.）A. K. Skvortsov

**别名：**上天柳、朝鲜柳

**鉴别特征：**乔木，高达 30 米。树皮灰色，不规则纵裂。小枝红黄色或紫红色，有白粉。叶矩圆状披针形至披针形，长 3～6 厘米，宽 5～12 毫米，上面灰绿色，下面苍白色，边缘近全缘或稍有锯齿。雄花序下垂；雄蕊 5，着生于苞片的基部，苞片不脱落，边缘有长缘毛，无腺体；雌花序直立或斜展；子房近卵状矩圆形，花柱 2，柱头 2 裂。蒴果成熟后 2 瓣裂。

**生境：**中生植物。生于河流两岸及低湿地。

**分布：**兴安北部、岭东、岭西州。

钻天柳（刘铁志摄于呼伦贝尔市根河）

## 柳属 *Salix* L.

### 五蕊柳 *Salix pentandra* L.

**鉴别特征**：灌木或小乔木，高1～5米，树皮灰褐色，一年生枝淡黄褐色或淡黄绿色，无毛，有光泽。叶革质，倒卵状矩圆形、矩圆形或长椭圆形，上面深绿色，有光泽，下面淡绿色，边缘腺锯齿。雄花序圆柱形，雄蕊4～9，多为5，腺体2，常分裂，雌花子房卵状圆锥形，无毛，花柱短，柱头2裂。蒴果卵状圆锥形，无毛，有光泽。

**生境**：湿生植物。生于山地积水草甸，沼泽地、林缘及较湿润的山坡。

**分布**：兴安北部、兴安南部、岭西、岭东、燕山北部、阴山州。

五蕊柳（刘铁志摄于锡林郭勒盟锡林浩特市白银库伦）

垂柳（刘铁志摄于赤峰市新城区锡伯河）

### 垂柳 *Salix babylonica* L.

**鉴别特征**：乔木，高达18米。树皮灰黑色，不规则纵裂。枝细，下垂，淡褐黄色、淡褐色或带紫色，无毛。叶狭披针形或条状披针形，先端长渐尖或尾状尖，基部楔形，上面绿色，下面色较淡，边缘具细腺齿。花序先叶开放，或与叶同时开放，雄花有雄蕊2，花丝基部多少有长毛，腺体2；雌花仅具1腹腺，子房无毛，花柱短，柱头2裂。蒴果绿黄褐色。

**生境**：湿中生植物。生于河流两岸及水分充足的平原等地。

**分布**：很多城镇或公园栽培。

## 蒿柳　*Salix viminalis* L.

别名：绢柳、清钢柳

鉴别特征：灌木或小乔木，高可达 10 米，树皮灰绿色。幼枝有灰柔毛或无。叶线状披针形，最宽处在中部以下，先端渐尖或急尖，基部狭楔形，全缘或微波状，内卷，无毛或稍有短柔毛，下面密被丝状长柔毛，有银白色光泽。花序先叶开放或同时开放，无梗；雄花有雄蕊 2，花药黄色，腹腺 1；雌花子房近无柄，有密丝状毛，柱头 2 裂，腹腺 1。蒴果被丝状毛。

生境：湿中生植物。生于林缘湿地及河流两岸。

分布：兴安北部、兴安南部、岭东、燕山北部州。

蒿柳（刘铁志摄于赤峰市宁城县黑里河）

## 黄柳　*Salix gordejevii* Y. L. Chang et Skv.

鉴别特征：灌木，高 1～2 米，树皮黄白色，不裂。小枝黄色，有光泽。叶线形或线状披针形，长 2～8 厘米，宽 3～6 毫米，先端短渐尖，基部楔形，边缘具细密腺齿，上面绿色，下面苍白色。花先叶开放，花序椭圆形至短圆柱形，无梗；腹腺 1；雄蕊 2，花药黄色；子房长卵形，柱头几与花柱等长，4 深裂。蒴果无毛。

生境：旱中生植物。生于森林草原及干草原地带的固定和半固定沙地。

分布：兴安北部、兴安南部、呼伦贝尔、锡林郭勒、科尔沁、辽河平原州。

黄柳（赵家明摄于呼伦贝尔市海拉尔）

## 密齿柳 *Salix characta* C. K. Schneid.

鉴别特征：灌木。叶长椭圆状披针形，边缘有细密锯齿，两面无毛或仅下面沿脉疏生毛；叶柄长 2～7 毫米，上面被短柔毛。雄花有雄蕊 2，离生，花丝无毛；苞片近圆形，褐色，两面被或多或少的柔毛；苞片卵形，先端尖。蒴果矩圆形。

生境：中生植物. 生于海拔 1700～3000 米山地的山坡及沟边。

分布：兴安南部、燕山北部、阴山、贺兰山州。

密齿柳（徐杰摄于乌兰察布市凉城蛮汉山林场）

## 山生柳 *Salix oritrepha* C. K. Schneid.

鉴别特征：灌木，高约 1 米，多分枝，幼枝无毛。叶倒卵状矩圆形、宽椭圆形或卵圆形，下面苍白色，被白粉，全缘。苞片深褐色，椭圆形，被长柔毛；雄花具 2 雄蕊，分离，花丝中下部具长柔毛；苞片倒卵圆形，黄褐色。蒴果密被灰白色短绒毛，具短柄。

生境：中生植物。生海拔 2800～3200 米的亚高山地带，常形成大面积的灌丛。

分布：贺兰山、龙首山州。

山生柳（苏云摄于阿拉善贺兰山）

## 大黄柳 *Salix raddeana* Laksch. ex Nasarow

鉴别特征：灌木或小乔木。老枝深褐色，嫩枝有灰色长柔毛。叶近革质，倒卵圆形、卵形、近圆形或椭圆形，长 3.5～10.0 厘米，宽 3～6 厘米，全缘或有不整齐的锯齿，上面暗绿色，背面有灰色绒毛。花先叶开放，雄花序无柄，轴有柔毛，雄蕊 2，花药黄色，腹腺 1；雌花序有短柄，子房长圆锥形，有灰色绢质柔毛，有长柄，柱头 4（2）裂，腹腺 1。

生境：中生植物。生于疏林山地或林缘。

分布：兴安北部、兴安南部、燕山北部州。

大黄柳（刘铁志摄于喀喇沁旗旺业甸）

## 中国黄花柳 *Salix sinica*（K. S. Hao ex C. F. Fang et A. K. Skv.）G. Zhu

鉴别特征：灌木或小乔木，高达 4 米。叶多变化，质薄，椭圆形、卵状披针形或倒卵形，叶柄无毛或被疏毛。花先叶开放，雄花序椭圆形；花丝比苞片长约 2 倍；腹腺 1；子房卵状圆锥形，被柔毛；苞片椭圆状卵形，先端黑褐色，被长柔毛；腹腺 1。蒴果长 7～9 毫米，具柔毛。

中国黄花柳（徐建国摄于阿拉善贺兰山）

生境：中生植物。生山坡林缘及沟边。

产地：阴山、贺兰山州。

## 沙杞柳 *Salix kochiana* Trautv.

鉴别特征：灌木，高 1～2 米，老枝灰褐色。一年生枝条淡黄色，光滑而有光泽。叶倒卵状椭圆形或椭圆形，先端钝或渐尖，基部宽楔形，全缘或有不明显的疏齿，上面深绿色，下面苍白色，光滑。花与叶同时开放，花序无梗；雄花具雄蕊 2，花药球形，黄色；腹腺 1；雌花子房长圆锥形，密被短绒毛，花柱短，柱头 4 裂，腹腺 1。蒴果被短绒毛。

生境：湿中生植物。生于沙丘间湿地及林区灌丛沼泽。

分布：兴安北部、兴安南部、呼伦贝尔、锡林郭勒州。

沙杞柳（刘铁志摄于赤峰市克什克腾旗乌兰布统）

## 乌柳 *Salix cheilophila* C. K. Schneid.

别名：筐柳、沙柳

鉴别特征：灌木或小乔木，高达 4 米；枝细长。叶条形、条状披针形或条状倒披针形，先端尖或渐尖，基部楔形。花序先叶开放，圆柱形，花序轴有柔毛；苞片倒卵状椭圆形，淡褐色

乌柳（徐建国摄于阿拉善贺兰山）

或黄褐色；雄蕊 2，完全合生，花丝无毛，花药球形。蒴果长约 3 毫米，密被短毛。

生境：湿中生植物。生河流、溪沟两岸及沙丘间低湿地。

分布：兴安南部、阴南丘陵、阴山、鄂尔多斯、贺兰山、龙首山州。

## 北沙柳 *Salix psammophila* C. Wang et Ch. Y. Yang

别名：沙柳、西北沙柳

鉴别特征：灌木，高 2～4 米。小枝叶边缘有稀疏腺齿，上面淡绿色，下面苍白色，后光滑。叶柄长 3～5 毫米。花先叶开放，具短梗，基部有小叶片，花序轴具柔毛；苞片卵状矩圆形，中上部黑色或深褐色；腺体 1，腹生。蒴果长 5～8 毫米，被柔毛。

生境：旱中生植物。生于草原带的流动、半固定沙丘及沙丘间低地。为沙地柳灌丛的建群种。

分布：鄂尔多斯、东阿拉善州。

北沙柳（徐杰摄于库布其沙漠）

小穗柳（刘铁志摄于赤峰市阿鲁科尔沁旗罕山）

## 小穗柳 *Salix microstachya* Turcz. ex Trautv.

鉴别特征：灌木，高 1～2 米。小枝淡黄色或黄褐色，无毛或稍有短柔毛。叶条形或条状披针形，两端渐狭，边缘有不明显的细齿，或近全缘，幼时两面被绢毛，后渐脱落。花序与叶近同时开放，花序近无梗，雄花具雄蕊 2，完全合生，花药黄色，苞片先端截形或钝头，腹腺 1；雌花子房卵状圆锥形，无毛，无柄，花柱短而明显，浅裂 2，腹腺 1。

生境：湿中生植物。生于沙区河岸和沙丘间低地。

分布：呼伦贝尔、兴安南部、锡林郭勒、科尔沁州。

## 小红柳 *Salix microstachya* Turcz. ex Trautv var. *bordensis*（Nakai）C. F. Fang

鉴别特征：本变种与小穗柳的区别为小枝红褐色，花药常为红色。

生境：湿中生植物。生于沙丘间低地和河谷两岸。

分布：科尔沁、呼伦贝尔、锡林郭勒、鄂尔多斯、东阿拉善、贺兰山州。

小红柳（刘铁志摄于赤峰市巴林右旗赛罕乌拉）

# 胡桃科
## Juglandaceae

### 胡桃属 *Juglans* L.

### 胡桃 *Juglans regia* L.

**别名**：核桃

**鉴别特征**：乔木，高达30米。树皮灰色，浅纵沟裂。冬芽球形，具数鳞片，小枝光滑，髓心片状。单数羽状复叶，圆状卵形至长椭圆形，花与叶同时开放，雄花为葇荑花序，花密生，具苞及小苞片，花被6裂，花药黄色。核果近球形或椭圆形，外果皮绿色，光滑，表面具2条棱。种子呈脑状，富含油脂。

**生境**：中生植物。喜生于排水良好、土层深厚的砂质壤土、壤土、石灰性土壤上。

**分布**：燕山北部州。呼和浩特市、包头市、赤峰市有栽培。

胡桃（徐杰摄于呼和浩特市清水河县）

### 胡桃楸 *Juglans mandshurica* Maxim.

**别名**：山核桃、核桃楸

**鉴别特征**：乔木，高20米，小枝灰色，粗壮，被腺毛。单数羽状复叶互生，小叶9～17片，卵状矩圆形，边缘具细锯齿；花单性，雌雄同株，雄花为葇荑花序腋生，先叶开放，雄花具萼片3～4；雌花为穗状花序顶生，直立，生于密被短柔毛的花轴上，与叶同时开放，具萼4片；子房下位，乳头状柱头2裂。暗红色核果球形或卵圆形，外果皮具褐色腺毛；表面具8条纵棱。

**生境**：中生植物。喜生于土壤肥沃和排水良好的山坡地或谷地。

**分布**：兴安南部、辽河平原、燕山北部州。

胡桃楸（徐杰、刘铁志摄于通辽市大青沟国家级自然保护区）

## 枫杨属 *Pterocarya* Kunth

### 枫杨 *Pterocarya stenoptera* C. DC.

**鉴别特征**：乔木，高达 10 余米，树皮暗灰色，深纵裂，冬芽具柄。单数羽状复叶，顶生小叶片常缺，小叶矩圆形，边缘具整齐内弯细锯齿；雄荑黄花序单生于去年生枝的叶痕腋内，雄花具苞及小苞，萼片 1～6，雄蕊 5～12；雌荑黄花序单生于枝顶，花生于苞腋，两侧各具 1 小苞片，萼片 4，花柱 2。坚果矩圆形，被黄褐色毛，果翅窄矩圆形，密被细小疣状凸起。

**生境**：中生植物。喜生于河岸两岸，阴湿山坡及砂质土壤上。

**分布**：呼和浩特市、包头市和赤峰市有栽培。

枫杨（刘铁志摄于赤峰市新城区）

# 桦木科
## Betulaceae

## 桦木属 *Betula* L.

### 白桦 *Betula platyphylla* Suk.

别名：粉桦、桦木

鉴别特征：乔木，高 10～30 米，树皮白色，成层少剥裂。枝灰红褐色，光滑，密生黄色树脂状腺体，小枝红褐色。叶稍厚，纸质，三角状卵形至宽卵形，无毛；叶柄细，无毛。果序单生。小坚果宽椭圆形或椭圆形，膜质翅比小坚果高 1/3 和稍宽或相等。

生境：中生植物。适应性强，在原始林被采伐后或火烧迹地上，常与山杨混生构成次生林的先锋树种，有时成纯林或散生在其他针、阔叶林中。

分布：兴安北部、兴安南部、岭东、岭西、燕山北部、赤峰丘陵、阴山、贺兰山州。

白桦（徐杰、刘铁志摄于包头市九峰山和赤峰市新城区）

## 黑桦 *Betula dahurica* Pall.

别名：棘皮桦、千层桦

鉴别特征：乔木，高 5～20 米。树皮黑褐色，龟裂，有深沟，或稍剥裂。枝红褐色或灰紫褐色，具光泽，无毛，小枝红褐色。叶较厚，纸质，长卵形、卵形、宽卵形、菱状卵形或椭圆形。果序矩圆状圆柱形，单生，直立或斜伸，小坚果宽椭圆形或稀倒卵形，膜质翅宽。

生境：中生植物。喜生于土层较薄而干燥的阳坡或平坦的小丘陵上，常散生于落叶松林中，有时也和蒙古栎混生。

分布：兴安北部、兴安南部、岭西、岭东、赤峰丘陵、燕山北部州。

黑桦（徐杰摄于赤峰市阿鲁科尔沁旗高格斯台罕山）

## 柴桦 *Betula fruticosa* Pall.

别名：柴桦条子、枝丛桦

鉴别特征：丛生灌木，高 0.5～2.5 米。密生树脂状腺体，光滑，小枝紫褐色，有时为锈褐色，密被短柔毛，密生黄色树脂状腺体。叶稍厚，近革质，卵形、宽卵形或卵圆形。果苞长 4～6 毫米，仅边缘具短纤毛，基部楔形，小坚果宽椭圆形，顶部被柔毛，膜质翅两翅顶部水平线低于柱头。

生境：湿中生植物。喜生于老林林缘的沼泽地或水甸子，在兴安落叶松林被采伐后，常形成较密的灌丛。

分布：兴安北部、岭东州。

柴桦（徐杰摄于呼伦贝尔市根河阿龙山）

## 红桦 *Betula albo-sinensis* Burk.

别名：风桦、红皮桦

鉴别特征：乔木，高可达 25 米；树皮淡红褐色或紫红色，有光泽和白粉，呈薄层状剥落，纸质。枝条红褐色，小枝红褐色或紫褐色，无毛，有时疏生树脂状腺点。叶卵形，边缘具不规则的重锯齿。雄花序圆柱形，无梗，苞鳞卵形，紫红色，边缘具睫毛。果序圆柱形，单生或兼有 2～4 枚排成总状。小坚果倒卵圆形。

生境：中生植物。生于山坡杂木林。

分布：燕山北部州。

红桦（徐杰摄于赤峰市宁城）

## 桤木属 *Alnus* Mill.

## 东北桤木 *Alnus mandshurica*（Callier ex C. K. Schneid.）Hand.-Mazz.

别名：矮桤木、矮赤杨

鉴别特征：灌木或小乔木，高 3～10 米，树皮暗灰色，光滑，小枝紫褐色，无毛或有时被疏毛。冬芽无柄。叶宽卵形、椭圆形或宽椭圆形，顶端锐尖，基部圆形或微心形，有时宽楔形或两侧不对称，边缘具不规则的细而密的尖锯齿，下面脉腋间具簇生的髯毛。果序下垂；果苞木质，顶端具 5 枚浅裂片。小坚果卵形，膜质翅与果近等宽。

**生境**：中生植物。生于山坡、林缘、溪流两岸和泉源附近。

**分布**：兴安北部、岭东、岭西州。

东北桤木（刘铁志摄于呼伦贝尔市根河）

## 榛属 *Corylus* L.

### 榛 *Corylus heterophylla* Fisch. ex Trautv.

**别名**：榛子、平榛

**鉴别特征**：灌木或小乔木，高1～7米。常丛生，多分枝。树皮灰褐色，具光泽。枝暗灰褐色，光滑，具细裂纹，散生黄色皮孔。叶圆卵形或倒卵形，先端平截或凹缺，中央具三角状骤尖或短尾状尖裂片，基部心形或宽楔形，边缘具不规则的重锯齿。雌雄同株，先叶开放，雄葇荑花序2～3个生于叶腋，花药黄色；雌花无柄，着生枝顶，鲜红色。果单生或2～5枚簇生或头状；果苞钟状。坚果近球形，仅顶端密被极短柔毛或几无毛。

**生境**：中生植物。生于向阳山地和多石的沟谷两岸及林缘，采伐迹地，常成灌丛。

**分布**：兴安北部、岭东、辽河平原、燕山北部州。

榛（刘铁志摄于赤峰市宁城县黑里河）

## 毛榛 *Corylus mandshurica* Maxim.

**别名**：火榛子、毛榛子

**鉴别特征**：灌木，高达3～4米，丛生，多分枝。树皮灰褐色或暗灰色，有龟裂，枝灰褐色，光滑，具细裂纹，皮孔明显，小枝黄褐色，密被长柔毛，有时上部较稀。叶宽卵形、矩圆状倒卵形，边缘具不规则的粗锯齿。雄荑黄花序2～4生于叶腋，矩圆形；雌花2～4生于枝顶或叶腋。果单生或2～6枚簇生，通常2～3个能发育成果。果苞管状，在坚果上部骤形坚缩，外面被黄色刚毛。坚果近球形，密生白色绒毛。

**生境**：中生植物。常生于白桦、山杨、蒙古栎林中及山坡上。

**分布**：燕山北部州。

毛榛（刘铁志摄于赤峰市宁城县黑里河）

## 虎榛子属 *Ostryopsis* Decne.

## 虎榛子 *Ostryopsis davidiana* Decne.

**别名**：棱榆

**鉴别特征**：灌木，高1～5米。枝近基部散生红褐色刺毛状腺体；冬芽卵球形。叶宽卵形、边缘具粗重锯齿，中部以上有浅裂，脉腋间具簇生的髯毛。雌雄同株，雄荑黄花序单生叶腋。果序总状着生于小枝顶端，下垂，果梗极短，果苞厚纸质，外具紫红色细条棱，密被短柔毛，上半部延伸呈管状，下半部紧包果，成熟后一侧开裂。小坚果卵圆形或近球形。

**生境**：中生植物。喜光灌木，在荒山坡或林缘常形成虎榛子灌丛。

**分布**：兴安南部、燕山北部、赤峰丘陵、锡林郭勒、阴南丘陵、乌兰察布、阴山、贺兰山州。

虎榛子（徐杰摄于呼和浩特市大青山）

# 壳斗科
## Fagaceae

**栎属 *Quercus* L.**

## 蒙古栎 *Quercus mongolica* Fisch. ex Ledeb.

**别名**：柞树

**鉴别特征**：落叶乔木，高达 30 米。二年生枝灰紫褐色，纵裂。叶革质，稍厚硬，倒卵

蒙古栎（徐杰、刘铁志摄于赤峰市克什克腾旗）

状椭圆形或倒卵形，边缘具 8～12 对波状裂片。雄花为荑黄花序，下垂，雌花具 6 裂花被。坚果长卵圆形，单生或 2～3 枚集生，顶部稍凹呈圆形，密被黄色短绒毛，花柱宿存；壳斗浅碗状，包围果实，苞片小，三角状卵形，背面瘤状突起，渐尖，构成不整齐的齿状边缘。

**生境：**中生植物。喜生于土壤深厚，排水良好的坡地，常与山杨、白桦混生；为东北夏绿阔叶林的重要建群种之一。

**分布：**兴安北部、岭西、岭东、兴安南部、辽河平原、赤峰丘陵、燕山北部、阴山、鄂尔多斯、贺兰山州。

# 榆　科
## Ulmaceae

## 榆属 *Ulmus* L.

### 大果榆 *Ulmus macrocarpa* Hance

**别名：**黄榆、蒙古黄榆

**鉴别特征：**落叶乔木或灌木，高可达 10 余米。树皮灰色或灰褐色，浅纵裂；一、二年生枝两侧有时具扁平的木栓翅。叶厚革质，粗糙，倒卵状圆形至倒卵形，少为宽椭圆形。叶柄长 3～10 毫米，被柔毛。花 5～9 朵簇生。花被钟状，上部 5 深裂。翅果宽椭圆形或近于圆形，两面无毛，仅翅的边缘具密的睫毛，果核位于翅果的近中部，基部有宿存的花被。

**生境：**旱中生植物。生于海拔 700～1800 米的山地、沟谷及固定沙地。

**分布：**岭东、岭西、兴安南部、燕山北部、辽河平原、科尔沁、呼伦贝尔、锡林郭勒、赤峰丘陵、乌兰察布、阴山、阴南丘陵州。

大果榆（徐杰摄于呼和浩特市大青山）

## 旱榆　*Ulmus glaucescens* **Franch.**

**别名：**灰榆、山榆

**鉴别特征：**乔木或灌木。当年生枝通常为紫褐色或紫色。叶卵形或菱状卵形，叶柄长4～7毫米，被柔毛。花散生于当年枝基部或5～9花簇生于去年枝上。花萼钟形，先端4浅裂，宿存。翅果宽椭圆形、椭圆形或近圆形，翅近于革质，果梗与宿存花被近等长。

**生境：**旱生植物。生于海拔1000～2600米的向阳山坡、山麓及沟谷等地。

**分布：**阴山、阴南丘陵、东阿拉善、贺兰山、龙首山州。

旱榆（徐杰摄于阿拉善贺兰山）

## 榆树　*Ulmus pumila* **L.**

**别名：**白榆、家榆

**鉴别特征：**乔木，高可达20米。树冠卵圆形，树皮暗灰色，不规则纵裂，粗糙，小枝光滑

榆树（徐杰摄于呼和浩特市）

或具柔毛。叶矩圆状卵形，先端渐尖，在脉腋簇生柔毛，边缘具不规则的重锯齿或为单锯齿。花先叶开放，两性，簇生于去年枝上，花萼 4 裂，紫红色，宿存；雄蕊 4，花药紫色。翅果近圆形或卵圆形，顶端缺口处被毛，果核位于翅果的中部或微偏上，与果翅颜色相同。

生境：中生植物。常见于森林草原及草原地带的山地、沟谷及固定沙地。

分布：内蒙古各州。

## 刺榆属 *Hemiptelea* Planch.

### 刺榆 *Hemiptelea davidii*（Hance）Planch.

别名：枢

鉴别特征：小乔木，高可达 10 米，小枝灰褐色或紫褐色，被灰白色短柔毛，具粗而硬的棘刺，刺长 2～6 厘米。叶椭圆形或椭圆状矩圆形，先端急尖或钝圆，基部浅心形或圆形，对称，不偏斜，边缘有单齿，两面无毛。花杂性，与叶同时开放。小坚果偏斜，先端具窄翅。

生境：旱中生植物。生于固定沙丘。

分布：辽河平原州。赤峰市有栽培。

刺榆（刘铁志摄于赤峰市红山区）

## 朴属 *Celtis* L.

### 小叶朴 *Celtis bungeana* Blume

别名：朴树、黑弹树

鉴别特征：落叶乔木，高可达 10 余米。树皮浅灰色，较平滑。叶卵形或卵状披针形，先端渐尖，基部偏斜，边缘具疏齿或近于全缘，上面深绿色，有光泽，下面淡绿色，两面无毛，托叶早落。花单生、簇生或成聚伞花序，生于叶腋，萼 4～6，完全分离或仅基部连合，绿色或紫色；雄蕊与萼片同数。核果近球形，黑紫色，果核光滑，白色，果柄纤细。

生境：中生植物。生于向阳山地。

分布：辽河平原、赤峰丘陵、燕山北部、阴山州。

小叶朴（刘铁志摄于赤峰市巴林左旗野猪沟）

# 桑　科
## Moraceae

**桑属 *Morus* L.**

### 桑 *Morus alba* L.

**别名**：家桑、白桑

**鉴别特征**：乔木或灌木，高 3～15 米。单叶互生，边缘具不整齐的疏钝锯齿，有时浅裂或深裂，下面脉腋具簇生毛。花单性，雌雄异株，均排成腋生穗状花序，雄花被密毛，下垂，具花被片 4，雄蕊 4，中央有不育雌蕊；雌花序直立或倾斜，具花被片 4，结果时变肉质，花柱几无或极短，柱头 2 裂，宿存。果实称桑椹（聚花果），浅红色至暗紫色，有时白色。

桑（哈斯巴根、徐杰摄于呼和浩特市）

生境：中生植物。常栽培于田边、村边。

分布：兴安南部、科尔沁、辽河平原、阴山、鄂尔多斯州有栽培。

## 蒙桑 *Morus mongolica*（Bur.）C. K. Schneid.

鉴别特征：灌木或小乔木，高3～8米。冬芽暗褐色，矩圆状卵形。单叶互生，卵形至椭圆状卵形、末端渐尖、尾状渐尖或钝尖，基部心形，边缘具粗锯齿，齿端具刺尖。花单性，雌雄异株，腋生下垂的穗状花序，雌花花柱明显，高出子房，柱头2裂。聚花果圆柱形，成熟时红紫色至紫黑色。

生境：中生植物。生于向阳山坡，沟谷或疏林中、山麓、丘陵、低地。

分布：岭东、兴安南部、科尔沁、辽河平原、乌兰察布、阴山、东阿拉善州。

蒙桑（徐杰摄于呼和浩特市）

# 大麻科
## Cannabaceae

## 葎草属 *Humulus* L.

## 葎草 *Humulus scandens*（Lour.）Merr.

别名：勒草、拉拉秧

鉴别特征：一年生或多年生缠绕草本。茎较强韧，表面具6条纵棱，棱上生倒刺，棱间被短柔毛。叶纸质，对生，轮廓为肾状五角形或卵状披针形，边缘有粗锯齿。花单性，雌雄异株，花序腋生，雄花穗为圆锥花序。具多数小花，淡黄绿色。雌花穗为短穗状，下垂，每2朵花外具1白刺毛和黄色小腺点的苞片，花被退化为1全缘的膜质片。瘦果卵圆形，密被绒毛。

生境：中生植物。生于沟边和路旁荒地。

分布：兴安北部、科尔沁、辽河平原、燕山北部、阴山、阴南丘陵、鄂尔多斯州。

葎草（徐杰摄于呼和浩特市大青山）

## 大麻属 *Cannabis* L.

大麻 *Cannabis sativa* L.

别名：火麻、线麻

鉴别特征：一年生草本，高 1～3 米。根木质化。茎直立，皮层富纤维，灰绿色，具纵沟，

大麻（徐杰摄于鄂尔多斯市准旗库布其沙漠）

密被短柔毛。叶互生或下部的对生，掌状复叶。花单性，花序生于上叶的叶腋，雄花排列成长而疏散的圆锥花序，淡黄绿色，无花瓣，无雄蕊；雌花序成短穗状，绿色，雌蕊1，子房球形无柄，花柱二歧。瘦果扁卵形，表面光滑而有细网纹，全被宿存的黄褐色苞片所包裹。

　　**生境：**中生植物。适于温暖多雨区域种植，河边冲积土，沙丘低地、路旁生长良好。

　　**分布：**内蒙古各州有栽培。

### 野大麻 *Cannabis sativa* L. f. *ruderalis*（Janisch.）Chu

　　**鉴别特征：**与大麻区别在于植株较矮小，叶及果实均较小，瘦果长约3毫米，径约2毫米，成熟时表面具棕色大理石状花纹，基部具关节。

　　**生境：**中生植物。生于草原及向阳干山坡，固定沙丘及丘间低地。

　　**分布：**兴安北部、岭东、岭西、兴安南部、科尔沁、锡林郭勒、阴山、鄂尔多斯、东阿拉善州。

野大麻（徐杰摄于赤峰市阿鲁科尔沁旗高格斯台罕山）

# 荨麻科
## Urticaceae

### 荨麻属 *Urtica* L.

### 麻叶荨麻 *Urtica cannabina* L.

　　**别名：**焮麻

鉴别特征：多年生草本，全株被柔毛和螫毛。茎直立，具纵棱和槽。叶片轮廓五角形掌状，3 深裂或 3 全裂。花单性，雌雄同株或异株，穗状聚伞花序丛生于茎上部叶腋间，具密生花簇；苞片膜质，透明，卵圆形；雄花花被 4 深裂，花药黄色；雌花花被 4 中裂，裂片椭圆形，包着瘦果。瘦果宽卵形，稍扁，光滑，具少数褐色斑点。

生境：中生杂草。生于人和畜经常活动的干燥山坡、丘陵坡地、沙丘坡地、山野路旁、居民点附近。

分布：兴安北部、岭东、岭西、呼伦贝尔、兴安南部、燕山北部、辽河平原、科尔沁、锡林郭勒、乌兰察布、赤峰丘陵、阴山、阴南丘陵、鄂尔多斯、贺兰山州。

麻叶荨麻（徐杰摄于呼和浩特市大青山）

## 宽叶荨麻 *Urtica laetevirens* Maxim.

宽叶荨麻（徐杰摄于赤峰市喀喇沁旗）

鉴别特征：多年生草本。根状茎匍匐。茎直立，通常单一或有腋生短枝，高 30～90 厘米，具纵钝棱，疏生螫毛和短柔毛，螫毛透明，具长座。叶片宽卵形、卵形或宽椭圆状卵形，先端锐尖或尾状尖，边缘具大型粗锯齿。花单性，雌雄同株或异株；总状聚伞状，包被瘦果。瘦果卵形或宽卵形，稍扁平，近光滑。

生境：中生植物。生于山坡林下阴湿处、林缘路旁、山谷溪流附近、水边湿地或沟边。

分布：岭东、兴安南部、燕山北部、贺兰山、龙首山州。

## 狭叶荨麻 *Urtica angustifolia* Fisch. ex Hornem.

别名：螫麻子

鉴别特征：多年生草本，高 40～150 厘米。全株密被短柔毛与疏生螫毛，具匍匐根状茎。茎直立，叶对生，矩圆状披针形、披针形或狭卵状披针形，稀狭椭圆形。花单性，雌雄异株，花较密集成簇，断续着生；花被片 4，背生 2 枚花被片花后增大，宽椭圆形，紧包瘦果，比瘦果稍长，子房矩圆形或长卵形，成熟后黄色，被包于宿存花被内。果实为瘦果。

生境：中生植物。生于山地林缘、灌丛间、溪沟边、湿地，也见于山野阴湿处、水边沙丘灌丛间。

分布：兴安北部、岭东、岭西、呼伦贝尔、兴安南部、辽河平原、燕山北部、阴山州。

狭叶荨麻（徐杰摄于包头市九峰山）

## 贺兰山荨麻 *Urtica helanshanica* W. Z. Di et W. B. Liao

鉴别特征：多年生草本，高 50～90 厘米。全株被白色粗伏毛，节上常有螫毛。茎直立，近

贺兰山荨麻（徐建国摄于阿拉善贺兰山）

四棱形，具纵棱。叶片卵形，稀卵状披针形，苞片小，宽倒卵形，包被瘦果。瘦果椭圆形，稍扁平，黄棕色，表面具腺点和颗粒状白色分泌物。

生境：中生植物。生于阴坡山沟、林缘湿处、河床边。

分布：贺兰山州、龙首山州。

## 冷水花属　*Pilea* Lindl.

### 透茎冷水花　*Pilea pumila*（L.）A. Gray

别名：水荨麻

鉴别特征：一年生草本，高15～50厘米。茎直立或有时基部稍斜生，有纵棱，半透明，平滑无毛，多分枝。叶对生，卵形、宽卵形或宽椭圆形，有时近菱形，先端渐尖或尾状尖，基部宽楔形，边缘具锐尖锯齿。聚伞花序腋生，雌花具短柄，花被片3，条状披针形或三角状锥形。瘦果卵形，稍扁平，有时散生稍隆起的褐色斑点。

生境：湿中生植物。生于湿润的林内、林缘、山地岩石间及沟谷，也见于溪边、河岸、草甸及河谷。

分布：辽河平原、科尔沁、燕山北部州。

透茎冷水花（刘铁志、徐杰摄于赤峰市敖汉旗大黑山和赤峰市喀喇沁旗）

## 蝎子草属　*Girardinia* Gaudich.

### 蝎子草　*Girardinia diversifolia*（Link）Friis subsp. *suborbiculata*（C. J. Chen）C. J. Chen et Friis

鉴别特征：一年生草本，全株被螫毛和伏硬毛。茎直立，高25～130厘米，具纵条棱，通常上部叶腋有短枝。叶互生，卵形，宽椭圆形或近圆形，边缘具缺刻状大形牙齿。花单性，雌雄同株；雄花花被4～5深裂，雄蕊5，与花被裂片对生，果熟时抱托瘦果基部。瘦果宽卵形，光滑或疏生小疣状突起，扁平而双凸镜状。

生境：中生植物。生于林下、林缘阴湿地、山坡岩石间、山沟边；也见于住宅旁、废墟上。

分布：兴安北部、兴安南部、岭东、科尔沁州。

蝎子草（徐杰摄于兴安盟科尔沁右翼前旗）

## 墙草属 *Parietaria* L.

### 小花墙草 *Parietaria micrantha* Ledeb.

**别名：** 墙草

**鉴别特征：** 一年生草本，全株无螯毛。茎细而柔弱，稍肉质，直立或平卧，高10～30厘米。叶互生，卵形、菱状卵形或宽椭圆形，全缘，两面被疏生柔毛。花梗短，有毛；苞片狭披针形，雄蕊4，与花被裂片对生；雌花花被筒状钟形。瘦果宽卵形或卵形，具光泽，种子椭圆形，两端尖。

**生境：** 中生植物。生于山坡阴湿处、石隙间或湿地上。

**分布：** 兴安北部、兴安南部、岭东、呼伦贝尔、科尔沁、燕山北部、阴山、东阿拉善、贺兰山州。

小花墙草（徐杰摄于呼和浩特市大青山）

# 檀香科
Santalaceae

## 百蕊草属 *Thesium* L.

### 长叶百蕊草 *Thesium longifolium* Turcz.

**鉴别特征：** 多年生草本。根直生，稍肥厚，多分枝，顶部多头。茎丛生，直立或外围者基部斜，高 15～50 厘米。叶互生，条形或条状披针形，全缘，边缘微粗糙。花被白色或绿白色。坚果近球形或椭圆状球形，果实表面具 5～8 条棱。种子 1，球形，浅黄色。

**生境：** 中旱生植物。生于沙地、沙质草原、山坡、山地草原、林缘、灌丛中，也见于山顶草地、草甸上。

**分布：** 兴安北部、兴安南部、科尔沁、燕山北部、赤峰丘陵、岭东、岭西、锡林郭勒、阴山、乌兰察布、鄂尔多斯州。

长叶百蕊草（徐杰摄于呼和浩特市大青山）

# 桑寄生科
Loranthaceae

## 槲寄生属 *Viscum* L.

### 槲寄生 *Viscum coloratum*（Kom.）Nakai

**别名：** 北寄生

**鉴别特征：** 半寄生常绿小灌木。茎枝圆柱状，高 30～90 厘米，绿色或黄绿色，常 2～3 叉状分枝，丛生，节处稍膨大。叶倒披针形或矩圆状披针形，稍全缘，花粉黄色；成熟后淡黄色或橙红色，半透明，有光泽，具宿存花柱。浆果球形，黄色或橙红色，表面平滑，半透明状，果皮内粘液质丰富；种子1，有胚乳。

　　生境：半寄生植物。常寄生于杨树、柳树、榆树、栎树、梨树、桦木、桑树等上。

　　分布：岭东、兴安南部、燕山北部、阴山、东阿拉善州。

槲寄生（刘铁志摄于赤峰市喀喇沁旗十家）

# 蓼 科
## Polygonaceae

## 大黄属 *Rheum* L.

### 波叶大黄 *Rheum rhabarbarum* L.

　　鉴别特征：多年生草本，植株高 0.6～1.5 米。根肥大。茎直立，具细纵沟纹，无毛，通常不分枝。叶片三角状卵形至宽卵形，基部有 5 条由基部射出的粗大叶脉，托叶鞘长卵形。圆锥

波叶大黄（徐杰摄于呼和浩特市大青山）

花序直立顶生，花白色，花被片6，卵形或近圆形，雄蕊9；子房三角状卵形，花柱3，极短，柱头扩大，稍呈圆片形。瘦果卵状椭圆形，具3棱，有宽翅，具宿存花被。

　　**生境：** 中生植物。散生于针叶林区、森林草原区山地的石质山坡、碎石坡麓以及富含砾石的冲刷沟内。为山地草原群落的伴生种。

　　**分布：** 兴安北部、呼伦贝尔、兴安南部州。

## 华北大黄 *Rheum franzenbachii* Münt.

　　**别名：** 山大黄、土大黄、子黄、峪黄

　　**鉴别特征：** 多年生草本，植株高30～85厘米。根肥厚。茎粗壮，直立，具细纵沟纹，无毛，通常不分枝。叶片心状卵形，边缘具皱波，上面无毛，下面稍有短毛，叶脉3～5条，由基部射出。圆锥花序直立顶生，苞小，肉质，通常破裂而不完全，内含3～5朵花；花白色，较小。瘦果宽椭圆形，具3棱，沿棱生翅，顶端略凹陷，基部心形。

华北大黄（徐杰摄于呼和浩特市大青山）

生境：旱中生草本。多散生于阔叶林区和山地森林草原地区的石质山坡和砾石坡地，为山地石生草原群落的稀见种。

分布：兴安北部、岭西、呼伦贝尔、兴安南部、赤峰丘陵、燕山北部、锡林郭勒、乌兰察布、阴山、阴南丘陵、贺兰山州。

## 总序大黄 *Rheum racemiferum* Maxim.

鉴别特征：多年生草本，植株高 30～70 厘米。叶片革质，宽卵形、心状宽卵形或近圆形，边缘具皱波及不整齐的微波状齿；茎生叶 2～3，其中 1～2 片腋部具花枝。圆锥花序顶生，直立；花序轴及分枝具细纵沟纹；花白绿色，较小。瘦果椭圆形。

生境：中旱生植物。散生于荒漠区山地的石质山坡，碎石坡麓和岸石缝隙中，为山地荒漠草原和草原化荒漠的伴生种。

分布：东阿拉善、贺兰山、龙首山州。

总序大黄（苏云摄于阿拉善贺兰山）

## 矮大黄 *Rheum nanum* Sievers ex Pall.

鉴别特征：多年生草本，植株高 10～20 厘米。根肥厚，直伸，圆锥形。茎由基部分出 2 个花葶状枝，不具叶，具纵沟槽，无毛。叶基生，具短柄，叶片革质，肾圆形至近圆形，边缘具

矮大黄（徐杰摄于阿拉善右旗）

不整齐皱波及白色星状瘤。花小，黄色。瘦果肾圆形，宽大于长，具 3 棱，沿棱生宽翅，呈淡红色，顶端圆形或略凹陷。

生境：旱生植物。多散生于荒漠和荒漠化草原地带内的低温地，有时也进入荒漠地区的坡麓地带。

分布：东阿拉善、西阿拉善、额济纳州。

## 单脉大黄 *Rheum uninerve* **Maxim.**

鉴别特征：多年生草本，植株高 10～20 厘米。根状茎直伸，节间短缩。叶片半革质，卵形、菱状卵形或倒卵形，边缘具较弱的皱波及不整齐波状齿，两面略粗糙。圆锥花序 1～3。苞片小，三角状卵形，黄褐色。瘦果宽椭圆形，具 3 棱，沿棱生宽翅，呈淡红紫色。

生境：中旱生植物。散生于荒漠草原和荒漠区山地的石质山坡、岩石缝隙和冲刷沟中。

分布：东阿拉善、西阿拉善、贺兰山州。

单脉大黄（苏云摄于阿拉善贺兰山）

## 酸模属 *Rumex* **L.**

## 小酸模 *Rumex acetosella* **L.**

鉴别特征：多年生草本，高 15～50 厘米。根状茎横走。茎单一或多数，直立，细弱，常呈之字形曲折，具纵条纹。叶片披针形或条状披针形，全缘，无毛。圆锥花序，花单性，雌雄异

小酸模（徐杰摄于克什克腾旗和呼和浩特市大青山）

株。瘦果椭圆形，有3棱，长淡褐色，有光泽。

生境：旱中生植物。生于草甸草原及典型草原地带的砂地、丘陵坡地、砾石地和路旁。

分布：岭西、岭东、呼伦贝尔、兴安南部、科尔沁、锡林郭勒州。

## 酸模　*Rumex acetosa* L.

别名：山羊蹄、酸溜溜、酸不溜

鉴别特征：多年生草本，高30~80厘米。须根。茎直立，中空，通常不分枝，有纵沟纹，无毛。叶片卵状矩圆形，苞片三角形，膜质，褐色，具乳头状突起。花梗中部具关节，果时增大，近全缘，基部心形，有网纹；子房三棱形，柱头画笔状，紫红色。瘦果椭圆形，有3棱，角棱锐，两端尖，暗褐色，有光泽。

生境：中生植物。生于山地、林缘、草甸、路旁等处。

分布：兴安北部、岭西、岭东、呼伦贝尔、兴安南部、科尔沁、辽河平原、锡林郭勒、燕山北部、阴山州。

酸模（徐杰、刘铁志摄于呼和浩特市大青山和赤峰市宁城县）

## 直根酸模　*Rumex thyrsiflorus* Fingerh.

鉴别特征：多年生草本。根为直根，粗壮。茎直立，高40~90厘米，具深沟槽，无毛。基生叶长圆状卵形或长圆状披针形，近缘全缘或呈波状。花序圆锥状顶生，花单性，雌雄异株；雄花花被片直立，椭圆形，雌花外花被片椭圆形，反折，内花被片直立。圆状宽卵形，边缘具圆齿，子房三棱形，柱头画笔状，紫红色。瘦果椭圆形，具3锐棱。

生境：中生植物。生长于草原区东部山地、河边、低湿地和比较湿润的固定沙地，为草甸、草甸化草原群落和沙地植被的伴生种。

分布：岭西、岭东、兴安南部、呼伦贝尔、科尔沁、锡林郭勒州。

直根酸模（徐杰摄于赤峰市阿鲁科尔沁旗高格斯台罕山）

## 毛脉酸模 *Rumex gmelinii* Turcz. ex Ledeb.

鉴别特征：多年生草本，高30～120厘米。根状茎肥厚。茎直立，粗壮，具沟槽，无毛，微红色或淡黄色，中空。叶片较大，三角状卵形或三角状心形，全缘或微皱波状。圆锥花序，花两性，雄蕊6，花药大。瘦果三棱形，深褐色，有光泽。

生境：中生植物。多散生于森林区和草原区的河岸、林缘、草甸或山地，为草甸、沼泽化草甸群落的伴生种。

分布：兴安北部、兴安南部、岭西、呼伦贝尔、锡林郭勒、燕山北部、阴山州。

毛脉酸模（刘铁志摄于兴安盟阿尔山市白狼）

### 皱叶酸模 *Rumex crispus* L.

**别名：**羊蹄、土大黄

**鉴别特征：**多年生草本，高50～80厘米。叶片薄纸质，披针形或矩圆状披针形，先端锐镜尖或渐尖，基部楔形，边缘皱波状，西面均无毛。花两性，多数花簇生于叶腋；内花被片宽卵形，先端锐尖或钝，基部浅心形，边缘微波状或全缘，网纹明显，各具1小瘤，小瘤卵形。

**生境：**中生植物。生于阔叶林区及草原区的山地、沟谷、河边，也进入荒漠区海拔较高的山地，为草甸、草甸化草原和山地草原群落的伴生种和杂草。

**分布：**呼伦贝尔、兴安南部、赤峰市、科尔沁、锡林郭勒、燕山北部、乌兰察布、阴南丘陵、鄂尔多斯、贺兰山、龙首山州。

皱叶酸模（刘铁志摄于赤峰市宁城县黑里河）

### 巴天酸模 *Rumex patientia* L.

**别名：**山荞麦、羊蹄叶、牛西西

**鉴别特征：**多年生草本，高1.0～1.5米。根肥厚。基生叶与茎下部叶有粗壮的叶柄，腹面具沟，叶片矩圆状披针形或长椭圆形，边缘皱波状至全缘，两面近无毛。花两性，多数花朵簇状轮生，花簇紧接，内花被片宽心形，只1片具小瘤，小瘤长卵形。瘦果椭圆形，有3棱，有光泽。

**生境：**中生植物。生长于阔叶林区、草原区的河流两岸、低湿地、村边、路边等处，为草甸中习见的伴生种。

**分布：**兴安北部、岭西、呼伦贝尔、科尔沁、锡林郭勒、乌兰察布、阴山、阴南丘陵、鄂尔多斯、东阿拉善州。

### 羊蹄 *Rumex japonicus* Houtt.

**别名：**锐齿酸模、刺果酸模

**鉴别特征：**多年生草本，高60～100厘米。茎直立，具纵沟纹。单叶互生，具柄；叶片披针形或椭圆形，先端急尖，基部圆形至微心形，全缘或略呈波状。总状花序顶生或腋生，通常具叶，每节花簇略下垂；花两性，花被片6，内轮3片成果被，宽心形，有明显的网纹，各具一卵形小瘤，其表面有细网纹，边缘具不整齐的锐尖牙齿。

**生境：**中生植物。生于沟渠边、田边和路旁。

**分布：**赤峰丘陵、科尔沁、阴南丘陵州。

巴天酸模（刘铁志摄于赤峰市红山区）

羊蹄（刘铁志摄于赤峰市新城区）

## 长刺酸模 *Rumex maritimus* L.

**鉴别特征：** 一年生草本，高 15～80 厘米。茎直立，上部分枝，具沟槽。叶披针形或狭披针形，顶端急尖，基部楔形，全缘。花序总状，顶生和腋生；花两性，花梗果时稍伸长且向下弯曲，近基部具关节；花被片 6，内花被片果时增大，狭三角状卵形，全部具小瘤，边缘每侧具 2 个针状齿。

**生境：** 中生植物。生于河流两岸、湖滨盐化低地。

**分布：** 兴安北部、岭西、呼伦贝尔、兴安南部、科尔沁、乌兰察布、阴南丘陵州。

长刺酸模（刘铁志摄于赤峰市克什克腾旗白音敖包）

### 齿果酸模 *Rumex dentatus* L.

鉴别特征：一年生草本，高 10～100 厘米。茎直立，多由基部分枝，具沟槽。叶长圆形或披针状长圆形，基部圆形或心形，边缘波状或微皱波状。圆锥状花序顶生，花两性，花梗果时稍伸长且下弯，基部具关节；花被片 6，内轮花被片果期增大，卵形，具明显的网脉，全部具小瘤，边缘具 3～4 对，稀为 5 对不整齐的针状齿。

生境：中生植物。生于河流两岸、湖滨盐化低地。

分布：乌兰察布、赤峰丘陵州。

齿果酸模（刘铁志摄于赤峰市新城区）

## 沙拐枣属 *Calligonum* L.

### 沙拐枣 *Calligonum mongolicum* Turcz.

别名：蒙古沙拐枣

鉴别特征：沙生灌木，植株高 30～150 厘米，分枝呈"之"形弯曲，老枝灰白色，当年枝绿色。叶细鳞片状。花淡红色。通常 2～3 朵簇生于叶腋；花被片卵形或近圆形，果期开展或反折。瘦果椭圆形；刺毛较细，易断落，每棱肋 3 排；有时有 1 排发育不好，基部稍加宽，二回分叉。

生境：旱生植物。广泛生长于荒漠地带和荒漠草原地带的流动、半流动沙地，覆沙戈壁、砂质或砂砾质坡地和干河床上，为沙质荒漠的重要建群种。也经常散生或群生于蒿类群落和梭

沙拐枣（苏云摄于阿拉善盟左旗）

梭荒漠中，为常见伴生种。

　　**分布**：乌兰察布、鄂尔多斯、东阿拉善、西阿拉善、额济纳州。

### 阿拉善沙拐枣 *Calligonum alaschanicum* A. Los.

　　**鉴别特征**：沙生灌木，植株高 1～3 米，老枝暗灰色，当年枝黄褐色，嫩枝绿色。叶长 2～4 毫米。花淡红色，通常 2～3 朵簇生于叶腋，花梗细弱，下部具关节；花被片卵形或近圆形。瘦果宽卵形或球形，长 20～25 毫米，每棱肋具刺毛 2～3 排，刺毛长于瘦果的宽度，呈叉状二至三回分枝，不易断落。

　　**生境**：旱生植物。生长于典型荒漠带流动、半流动沙丘和覆沙戈壁上。多散生在沙质荒漠群落中，为伴生种。

　　**分布**：东阿拉善州。

阿拉善沙拐枣（徐杰摄于库布其沙漠）

## 木蓼属 *Atraphaxis* L.

### 锐枝木蓼 *Atraphaxis pungens*（M. B.）Jaub. et Spach.

　　**别名**：刺针枝蓼

　　**鉴别特征**：石生灌木，植株高 30～50 厘米。多分枝，小枝灰白色或灰褐色，木质化，顶端无叶成刺状，老枝灰褐色，外皮条状剥裂。叶互生，椭圆形、倒卵形或条状披针形，全缘。总状花序侧生于当年生的木质化小枝上，花序短而密集；花淡红色，内轮花被片果时增大，近圆形或圆心形，外轮花被片宽椭圆形。瘦果卵形，具 3 棱，暗褐色，有光泽。

　　**生境**：旱生植物。生于荒漠草原和荒漠带的石质丘陵坡地、河谷、阶地、戈壁或固定沙地。

　　**产地**：乌兰察布、鄂尔多斯、东阿拉善、西阿拉善州。

锐枝木蓼（铁龙摄于鄂尔多斯市杭锦旗）

## 圆叶木蓼 *Atraphaxis tortuosa* A. Los.

**鉴别特征：**灌木，高 50～60 厘米，多分枝，成球状。嫩枝较细弱，常弯曲，淡褐色，有乳头状突起。叶具短柄，革质，近圆形、宽椭圆形或宽卵形，密被蜂窝状腺点。花小，粉红色或白色。后变棕色或褐色，苞片菱形，基部卷折呈斜漏斗状，褐色，膜质，雄蕊 8；子房椭圆形。瘦果尖卵形，长 5 毫米，具 3 棱，暗褐色，有光泽。

**生境：**石生旱生植物。生于荒漠草原的石质低山丘陵。

**分布：**乌兰察布、阴山、东阿拉善、贺兰山州。

圆叶木蓼（徐杰摄于鄂尔多斯市伊金霍洛旗）

## 沙木蓼 *Atraphaxis bracteata* A. Los.

**鉴别特征：**沙生灌木，植株高 1～2 米，直立或开展。叶互生，革质，具短柄，圆形、卵形、长倒卵形、宽卵形或宽椭圆形。基部全缘或具波状折皱，有明显的网状脉，无毛。花少数，成总状花序；花被片 5，2 轮，粉红色；雄蕊 8，花丝基部扩展并联合。瘦果卵形，具 3 棱，暗褐色，有光泽。

**生境：**旱生灌木。生于荒漠区和荒漠草原区的流动、半流动沙丘中下部，叶出现于石质残丘坡地或沟谷岩石缝处的沙土中。

**分布：**锡林郭勒、乌兰察布、鄂尔多斯、东阿拉善、西阿拉善州。

沙木蓼（徐杰摄于鄂尔多斯市鄂托克旗）

## 东北木蓼 *Atraphaxis manshurica* Kitag.

**别名：**东北针枝蓼

**鉴别特征：**沙生灌木，植株高 1 米左右，上部多分枝，有匍匐枝。叶互生，近于无柄、革质、倒披针形、披针状矩圆形或条形。总状花序顶生或侧生；花淡红色，花被片 5，2 轮，苞片矩圆状卵形，淡褐色或白色，膜质；内轮花被片果时增大，卵状椭圆形或宽椭圆形；雄蕊 8。瘦果卵形，具 3 棱，先端尖，基部宽楔形，暗褐色，略有光泽。

**生境：**中旱生植物。生于典型草原地带东半部的沙地和碎石质坡地。

**分布：**呼伦贝尔、兴安南部、科尔沁、赤峰丘陵、锡林郭勒州。

东北木蓼（哈斯巴根摄于赤峰市阿鲁科尔沁旗）

## 蓼属 *Polygonum* L.

### 萹蓄 *Polygonum aviculare* L.

**别名：** 篇竹竹、异叶蓼

**鉴别特征：** 一年生草本，高 10～40 厘米。茎平卧或斜升，由基部分枝，绿色，具纵沟纹，无毛。叶片狭椭圆形、矩圆状倒卵形、披针形、条状披针形或近条形，托叶鞘下部褐色，有不明显的脉纹。花几遍生于茎上，常 1～5 朵簇生于叶腋；雄蕊 8，比花被片短。瘦果卵形，长约 3 毫米，黑色或褐色，表面具不明显的细纹和小点，微露出于宿存花被之外。

**生境：** 中生植物。群生或散生于田野、路旁、村舍附近或河边湿地等处，为盐化草甸和草甸群落的伴生种。

**分布：** 内蒙古各州。

萹蓄（徐杰摄于呼和浩特市大青山）

### 尼泊尔蓼 *Polygonum nepalense* Meisn.

**别名：** 头序蓼、头状蓼

**鉴别特征：** 一年生草本，高 10～30 厘米。茎细弱，分枝。下部叶叶柄较长，上部较短或近无柄，抱茎；叶片三角状卵形、卵形或卵状披针形，先端锐尖，基部下延呈翅状或耳垂状，两面疏生白色刺状毛。头状花序顶生或腋生，具叶状总苞；花淡紫色至白色，通常 4 深裂，雄蕊

5～6，花柱 2。瘦果扁宽卵形。

　　生境：中生植物。生于河谷两岸、溪边、林区路边和农田。

　　分布：科尔沁、燕山北部、兴安南部、阴山、贺兰山州。

尼泊尔蓼（刘铁志摄于宁城县黑里河）

## 荭草 *Polygonum orientale* L.

　　别名：东方蓼、红蓼、水红花

　　鉴别特征：一年生草本，高 1～2 米。叶片卵形或宽卵形，全缘，两面均被疏长毛及腺点；托叶鞘杯状或筒状，被长毛，顶端绿色而呈叶状，或为干膜质状裂片，具缘毛。花穗紧密，顶生或腋生，圆柱形，下垂，常由数个排列成圆锥状，花粉红色至白色。

　　生境：中生草本植物。多栽培，也有逸生。生于田边、路旁、水沟边、庭园或住舍附近。

　　产地：科尔沁、赤峰、阴南丘陵、鄂尔多斯州。

荭草（徐杰摄于呼和浩特市）

## 桃叶蓼 *Polygonum persicaria* L.

　　鉴别特征：一年生草本。茎直立或基部斜升。叶柄短，被硬刺毛；叶片披针形。先端长渐尖，基部楔形。主脉与叶缘具硬刺毛；托叶鞘紧密包围茎；疏生伏毛，先端截形，具长缘毛。圆锥花序由多数花穗组成，苞漏斗状，紫红色，先端斜形，疏生缘毛；花梗比苞短；花被粉红色或白色，雄蕊通常 6，比花被短。瘦果宽卵形，黑褐色，有光泽，包于宿存的花被内。

　　生境：草本植物。生长于草原区的河岸和低湿地。

　　分布：呼伦贝尔、兴安北部、锡林郭勒、兴安南部、岭西、科尔沁、燕山北部、乌兰察布州。

桃叶蓼（徐杰摄于赤峰市喀喇沁旗）

## 酸模叶蓼 *Polygonum lapathifolium* L.

**别名**：旱苗蓼、大马蓼

**鉴别特征**：一年生草本，高 30～80 厘米。茎直立，有分枝，无毛，通常紫红色，节部膨大。叶片披针形、矩圆形或矩圆状椭圆形，托叶鞘筒状，淡褐色，无毛，具多数脉，先端截形，无缘毛或具稀疏缘毛。圆锥花序由数个花穗组成，花被淡绿色或粉红色。

**生境**：中生植物，轻度耐盐。多散生于阔叶林带、森林草原、草原以及荒漠带的低湿草甸、河谷草甸和山地草甸。常为伴生种。

**分布**：内蒙古各州。

酸模叶蓼（徐杰摄于通辽市扎鲁特旗特金罕山）

## 水蓼 *Polygonum hydropiper* L.

别名：辣蓼

鉴别特征：一年生草本，高30～60厘米。茎基部节上常生根。叶片披针形，先端渐尖，基部狭楔形，全缘，有辣味，两面被黑褐色腺点，有短柄。穗状花序稀疏，常不连续，顶生或腋生；花淡绿色或粉红色，花被4～5深裂，具腺点，雄蕊6，稀8，花柱2～3。瘦果卵形。

生境：湿生植物。生于水边、路旁和低湿地。

分布：岭西、呼伦贝尔、锡林郭勒、兴安南部、科尔沁、燕山北部、乌兰察布、阴山、阴南丘陵、鄂尔多斯、东阿拉善州。

水蓼（刘铁志摄于赤峰市宁城县黑里河四道沟）

## 西伯利亚蓼 *Polygonum sibiricum* Laxm.

别名：剪刀股、醋柳

鉴别特征：多年生草本，高5～30厘米。叶片近肉质，矩圆形、披针形、长椭圆形或条形，基部略呈戟形，且向下渐狭而成叶柄，两侧小裂片钝或稍尖。花序为顶生的圆锥花序。瘦果卵形，具3棱，棱钝，黑色，平滑而有光泽，包于宿存花被内或略露出。

西伯利亚蓼（徐杰摄于呼和浩特市大青山）

生境：中生植物。广布于草原和荒漠地带的盐化草甸、盐湿低地，局部还可形成群落，也散见于路旁、田野，为农田杂草。

分布：内蒙古各州。

## 叉分蓼 *Polygonum divaricatum* L.

别名：酸不溜

鉴别特征：多年生草本，高70～150厘米。茎直立或斜升，有细沟纹，叶片披针形、椭圆形以至矩圆状条形。花被白色或淡黄色，5深裂；雄蕊7～8，比花被短；花柱3。柱头头状。瘦果卵状菱形或椭圆形，具3锐棱。

叉分蓼（徐杰摄于呼和浩特市大青山）

生境：中生草本植物。生于森林草原、山地草原的草甸和坡地，以至草原区的固定沙地。

分布：兴安北部、岭西、岭东、呼伦贝尔、兴安南部、科尔沁、燕山北部、赤峰丘陵、锡林郭勒、乌兰察布、阴山、阴南丘陵、鄂尔多斯州。

## 高山蓼 *Polygonum alpinum* All.

别名：高山神血宁、兴安蓼

鉴别特征：多年生草本，高50～120厘米，自中上部分枝，下部疏生长硬毛。叶卵状披针形或披针形，顶端渐尖，基部宽楔形，全缘，密生短缘毛，两面被柔毛；托叶鞘斜形，开裂。圆锥花序顶生；花被5深裂，白色，雄蕊8，花柱3。瘦果具3锐棱，有光泽，比宿存花被长。

生境：中生植物。生于林缘草甸和山地草甸。

高山蓼（刘铁志摄于赤峰市喀喇沁旗旺业甸）

　　**分布：** 兴安北部、岭西、岭东、兴安南部、科尔沁、呼伦贝尔、锡林郭勒、燕山北部、阴山州。

## 珠芽蓼 *Polygonum viviparum* L.

　　**别名：** 山高粱、山谷子

　　**鉴别特征：** 多年生草本，高 10～35 厘米。根状茎粗短，肥厚。茎直立，不分枝。基生叶与茎下部叶具长柄，叶柄无翅；叶片革质，矩圆形、卵形或披针形。花序穗状，顶生，圆柱形，花排列紧密；花被白色或粉红色。瘦果卵形，具 3 棱。

　　**生境：** 中生草本植物。多生于高山、亚高山带和海拔较高的山地顶部地势平缓的坡地，有时也进入林缘、灌丛间和山地群落中。

　　**分布：** 兴安北部、兴安南部、燕山北部、岭西、阴山、贺兰山、龙首山州。

珠芽蓼（徐杰、刘铁志摄于呼和浩特市大青山和赤峰市巴林右旗赛罕乌拉）

## 拳参 *Polygonum bistorta* L.

　　**别名：** 紫参、草河车

　　**鉴别特征：** 多年生草本，高 20～80 厘米。根状茎肥厚，弯曲，外皮黑褐色，多须根。具残留的老叶。茎直立，较细弱，不分枝，无毛，通常 2～3 自根状茎上发出。叶片矩圆状披针形、披针形至狭卵形。花被白色或粉红色，5 深裂，裂片椭圆形；雄蕊 8，与花被片近等长；花柱 3。

拳参（徐杰摄于呼和浩特市大青山）

瘦果椭圆形，具 3 棱。

　　生境：中生草甸种。多散生于山地草甸和林缘。

　　分布：岭东、岭西、兴安南部、燕山北部、锡林郭勒、阴山、贺兰山州。

## 耳叶蓼 *Polygonum manshuriense* V. Petr. ex Kom.

　　鉴别特征：多年生草本，高 50～80 厘米。根状茎较粗短。叶片草质，较薄，矩圆形或披针形无毛，叶片下延至叶柄上，茎下部叶具短柄或无柄，披针形。花被粉红色或白色，5 深裂，裂片椭圆形；雄蕊 8；花柱 3。瘦果卵状三棱形。

　　生境：中生植物。散生于森林草原带的山地林缘草甸、灌丛及河谷草甸，为伴生种。

　　分布：兴安北部、岭西、科尔沁、燕山北部州。

耳叶蓼（徐杰摄于呼和浩特市和林县南天门林场）

## 箭叶蓼 *Polygonum sagittatum* L.

　　鉴别特征：一年生草本。茎蔓生或近直立，具 4 棱，沿棱具倒生钩刺。叶具短柄；叶片长卵状披针形，具卵状三角形的叶耳。花序头状，成对顶生或腋生，花密集，白色或粉红色；雄蕊 8；花柱 3。瘦果三棱形，长约 3 毫米，黑色。

　　生境：中生植物。多散生于山间谷地、河边和低湿地，为草甸、沼泽化草甸的伴生种。

　　分布：兴安北部、岭东、岭西、兴安南部、科尔沁、辽河平原、燕山北部、贺兰山州。

箭叶蓼（刘铁志摄于赤峰市阿鲁科尔沁旗高格斯台罕山）

箭叶蓼（刘铁志摄于赤峰市阿鲁科尔沁旗高格斯台罕山）

## 两栖蓼 *Polygonum amphibium* L.

**鉴别特征：** 多年生草本，为水陆两生植物。根状茎横卧。生于水中者，叶浮于水面，具长柄，叶片矩圆形或矩圆状披针形，叶有短柄或近无柄，矩圆状披针形。茎直立或斜升，绿色稀为淡红色。花序通常顶生，椭圆形或圆柱形，为紧密的穗状花序；花被粉红色，稀白色，5 深裂，雄蕊通常 5，与花被片互生而包于其内，花药粉红色；基部合生，露出于花被外；子房倒卵形，略扁平。

**生境：** 中生—水生植物。生于河溪岸边、湖滨、低湿地以至农田。

**分布：** 内蒙古各州。

**两栖蓼（刘铁志摄于赤峰市阿鲁科尔沁旗天山和克什克腾旗达里诺尔）**

## 细叶蓼 *Polygonum angustifolium* Pall.

**鉴别特征：** 多年生草本，高 15～70 厘米。<u>茎</u>直立，多分枝，开展，稀少量分枝，具细纵沟纹，通常无毛。叶狭条形至矩圆状条形。圆锥花序无叶或于下部具叶，疏散；花被白色或乳白色。瘦果卵状菱形，具 3 棱。

**生境：** 旱中生草甸种。多散生于森林、森林草原带的林缘草甸和山地草甸草原，为伴生种。

**分布：** 呼伦贝尔、兴安北部、岭东、岭西、兴安南部、科尔沁、赤峰丘陵州。

细叶蓼（徐杰摄于赤峰市阿鲁科尔沁旗罕山）

## 狐尾蓼 *Polygonum alopecuroides* Turcz. ex Besser

**鉴别特征：** 多年生草本，高 80～100 厘米。根状茎肥厚，块根状，向上弯曲。叶片草质，狭矩圆形、狭矩圆状披针形或条状披针形。花序穗状，顶生，圆柱状；花被白色或粉红色，5 深

狐尾蓼（刘铁志摄于呼伦贝尔市根河市得耳布尔）

裂，裂片椭圆形。瘦果菱状卵形，具3棱。

生境：中生植物。生于针叶林地带和森林草原地带的山地河谷草甸，为禾草、杂类草草甸的伴生种。

分布：兴安北部、兴安南部、岭东、岭西、科尔沁、呼伦贝尔、锡林郭勒、赤峰丘陵、燕山北部、阴山州。

## 穿叶蓼 *Polygonum perfoliatum* L.

别名：杠板归、贯叶蓼、犁头刺

鉴别特征：多年生草本。茎攀援，长可达2米，具纵棱，沿棱具倒生钩刺。叶片三角形，顶端钝或微尖，基部截形或微心形，全缘，下面沿叶脉疏生钩刺；叶柄具倒生钩刺，盾状着生；托叶鞘叶状，近圆形，抱茎。花序短穗状，顶生或腋生，花被5深裂，白色或淡红色，雄蕊8，花柱3。果实增大，呈肉质，深蓝色，瘦果球形，黑色。

生境：中生植物。生于山地林缘及河谷低湿地。

分布：岭东、兴安南部、辽河平原、燕山北部州。

穿叶蓼（刘铁志摄于赤峰市宁城县黑里河）

## 柳叶刺蓼 *Polygonum bungeanum* Turcz.

别名：本氏蓼

鉴别特征：一年生草本，高30～60厘米，疏生倒生钩刺。叶片披针形、长卵状披针形或戟形，先端锐尖或稍钝，基部楔形，边缘生长睫毛。花序由数个花穗组成圆锥状花序，顶生或腋生，花被5深裂，白色或粉红色；雄蕊7～8，花柱2。瘦果圆扁豆形，黑色，无光泽。

生境：中生植物。生于沙地、田间和路旁湿地。

分布：岭西、岭东、兴安南、科尔沁、辽河平原、燕山北部、乌兰察布、阴山、阴南丘陵、东阿拉善州。

柳叶刺蓼（刘铁志摄于赤峰市新城区）

## 戟叶蓼 *Polygonum thunbergii* Sieb. et Zucc.

**鉴别特征：**一年生草本，高20～60厘米。茎直立斜升，四棱形，沿棱具倒生钩刺。叶柄长0.5～3.0厘米，有狭翅；叶片戟形，卵形，钝圆，叶无星状毛，叶缘有密而短的缘毛。花序短聚伞状，顶生或腋生。瘦果卵圆状三棱形。

**生境：**中生植物。生于河边低湿地。

**分布：**岭东州、岭西州、燕山北部、辽河平原州。

戟叶蓼（哈斯巴根摄于通辽市大青沟国家级自然保护区）

### 长戟叶蓼 *Polygonum maackianum* Regel

**鉴别特征：**一年生草本，高40～70厘米。茎直立或斜升，四棱形。叶戟形，披针形，基部心形，叶柄无翅，叶两面密被星状毛和疏被短刺毛。花序头状或聚伞状，常顶生，有毛。瘦果三棱形，褐色。

**生境：**中生植物。散生于草原区东部的低湿地，为草甸群落的伴生种。

**分布：**兴安南部、燕山北部州。

长戟叶蓼（徐杰摄于赤峰市喀喇沁旗）

## 荞麦属 *Fagopyrum* Gaertn.

荞麦（徐杰摄于赤峰市克什克腾旗）

### 荞麦 *Fagopyrum sagittatum* Moench.

**鉴别特征：**一年生草本，高30～100厘米。茎直立。叶片三角形或三角状箭形，有时近五角形，先端渐尖。总状或圆锥花序，腋生和顶生，花簇紧密着生；总花梗细长，不分枝；花梗细，花被淡粉红色或白色，5深裂，裂片卵形或椭圆形。雄蕊8，较花被片短，花药淡红色；花盘具腺状突起。瘦果卵状三棱形或三棱形，具3锐角棱，棕褐色，有光泽。

**生境：**中生植物。农田栽培植物。

**分布：**内蒙古各州。

荞麦（徐杰摄于赤峰市克什克腾旗）

## 苦荞麦　*Fagopyrum tataricum*（L.）Gaertn.

**别名**：野荞麦、胡食子

**鉴别特征**：一年生草本，高 30～60 厘米。小枝具乳头状突起。叶片宽三角形或三角状戟形，全缘或微波状，两面沿叶脉具乳头状毛。总状花序，腋生和顶生；花被白色或淡粉红色。瘦果圆锥状卵形，灰褐色，有沟槽，具 3 棱，上端角棱锐利，下端圆钝成波状。

**生境**：中生植物。多呈半野生状态生长在田边、荒地、路旁和村舍附近，亦有栽培者。

**分布**：内蒙古各州。

苦荞麦（徐杰、刘铁志摄于赤峰市克什克腾旗和宁城市黑里河大坝沟）

## 首乌属　*Fallopia* Adanson

## 木藤首乌　*Fallopia aubertii*（L. Henry）Holub

**别名**：鹿挂面、木藤蓼

**鉴别特征**：多年生草本或半灌木。茎近直立或缠绕，褐色，无毛，长达数米。叶常簇生或互生，叶片矩圆状卵形、卵形或宽卵形。花序圆锥状，顶生，分枝少而稀疏；花被 5 深裂，白色，雄蕊 8，比花被稍短；花柱极短，柱头 3，盾状。瘦果卵状三棱形。

**生境**：中生植物。散生于荒漠区山地的林缘和灌丛间，为伴生种。

**分布**：阴山南部、贺兰山州。

木藤首乌（徐杰摄于阿拉善贺兰山）

## 蔓首乌 *Fallopia convolvulus*（L.）Á. Löve

别名：荞麦蔓

鉴别特征：一年生草本。茎缠绕，细弱，稀平滑，常分枝。叶有柄，棱上具极小的钩刺；叶片三角状卵心形或戟状卵心形。花聚集为腋生之花簇，向上而成为间断具叶的总状花序；花被淡绿色，边缘白色。雄蕊8，比花被短；花柱短，柱头3，头状。瘦果椭圆形，具3棱，黑色，表面具小点，无光泽。

生境：中生植物。多散生于阔叶林带、森林草原带和草原带的山地、草甸和农田。

分布：兴安北部、岭西、呼伦贝尔、兴安南部、辽河平原、科尔沁、阴山、乌兰察布、锡林郭勒、贺兰山州。

蔓首乌（刘铁志、徐杰摄于赤峰市红山区和喀喇沁旗）

## 齿翅首乌 *Fallopia dentatoalata*（F. Schm.）Holub

别名：齿翅蓼

鉴别特征：一年生草本。茎缠绕，长1米余，有条纹。叶片心形或卵形，全缘，两面无毛，边缘及叶有乳头样鳞片状突起。花序为有叶的总状花序，顶生或腋生；苞筒状；花白色或淡绿色。瘦果三棱形，长4～5毫米，黑色，有纹。

生境：中生植物。多散生于山地草甸和河谷草甸，为伴生种。

分布：燕山北部、兴安南部州。

齿翅首乌（徐杰摄于赤峰市喀喇沁旗）

# 藜　科
Chenopodiaceae

## 盐穗木属 *Halostachys* C. A. Mey. ex Schrenk

### 盐穗木 *Halostachys caspica* C. A. Mey. ex Schrenk

鉴别特征：灌木，高1.5～2.0米。茎直立，多分枝；老枝常无叶。叶对生，肉质，鳞片状，先端钝或锐尖。穗状花序，着生于枝端；花两性；花被合生，肉质，倒卵形，顶端3浅裂；雄蕊1；子房卵形，柱头2。胞果卵形，果皮膜质。

生境：盐生植物。生于荒漠区西部河岸、湖滨潮湿盐碱土上，为盐生荒漠的建群种之一，有时与盐爪爪混合生长或生于柽柳灌丛和胡杨林下，为伴生种。

分布：额济纳州。

盐穗木（吴剑雄摄于阿拉善盟额济纳旗）

## 盐角草属 *Salicornia* L.

### 盐角草 *Salicornia europaea* L.

别名：海蓬子、草盐角

鉴别特征：一年生草本，高 5～30 厘米。茎直立，多分枝；枝灰绿色或为紫红色。叶鳞片状，基部连合成鞘状，边缘膜质，穗状花序有短梗，圆柱状。花每 3 朵成 1 簇，着生于肉质花序轴两侧的凹陷内；花被上部扁平；雄蕊 1 或 2，花药矩圆形。胞果卵形，果皮膜质，包于膨胀的花被内。种子矩圆形。

生境：盐生植物。生于盐湖或盐渍低地，可组成一年生盐生植被。

分布：呼伦贝尔、锡林郭勒、乌兰察布、西阿拉善、阴南丘陵、鄂尔多斯、东阿拉善、额济纳州。

盐角草（刘铁志、徐杰摄于锡林郭勒盟苏尼特左旗和鄂尔多斯市达拉特旗）

## 梭梭属 *Haloxylon* Bunge

### 梭梭 *Haloxylon ammodendron*（C. A. Mey.）Bunge

别名：琐琐、梭梭柴

鉴别特征：矮小的半乔木，有时呈灌木状，高 1～4 米。叶退化成鳞片状宽三角形，先端钝，腋间有绵毛。花单生于叶腋；小苞片宽卵形，边缘膜质；花被片 5，矩圆形。果时自背部横生膜质翅，胞果半圆球形，顶部稍凹，果皮黄褐色，肉质。种子扁圆形，直径 2.5 毫米。

生境：旱生盐生植物。生于荒漠区的湖盆低地外缘固定、半固定沙丘砂砾质、碎石沙地，砾石戈壁以及干河床。

分布：东阿拉善、西阿拉善、额济纳州。

梭梭（徐杰摄于阿拉善左旗）

## 假木贼属 *Anabasis* L.

### 短叶假木贼 *Anabasis brevifolia* C. A. Mey.

别名：鸡爪柴

鉴别特征：小半灌木，高5～15厘米。主根粗壮，黑褐色。由基部主干上分出多数枝条。叶矩圆，先端具短刺尖，稍弯曲，腋内生绵毛。花两性，1～3朵生于叶腋；小苞片2，舟状，边缘膜质；花被5，翅膜质，扇形或半圆形，边缘有不整齐钝齿，具脉纹，淡黄色或橘红色。胞果宽椭圆形或近球形，黄褐色，密被乳头状突起。种子与果同形。

短叶假木贼（徐杰摄于阿拉善右旗）

生境：旱生荒漠小半灌木。生于荒漠区和荒漠草原带的石质山丘，黏质或黏壤质微碱化的山丘间谷地和坡麓地带，为亚洲中部石质荒漠植被的建群植物之一。

分布：乌兰察布、鄂尔多斯、东阿拉善、西阿拉善、额济纳州。

## 盐爪爪属 *Kalidium* Moq.

### 盐爪爪 *Kalidium foliatum*（Pall.）Moq.

别名：着叶盐爪爪、碱柴、灰碱柴

鉴别特征：半灌木，高20~50厘米。茎多分枝，老枝灰褐色，小枝上部近草质，黄绿色。叶互生，圆柱形，肉质，开展成直角，或稍向下弯，顶端钝，基部下延，半抱茎。穗状花序顶生，每3朵花生于1鳞状苞片内；雄蕊2，伸出花被外，子房卵形，柱头2。胞果圆形。

生境：盐生、旱生植物。生于草原区和荒漠区的盐碱地上，尤喜潮湿疏松的盐土。

分布：呼伦贝尔、锡林郭勒、乌兰察布、阴南丘陵、鄂尔多斯、东阿拉善、西阿拉善、额济纳州。

盐爪爪（赵家明摄于呼伦贝尔市新巴尔虎右旗）

### 尖叶盐爪爪 *Kalidium cuspidatum*（Ung.-Sternb.）Grub.

别名：灰碱柴

鉴别特征：半灌木，高10~30厘米。茎多由基部分枝，枝斜升，黄褐色或带黄白色。叶卵形，边缘膜质。基部半抱茎，灰蓝色。花序穗状，圆柱状或卵状；每3朵花生于1鳞状苞片内。胞果圆形，直径约1毫米；种子与果同形。

生境：盐生半灌木。生于草原区和荒漠区的盐土或盐碱土上、在湖盆外围，盐渍低地常形成单一的群落，有时也进入盐化草甸。为伴生成分。

分布：呼伦贝尔、锡林郭勒、乌兰察布、阴南丘陵、鄂尔多斯、东阿拉善、西阿拉善、额济纳州。

尖叶盐爪爪（赵家明摄于呼伦贝尔市新巴尔虎左旗）

尖叶盐爪爪（刘铁志、徐杰摄于鄂尔多斯市鄂托克旗和锡林郭勒盟苏尼特左旗）

## 合头藜属　*Sympegma* Benge

### 合头藜　*Sympegma regelii* Bunge

**别名**：列氏合头草、黑柴

**鉴别特征**：小半灌木，高 10～50 厘米。茎直立，多分枝。叶互生，肉质，圆柱形，基部缢缩，易断落，灰绿色。花两性，常 3～4 朵聚集成顶生或腋生的小头状花序；花被片 5，草质，柱头 2。胞果扁圆形，果皮淡黄色。种子直立。

**生境**：强旱生植物。生于荒漠区的石质山坡或土质低山丘陵坡地，为山地荒漠群落的主要建群种之一。

**分布**：鄂尔多斯、东阿拉善、西阿拉善、龙首山、额济纳州。

合头藜（吴剑雄摄于鄂尔多斯鄂托克旗）

## 碱蓬属 *Suaeda* Forsk. ex Gmelin

### 碱蓬 *Suaeda glauca*（Bunge）Bunge

**别名：**猪尾巴草、灰绿碱蓬

**鉴别特征：**一年生草本，高30～60厘米。茎直立，圆柱形，浅绿色，具条纹。叶条形，半圆柱状或扁平，灰绿色，光滑或被粉粒。花两性，单生或2～5朵簇生于叶腋的短柄上，或呈团伞状。胞果有2型，其一扁平，圆形，紧包于五角星形的花被内；另一呈球形，花被不为五角星形。种子近圆形、黑色。

**生境：**盐生植物。生于盐渍化和盐碱湿润的土壤上，群集或零星分布，能形成群落或层片。

**分布：**呼伦贝尔、锡林郭勒、科尔沁、乌兰察布、阴南丘陵、鄂尔多斯、东阿拉善、西阿拉善、阴山、额济纳州。

碱蓬（刘铁志、徐杰摄于库布其沙漠）

### 盐地碱蓬 *Suaeda salsa*（L.）Pall.

**别名：**黄须菜、翅碱蓬

**鉴别特征：**一年生草本，高10～50厘米。茎直立，圆柱形，无毛，有红紫色条纹。叶条形，叶先端尖或急尖，圆柱状。团伞花序，在分枝上排列成间断的穗状花序，花两性或兼有雌性。种子表面具不清晰的网点纹，黑色，有光泽。

**生境：**盐生植物。生于盐碱或盐湿土壤上，星散或群集分布。在盐碱湖滨、河岸、洼地常形成群落。为典型盐生植物。

**分布：**内蒙古各州。

盐地碱蓬（哈斯巴根摄于赤峰市阿鲁科尔沁旗）

## 茄叶碱蓬 *Suaeda przewalskii* Bunge

**鉴别特征：**一年生沙生植物，植株高10～45厘米。茎直立，圆柱状，被散生的星状毛。叶长椭圆形或倒披针形。穗状花序圆柱状；花被片3，近轴花被片宽卵形或近圆形；雄蕊5，花丝钻形，与花被等长或稍长。果实圆形或近圆形，扁平，背面平坦，腹面凹入较浅，呈碟状，棕色或浅棕色，无毛和其他附属物；果翅极窄，向腹面反折，果喙不显。

**生境：**强旱生植物。生于荒漠区流动、半流动沙丘上。

**分布：**鄂尔多斯、东阿拉善、西阿拉善州。

茄叶碱蓬（吴剑雄摄于鄂尔多斯市杭锦旗）

## 角果碱蓬 *Suaeda corniculata*（C. A. Mey.）Bunge

**鉴别特征：**一年生草本，高10～30厘米。茎由基部分枝，斜升或直立，有红色条纹。叶条形、半圆柱形，先端渐尖，基部渐狭，常被粉粒。花两性或雌性；3～6朵簇生于叶腋；花被片5，果时背面向外延伸呈不等大的角状突出，其中之一发育伸长成长角状；雄蕊5，柱头2。胞果圆形，稍扁。

**生境：**盐生植物。生于盐碱湿地。

**分布：**除大兴安岭北部林区外，广布内蒙古各州。

角果碱蓬（赵家明摄于呼伦贝尔市新巴尔虎右旗）

## 雾冰藜属 *Bassia* All.

### 雾冰藜 *Bassia dasyphylla*（Fisch. et C. A. Mey.）O. Kuntze

别名：巴西藜、肯诺藜、五星蒿、星状刺果藜

鉴别特征：一年生草本，高5～30厘米，全株被灰白色长毛。茎直立，具条纹，黄绿色或浅红色，多分枝，开展，细弱，后变硬。叶肉质，圆柱状或半圆柱状条形。花单生或2朵集生于叶腋，

但仅1花发育；花被球状壶形，草质。果时在裂片背侧中部生5个锥状附属物，呈五角星状。胞果卵形。种子横生，平滑，黑褐色。

生境：旱生草本植物。散生或群生于草原区和荒漠区的沙质和沙砾质土壤上，也见于沙质撂荒地和固定沙地，稍耐盐。

分布：呼伦贝尔、锡林郭勒、科尔沁、兴安南部、赤峰丘陵、燕山南部、乌兰察布、阴南丘陵、鄂尔多斯、东阿拉善、西阿拉善、贺兰山、额济纳州。

雾冰藜（徐杰摄于鄂尔多斯市准格尔旗）

## 猪毛菜属　*Salsola* L.

### 珍珠猪毛菜　*Salsola passerina* Bunge

**别名：**珍珠柴、雀猪毛菜

**鉴别特征：**半灌木，高5～30厘米。茎弯曲，密被鳞片状丁字形毛。叶互生，密被鳞片状丁字形毛，叶腋和短枝着生球状芽，亦密被毛。苞片卵形或锥形，肉质，有毛；花药条形，自基部分离至近顶部，顶端有附属物；柱头锥形。胞果倒卵形；种子圆形。

**生境：**旱生植物。生于荒漠区的砾石质、砂砾质戈壁或黏土壤，荒漠草原带盐碱湖盆地。为阿拉善荒漠最重要的建群种之一，组成优势群落类型。

**分布：**西阿拉善、乌兰察布、东阿拉善州。

珍珠猪毛菜（徐杰摄于阿拉善左旗和乌海市西鄂尔多斯国家级自然保护区）

### 松叶猪毛菜　*Salsola laricifolia* Turcz. ex Litv.

**鉴别特征：**小灌木，高20～50厘米，多分枝，有光泽，常具纵裂纹。叶互生或簇生，条状半圆形，肉质，肥厚。花单生于苞腋，小苞片宽卵形，长于花被；花被片5，长卵形，稍坚硬，果膜质翅，翅红紫色或淡紫褐色，肾形或宽倒卵形；雄蕊5，花药矩圆形，胞果倒卵形。种子横生。

**生境：**强旱生植物。生于石质低山残丘。广布于亚洲中部荒漠，是草原化石质荒漠群落的主要优势种。也呈伴生种见于石质、砾石质典型荒漠群落中。

**分布：**乌兰察布、东阿拉善、西阿拉善、贺兰山、龙首山、鄂尔多斯州。

松叶猪毛菜（徐杰摄于阿拉善盟阿右旗）

## 猪毛菜 *Salsola collina* Pall.

**别名：** 山叉明棵、札蓬棵、沙蓬

**鉴别特征：** 一年生草本，高 30～60 厘米。茎近直立，通常由基部分枝，开展，茎及枝淡绿色。叶条状圆柱形，肉质。花通常多数，生于茎及枝上端。苞片卵形，具锐长尖，绿色，边缘膜质。雄蕊 5，稍超出花被，柱头丝形。胞果倒卵形，果皮膜质。种子倒卵形，顶端截形。

**生境：** 旱中生植物。为欧亚大陆温带地区习见种，经常进入草原和荒漠群落中成伴生种，亦为农田、撂荒地杂草，可形成群落或纯群落。对土壤砂质和松软有良好反应。

**分布：** 内蒙古各州。

猪毛菜（刘铁志、徐杰摄于赤峰市区和呼和浩特市区）

## 刺沙蓬 *Salsola tragus* L.

**别名：** 沙蓬、苏联猪毛菜

**鉴别特征：** 一年生草本，高 15～50 厘米。茎直立或斜升，坚硬，绿色，圆筒形或稍有棱。

具白色或紫红色条纹。叶互生，条状圆柱形，肉质，全缘或具微小锯齿。果时于背侧中部横生 5 个干膜质或近革质翅，雄蕊 5，果皮膜质。

　　**生境：** 旱中生植物。生于砂质或砂砾质土壤上，喜疏松土壤，也进入农田成为杂草。多雨年份在荒漠草原和荒漠群落中常形成发达的层片。

　　**分布：** 内蒙古各州。

刺沙蓬（徐杰摄于乌海市）

## 盐生草属 *Halogeton* C. A. Mey.

### 盐生草 *Halogeton glomeratus*（Marschall von Bieb.）C. A. Mey.

　　**鉴别特征：** 一年生草本。高 5～30 厘米。灰绿色。叶圆柱状，先端有黄色长刺毛，易脱落，基部扩大，半抱茎，叶腋有白色长毛束。花腋生，通常 4～6 朵聚集成团伞花序，几乎遍布于全植株；花被片披针形，果时自背侧近顶部生翅。胞果球形或卵球形。

　　**生境：** 一年生强旱生草本。仅见于荒漠区西部轻度盐渍化的黏壤土质或沙砾质、砾质戈壁滩上。在极端严酷的生境条件下，能形成群落，并常以伴生成分进入其他荒漠群落。

　　**分布：** 西阿拉善、额济纳州。

盐生草（吴剑雄摄于阿拉善盟额济纳旗）

## 蛛丝蓬属 *Micropeplis* Bunge

### 蛛丝蓬 *Micropeplis arachnoidea*（Moq.-Tandon）Bunge

　　**别名：** 蛛丝盐生草、白茎盐生草、小盐大戟

　　**鉴别特征：** 一年生草本，高 10～40 厘米。茎直立，自基部分枝，枝互生，灰白色。叶互生，肉质，圆柱形，叶腋有锦毛。花小，杂性，通常 2～3 朵簇生于叶腋；花被片 5，宽披针形，

膜质，先端钝或尖，全缘或有齿；翅半圆形，膜质，透明；胚螺旋状。

生境：耐盐碱的旱中生物。多生于荒漠地带的碱化土壤或砾石戈壁滩上，为荒漠群落的常见伴生种，沿盐渍化低地也进入荒漠草原地带，但一般很少进入典型草原地带。

分布：呼伦贝尔、锡林郭勒、乌兰察布、阴山南部、鄂尔多斯、东阿拉善、西阿拉善、贺兰山、龙首山、额济纳州。

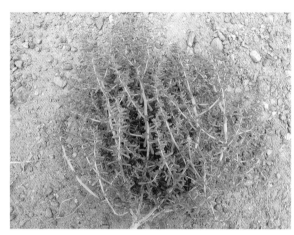 

蛛丝蓬（徐杰摄于阿拉善左旗）

## 沙蓬属 *Agriophyllum* M. Bieb.

### 沙蓬 *Agriophyllum squarrosum*（L.）Moq.-Tandon

别名：沙米、登相子

鉴别特征：一年生草本，植株高 15～50 厘米。茎坚硬，浅绿色，具不明显条棱。叶无柄，披针形至条形。花序穗状，紧密，宽卵形或椭圆状，苞片宽卵形，先端急缩具短刺尖，后期反折；花被片 1～3，膜质；雄蕊 2～3，花丝扁平，锥形，花药宽卵形；子房扁卵形，被毛，柱头 2。胞果圆形或椭圆形。种子近圆形，扁平，光滑。

生境：沙生植物。生于流动、半流动沙地和沙丘，在草原区沙地和沙漠中分布极为广泛，往往可以形成大面积的先锋植物群聚。

分布：内蒙古各州。

 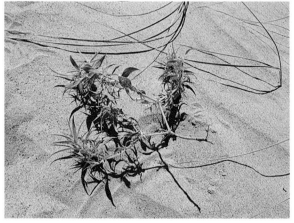

沙蓬（徐杰摄于鄂尔多斯市准格尔旗十二连城）

## 虫实属 *Corispermum* L.

### 碟果虫实 *Corispermum patelliforme* Iljin

鉴别特征：一年生草本，植株高 10～45 厘米。茎直立，圆柱状，被散生的星状毛，分枝斜升。叶长椭圆形，先端钝圆，具小凸尖，基部渐狭，具 3 脉。穗状花序圆柱状。先端锐尖或骤尖，具较狭的膜质边缘，1～3 脉，果时苞片掩盖果实；花被片 3，近轴花被片宽卵形。雄蕊 5，花丝钻形。果实近圆形，扁平，呈碟状，果翅极窄，向腹面反折，果喙不显。

生境：一年生沙生植物。生于荒漠区流动、半流动沙丘上。

分布：鄂尔多斯、乌兰察布州。

碟果虫实（吴剑雄摄于鄂尔多斯市杭锦旗）

### 绳虫实 *Corispermum declinatum* Steph. ex Iljin

鉴别特征：植株高 15～50 厘米。茎直立，稍细弱，分枝多，具条纹。叶条形，先端渐尖。穗状花序细长，稀疏；苞片较狭，条状披针形至狭卵形。花被片 1，稀 3，先端全缘或啮蚀状；雄蕊 1～3，花丝长为花被长的 2 倍。果实倒卵状矩圆形，无毛；果核狭倒卵形，平滑或稍具瘤状突起；边缘具狭翅。

绳虫实（徐杰摄于鄂尔多斯准格尔旗）

**生境：**一年生沙生植物。生于草原区砂质土壤和固定沙丘上。

**分布：**科尔沁、锡林郭勒、鄂尔多斯、乌兰察布州。

## 兴安虫实 *Corispermum chinganicum* Iljin

**鉴别特征：**植株高10～50厘米。茎直立，圆柱形，绿色或紫红色。叶条形。穗状花序圆柱形，稍紧密，具较宽的白色膜质边缘，全部包被果实。果实矩圆状倒卵形或宽椭圆形，果实长3.0～3.5毫米，宽1.5～2.0毫米果核椭圆形，灰绿色至橄榄色，后期为暗褐色。

**生境：**一年生沙生植物。生于草原和荒漠草原的沙质土壤上，也出现于荒漠区湖边沙地和干河床。

**分布：**呼伦贝尔、科尔沁、赤峰丘陵、阴山、阴南丘陵、鄂尔多斯州。

兴安虫实（徐杰摄于鄂尔多斯市准格尔旗）

## 华虫实 *Corispermum stauntonii* Moq. -Tandon

**别名：**施氏虫实

**鉴别特征：**植株高15～50厘米。茎直立，圆柱形，绿色或紫红色。叶条形或条状披针形。穗状花序棍棒状或圆柱状，紧密或下部稀疏；苞片条状披针形、披针形至宽卵形。果实宽椭圆形，长3.5～4.0毫米，宽2.5～3.0毫米，果翅较宽，为果核宽的1/3～1/2。

**生境：**一年生沙生植物。生于草原区的沙地、砂质土壤及砂质撂荒地。

**分布：**科尔沁、锡林郭勒、阴南丘陵州。

华虫实（徐杰摄于鄂尔多斯准格尔旗）

## 驼绒藜属 *Krascheninnikovia* Gueld.

### 华北驼绒藜 *Krascheninnikovia arborescens* (Losina-Losinsk.) Czerepanov

**别名：** 驼绒蒿

**鉴别特征：** 植株高 1～2 米，分枝多集中于上部，较长。叶较大，具柄短，叶片披针形或矩圆状披针形，通常具明显的羽状叶脉。雌花管倒卵形，长约 3 毫米，花管裂片粗短，其长为管长的 1/5～1/4，下部则有短毛。胞果椭圆形或倒卵形，被毛。

**生境：** 旱生半灌木。散生于草原区和森林草原区的干燥山坡、固定沙地、旱谷和干河床内，为山地草原和沙地植被的伴生成分和亚优势成分。

**分布：** 兴安南部、科尔沁、锡林郭勒、乌兰察布、阴山、阴南丘陵、鄂尔多斯、燕山北部、龙首山州。

华北驼绒藜（徐杰摄于呼和浩特市清水河县和乌兰察布市四子王旗格根塔拉）

### 驼绒藜 *Krascheninnikovia ceratoides* (L.) Gueld.

**别名：** 优若藜

**鉴别特征：** 植株高 0.3～1.0 米。分枝多集中于下部。叶较小，条形、条状披针形、披针形或矩圆形，先端锐尖或钝，基部渐狭、楔形或圆形，全缘，1 脉，有时近基部有 2 条不甚显著的侧脉。雌花管椭圆形，长 3～4 毫米，其长为管长的 1/3。胞果椭圆形或倒卵形。

**生境：** 强旱生半灌木。生于草原区西部和荒漠区沙质、砂砾质土壤，为小针茅草原的伴生种，在草原化荒漠可形成大面积的驼绒藜群落，也出现在其他荒漠群落中。

**分布：** 锡林郭勒、乌兰察布、鄂尔多斯、东阿拉善、西阿拉善、额济纳州。

驼绒藜（徐杰摄于鄂尔多斯市鄂托克旗）

驼绒藜（徐杰摄于鄂尔多斯市鄂托克旗和阿拉善贺兰山）

## 地肤属 *Kochia* Roth

### 木地肤 *Kochia prostrata*（L.）Schrad.

别名：伏地肤

鉴别特征：小半灌木，高 10～60 厘米。根粗壮，木质。枝斜升，纤细，被白色柔毛，有时被长绵毛，上部近无毛。叶于短枝上呈簇生状，叶片条形或狭条形。花单生或 2～3 朵集生于叶腋，或于枝端构成复穗状花序，花无梗，不具苞，花被壶形或球形，密被柔毛。

生境：旱生小半灌木，多生于草原区和荒漠区东部的粟钙土和棕钙土上，为草原和荒漠草原群落的恒有伴生种，亦可进入部分草原化荒漠群落。

分布：兴安北部、岭东、岭西、呼伦贝尔、兴安南部、锡林郭勒、乌兰察布、鄂尔多斯、东阿拉善、龙首山州。

木地肤（徐杰摄于乌兰察布市四子王旗）

### 地肤 *Kochia scoparia*（L.）Schrad.

别名：扫帚菜

鉴别特征：一年生草本，高 50～100 厘米。茎直立，粗壮，具条纹，淡绿色或浅红色。叶片无柄，叶片披针形至条状披针形，扁平，全缘，无毛或被柔毛，通常具 3 条纵脉。花无梗，通常单生或 2 朵生于叶腋；花被片 5，黄绿色，卵形，全缘或有钝齿。胞果扁球形。种子与果同形，黑色。

生境：中生杂草。多见于夏绿阔叶林区和草原区的撂荒地、路旁、村边，散生或群生，亦为常见农田杂草。

分布：内蒙古各州。

### 碱地肤 *Kochia sieversiana*（Pall.）C. A. Mey.

别名：秃扫儿

鉴别特征：一年生草本，高50～100厘米。茎直立，粗壮。叶片无柄，叶片披针形至条状披针形，基部渐狭成柄状，全缘。花无梗，于枝上排成穗状花序；花被片5，基部合生，黄绿色，卵形，背部近先端处有绿色隆脊及横生的龙骨状突起，花下有较密的束生柔毛。果时龙骨状突起发育为横生的翅，翅短，卵形，膜质，全缘或有钝齿；胞果扁球形，包于花被内。

生境：旱中生植物。生于盐碱化低湿地、荒地、路旁和居民点附近。

分布：内蒙古各州。

地肤（徐杰摄于乌海市海勃湾区）

碱地肤（赵家明摄于呼伦贝尔市新巴尔虎右旗）

## 滨藜属 *Atriplex* L.

### 四翅滨藜 *Atriplex canescens*（Pursh）Nutt.

别名：灰毛滨藜

鉴别特征：准常绿灌木，高1～2米。枝条密集，树干灰黄色，有裂纹，嫩枝灰绿色。叶互生，条形或披针形，稍有白粉，上面绿色，下面灰绿色，粉粒较多。雌雄同株或异株，花单性或两性，雄花数个成簇，在枝端集成穗状花序，花被片5，雄蕊5；雌花数个着生于叶腋，无花被，苞片2裂，柱头2。胞果有不规则的果翅2～4枚，宿存。

生境：旱生植物。生于荒漠盐碱地。

分布：原产美国、伊朗等国。巴彦淖尔市临河区有引种。

四翅滨藜（刘铁志摄于巴彦淖尔市临河区）

## 中亚滨藜 *Atriplex centralasiatica* Iljin

别名：中亚粉藜、麻落粒

鉴别特征：一年生草本，高20～50厘米。茎直立，钝四棱形。叶互生，具短柄或近无柄；叶片菱状卵形、三角形、卵状戟形或长卵状戟形，边缘通常有少数缺刻状钝牙齿。花单性，雌雄同株，通常在同一株上有两种形状，通常背部密被瘤状突起，有牙齿。另一种略扁平，不具瘤状突起，边缘具牙齿。胞果宽卵形或圆形，直径2～3毫米。种子扁平，棕色，光亮。

生境：盐生中生草本植物。生于荒漠区和草原区的盐化或碱化土以及盐碱土壤上。

分布：锡林郭勒、乌兰察布、阴南丘陵、鄂尔多斯、东阿拉善、西阿拉善州。

中亚滨藜（徐杰摄于阿拉善贺兰山和乌海市西鄂尔多斯国家级自然保护区）

## 野滨藜 *Atriplex fera* ( L. ) Bunge

**别名：** 三齿滨藜、三齿粉藜

**鉴别特征：** 一年生草本，高 20～60 厘米。茎钝四棱形，具条纹。叶互生，具柄，叶片卵状披针形或长圆状卵形，基部广楔形至近圆形，全缘或稍呈波状，两面绿色或灰绿色，背面稍被鳞粃状膜片或白粉。花单性，雌雄同株，于叶腋簇生；雄花 4～5 数，雌花无花被，具 2 苞片，边缘全部合生，包住果实，呈卵形或椭圆形，有明显的梗，顶缘具 3 个短齿。

**生境：** 盐生中生植物。生于湖滨、河岸、低湿盐碱地、居民点、路旁和沟渠附近。

**分布：** 呼伦贝尔、科尔沁、锡林郭勒、乌兰察布、阴南丘陵、鄂尔多斯州。

野滨藜（刘铁志摄于呼伦贝尔市新巴尔虎右旗）

## 角果野滨藜 *Atriplex fera* ( L. ) Bunge var. *commixta* H.C. Fu et Z.Y. Chu

**鉴别特征：** 本变种与野滨藜区别在于果苞表面具多数三角形扁刺状突起和少数棘状突起。

**生境：** 盐生中生植物。生于河岸和低湿盐碱地。

**分布：** 锡林郭勒、西阿拉善、额济纳州。

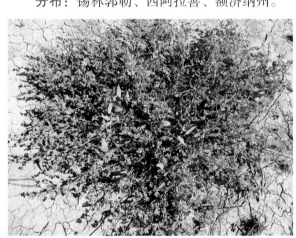

角果野滨藜（刘铁志摄于锡林郭勒盟苏尼特左旗）

西伯利亚滨藜（徐杰摄于鄂尔多斯市鄂托克旗）

## 西伯利亚滨藜 *Atriplex sibirica* L.

**别名：** 刺果粉藜、麻落粒

**鉴别特征：** 一年生草本，高 20～50 厘米。茎直立，钝四棱形，被白粉粒；枝斜生，有条纹。叶互生，具短柄；叶片菱状卵形、卵状三角形或宽三角形，边缘具不整齐的波状钝牙齿。花单性，雌雄同株，雄蕊 3～5。胞果卵形或近圆形。种子直立，圆形，两面凸，稍呈扁球形，红褐色或淡黄褐色。

**生境：** 盐生中生植物。生于草原区和荒漠区的盐土和盐化土壤上，也散见于路边及居民点附近。

　　分布：呼伦贝尔、科尔沁、额济纳、锡林郭勒、乌兰察布、阴山、阴南丘陵、鄂尔多斯、西阿拉善、东阿拉善州。

西伯利亚滨藜（徐杰、刘铁志摄于鄂尔多斯市鄂托克旗和赤峰市克什克腾旗达里诺尔）

滨藜（徐杰摄于呼伦贝尔市新巴尔虎左旗）

## 滨藜 *Atriplex patens*（Litv.）Iljin

　　别名：碱灰菜

　　鉴别特征：一年生草本，高20～80厘米。茎直立，有条纹，上部多分枝；枝细弱，斜生，叶互生，在茎基部的近对生，柄长5～15毫米。叶片披针形至条形，边缘有不规则的弯锯齿或全缘。花单性，雌雄同株；雄花花被片4～5。种子近圆形。红褐色或褐色，光滑。

　　生境：盐生中生植物。生于草原区和荒漠区的盐渍化土壤上。

　　分布：兴安北部、岭东、科尔沁、阴山、兴安南部、岭西、呼伦贝尔、锡林郭勒、乌兰察布、阴南丘陵、东阿拉善州。

## 藜属 *Chenopodium* L.

## 尖头叶藜 *Chenopodium acuminatum* Willd.

　　别名：绿珠藜、渐尖藜、油杓杓

　　鉴别特征：一年生草本，高10～30厘米。茎直立。叶片卵形、宽卵形、三角状卵形、长卵形或菱状卵形，基部宽楔形或圆形，全缘。花每8～10朵聚生为团伞花簇，花簇紧密地排列于花枝上，边缘膜质，雄蕊5，胞果扁球形，近黑色，具不明显放射状细纹及细点，稍有光泽。果时包被果实，全部呈五角星状。种子横生，黑色。有光泽，表面有不规则点纹。

　　生境：中生杂草。生于盐碱地、河岸砂质地、撂荒地和居民点的砂壤质土壤上。

　　分布：呼伦贝尔、锡林郭勒、兴安南部、辽河平原、乌兰察布、岭西、赤峰丘陵、阴山、阴南丘陵、鄂尔多斯、东阿拉善州。

尖头叶藜（徐杰摄于通辽扎鲁特旗）

## 杂配藜 *Chenopodium hybridum* L.

**别名**：大叶藜、血见愁

**鉴别特征**：一年生草本，高40～90厘米。茎直立，粗壮，具5锐棱。叶片质薄，宽卵形或卵状三角形，边缘具不整齐微弯缺状渐尖或锐尖的裂片。花两性兼有雌性；花被片5，卵形，先端圆钝。胞果双凸镜形，具蜂窝状的4～6角形网纹。种子横生，扁圆形，两面凸，表面具明显的深洼点。胚环形。

**生境**：一年生中生杂草。生于林缘、山地沟谷、河边及居民点附近。

**分布**：兴安北部、阴山、兴安南部、科尔沁、岭东、阴南丘陵、呼伦贝尔、锡林郭勒、阴南丘陵、鄂尔多斯、贺兰山、东阿拉善州。

杂配藜（徐杰摄于呼和浩特市和阿拉善贺兰山）

## 菱叶藜 *Chenopodium bryoniifolium* Bunge

**鉴别特征**：一年生草本，高30～80厘米。茎直立，绿色，具条纹，光滑无毛，不分枝或分枝，枝细长。叶片三角状戟形、长三角状菱形或卵状戟形，先端锐尖或稍钝。花无梗，单生于小枝或果皮薄，与种子紧贴，具不平整的放射状线纹。种子横生，暗褐色或近黑色，有光泽，具放射状网纹。

生境：中生杂草。生于湿润而肥沃的土壤上，偶见于河岸低湿地。

分布：兴安北部、岭东、阴南丘陵州。

菱叶藜（徐杰摄于呼和浩特市清水河县）

## 灰绿藜 *Chenopodium glaucum* L.

别名：水灰菜

鉴别特征：一年生草本，高 15～30 厘米。茎通常由基部分枝，斜升或平卧，有沟槽及红色或绿色条纹，无毛。叶片稍厚，带肉质，矩圆状卵形、椭圆形、卵状披针形、披针形或条形，边缘具波状牙齿，稀近全缘。花序穗状或复穗状，顶生或腋生。胞果不完全包于花被内，果皮薄膜。种子横生，扁球形，暗褐色。

生境：耐盐中生杂草。生于居民点附近和轻度盐渍化农田。

分布：岭西、兴安南部、乌兰察布、阴南丘陵、阴山、东阿拉善、燕山北部、赤峰、呼伦贝尔、鄂尔多斯、锡林郭勒、西阿拉善州。

灰绿藜（徐杰摄于呼和浩特市大青山和乌兰察布市四子王旗格根塔拉）

## 东亚市藜 *Chenopodium urbicum* L. subsp. *sinicum* H. W. Kung et G. L. Chu

**鉴别特征：**一年生草本，高 30～60 厘米，全株无粉。茎粗壮，直立，淡绿色，具条棱，无毛。叶片菱形或菱状卵形，边缘有不整齐的弯缺状大锯齿。花序穗状圆锥状，顶生或腋生，花被片 3～5。胞果小，近圆形，果皮薄，黑褐色，边缘锐，有点纹。

**生境：**中生杂草。生于盐化草甸和杂类草草甸较潮湿的轻度盐化土壤上，也见于撂荒地和居民点附近。

**分布：**呼伦贝尔、阴南丘陵、科尔沁、乌兰察布、鄂尔多斯州。

东亚市藜（徐杰摄于呼和浩特市）

## 藜 *Chenopodium album* L.

**鉴别特征：**一年生草本，高 30～120 厘米。茎直立，粗壮，圆柱形，具棱，有沟槽及红色或紫色的条纹。叶具长柄，叶片三角状卵形或菱状卵形，边缘具不整齐的波状牙齿，或稍呈缺

藜（刘铁志、徐杰摄于赤峰市红山区和呼和浩特市区）

刻状，稀近全缘。花黄绿色，雄蕊 5。胞果全包于花被内或顶端稍露，果皮薄。种子横生，两面凸或呈扁球形。

**生境：** 一年生中生杂草。生长于田间、路旁、荒地、居民点附近和河岸低湿地。

**分布：** 内蒙古各州。

## 刺藜属 *Dysphania* R. Brown

### 菊叶香藜 *Dysphania schraderiana*（Romer et Schultes）Mosyakin et Clemants

**别名：** 菊叶刺藜、总状花藜

**鉴别特征：** 一年生草本，高 20～60 厘米，有强烈香气，全体具腺及腺毛。茎直立，分枝，叶具柄，长 0.5～1.0 厘米。叶片矩圆形羽状浅裂至深裂。花多数，组成二歧聚伞花序，再集成塔形的大圆锥花序。胞果扁球形，不全包于花被内。

**生境：** 中生杂草。生于撂荒地和居民点附近的潮湿、疏松的土壤上。

**分布：** 兴安南部、科尔沁、燕山北部、锡林郭勒、阴山、阴南丘陵、鄂尔多斯、贺兰山州。

菊叶香藜（刘铁志、徐杰摄于赤峰市红山区和包头市达茂旗）

### 刺藜 *Dysphania aristata*（L.）Mosyakin et Clemants

**别名：** 野鸡冠子花、刺穗藜、针尖藜

**鉴别特征：** 一年生草本，高 10～25 厘米。叶条形或条状披针形，全缘。二歧聚伞花序，花被片 5，矩圆形，先端钝圆或尖，背部绿色，稍具隆脊，边缘膜质白色或带粉红色，内曲。胞果上下压扁，圆形，果皮膜质，不全包于花被内。

**生境：** 中生杂草。生于砂质地或固定沙地上，为农田杂草。

**分布：** 兴安北部、岭东、岭西、科尔沁、乌兰察布、阴山、呼伦贝尔、锡林郭勒、阴南丘陵、鄂尔多斯、东阿拉善、贺兰山州。

刺藜（刘铁志、徐杰摄于赤峰市红山区和呼和浩特市大青山）

# 苋　科
## Amaranthaceae

### 苋属 *Amaranthus* L.

## 反枝苋 *Amaranthus retroflexus* L.

**别名：** 西风古、野千穗谷、野苋菜

**鉴别特征：** 一年生草本，高 20～60 厘米。茎直立，粗壮，被短柔毛，淡绿色。叶片椭圆状卵形或菱状卵形。圆锥花序顶生及腋生，直立，由多数穗状序组成；顶生花穗较侧生者长。胞果扁卵形。环状横裂，包于宿存的花被内，种子近球形，黑色或黑褐色。

**生境：** 中生杂草。多生于田间、路旁、住宅附近。

**分布：** 内蒙古各州。

反枝苋（徐杰摄于呼和浩特市和兴安盟乌兰浩特市）

## 北美苋 *Amaranthus blitoides* S. Watson

北美苋（刘铁志摄于赤峰市红山区）

**鉴别特征：** 一年生草本，高15～50厘米。茎平卧或斜升，从基部分枝，绿白色，具条棱。叶片倒卵形、匙形或长圆状披针形，先端钝或锐尖，有小凸尖，基部楔形，全缘，具白色边缘，上面灰绿色，有光泽。花单性，花簇腋生，花被片通常4，稀5，雄花雄蕊3，雌花柱头3。胞果椭圆形，环状横裂。种子圆形，黑色，有光泽。

**生境：** 中生植物。生于田野、路旁和居民点附近。

**分布：** 岭西、呼伦贝尔、科尔沁、赤峰丘陵、锡林郭勒、阴山、阴南丘陵、鄂尔多斯州。

## 白苋 *Amaranthus albus* L.

**鉴别特征：** 一年生草本，高20～30厘米。茎斜升或直立，从基部分枝，绿白色。叶小而多，叶片倒卵形或匙形，先端圆钝或微凹，有小凸尖，基部渐狭，全缘微波状，无毛。花单性，花簇腋生或成短穗状花序，花被片3，雄花雄蕊3，雌花柱头3。胞果倒卵形，扁平，环状横裂。种子近球形，黑色，边缘锐。

**生境：** 中生植物。生于田野、路旁和居民点附近。

**分布：** 呼伦贝尔、科尔沁、赤峰丘陵州。

白苋（刘铁志摄于赤峰市红山区）

## 凹头苋 *Amaranthus blitum* L.

**鉴别特征：** 一年生杂草。植株较矮小；叶片卵形或菱状卵形，顶端凹缺；花成腋生的穗状花序，或成短的顶生穗状花序，花被片3，雄蕊3；胞果扁卵形，不裂；种子环形，黑色，边缘具环状边。

凹头苋（刘铁志摄于赤峰市红山区）

生境：中生植物。生于田边、路旁、杂草地。

分布：岭东、赤峰丘陵、阴南丘陵州。

## 皱果苋 *Amaranthus viridis* L.

鉴别特征：一年生草本，高 40～80 厘米，全体无毛。茎直立。叶片卵形，卵状椭圆形。圆锥花序顶生，有分枝，由穗状花序形成。胞果扁球形，绿色，不裂，极皱缩，超出花被片。种子近球形。

生境：中生植物。生于田地边、路旁和居民点附近的杂草地。

分布：赤峰丘陵州。

皱果苋（刘铁志摄于赤峰市红山区）

# 马齿苋科
Portulacaceae

## 马齿苋属 *Portulaca* L.

### 马齿苋 *Portulaca oleracea* L.

别名：马齿草、马苋菜

鉴别特征：一年生肉质草本，全株光滑无毛。茎平卧或斜升，淡绿色或红紫色。叶肥厚，肉质，倒卵状楔形或匙状楔形。花小，黄色，3～5 朵簇生于枝顶；花瓣 5，黄色，倒卵状矩圆形或倒心形，顶端微凹，较萼片长；花药黄色。蒴果圆锥形。

生境：中生植物。生于田间、路旁、菜园，为习见田间杂草。

分布：内蒙古各州。

马齿苋（刘铁志、徐杰摄于呼和浩特市和赤峰市红山区）

## 大花马齿苋 *Portulaca grandiflora* Hook.

大花马齿苋（徐杰摄于呼和浩特市）

**别名：**龙须牡丹、洋马齿苋、半支莲

**鉴别特征：**一年生草本。茎平卧或斜升，长 10～20 厘米，多分枝，稍带紫红色，节上被丛毛。叶不规则互生，圆柱形肉质；叶柄短或近无柄。花顶生，单花或数朵簇生，萼片 2，宽卵形；花瓣 5 或重瓣，有白色、黄色、紫色、红色、粉红色等，倒心形。蒴果近椭圆体，盖裂。种子多数，灰褐色或灰黑色，表面被小瘤状凸起。

**生境：**中生植物。原产巴西。栽培植物。

**分布：**内蒙古各州。

# 石竹科
## Caryophyllaceae

## 裸果木属 *Gymnocarpos* Forsk.

## 裸果木 *Gymnocarpos przewalskii* Bunge ex Maxim.

**别名：**瘦果石竹

**鉴别特征：**灌木，高 50～100 厘米，株丛直径可达 2 米；多分枝而曲折；树皮灰黄色，具不规则纵沟裂；嫩枝红赭色。叶狭条状扁圆柱形，腋生聚伞花序；苞片膜质，白色透明，花托钟状漏斗形，其内部具肉质花盘；萼片 5，倒披针形；无花瓣；花柱单一，丝状。瘦果包藏在宿存萼内。

**生境：**超旱生植物。为亚洲中部荒漠区的特征植物，是起源于地中海旱生植物区系的第三纪古老残遗成分。稀疏生长于荒漠区的干河床，丘间低地，一般不形成郁闭群落。

**分布：**东阿拉善、西阿拉善、贺兰山、额济纳州。

裸果木（吴剑雄摄于西鄂尔多斯国家级自然保护区）

## 孩儿参属 *Pseudostellaria* Pax

### 蔓孩儿参 *Pseudostellaria davidii*( Franch. ) Pax

**别名**：蔓假繁缕

**鉴别特征**：多年生草本。块根纺锤形，单一，长约 1 厘米，直径 2～3 毫米，具须根。茎伏卧或上升，常叉状分枝，花后茎先端逐渐延伸为细长的鞭状匍枝。叶卵形、长卵形或卵状披针形。蒴果宽卵形。

**生境**：耐荫中生植物。生于山地林下及沟谷。

**分布**：兴安南部、燕山北部、阴山州。

蔓孩儿参（刘铁志摄于赤峰市宁城县黑里河大坝沟）

## 蚤缀属 *Arenaria* L.

### 灯心草蚤缀 *Arenaria juncea* M. von Bieb.

**别名**：毛轴鹅不食、毛轴蚤缀、老牛筋

**鉴别特征**：多年生草本，高 20～50 厘米。主根圆柱形，粗而伸长，褐色，顶端多头，由此丛生茎与叶簇。茎直立，多数，丛生。蒴果卵形，与萼片近等长，6 瓣裂；种子矩圆状卵形，长约 2 毫米，黑褐色，稍扁，被小瘤状突起。

**生境**：旱生植物。生于石质山坡、平坦草原。

　　**分布**：兴安北部、岭东、岭西、兴安南部、锡林郭勒、赤峰丘陵、燕山北部、乌兰察布、阴山、阴南丘陵州。

灯芯草蚤缀（徐杰摄于呼和浩特市和林县南天门林场）

## 高山蚤缀 *Arenaria meyeri* Fenzl

　　**别名**：麦氏蚤缀

　　**鉴别特征**：多年生草本，高3～7厘米，垫状。直根，粗壮，径达1厘米，黄褐色，顶端具多数木质枝。茎多数，直立，不分枝或花序分枝。花单生或2～7朵组成聚伞花序；苞片狭披针形，长3～4毫米，边缘宽膜质或全部膜质，被腺毛。蒴果卵球形。

　　**生境**：旱生植物。生于海拔2800～3400米的高山石缝。

　　**分布**：贺兰山州。

高山蚤缀（徐杰摄于阿拉善贺兰山）

## 种阜草属　*Moehringia* L.

### 种阜草　*Moehringia lateriflora*（L.）Fenzl

**别名**：莫石竹

**鉴别特征**：多年生草本，高5～20厘米，具匍匐根状茎。茎纤细，单一或分枝，密被短毛。叶近无柄，叶片椭圆形或长圆形，顶端急尖或钝，基部宽楔形，边缘具睫毛，下面沿中脉被短毛。聚伞花序顶生或腋生，具1～3花，萼片5，花瓣5，白色，雄蕊10，花丝基部被柔毛，花柱3。蒴果长卵圆形，顶端6裂。种子近肾形，种脐旁具白色种阜。

**生境**：中生植物。生于山地林下、灌丛及山谷溪边。

**分布**：兴安北部、岭西、岭东、呼伦贝尔、兴安南部、辽河平原、锡林郭勒、燕山北部、阴山州。

种阜草（刘铁志摄于赤峰市宁城县黑里河）

## 繁缕属　*Stellaria* L.

### 垂梗繁缕　*Stellaria radians* L.

**别名**：遂瓣繁缕

**鉴别特征**：多年生草本，高40～60厘米，全株伏生绢毛，呈灰绿色。根状茎匍匐，分枝。茎直立或斜升，四棱形，上部有分枝。叶宽披针形或矩圆状披针形；二歧聚伞花序顶生；花瓣白色，二叉状深裂达基部，裂片条形；雄蕊10，比花瓣短，花丝基部稍连生；子房卵形，花柱3。蒴果卵形。

**生境**：湿中生植物。生于沼泽草甸、河边、沟谷草甸、林下。

**分布**：呼伦贝尔、岭东、岭西、兴安南部、兴安北部州。

垂梗繁缕（刘铁志、徐杰摄于兴安盟科尔沁右翼前旗索伦和兴安盟扎赉特旗）

## 林繁缕 *Stellaria bungeana* Fenzl var. *stubendorfii*（ Regel ）Y. C. Chu

鉴别特征：多年生草本，高 20～50 厘米。根状茎细，匍匐。茎较柔弱，上升，单一或稍分枝，被腺毛。下部叶具长柄，柄具狭翼，被腺毛和柔毛，叶片卵形，边缘全缘，疏生短睫毛。聚伞花序顶生，苞片小，叶状，边缘具腺毛。蒴果卵球形，与萼片等长或稍长。种子多数，表面具小突起。

生境：中生植物。生于林下、林缘及灌丛间。

分布：燕山北部州。

林繁缕（徐杰摄于赤峰市喀喇沁旗）

## 繁缕 *Stellaria media*（ L. ）Villars

**鉴别特征**：一年生或二年生草本，植株鲜绿色，高 10～20 厘米。茎纤弱，多分枝，下部节上生不定根。花瓣 5，白色，比萼片短，2 深裂，裂片近条形；雄蕊 5. 比花瓣短；花柱 3 条。种子近球形，表面具瘤状突起，边缘突起半球形。

**生境**：中生植物。生于村舍附近杂草地、农田中。

**分布**：兴安北部、岭东、阴南丘陵州。

繁缕（徐杰、刘铁志摄于赤峰市红山区）

## 内弯繁缕 *Stellaria infracta* Maxim.

**鉴别特征**：多年生草本。茎斜倚，主茎平卧地面，长达 30 厘米，分枝直立，被星状绒毛。叶片披针形、矩圆状披针形或条形，顶端锐尖，基部近圆形或近心形，全缘，两面被星状绒毛，灰绿色。二歧聚伞花序顶生，具多花，花后花梗下弯；萼片 5，花瓣 5，白色，2 深裂几达基部，雄蕊 10，花柱 3。蒴果卵圆形，6 瓣裂。

**生境**：中生植物。生于海拔 800～2000 米的石质山坡、沟谷两侧及石缝。

**分布**：燕山北部州（兴和县苏木山）。

内弯繁缕（刘铁志摄于乌兰察布市兴和县苏木山）

### 钝萼繁缕 *Stellaria amblyosepala* Schrenk

鉴别特征：多年生草本，高 15～30 厘米，灰褐色，全株被短腺毛。主根长圆柱形。茎多数，四棱形，密丛生。叶无柄，叶片条形至条状披针形，顶端渐尖，基部渐狭，全缘。二歧聚伞花序顶生，萼片 5，花瓣 5，白色，2 浅裂，裂片叉开；雄蕊 10，花柱 3。蒴果比宿存萼短，卵球形，6 裂。

生境：旱生植物。生于石质山坡、阴坡林下及沟谷。

分布：阴山、东阿拉善、西阿拉善、龙首山、额济纳州。

钝萼繁缕（刘铁志摄于包头市土默特右旗九峰山）

### 沙地繁缕 *Stellaria gypsophyloides* Fenzl

别名：霞草状繁缕

鉴别特征：多年生草本，高 30～60 厘米，全株被腺毛或腺质柔毛。直根粗长，圆柱形，黄褐色。茎多数，丛生，从基部多次二歧式分枝，枝缠结交错，形成球形草丛。叶无柄，条形、条状披针形或椭圆形。聚伞花序分枝繁多，开张，呈大型多花的圆锥状；萼片矩圆状披针形，花瓣白色，与萼片近等长，2 深裂，裂片条形。蒴果椭圆形。

生境：旱生植物。生于流动或半固定沙丘、沙地及荒漠草原。

分布：锡林郭勒、阴南丘陵、东阿拉善、乌兰察布、鄂尔多斯州。

沙地繁缕（徐杰摄于鄂尔多斯市杭锦旗库布齐沙漠）

## 翻白繁缕 *Stellaria discolor* Turcz.

别名：异色繁缕

鉴别特征：多年生草本，高 10～20 厘米，全株无毛。根状茎细长，淡黄白色，节部具鳞叶和须根。茎纤细，斜倚，多分枝，四棱形，有光泽。叶无柄，披针形。种子肾圆形，稍扁，长约 1 毫米，表面被皱纹状突起。

生境：湿中生植物。生于沟谷溪边，河岸林下。

分布：兴安北部、兴安南部，岭东、辽河平原、燕山北部、科尔沁、锡林郭勒州。

翻白繁缕（徐杰摄于赤峰市阿鲁科尔沁旗高格斯台罕山）

## 叉歧繁缕 *Stellaria dichotoma* L.

别名：叉繁缕

鉴别特征：多年生草本，全株呈扁球形，高 15～30 厘米。主根粗长，圆柱形，直径约 1 厘米，灰黄褐色，深入地下。茎多数丛生，由基部开始多次二歧式分枝，被腺毛或腺质柔毛，节部膨大。叶无柄，卵形、卵状矩圆形或卵状披针形。种子宽卵形，褐黑色，表面有小瘤状

叉歧繁缕（徐杰摄于乌兰察布市卓资县大青山）

突起。

生境：旱生植物。生于向阳石质山坡、山顶石缝间、固定沙丘。

分布：兴安北部、岭东、呼伦贝尔、兴安南部、锡林郭勒、乌兰察布、阴山、阴南丘陵、鄂尔多斯。

## 银柴胡 *Stellaria lanceolata* ( Bunge ) Y. S. Lian

别名：披针叶叉繁缕、狭叶歧繁缕

鉴别特征：叶披针形、条状披针形、短圆状披针形，长 5～25 毫米，宽 1.5～5.0 毫米，先端渐尖。蒴果常含 1 种子。

生境：旱生植物。生于固定或半固定沙丘、向阳石质山坡、山顶石缝间、草原。

分布：兴安北部、岭东、兴安南部、呼伦贝尔、赤峰丘陵、锡林郭勒、乌兰察布、阴山、鄂尔多斯、阴南丘陵州。

银柴胡（徐杰摄于呼和浩特市大青山）

## 兴安繁缕 *Stellaria cherleriae* ( Fisch. ex Ser. ) F. N. Williams

别名：东北繁缕

鉴别特征：多年生草本，高 5～25 厘米。茎多数形成密丛，上升，基部木质化。叶条状披针形或条形，先端急尖，基部渐狭，全缘，下半部边缘具软睫毛，下面中脉凸起。二歧聚伞花序顶生或腋生，花序的分枝较长，呈伞房状；萼片 5，花瓣 5，白色，叉状 2 深裂至基部，裂片线形；雄蕊 10，花柱 3。蒴果倒卵圆形，6 瓣裂。

兴安繁缕（赵家明摄于呼伦贝尔市额尔古纳市）

生境：旱生植物。生于向阳石质山坡、山顶石缝间。

分布：兴安北部、兴安南部、岭西、呼伦贝尔州。

### 岩生繁缕 *Stellaria petraea* Bunge

鉴别特征：多年生垫状小草本，高2～7厘米。茎密丛生，直立或斜升。叶片条形或条状披针形，顶端急尖，全缘，质硬，下面中脉隆起。聚伞式伞形花序顶生，有1～5花；萼片5，披针形，花瓣5，白色，2深裂，裂片条形，雄蕊10，5长5短，子房近球形，花柱3。蒴果倒卵球形，6瓣裂。

生境：旱生植物。生于草原区石质丘陵顶部或石质山坡。

分布：兴安南部、锡林郭勒、阴山州。

岩生繁缕（刘铁志摄于赤峰市克什克腾旗经棚）

### 沼生繁缕 *Stellaria palustris* Retzius

沼生繁缕（刘铁志摄于赤峰市宁城县黑里河）

别名：沼繁缕

鉴别特征：多年生草本，高10～35厘米。茎直立或斜升，四棱形。叶片条状披针形至条形，顶端尖，基部稍狭，边缘具短缘毛，中脉明显，上面凹陷，下面隆起，无柄。二歧聚伞花序顶生或腋生；萼片5，花瓣5，白色，2深裂达近基部，雄蕊10，子房卵形，花柱3。蒴果卵状矩圆形。

生境：湿中生植物。生于河滩草甸、沟谷草甸、白桦林下、固定沙丘阴坡。

分布：呼伦贝尔、兴安南部、燕山北部、锡林郭勒州。

## 卷耳属 *Cerastium* L.

### 簇生卷耳 *Cerastium fontanum* Baumg. subsp. *vulgare*（Hartm.）Greuter et Burdet

别名：腺毛簇生卷耳、卷耳

鉴别特征：多年生或一、二年生草本，高15～30厘米。茎单一或簇生，被白色短柔毛和腺毛。叶无柄，叶片卵状披针形或矩圆状披针形，基部渐狭，全缘，两面被短柔毛。二歧聚伞花序顶生，花序轴与花梗密生多细胞腺毛，花梗在花后下垂；萼片5，外面密被长腺毛，花瓣5，白色，比萼片稍短，顶端2浅裂；雄蕊10，花柱5。蒴果圆柱形，顶端10齿裂。

生境：中生植物。生于林缘、草甸。

分布：兴安北部、岭东、兴安南部、燕山北部、阴山、贺兰山州。

簇生卷耳（刘铁志摄于赤峰市宁城县黑里河）

## 卷耳 *Cerastium arvense* L. var. *strictum* Gaudin

**鉴别特征**：多年生草本，高 10～30 厘米。根状茎细长，淡黄白色，节部有鳞叶与须根。叶披针形、矩圆状披针形或条状披针形。二歧聚伞花序顶生；总花轴和花梗密被腺毛，萼片矩圆状披针形。种子圆肾形，稍扁，长约 0.8 毫米，表面被小瘤状突起。

**生境**：中生植物。生于山地林缘、草甸、山沟溪边。见于兴安南部、阴山州。

**分布**：锡林郭勒、兴安北部、岭东、呼伦贝尔、兴安南部、赤峰丘陵、燕山北部、阴山、贺兰山州。

卷耳（刘铁志、徐杰摄于乌兰察布市兴和县苏木山）

细叶卷耳（刘铁志摄于赤峰市克什克腾旗乌兰布统）

## 细叶卷耳 *Cerastium arvense* L. var. *angustifolium* Fenzl

**鉴别特征**：本变种与卷耳区别在于叶条形或披针状条形，宽 1.0～2.5 毫米。

**生境**：中生植物。生于林缘草甸、固定沙丘、山坡草甸。

**分布**：兴安北部、兴安南部、呼伦贝尔、锡林郭勒、赤峰丘陵州。

## 漆姑草属　*Sagina* L.

### 漆姑草　*Sagina japonica*（Sw.）Ohwi

别名：日本漆姑草

鉴别特征：一年生草本，高 10～15 厘米。茎自基部多分枝，丛生，铺散状，疏被短毛。叶狭条形，具 1 条中脉，先端渐尖，无毛。花小，腋生于茎顶；花瓣 5，白色，卵形，全缘。蒴果卵圆形。

生境：中生植物。生于山地沟谷、见于兴安北部州。

分布：兴安北部、燕山北部州。

漆姑草（刘铁志摄于赤峰市宁城黑里河大营子）

## 高山漆姑草属　*Minuartia* L.

### 高山漆姑草　*Minuartia laricina*（L.）Mattf.

别名：石米努草

鉴别特征：多年生草本，高 10～30 厘米。茎丛生，单一，上升，被细短毛。叶线状锥形，

高山漆姑草（刘铁志摄于兴安盟阿尔山市白狼）

无柄。蒴果矩圆状锥形，长 7～10 毫米。种子近卵形，边缘具流苏状篦齿，成盘状，成熟时黑褐色，表面微具条状突起。

生境：中生植物。生于山坡、林缘、林下及河岸柳林下。

分布：兴安北部、岭东州。

## 狗筋蔓属 *Cucubalus* L.

### 狗筋蔓 *Cucubalus baccifer* L.

鉴别特征：多年生草本，高 50～80 厘米，全株疏被向下开展的短棉毛。根多条，呈纺锤形；根状茎斜上。丛生数茎。茎上升或平卧，极多分枝，分枝对生。叶卵形、卵状披针形或卵状矩圆形，边缘具短睫毛。花单生于茎及分枝顶端，具 1 对叶状苞；花瓣 5，白色，狭倒披针形。浆果球形，稍肉质。

生境：中生植物。生于沟谷溪边林下。

分布：辽河平原州。

狗筋蔓（贺俊英摄于通辽市大青沟国家级自然保护区）

## 剪秋罗属 *Lychnis* L.

### 狭叶剪秋罗 *Lychnis sibirica* L.

别名：林奈蝇子草

鉴别特征：多年生草本，高 7～35 厘米，全株被短柔毛。茎丛生，纤细，直立或斜升。基

狭叶剪秋罗（赵家明摄于呼伦贝尔市额尔古纳市）

生叶莲座状，倒披针形或矩圆状倒披针形，茎生叶条状披针形或条形，顶端渐尖。二歧聚伞花序，萼齿5，三角形，花瓣5，白色或淡紫红色，浅2裂；副花冠片椭圆形；雄蕊10，花柱5。蒴果卵形，5齿裂。

　　**生境**：中生植物。生于沙质草原、松林下、山麓多砾石草地、盐生草甸，山坡。

　　**分布**：兴安北部、岭西州。

## 浅裂剪秋罗 *Lychnis cognata* Maxim.

　　**别名**：毛缘剪秋罗

　　**鉴别特征**：多年生草本，高30～90厘米。须根多数，肉质，纺锤形。茎直立，单一或稍分枝，被柔毛。叶矩圆状披针形，花瓣浅紫红色，瓣片倒心形，长2.0～2.5厘米，2浅裂，两侧基种子近圆肾形，长1.5～1.8毫米，黑褐色，表面有瘤状突起。

　　**生境**：中生植物．生于林下、林缘、灌丛中。

　　**分布**：兴安南部、燕山北部、阴山州。

浅裂剪秋罗（刘铁志摄于赤峰市宁城黑里河）

## 大花剪秋罗 *Lychnis fulgens* Fisch. ex Sprengel.

　　**别名**：剪秋罗

　　**鉴别特征**：多年生草本，高25～85厘米。茎单一，直立，中空。叶无柄，卵形、卵状矩圆形或卵状披针形，先端渐尖，基部圆形，两面均有硬柔毛。聚伞花序，萼管具10脉，密生长柔毛，花瓣5，深红色，2叉状深裂，顶端有微齿，裂片两侧基部各有1丝状小裂片，喉部有2鳞片状附属物，雄蕊10，花柱5。蒴果5齿裂，齿片反卷。

　　**生境**：中生植物。生于山地草甸、林缘灌丛、林下。

　　**分布**：兴安北部、岭东州。

大花剪秋罗（刘铁志摄于呼伦贝尔市根河市得耳布尔）

## 女娄菜属 *Melandrium* Rochl.

### 女娄菜 *Melandrium apricum*（Turcz. ex Fisch. et Mey.）Rohrb.

别名：桃色女娄菜

鉴别特征：一年生或二年生草本，全株密被倒生短柔毛。茎直立，高10～40厘米，基部多分枝。叶条状被针形或披针形，全缘。聚伞花序顶生和腋生；花瓣白色或粉红色。蒴果卵形或椭圆状卵形。长种子圆肾形，黑褐色。

女娄菜（徐杰摄于呼和浩特市大青山）

生境：中旱生植物。生于石砾质坡地、固定沙地、疏林及草原中。

分布：兴安南部、岭东、岭西、呼伦贝尔、兴安南部、科尔沁、辽河平原、赤峰丘陵、燕山北部、锡林郭勒、乌兰察布、阴山、鄂尔多斯、贺兰山、龙首山州。

## 光萼女娄菜 *Melandrium firmum*（Sieb. et Zucc.）Rohrb.

别名：粗壮女娄菜、坚硬女娄菜

鉴别特征：一、二年生草本，高40～100厘米。茎直立，单一或分枝，无毛或疏被柔毛。叶卵状披针形至矩圆形。萼筒状，无毛，具10脉，萼齿5，三角形，渐尖，边缘膜质，具睫毛。雌雄蕊柄长约0.5毫米；花瓣白色，稍长于萼。蒴果狭卵形。

生境：中生植物。生于林缘草甸、山地草甸及灌丛间。

分布：兴安南部、燕山北部、辽河平原、阴山、兴安北部州。

光萼女娄菜（徐杰摄于赤峰市阿鲁科尔沁旗高格斯台罕山）

## 毛萼女娄菜 *Melandrium firmum* ( Sieb. et Zucc. ) Rohrb. var. *Pubescens* ( Makino ) Y. Z. Zhao

**别名：** 疏毛女娄菜

**鉴别特征：** 本变种与光萼女娄菜的区别是花萼被短毛，而正种花萼光滑无毛。

**生境：** 中生植物。生于山地杂类草草甸。

**分布：** 兴安南部、燕山北部、阴山州。

毛萼女娄菜（徐杰摄于克什克腾旗）

## 麦瓶草属 *Silene* L.

## 狗筋麦瓶草 *Silene vulgaris* ( Moench ) Garcke

**鉴别特征：** 多年生草本，高40～100厘米，全株灰绿色。茎丛生，上部分枝。叶披针形至卵状披针形，下部叶基部渐狭成短柄，全缘或边缘具刺状微齿，茎上部叶无柄，基部抱茎。大形聚伞花序顶生，花梗下垂，萼筒广卵形，膜质，膨大成囊泡状，具20脉，常带紫堇色，花瓣5，白色，2深裂几达基部，雄蕊10，花柱3。蒴果略呈球形，6齿裂。

**生境：** 中生植物。生于沟谷草甸和路旁。

**分布：** 兴安北部、岭东、岭西州。

狗筋麦瓶草（刘铁志摄于兴安盟阿尔山市白狼）

## 石生麦瓶草 *Silene tatarinowii* Regel

别名：石生蝇子草、山女娄菜

鉴别特征：多年生草本。茎疏散，平卧或斜升，长30～60厘米。叶卵状披针形或披针形，基部圆楔形或渐狭成短柄，具3条弧形脉。二歧聚伞花序；果期萼上部膨大呈倒卵状棍棒形，花瓣5，淡红色或白色，顶端2浅裂，两侧各具1细裂，瓣片与爪部之间具2椭圆形鳞片状附属物，雄蕊10，花柱3。蒴果卵形至长卵形，6齿裂。

生境：中生植物。生于山地草原、林缘及沟谷草甸。

分布：兴安南部、辽河平原、燕山北部州。

石生麦瓶草（刘铁志摄于赤峰市宁城县黑里河）

## 毛萼麦瓶草 *Silene repens* Patr.

别名：蔓麦瓶草、匍生蝇子草

鉴别特征：多年生草本，高15～50厘米。根状茎细长，匍匐地面。茎直立或斜升，有分枝，被短柔毛。叶条状披针形、条形或条状倒披针形。聚伞状狭圆锥花序生于茎顶；苞片叶状，披针形，常被短柔毛，萼筒棍棒形，密被短柔毛，具10脉。蒴果卵状矩圆形。

生境：中生植物。生于山坡草地、固定沙丘、山沟溪边、林下、林缘草甸、沟谷草甸、河滩草甸、泉水边及撂荒地。

分布：兴安北部、岭东、岭西、呼伦贝尔、兴安南部、科尔沁、辽河平原、燕山北部、锡林郭勒、乌兰察布、阴山、阴南丘陵、贺兰山、龙首山州。

毛萼麦瓶草（徐杰摄于呼和浩特市大青山）

## 宁夏麦瓶草 *Silene ningxiaensis* C. L. Tang

别名：宁夏蝇子草

鉴别特征：多年生草本，高 20～45 厘米。直根，粗壮，稍木质。茎数条，疏丛生，直立，纤细。花序总状，具 1～5（～10）花；花果时紧贴果实，具 10 条纵脉。蒴果卵形，长约 8 毫米，顶端 6 齿裂。种子三角状肾形。

生境：中生植物。生于海拔 2200～3000 米的林缘、沟谷草甸、高山灌丛中。

分布：东阿拉善、贺兰山州。

宁夏麦瓶草（徐杰摄于阿拉善贺兰山）

### 旱麦瓶草 *Silene jenisseensis* Willd.

别名：麦瓶草、山蚂蚱

鉴别特征：多年生草本，高20～50厘米。直根粗长，直径6～12毫米，黄褐色或黑褐色，顶部具多头。茎几个至10余个丛生，直立或斜升。叶簇生，多数，具长柄，柄长1～3厘米，叶片披针状条形。花瓣白色，长约12毫米。蒴果宽卵形。

生境：旱生植物。生于砾石质山地、草原及固定沙地。

分布：兴安北部、岭东、呼伦贝尔、兴安南部、科尔沁、锡林郭勒、赤峰丘陵、燕山北部、乌兰察布、阴山、阴南丘陵、鄂尔多斯、东阿拉善、贺兰山州。

旱麦瓶草（徐杰摄于赤峰市阿鲁科尔沁旗高格斯台罕山）

## 丝石竹属 *Gypsophila* L.

### 荒漠丝石竹 *Gypsophila desertorum*（Bunge）Fenzl

别名：荒漠石头花、荒漠霞草

鉴别特征：多年生草本，高6～10厘米，全体被腺状柔毛。根粗长，木质化，圆柱形，直

荒漠丝石竹（徐杰摄于包头市达茂旗百灵庙）

径 6～12 毫米，棕褐色。根茎多分枝，木质化。茎多数，密丛生，不分枝或上部稍分枝，直立或斜升。花瓣白色带淡紫纹，蒴果椭圆形。

**生境：** 旱生植物。生于荒漠草原、砾质与沙质干草原，常为伴生种，本种为荒漠化草原的生态指示特征种。

**分布：** 乌兰察布州。

## 头花丝石竹 *Gypsophila capituliflora* Rupr.

**别名：** 准格尔丝石竹、头状石头花

**鉴别特征：** 多年生草本，植株垫状，基部具致密的叶丛，全株光滑无毛，高 10～30 厘米。直根，粗壮。茎多数，叶近三棱状条形，花多数，密集成紧密的头状聚伞花序；花萼钟形，5 浅裂至中裂，裂片卵状三角形；花瓣淡紫色或淡粉色；雄蕊稍短于花瓣。蒴果矩圆形。

**生境：** 旱生植物。生于石质山坡、山顶石缝。

**分布：** 东阿拉善、阴山、乌兰察布、贺兰山、龙首山、额济纳州。

头花丝石竹（徐杰摄于阿拉善贺兰山）

## 尖叶丝石竹 *Gypsophila licentiana* Hand.–Mazz.

**别名：** 尖叶石头花、石头花

**鉴别特征：** 多年生草本，高 25～50 厘米，全株光滑无毛。直根，粗壮。茎多数，上部多分枝。叶条形或披针状条形，先端尖，基部渐狭，具一条中脉且于下面突起。花多数，密集成紧密的头状聚伞花序；苞片卵状披针形，膜质；花萼钟形，萼齿卵状三角状；花瓣白色或淡粉色，长约 8 毫米，倒披针形，先端微凹，基部楔形；雄蕊稍短于花瓣；花柱 2 条。蒴果卵形。

**生境：** 旱生植物。生于石质山。

**分布：** 锡林郭勒、乌兰察布、阴山、阴南丘陵、鄂尔多斯、东阿拉善、贺兰山州。

尖叶丝石竹（刘铁志摄于包头市土默特右旗九峰山）

## 草原丝石竹 *Gypsophila davurica* Turcz. ex Fenzl

**别名**：草原石头花、北丝石竹

**鉴别特征**：多年生草本，高 30～70 厘米，全株无毛。直根粗长，圆柱形，灰黄褐色；根茎分歧，灰黄褐色，木质化，有多数不定芽。茎多数丛生，直立或稍斜升，二歧式分枝。叶条状披针形，全缘，灰绿色，中脉在下面明显凸起。聚伞状圆锥花序顶生或腋生。花瓣白色或粉红

草原丝石竹（刘铁志、徐杰摄于赤峰市克什克腾旗）

色。蒴果卵状球形。

　　**生境：** 旱生植物。生于典型草原、山地草原。

　　**分布：** 岭东、岭西、兴安南部、科尔沁、呼伦贝尔、燕山北部、锡林郭勒州。

## 石竹属 *Dianthus* L.

### 瞿麦 *Dianthus superbus* L.

　　**别名：** 洛阳花

　　**鉴别特征：** 多年生草本，高 30～50 厘米。根茎横走。茎丛生，直立，无毛，上部稍分枝。叶条状披针形或条形，聚伞花序顶生，有时成圆锥状，稀单生。花瓣 5，淡紫红色，瓣片边缘细裂成流苏状。蒴果狭圆筒形。

　　**生境：** 中生植物。生于林缘、疏林下、草甸、沟谷溪边。

　　**分布：** 岭东、呼伦贝尔、兴安南部、科尔沁、锡林郭勒、辽河平原、燕山北部、阴山、贺兰山州。

瞿麦（徐杰摄于赤峰市阿鲁科尔沁旗高格斯台罕山）

### 石竹 *Dianthus chinensis* L.

　　**别名：** 洛阳花

　　**鉴别特征：** 全年生草本，高 20～40 厘米。全株带粉绿色。茎常自基部簇生，直立，无毛，上部分枝。叶披针状条形或条形。花顶生，单一或 2～3 朵成聚伞花序；雄蕊 10；子房矩圆形，

石竹（刘铁志摄于赤峰市克什克腾旗嘎松山和敖汉旗大黑山）

花柱 2 条。蒴果矩圆状圆筒形。

　　**生境：**旱中生植物。生于山地草甸及草甸草原。

　　**分布：**兴安北部、岭东、岭西、兴安南部、呼伦贝尔、科尔沁、赤峰丘陵、燕山北部、阴山、阴南丘陵州。

## 兴安石竹 *Dianthus chinesis* L. var. *versicolor*（Fisch. ex Link）Y. C. Ma

　　**鉴别特征：**本变种与石竹不同点在于：茎多少被短糙毛或近无毛而粗糙，叶通常粗糙，植株多少密丛生。

　　**生境：**旱中生植物。生于草原、草甸草原。为常见的伴生植物。

　　**分布：**兴安北部、兴安南部、岭东、岭西、呼伦贝尔、锡林郭勒、科尔沁、赤峰丘陵、燕山北部、乌兰察布、阴山州。

兴安石竹（哈斯巴根摄于阿鲁科尔沁旗）

簇茎石竹（刘铁志摄于呼伦贝尔市额尔古纳市莫尔道嘎）

## 簇茎石竹 *Dianthus repens* Willd.

　　**鉴别特征：**多年生草本，高达 30 厘米，全株光滑无毛。茎多数，密丛生。叶片条形或条状披针形，基部渐狭，顶端渐尖。花顶生，单一或有时 2 朵，苞片 1～2 对，外面 1 对条形，叶状，比萼长或近等长，花萼圆筒形，有时带紫色，萼齿直立，花瓣紫红色，顶缘具不规则齿，基部具暗紫色彩圈并簇生长软毛。蒴果狭圆筒形，比萼短。

　　**生境：**中生植物。生于山地草甸。

　　**分布：**兴安北部、兴安南部州。

## 毛簇茎石竹 *Dianthus repens* Willd. var. *scabripilosus* Y. Z. Zhao

　　**鉴别特征：**本变种与簇茎石竹的区别在于：茎被短糙毛或粗糙。

　　**生境：**旱中生植物。生于林缘草甸、山地草原和草甸草原。

　　**分布：**兴安北部、兴安南部、岭东、岭西、呼伦贝尔、科尔沁、燕山北部州。

毛簇茎石竹（徐杰摄于赤峰市阿鲁科尔沁旗高格斯台罕山）

# 睡莲科
Nymphaeaceae

## 莲属 *Nelumbo* Adans.

### 莲 *Nelumbo nucifera* Gaertn.

**鉴别特征：**多年生水生草本。根状茎横生，长而肥厚，有长节。叶圆形，高出水面，直径25～90厘米；叶柄常有刺。花单生在花梗顶端，直径10～20厘米；萼片4～5，早落；花瓣多数，红色、粉红色或白色；雄蕊多数，药隔先端伸出成一棒状附属物；心皮多数，离生，嵌生于花托穴内；花托于果期膨大，海绵质。坚果椭圆形或卵形，种子卵形或椭圆形。

**生境：**自生或栽培在水塘或水田。

**分布：**内蒙古各州皆有栽培。

莲（哈斯巴根摄于通辽市大青沟国家级自然保护区）

## 睡莲属 *Nymphaea* L.

### 睡莲 *Nymphaea tetragona* Georgi

鉴别特征：多年生水生草本；根状茎短，肥厚，横卧或直立。叶浮于水面，叶片卵圆形或肾圆形。萼片 4，绿色，草质，长卵形或卵状披针形。花瓣 8～12，白色或淡黄色。雄蕊多数，3～4 层。浆果球形，包于宿存萼片内。种子椭圆形，黑色。

生境：水生植物。生于池沼及河湾内。

分布：兴安北部、岭东、辽河平原州。

睡莲（徐杰摄于呼和浩特市）

# 金鱼藻科
Ceratophyllaceae

## 金鱼藻属 *Ceratophyllum* L.

金鱼藻（徐杰摄于兴安盟扎赉特旗）

### 金鱼藻 *Ceratophyllum demersum* L.

别名：松藻

鉴别特征：多年生沉水草本。茎细长，多分枝。叶 4～10 片轮生，1～2 回二歧分叉，裂片条形或丝状条形，边缘仅一侧有疏细锯齿，齿尖常软骨质。花微小，具短花梗。坚果扁椭圆形，果实有 3 刺。

生境：水生植物。生于池沼、湖泊、河流中。

分布：兴安北部、兴安南部、岭东、辽河平原、科尔沁、鄂尔多斯州。

# 芍药科
## Paeoniaceae

### 芍药属 *Paeonia* L.

### 牡丹 *Paeonia suffruticosa* Andr.

**鉴别特征**：落叶灌木。茎高达 2 米；分枝短而粗。叶通常为 2 回三出复叶，小叶狭卵形或长圆状卵形。花单生枝顶，苞片 5，长椭圆形，大小不等；萼片 5，绿色，宽卵形，大小不等；花瓣 5，或为重瓣，玫瑰色、红紫色、粉红色至白色，通常变异很大，花盘革质，杯状，紫红色，顶端有数个锐齿或裂片，完全包住心皮，蓇葖长圆形，密生黄褐色硬毛。

**生境**：生于壤土土质。

**分布**：呼和浩特市、包头市和赤峰市有栽培。

牡丹（刘铁志摄于赤峰市红山区）

### 紫斑牡丹 *Paeonia rockii*（S.G. Haw et Lauener）T. Hong et J. J. Li

**别名**：甘肃牡丹、西北牡丹

**鉴别特征**：灌木，高可达 180 厘米。茎下部叶为 2 回羽状复叶，具长柄；2 回羽片 2～7 片，宽卵形，三深裂或全缘，裂片卵状椭圆形，或矩圆状披针形。花大，单生枝顶，萼片 4，花瓣 10，白色，腹面基部具紫色大斑纹，先端截圆形，微有蚀状浅齿，雄蕊多数，花药长圆形，黄色，心皮 5～8 个，子房密被黄色短硬毛。蓇葖果被黄毛。

**生境**：中生植物。生于山坡林下、灌丛和岩石缝中。

**分布**：陕西、甘肃和河南等地有野生，呼和浩特市和赤峰市有栽培。

紫斑牡丹（刘铁志摄于呼和浩特市内蒙古大学校园）

## 芍药 *Paeonia lactiflora* Pall.

**鉴别特征：**多年生草本，高 50～70 厘米，稀达 1 米。小叶片椭圆形至披针形，叶缘密生白色骨质小齿；每茎着生 1 至数朵花；种子紫黑色或暗褐色。花瓣 9～13，倒卵形，白色、粉红色或紫红色。种子近球形，紫黑色或暗褐色，有光泽。

**生境：**旱中生植物。生于山地和石质丘陵的灌丛、林缘、山地草甸及草甸草原群落中。

**分布：**兴安北部、岭东、岭西、呼伦贝尔、兴安南部、科尔沁、辽河平原、锡林郭勒、赤峰丘陵、燕山北部、阴山州。

芍药（徐杰摄于呼和浩特市大青山）

## 卵叶芍药 *Paeonia obovata* Maxim.

**别名：**草芍药

**鉴别特征：**多年生草本，高 40～60 厘米。茎圆柱形，淡绿色或带紫色。叶 2～3，最下部的为 2 回三出复叶，倒卵形或宽椭圆形。花单生于茎顶，萼片 3～5，淡绿色，宽卵形或狭卵形，稀尾状渐尖，花瓣 6，紫红色、白色或淡红色，倒卵形，雄蕊多数，蓇葖果宽卵形，顶部变狭，柱头拳卷，内果皮鲜紫红色。种子倒卵形或近球形，蓝紫色，有红

卵叶芍药（刘铁志摄于赤峰市喀喇沁旗美林）

色假种皮。

　　生境：中生植物。生于山地林缘草甸及林下。

　　分布：兴安南部、岭西、燕山北部、阴山州。

卵叶芍药（刘铁志摄于赤峰市喀喇沁旗美林）

# 毛茛科
## Ranunculaceae

## 驴蹄草属 *Caltha* L.

### 驴蹄草 *Caltha palustris* L.

　　鉴别特征：多年生草本，高 20～50 厘米，全株无毛。根状茎缩短，具多数粗壮的须根。茎直立或上升，单一或上部分枝。叶片圆形或圆肾形，边缘全部具齿。单歧聚伞花序，花 2 朵；花梗长 2～10 厘米；萼片 5，黄色，倒卵形或倒卵状椭圆形，先端钝圆，脉纹明显；有短花柱。蓇葖果，种子多数，卵状矩圆形，黑褐色。

　　生境：湿中生植物。生于沼泽草甸、河岸、溪边。

　　分布：兴安南部、科尔沁、阴山州。

驴蹄草（徐杰摄于赤峰市克什克腾旗）

## 三角叶驴蹄草 *Caltha palustris* L. var. *sibirica* Regel

**别名**：西伯利亚驴蹄草

**鉴别特征**：本变种与驴蹄草的区别是：叶多为三角状肾形，边缘只在下部有齿，其他部分微波状或近全缘。

**生境**：中生植物。生于沼泽草甸、盐化草甸、河岸。

三角叶驴蹄草（徐杰摄于赤峰市克什克腾旗）

分布：兴安北部、呼伦贝尔、兴安南部、辽河平原、科尔沁、燕山北部、锡林郭勒、东阿拉善州。

## 金莲花属 *Trollius* L.

### 金莲花 *Trollius chinensis* Bunge

鉴别特征：多年生草本，高 40～70 厘米，全株无毛。茎直立，单一或上部稍分枝，有纵棱。叶片轮廓近五角形，中央裂片菱形，3 裂至中部。花 1～2 朵，生于茎顶或分枝顶端，萼片 6～19，金黄色，椭圆状倒卵形或倒卵形，全缘或顶端具不整齐的小牙齿；花瓣与萼片近等长，狭条形，蜜槽生于基部；雄蕊多数，心皮 20～30。蓇葖果长约 1 厘米，果喙短，长约 1 毫米。

生境：生于山地林下、林缘草甸、沟谷草甸及其他低湿地草甸、沼泽草甸中，为常见的草甸湿中生伴生植物。

分布：兴安北部、兴安南部、锡林郭勒、赤峰丘陵、燕山北部、阴山州。

金莲花（徐杰摄于赤峰市克什克腾旗乌兰布统）

## 升麻属 *Cimicifuga* Wernischeck

### 兴安升麻 *Cimicifuga dahurica*（Turcz. ex Fish. et C. A. Mey.）Maxim.

别名：升麻、窟窿牙根

鉴别特征：多年生草本，高 1～2 米。根状茎粗大，黑褐色，有数个明显的洞状茎痕及多数须根。茎直立，单一，粗壮，无毛或疏被柔毛。叶为 2～3 回三出或三出羽状复叶，叶近圆形、宽楔形，先端渐尖，边缘具不规则的锯齿。雌雄异株，复总状花序，多分枝，苞片狭条形，渐尖；萼片 5，宽椭圆形或宽倒卵形。蓇葖果卵状椭圆形或椭圆形。

生境：中生植物。生于山地林下、灌丛或草甸中。

分布：兴安北部、岭西、岭东、兴安南部、燕山北部、阴山州。

兴安升麻（徐杰摄于赤峰市阿鲁科尔沁旗高格斯台罕山）

## 单穗升麻 *Cimicifuga simplex*（DC.）Wormsk. ex Turcz.

鉴别特征：多年生草本，高 1.0～1.5 米。茎直立，单一。叶大型，2～3 回三出羽状复叶，具长柄；小叶狭卵形或菱形，边缘有缺刻状牙齿，上面绿色，下面灰绿色。总状花序不分枝或

单穗升麻（刘铁志摄于兴安盟阿尔山市白狼）

仅基部稍有短分枝；花两性，萼片4～5，白色，花瓣状，退化雄蕊2，先端近全缘或2浅裂，雄蕊多数，心皮2～7。蓇葖果具长梗，果喙弯曲呈小钩状。

生境：中生植物。生于山地灌丛、林缘草甸及林下。

分布：兴安北部、兴安南部、燕山北部、阴山州。

## 类叶升麻属 *Actaea* L.

### 类叶升麻 *Actaea asiatica* H. Hara

鉴别特征：多年生草本，高60～80厘米。叶大型，2～3回三出羽状复叶，中央小叶倒卵形，基部楔形，先端3浅裂，侧生小叶矩圆形或卵状披针形，基部歪楔形，边缘具不整齐的尖牙齿，具长柄。总状花序，花小，萼片4，早落，花瓣6，白色，雄蕊多数，雌蕊1，花梗在果期增粗，直径约1毫米。浆果近球形，黑色。

生境：中生植物。生于山地阔叶林下。

分布：燕山北部、阴山、贺兰山州。

类叶升麻（刘铁志摄于赤峰市宁城县黑里河）

### 红果类叶升麻 *Actaea erythrocarpa* Fisch.

鉴别特征：多年生草本，高50～60厘米。茎疏被短柔毛。叶2～3回三出羽状复叶，中央小叶倒卵形，边缘具不整齐的尖牙齿；侧小叶卵状披针形或椭圆形。总状花序长5～9厘米；花序轴与花梗被短柔毛；花梗细，花小，白色；萼片4，倒卵状椭圆形，雄蕊多数，花丝丝状，雌蕊1，柱头膨大成圆盘状。浆果近球形，红色。种子约8粒，近黑色。

生境：耐阴中生植物。生于山地阔叶林下。

分布：兴安北部、兴安南部、贺兰山州。

红果类叶升麻（徐建国摄于阿拉善贺兰山）

## 耧斗菜属 *Aquilegia* L.

### 耧斗菜 *Aguilegia viridiflora* Pall.

**别名：**血见愁

**鉴别特征：**多年生草本，高 20～40 厘米。直根粗大，圆柱形，黑褐色。茎直立，被短柔毛和腺毛。叶楔状倒卵形。单歧聚伞花序；花梗长 2～5 厘米；雄蕊多数。蓇葖果直立，被毛。种子狭卵形，黑色，有光泽，三棱状，其中有 1 棱较宽，种皮密布点状皱纹。

**生境：**旱中生植物。生于石质山坡的灌丛间与基岩露头上及沟谷。

**分布：**兴安北部、呼伦贝尔、兴安南部、赤峰丘陵、锡林浩特、乌兰察布、阴南丘陵、东阿拉善、贺兰山、龙首山州。

耧斗菜（徐杰摄于呼和浩特市和林县南天门林场）

## 紫花耧斗菜 *Aquilegia viridiflora* Pall. var. *atropurpurea*（Willd.）Finet et Gagnep.

**鉴别特征**：本变种与耧斗菜区别在于花较小，萼片灰绿色带紫色，花瓣暗紫色。

**生境**：旱中生植物。生于石质丘陵和山地岩石缝中。

**分布**：岭东、锡林郭勒、贺兰山、龙首山州。

紫花耧斗菜（赵家明摄于呼伦贝尔市根河市）

## 华北耧斗菜 *Aquilegia yabeana* Kitag.

**别名**：紫霞耧斗菜

**鉴别特征**：多年生草本，高达60厘米。茎直立，具肋棱，被柔毛和腺毛。叶菱状倒卵形或宽卵形，最终裂片具圆齿。花数朵，下垂，构成聚伞花序；花梗长，密被腺毛；萼片紫堇色，卵状披针形。雄蕊多数，花药黄色，椭圆形，退化雄蕊白色，边缘皱波状；心皮5，密被短腺毛。蓇葖果被柔毛，有明显脉纹。种子狭卵球形，黑色，有光泽，种皮上具点状皱纹。

华北耧斗菜（徐杰摄于赤峰市喀喇沁旗马鞍山国家森林公园）

**生境**：中生植物。生于山地灌丛和草甸、林缘。

**分布**：赤峰丘陵、燕山北部州。

## 拟耧斗菜属 *Paraquilegia* Drumm. et Hutch.

### 乳突拟耧斗菜 *Paraquilegia anemonoides*（Willd.）Ulbr.

**别名**：宿萼假耧斗菜

**鉴别特征**：多年生草本，高5～10厘米。根状茎粗壮，宿存多数枯叶柄残基。叶全部基生，为2回三出复叶。花葶一至数条。萼片5，浅蓝色或浅堇色；花瓣5，倒卵形，顶端2浅裂。心皮通常5，无毛。蓇葖果直立，具长约2毫米的向外稍弯曲的细喙。种子卵状长椭圆形。

**生境**：旱中生植物。生于海拔2600～3400米的山地岩石缝处。

**分布**：贺兰山州。

乳突拟耧斗菜（苏云摄于阿拉善贺兰山）

## 蓝堇草属 *Leptopyrum* Reichb.

### 蓝堇草 *Leptopyrum fumarioides*（L.）Reichb.

**鉴别特征**：一年生小草本，高5～30厘米。根直，黄褐色。茎直立或上升。叶片轮廓卵形或三角形，通常为2回三出复叶。单歧聚伞花序。萼片5，淡黄色，椭圆形。花瓣4～5，漏斗

蓝堇草（徐杰摄于呼和浩特市）

状。雄蕊 10～15；心皮 5～20。蓇葖果条状矩圆形。种子暗褐色，近椭圆形或卵形。

生境：中生植物。生于田野、路边或向阳山坡。

分布：兴安北部、岭东、呼伦贝尔、兴安南部、锡林郭勒、乌兰察布、阴山、阴南丘陵、鄂尔多斯、贺兰山、龙首山州。

## 唐松草属 *Thalictrum* L.

### 翼果唐松草 *Thalictrum aquilegifolium* L. var. *sibiricum* Regel et Tiling

别名：唐松草、土黄连

鉴别特征：多年生草本，高 50～100 厘米。根茎短粗，须根发达。茎圆筒形，光滑，具条纹，稍带紫色。叶 2～3 回三出复叶；轮廓三角状宽卵形，倒卵形或近圆形，稀全缘，裂片全缘或具圆齿，脉微隆起。复聚伞花序，多花，小花梗长约 1 厘米；萼片 4，白色或带紫色，宽椭圆形。雄蕊多数，花丝白色，呈狭倒披针形，花药长矩圆形，黄白色；心皮 5～10，稀较多。瘦果下垂，倒卵形或倒卵状椭圆形。

生境：中生植物。生于山地林缘及林下。

分布：兴安北部、岭西、岭东、兴安南部、燕山北部、阴山州。

翼果唐松草（徐杰摄于赤峰市阿鲁科尔沁旗高格斯台罕山）

### 球果唐松草 *Thalictrum baicalense* Turcz.

别名：贝加尔唐松草

鉴别特征：多年生草本，高 40～80 厘米。茎具条棱。叶互生，2～3 回三出复叶，下部茎生叶有柄，小叶近圆形至倒卵形，基部宽楔形或圆形，3 浅裂，裂片有圆齿。聚伞状圆锥花序顶生，花梗细，萼片 4，绿白色，早落，雄蕊多数，花丝白色，上部膨大呈棒槌状，心皮 3～7。瘦果卵球形，具短喙。

生境：中生植物。生于山地林下和林缘。

分布：兴安北部、岭东、岭西、兴安南部、燕山北部、阴山、贺兰山州。

球果唐松草（刘铁志摄于赤峰市宁城县黑里河）

## 直梗唐松草　*Thalictrum przewalskii* Maxim.

别名：拟散花唐松草、长柄唐松草

鉴别特征：多年生草本，高50～120厘米。茎直立，粗壮，具纵条纹，光滑无毛。叶2～3回三出羽状复叶，倒卵形、楔状圆形或近圆形，全缘或具疏牙齿。圆锥花序，分枝多，花多数，较紧密；萼片4，白色或稍带黄色，狭卵形。瘦果达9个，散生，具细而弯曲的小果梗，瘦果歪倒卵形，具3～4条明显的纵脉纹。

生境：旱中生植物。生于山地林缘、灌丛及山地草原。

分布：燕山北部、阴山州。

直梗唐松草（徐杰摄于呼和浩特市和林县南天门林场和呼和浩特市大青山）

直梗唐松草（徐杰摄于呼和浩特市和林县南天门林场和呼和浩特市大青山）

# 瓣蕊唐松草 *Thalictrum petaloideum* L.

**别名**：肾叶唐松草、花唐松草、马尾黄连

**鉴别特征**：多年生草本，高 20～60 厘米。根茎细直，暗褐色。茎直立，具纵细沟。叶 3～4 回三出羽状复叶，叶近圆形、肾状圆形或倒卵形，先端 3 浅裂至深裂。边缘不反卷。聚伞花序或圆锥花序。瘦果无翼。瘦果具心皮柄或无柄。

**生境**：旱中生杂类草。生于草甸、草甸草原及山地沟谷中。

**分布**：兴安北部、岭东、岭西、兴安南部、燕山北部、锡林郭勒、乌兰察布、阴山、贺兰山州。

瓣蕊唐松草（徐杰摄于呼和浩特市大青山）

## 卷叶唐松草 *Thalictrum petaloideum* L. var. *supradecompositum*（Nakai）Kitag.

**别名**：蒙古唐松草、狭裂瓣蕊唐松草

**鉴别特征**：本变种与瓣蕊唐松草的不同点在于：小叶全缘或2～3全裂或深裂，全缘小叶和裂片为条状披针形、披针形或卵状披针形，边缘全部反卷。

**生境**：生于干燥草原和沙丘上，为草原中旱生杂类草。

**分布**：兴安南部、呼伦贝尔、科尔沁、辽河平原、燕山北部、锡林郭勒、乌兰察布州。

卷叶唐松草（徐杰摄于赤峰市阿鲁科尔沁旗高格斯台罕山和包头市达茂旗）

## 香唐松草 *Thalictrum foetidum* L.

**鉴别特征**：多年生草本，高20～50厘米。根茎较粗，具多数须根，具纵槽。植株具短腺毛。小叶卵形、宽倒卵形或近圆形，长2～10毫米。背面密被短腺毛圆锥花序疏松，被短腺毛。

香唐松草（徐杰摄于阿拉善贺兰山）

花小，直径 5～7 毫米，通常下垂。瘦果扁，卵形或倒卵形。

生境：中旱生植物。生于山地草原及灌丛中。

分布：兴安北部、岭东、呼伦贝尔、兴安南部、锡林郭勒、燕山北部、乌兰察布、阴山、阴南丘陵、鄂尔多斯、贺兰山、龙首山、东阿拉善州。

## 展枝唐松草 *Thalictrum squarrosum* Steph. ex Willd.

别名：叉枝唐松草、歧序唐松草、坚唐松草

鉴别特征：多年生草本，高达 1 米。茎呈"之"字形曲折，常自中部二叉状分枝，分枝多，通常无毛。叶卵形、倒卵形或宽倒卵形，顶端通常具 3 个大牙齿或全缘。花直径 5～7 毫米；萼片 4，淡黄绿色，稍带紫色，狭卵形。瘦果新月形或纺锤形，一面直，另一面呈弓形弯曲，两面稍扁，具 8～12 条突起的弓形纵肋，果喙微弯。

生境：生于典型草原、沙质草原群落中。为常见的草原中旱生伴生植物。

分布：兴安北部、岭西、呼伦贝尔、兴安南部、赤峰丘陵、锡林郭勒、燕山北部、乌兰察布、阴山、阴南丘陵、鄂尔多斯、东阿拉善州。

展枝唐松草（刘铁志、徐杰摄于赤峰市红山区和呼和浩特市大青山）

## 箭头唐松草 *Thalictrum simplex* L.

别名：水黄连、黄唐松草

鉴别特征：多年生草本，高 50～100 厘米，全株无毛。茎直立，通常不分枝，具纵条棱。叶为 2～3 回三出羽状复叶，楔形或宽披针形，全缘或先端具 2～3 个大牙齿。花多数，萼片 4，

箭头唐松草（徐杰摄于赤峰市阿鲁科尔沁旗高格斯台罕山）

淡黄绿色，卵形或椭圆形，边缘膜质；无花瓣；雄蕊多数，花丝丝状，心皮梗长约1厘米。瘦果椭圆形或狭卵形，具3～9条明显的纵棱。

生境：中生杂类草。生于河滩草甸及山地灌丛、林缘草甸。

分布：兴安北部、呼伦贝尔、兴安南部、科尔沁、辽河平原、锡林郭勒、乌兰察布、阴山、鄂尔多斯、贺兰山州。

### 锐裂箭头唐松草 *Thalictrum simplex* L. var. *affine* (Ledeb.) Regel

鉴别特征：本变种与箭头唐松草的区别在于：小叶楔形或狭楔形，基部狭楔形，小裂片狭三角形，顶端锐尖。花梗长4～7毫米。

生境：中生植物。生于河岸草甸、山地草甸。

分布：兴安北部、兴安南部、锡林郭勒州。

锐裂箭头唐松草（徐杰摄于赤峰市阿鲁科尔沁旗高格斯台罕山）

### 欧亚唐松草 *Thalictrum minus* L.

别名：小唐松草

鉴别特征：多年生草本，高60～120厘米，全株无毛。茎直立，具纵棱。叶为3～4回三出羽状复叶，小叶纸质或薄革质，楔状倒卵形、宽倒卵形或狭菱形。圆锥花序。花梗长3～8毫米；萼片4，淡黄绿色。雄蕊多数，花药条形，顶端具短尖头，花丝丝状；心皮3～5，无柄，柱头正三角状箭头形。瘦果狭椭圆球形，稍扁，有8条纵棱。

生境：中生植物。生于山地林缘、林下、灌丛及草甸中。

分布：兴安北部、岭东、岭西、兴安南部、科尔沁、燕山北部、锡林郭勒、阴山、阴南丘陵、贺兰山州。

欧亚唐松草（徐杰摄于呼和浩特市大青山）

## 东亚唐松草 *Thalictrum minus* L. var. *hypoleucum*（Sieb. et Zucc.）Miq.

别名：腾唐松草、小金花

鉴别特征：本变种与欧亚唐松草的不同点在于：小叶较大，长宽约1.5～4.0厘米，背面有白粉，粉绿色，脉隆起，脉网明显。

生境：中生植物。生于山地灌丛、林缘、林下、沟谷草甸。

分布：兴安北部、呼伦贝尔、兴安南部、燕山北部、锡林郭勒、阴山、贺兰山、龙首山州。

东亚唐松草（徐杰摄于赤峰市阿鲁科尔沁旗高格斯台罕山）

## 长梗欧亚唐松草 *Thalictrum minus* L. var. *Kemese*（Fries）Trelease

鉴别特征：本变种与欧亚唐松草的不同点在于：花梗较长，长1～2厘米。小叶较大，长宽约1～3厘米。

生境：中生植物。生于桦树林下、山地草甸、沟谷草甸。

分布：兴安北部、兴安南部、燕山北部、阴山州。

长梗欧亚唐松草（徐杰摄于赤峰市阿鲁科尔沁旗高格斯台罕山）

## 银莲花属　*Anemone* L.

### 二歧银莲花　*Anemone dichotoma* L.

**别名：**草玉梅

**鉴别特征：**多年生草本，植株高 20～70 厘米。基生叶 1，早枯。总苞苞片 2，对生，无柄，3 深裂，裂片狭楔形或矩圆状披针形，中下部全缘，上部具少数缺刻状牙齿。花序 2～3 回二歧状分枝；花单生于分枝顶端，萼片 5～6，白色或带紫红色，无花瓣，雄蕊多数，心皮约 30，无毛。瘦果狭卵形，扁平。

**生境：**中生植物。生于林下、林缘草甸及沟谷、河岸草甸。

**分布：**兴安北部、岭东、岭西州。

二歧银莲花（刘铁志、赵家明摄于呼伦贝尔市阿荣旗和根河）

## 大花银莲花 *Anemone sylvestris* L.

别名：林生银莲花

鉴别特征：多年生草本，高 20～60 厘米。根状茎横走或直生，暗褐色。基生叶 2～5；叶片轮廓近五角形，3 全裂。花单生于顶端，大形，花单一，大形，直径 3.5～5.0 厘米。聚合果密集呈棉团状，瘦果密被长棉毛，宿存花柱不弯曲。

生境：中生植物。生于山地林下、林缘、灌丛及沟谷草甸。

分布：兴安北部、岭西、兴安南部、锡林郭勒、燕山北部、阴山州。

大花银莲花（刘铁志、徐杰摄于乌兰察布市凉城县蛮汉山林场和赤峰市克什克腾旗乌兰布统）

小花草玉梅（徐杰摄于呼和浩特市大青山）

## 小花草玉梅 *Anemone flore-minore* （Maxim.）Y. Z. Zhao

鉴别特征：多年生草本，高 20～60 厘米。根状茎横走或直生，暗褐色。基生叶 2～5；叶片轮廓近五角形，3 全裂。聚伞花序 1～3 回分枝，花小形，直径约 1.5 厘米。聚合果近球形，瘦果无毛，宿存花柱钩状弯曲。

生境：中生植物。生于山地林缘和沟谷草甸。

分布：兴安南部、燕山北部、阴山州。

小花草玉梅（徐杰摄于呼和浩特市大青山）

## 展毛银莲花 *Anemone demissa* J. D. Hook. et Thoms.

鉴别特征：多年生草本，高 13～20 厘米。叶片轮廓卵形或宽卵形，中央全裂片具柄。苞片 3，无柄，3 深裂；伞辐 1～5，长 1～5 厘米；萼片 5～6，白色或萼紫色；雄蕊长 2.5～5.0 毫米；心皮无毛。瘦果椭圆形或倒卵形。

生境：中生植物。生于海拔 3100～3400 米的高山石缝中。

分布：贺兰山州。

展毛银莲花（徐建国摄于阿拉善贺兰山）

## 长毛银莲花 *Anemone crinita* Juz.

鉴别特征：多年生草本，高 30～60 厘米。基生叶多数，有长柄；叶片轮廓圆状肾形。花葶 1 至数个，直立；总苞苞片掌状深裂，花梗疏被长柔毛，呈伞形花序状，顶生；萼片 5，白色，

长毛银莲花（刘铁志、徐杰摄于赤峰市宁城县黑里河和克什克腾旗）

菱状倒卵形。瘦果宽倒卵形或近圆形，先端具向下弯曲的喙，喙长约 1 毫米。

　　**生境**：中生植物。生于山地林下、林缘及草甸。

　　**分布**：兴安北部、兴安南部、岭东、赤峰丘陵、燕山北部州。

## 卵裂银莲花 *Anemone sibirica* L.

　　**鉴别特征**：多年生草本，高 15～35 厘米。根状茎粗壮，暗褐色。叶片轮廓宽卵形，基部心形。花葶单一或数个，被白色长柔毛；苞片 3，无柄，3 深裂，裂片椭圆状披针形，裂片先端有的具牙齿；萼片 5，白色，外面带紫色，椭圆状倒卵形或倒卵形，雄蕊，花丝条形；心皮无毛。瘦果倒卵圆形或近圆形，先端的喙弯曲。

　　**生境**：中生植物。生于海拔 2200～3000 米的岩石缝中。

　　**分布**：贺兰山州。

卵裂银莲花（徐建国摄于阿拉善贺兰山）

## 白头翁属 *Pulsatilla* Mill.

### 白头翁 *Pulsatilla chinensis*（Bunge）Regel

　　**别名**：毛姑朵花

　　**鉴别特征**：多年生草本，高 15～50 厘米，全株密被白色柔毛。基生叶数枚，有长柄，叶片 3 全裂，全裂片再 3 深裂，末回裂片卵形，全缘或有疏齿。花葶 1～2，花后伸长，苞片 3，基部合生，上部 2～3 深裂；花两性，直立，萼片 6，蓝紫色，外面密被柔毛，花瓣无，雄蕊多数，心皮多数，被毛。瘦果纺锤形，被长柔毛，羽毛状花柱宿存。

　　**生境**：中生植物。生于山地林缘和草甸。

　　**分布**：岭东、兴安南部、燕山北部、阴山州。

白头翁（刘铁志摄于赤峰市宁城县黑里河）

## 兴安白头翁 *Pulsatilla dahurica*（Fisch. ex DC.）Spreng.

鉴别特征：多年生草本，高达40厘米。根状茎粗壮，黑褐色。基生叶叶片轮廓卵形，3全裂或近似羽状分裂，全缘或上部有2～3齿，叶柄长达16厘米，被柔毛。花葶2～4，直立，被柔毛；花梗果期伸长，被长柔毛；花近直立；萼片暗紫色，椭圆状卵形。长瘦果纺锤形。

生境：中生植物。生于河岸草甸、石砾地、林间空地。

分布：兴安北部、兴安南部、岭东州。

兴安白头翁（徐杰摄于兴安盟扎赉特旗）

## 细叶白头翁 *Pulsatilla turczaninovii* Kryl. et Serg.

**鉴别特征**：多年生草本，高 10～40 厘米。根粗大，垂直，暗褐色。叶片轮廓卵形，2～3 回羽状分裂，全缘或具 2～3 个牙齿，总苞叶掌状深裂，全缘或 2～3 分裂，基部联合呈管状，管长 3～4 毫米。花葶疏或密被白色柔毛；花向上开展；萼片 6，蓝紫色或蓝紫红色，雄蕊多数。瘦果狭卵形。

**生境**：中旱生植物。生于典型草原及森林草原带的草原与草甸草原群落中，可在群落下层形成早春开花的杂类草层片，也可见于山地灌丛中。

**分布**：兴安北部、岭东、岭西、呼伦贝尔、兴安南部、锡林郭勒、燕山北部、阴山、阴南丘陵、贺兰山州。

细叶白头翁（赵家明摄于呼伦贝尔市海拉尔区）

## 黄花白头翁 *Pulsatilla sukaczevii* Juz.

**鉴别特征**：多年生草本，高约 15 厘米。叶片轮廓长椭圆形，2 回羽状全裂，小裂片条形或狭披针状条形，边缘及两面疏被白色长柔毛。总苞叶 3 深裂。花葶密被贴伏或稍开展的白色长柔毛，果期疏被毛；萼片 6 或较多，开展，黄色，有时白色，椭圆形或狭椭圆形，雄蕊多数，心皮多数，密被柔毛。瘦果长椭圆形，先端具尾状的宿存花柱。

**生境**：中旱生植物。生于草原区石质山地

黄花白头翁（徐杰摄于乌兰察布市卓资县黄花沟）

及丘陵坡地和沟谷中。

分布：呼伦贝尔、兴安南部、锡林郭勒、阴山州。

## 水毛茛属 *Batrachium*（DC.）J. F. Gray.

### 水毛茛 *Batrachium bungei*（Steud.）L. Liou

**鉴别特征**：多年生沉水草本。茎长 30 厘米以上，无毛或在节上被疏毛。叶有短或长柄，叶片长 2.5～4.0 厘米；叶柄长 0.7～2.0 厘米。花直径 8.0～1.5 厘米；萼片卵状椭圆形，边缘膜质；花瓣白色，基部黄色。聚合果卵球形；瘦果 20～40，狭倒卵形，有横皱纹。

**生境**：水生植物。生于湖泊、河流水中。

**分布**：兴安北部、锡林郭勒、乌兰察布、阴山、鄂尔多斯州。

水毛茛（刘铁志、徐杰摄于鄂尔多斯市乌审旗和兴安盟阿尔山市白狼）

## 碱毛茛属（水葫芦苗属）*Halerpestes* E. L. Greene

### 碱毛茛 *Halerpestes sarmentosa*（Adams）Kom. et Aliss.

**别名**：水葫芦苗、圆叶碱毛茛

**鉴别特征**：多年生草本，高 3～12 厘米。具细长的匍匐茎。叶片近圆形，长 0.4～1.5 米。花小，直径约 7 毫米；花瓣 5。聚合果长约 6 毫米。蓇葖果卵状椭圆形或椭圆形，具短柄。种子棕褐色，椭圆形。

**生境**：中生植物。生于山地林下、灌丛或草甸中。

**分布**：兴安北部、呼伦贝尔、兴安南部、科尔沁、辽河平原、赤峰丘陵、燕山北部、锡林郭勒、乌兰察布、阴山、阴南丘陵、鄂尔多斯、东阿拉善、西阿拉善、贺兰山州。

碱毛茛（徐杰摄于赤峰市克什克腾旗）

碱毛茛（徐杰摄于赤峰市克什克腾旗）

## 长叶碱毛茛 *Halerpestes ruthenica*（Jacq.）Ovcz.

**别名**：金戴戴、黄戴戴

**鉴别特征**：多年生草本，高 10～25 厘米。具细长的匍匐茎，节上生根长叶，叶全部基生，具长柄，基部加宽成鞘；叶片卵状梯形，长 1.2～4.0 厘米。苞片披针状条形。花大，直径约 2 厘米；萼片 5。花瓣 6～9。聚合果长约 1 厘米。

**生境**：中生植物。可成为草甸优势成分，并常与碱毛茛在同一群落中混生。

**分布**：兴安南部、呼伦贝尔、科尔沁、辽河平原、赤峰丘陵、锡林郭勒、乌兰察布、阴山、阴南丘陵、鄂尔多斯、东阿拉善、西阿拉善、额济纳、贺兰山州。

长叶碱毛茛（徐杰摄于鄂尔多斯市准格尔旗）

## 毛茛属 *Ranunculus* L.

## 单叶毛茛 *Ranunculus monophyllus* Ovcz.

**鉴别特征**：多年生草本，高 10～30 厘米。基生叶 1 枚，肾形或圆肾形，基部心形，边缘具粗圆齿；茎生叶 3～7 掌状全裂或深裂，裂片长矩圆形或条状披针形，无柄，全缘，稀具牙齿。花单生茎顶，萼片 5，花瓣 5，黄色，倒卵形。聚合果卵球形；瘦果卵球形，密被短细毛。

**生境**：湿中生植物。生于河岸湿草甸、林下和山地沟谷湿草甸。

**分布**：兴安北部、兴安南部州。

单叶毛茛（刘铁志摄于赤峰市巴林右旗赛罕乌拉乌兰坝）

## 石龙芮 *Ranunculus sceleratus* L.

**鉴别特征：** 一、二年生草本，高约 30 厘米。茎直立，无毛，稀上部疏被毛，中空，稍肉质。聚伞花序多花。萼片 5，花瓣 5，倒卵形。瘦果具细皱纹，喙极短，瘦果具细皱纹，喙极短，长约 0.1 毫米。

**生境：** 湿生植物。生于沼泽草甸及草甸。

**分布：** 兴安北部、呼伦贝尔、兴安南部、科尔沁、辽河平原、赤峰丘陵、燕山北部、锡林郭勒、阴山、乌兰察布州。

石龙芮（徐杰摄于赤峰市克什克腾旗）

## 小掌叶毛茛 *Ranunculus gmelinii* DC.

别名：小叶毛茛

鉴别特征：多年生草本，茎细长柔弱，长 30 厘米以上。叶具柄，叶片圆心形或肾状圆形，3~5 深裂，裂片再分裂成 2~3 个小裂片，小裂片条形或披针状条形；沉水叶 5~8 深裂，裂片再分裂成丝状小裂片。花单生于茎顶和分枝顶端，花梗在果期伸长；萼片 5 或 4，花瓣 5，黄色。聚合果近球形；瘦果宽卵形。

生境：湿生植物。生于浅水或沼泽草甸。

分布：兴安北部、岭东、岭西、呼伦贝尔、兴安南部、锡林郭勒州。

小掌叶毛茛（刘铁志摄于呼伦贝尔市根河市得耳布尔）

## 毛茛 *Ranunculus japonicus* Thunb.

鉴别特征：多年生草本，高 15~60 厘米。茎直立，常在上部多分枝，被伸展毛或近无毛。叶片轮廓五角形，基部心形，中央裂片楔状倒卵形或菱形，边缘具尖牙齿。聚伞花序，多花；花梗细长，密被伏毛；萼片 5，卵状椭圆形，长约 6 毫米，边缘膜质，花瓣 5，鲜黄色，倒卵形。聚合果球形。瘦果倒卵形，边缘有狭边，果喙短。

生境：湿中生植物。生于山地林缘草甸、沟谷草甸、沼泽草甸中。

分布：兴安北部、岭东、岭西、呼伦贝尔、兴安南部、辽河平原、科尔沁、锡林郭勒、燕山北部、赤峰丘陵、阴山、鄂尔多斯州。

毛茛（徐杰摄于呼和浩特市大青山）

毛茛（徐杰摄于呼和浩特市大青山）

## 匍枝毛茛 *Ranunculus repens* L.

别名：伏生毛茛

鉴别特征：多年生草本。茎匍匐，节上生根，多分枝，近无毛。基生叶具长柄，三出复叶，小叶有柄，小叶 3 全裂或 3 深裂，裂片再 3 中裂或浅裂，小裂片具缺刻状牙齿；茎生叶柄短。聚伞花序；花较大，萼片 5，花瓣 5，鲜黄色，有光泽，花托有毛。聚合瘦果球形，瘦果倒卵形，两侧压扁。

生境：湿中生植物。生于草甸、沼泽草甸。

分布：兴安北部、岭东、岭西、呼伦贝尔、兴安南部、锡林郭勒州。

匍枝毛茛（刘铁志摄于兴安盟阿尔山市白狼）

茴茴蒜（刘铁志摄于赤峰市
宁城县黑里河）

## 茴茴蒜 *Ranunculus chinensis* Bunge

**别名**：茴茴蒜毛茛、野桑葚

**鉴别特征**：多年生草本，高 15～40 厘米。茎直立，中空，密生开展的淡黄色长硬毛。茎上部叶小，短柄至无柄，两面伏生硬毛。基生叶与下部叶有长柄，三出复叶，小叶 3 深裂或全裂，裂片上部具不规则牙齿。花 1～2 朵生于茎顶，萼片 5，花瓣 5，黄色或上面白色，花托在果期伸长，密生短柔毛。聚合果长圆形；瘦果卵状椭圆形，扁平。

**生境**：湿中生植物。生于河滩草甸、沼泽草甸。

**分布**：兴安北部、岭东、岭西、呼伦贝尔、兴安南部、辽河平原、赤峰丘陵、燕山北部、锡林郭勒、阴山、阴南丘陵、鄂尔多斯、东阿拉善州。

## 铁线莲属 *Clematis* L.

## 灌木铁线莲 *Clematis fruticosa* Turcz.

**鉴别特征**：直立小灌木，高达 1 米。茎枝具棱，紫褐色。叶片薄革质，狭三角形或披针形。叶缘具齿，或仅叶片下半部羽状分裂，叶片较大，长 2～5 厘米。花萼宽钟形，黄色；无花瓣。瘦果近卵形，扁，紫褐色。

**生境**：旱生植物。生于荒漠草原带及荒漠区的石质山坡、沟谷、干河床中。也可见于山地灌丛中，多零星散生。

**分布**：锡林郭勒、乌兰察布、阴山、阴南丘陵、鄂尔多斯、东阿拉善、贺兰山州。

灌木铁线莲（徐杰摄于乌兰察布市凉城蛮汉山林场）

## 灰叶铁线莲 *Clematis tomentella*（Maxim.）W. T. Wang et L. Q. Li

**鉴别特征**：直立小灌木，高达 1 米。茎枝具棱。单叶对生或数叶簇生。叶全缘，稀基部具齿或小裂片，革质，灰绿色；叶柄极短或近无柄。聚伞花序具 1～3 花，顶生或腋生；萼片 4，顶端渐尖，斜上展，呈钟状。瘦果密被白色长柔毛。

**生境**：强旱生植物。生于荒漠及荒漠草原地带的石质残丘、山地、沙地及沙丘低洼地。

**分布**：锡林郭勒、鄂尔多斯、乌兰察布、东阿拉善、西阿拉善、额济纳、龙首山州。

灰叶铁线莲（徐杰摄于鄂尔多斯市乌审旗）

## 棉团铁线莲 *Clematis hexapetala* Pall.

**别名**：山蓼、山棉花

**鉴别特征**：多年生草本，高 40～100 厘米。根茎粗壮，黑褐色。茎直立，圆柱形，有纵纹。基部有时具 1 对单叶或具枯叶纤维。叶对生，近革质，为 1～2 回羽状全裂；裂片全缘。聚伞花序腋生或顶生；萼片通常 6，稀 4～8，水平开展，白色；雄蕊无毛。

**生境**：中旱生植物。生于典型草原、森林草原及山地草原带的草原及灌丛群落中，是草原杂类草层片的常见种，亦生长于固定沙丘或山坡林缘、林下。

**分布**：兴安北部、岭东、岭西、呼伦贝尔、兴安南部、辽河平原、锡林郭勒、燕山北部、赤峰丘陵、阴山、阴南丘陵州。

棉团铁线莲（徐杰摄于赤峰市阿鲁科尔沁旗高格斯台罕山）

## 大叶铁线莲 *Clematis heracleifolia* DC.

**鉴别特征：** 多年生草本，高达1米。茎直立，具纵棱，密被白色绒毛。三出复叶，顶生小叶顶端3浅裂，边缘具不整齐的粗锯齿；侧生小叶斜卵形，基部歪楔形。聚伞花序顶生或腋生；花杂性，雄花与两性花异株；花萼下半部呈管状，萼片4，蓝紫色，雄蕊花丝被毛。瘦果卵圆形，两面凸起，被短柔毛，宿存花柱丝状，有白色长柔毛。

**生境：** 中生植物。生于山地森林带的林下、林缘、山坡灌丛、沟谷和路旁。

**分布：** 燕山北部州。

大叶铁线莲（刘铁志摄于赤峰市宁城县黑里河）

## 辣蓼铁线莲 *Clematis terniflora* DC. var. *mandshurica*（Rupr.）Ohwi

**鉴别特征：** 草质藤本。茎长达1米或更长，具纵棱，节部密被白毛。1回羽状复叶，小叶通常5，稀3或7，狭卵形或披针状卵形，全缘，上面脉凹陷，下面脉隆起，近革质。圆锥状聚伞花序顶生或腋生；萼片4，稀5，白色，雄蕊短于萼片，无毛，心皮伏生白毛。瘦果近卵形，宿存花柱被羽毛。

辣蓼铁线莲（刘铁志摄于赤峰市喀喇沁旗牛营子）

生境：旱中生植物。生于杂木林内、林缘、山地灌丛。

分布：岭东、燕山北部州。

## 短尾铁线莲 *Clematis brevicaudata* DC.

别名：林地铁线莲

鉴别特征：藤本。枝条暗褐色，疏生短毛，具明显的细棱。叶对生，为 1～2 回三出或羽状复叶叶卵形至披针形，边缘具缺刻状牙齿，有时 3 裂。复聚伞花序腋生或顶生，萼片 4，展开，白色或带淡黄色，狭倒卵形。雄蕊多数。瘦果宽卵形，微带浅褐色，被短柔毛。

生境：中生植物。生于山地林下、林缘及灌丛中。

分布：兴安北部、兴安南部、岭东、岭西、科尔沁、辽河平原、燕山北部、锡林郭勒、阴山、阴南丘陵、乌兰察布、贺兰山、龙首山州。

短尾铁线莲（徐杰摄于赤峰市阿鲁科尔沁旗高格斯台罕山）

## 长瓣铁线莲 *Clematis macropetala* Ledeb.

别名：大萼铁线莲、大瓣铁线莲

鉴别特征：藤本。枝具 6 条细棱。叶对生，为 2 回三出复叶，狭卵形。花单一，顶生，花萼钟形，蓝色或蓝紫色；萼片 4，狭卵形。瘦果卵形，歪斜，稍扁，被灰白色柔毛，羽毛状宿存花柱。

生境：中生植物。生于山地林下，林缘草甸。

分布：兴安北部、岭东、兴安南部、燕山北部、赤峰丘陵、阴山、贺兰山州。

长瓣铁线莲（哈斯巴根、徐杰摄于乌兰察布市察右翼中旗和呼和浩特市大青山）

长瓣铁线莲（哈斯巴根、徐杰摄于乌兰察布市察右翼中旗和呼和浩特市大青山）

## 白花长瓣铁线莲 *Clematis macropetala* Ledeb. var. *albflora*（Maxim. ex Kuntz.）Hand.-Mazz.

**鉴别特征：**藤本。枝具 6 条细棱。叶对生，为 2 回三出复叶，先端渐尖，基部楔形至圆形。小叶片 3 裂或不裂。花单一，顶生，白色至淡黄色；萼片 4，先端渐尖；心皮多数，被柔毛。瘦果卵形，被灰白色柔毛，羽毛状宿存花柱。

**生境：**中生植物。生于海拔 2200 米的沟边灌丛及林下。

**分布：**贺兰山州。

白花长瓣铁线莲（苏云摄于阿拉善贺兰山）

## 褐毛铁线莲 *Clematis fusca* Turcz.

**鉴别特征：**草质藤本。根茎粗壮。具多数棕褐色须根。茎缠绕，具纵棱，暗棕色，疏被毛或近无毛，节部和幼枝毛较密。1 回羽状复叶，小小叶片卵形至卵状披针形，全缘，单花，腋生。苞叶卵状披针形至宽披针形；花钟状，下垂，萼片 4，稀 5，卵状矩圆形。雄蕊较萼片为短瘦果扁平，棕色，宽倒卵形边缘增厚，疏被黄褐色柔毛。

**生境：**中生植物。生于林、林缘、山地灌丛及河边草甸。

**分布：**岭东州。

褐毛铁线莲（徐杰摄于兴安盟扎赉特旗）

## 芹叶铁线莲 *Clematis aethusifolia* Turcz.

**别名：** 细叶铁线莲、断肠草

**鉴别特征：** 草质藤本。根细长。枝纤细，棕褐色。叶对生，叶羽状细裂，最终小裂片披针状条形，宽 0.5~2.0 毫米。聚伞花序腋生；花萼钟形，淡黄色；萼片 4，矩圆形或狭卵形；无花瓣；心皮多数，被柔毛。瘦果倒卵形，扁，红棕色。

**生境：** 旱中生植物。生于石质山坡及沙地柳丛中，也见于河谷草甸。

**分布：** 兴安南部、燕山北部、锡林郭勒、乌兰察布、阴山、阴南丘陵、鄂尔多斯、东阿拉善、贺兰山、龙首山州。

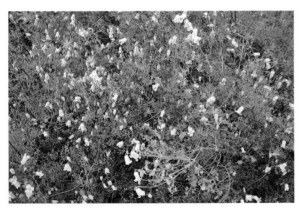

芹叶铁线莲（徐杰摄于包头市达茂旗百灵庙花果山）

## 宽芹叶铁线莲 *Clematis aethusifolia* Turcz. var. *pratensis* Y. Z. Zhao

**别名：** 芹叶铁线莲、草地铁线莲

**鉴别特征：** 本变种与芹叶铁线莲的不同点在于：叶为 2~3 回羽状中裂至深裂，最终裂片椭圆形至椭圆状披针形，宽（1.5）2~4 毫米。

**生境：** 旱中生植物。生于山坡灌丛、林缘。

**分布：** 兴安南部、锡林郭勒、阴山州。

宽芹叶铁线莲（徐杰摄于乌兰察布市凉城蛮汉山林场）

宽芹叶铁线莲（徐杰摄于乌兰察布市凉城蛮汉山林场）

## 黄花铁线莲 *Clematis intricata* Bunge

别名：狗豆蔓、萝萝蔓

鉴别特征：草质藤本。茎攀援，多分枝，具细棱。叶对生，为2回三出羽状复叶；小叶条形、条状披针形或披针形，先端渐尖。聚伞花序腋生；萼片4，狭卵形；花黄色；雄蕊多数。瘦果多数，卵形。

生境：旱中生植物。生于山地、丘陵、低湿地、沙地及田边、路旁、房舍附近。

分布：锡林郭勒、乌兰察布、鄂尔多斯、阴山、阴南丘陵、东阿拉善、贺兰山、额济纳、西阿拉善州。

黄花铁线莲（徐杰摄于鄂尔多斯市准格尔旗马栅）

## 甘青铁线莲 *Clematis tangutica* (Maxim.) Korsh.

鉴别特征：木质藤本。主根粗壮，木质，剥裂。1回羽状复叶，有5～7小叶，下部常浅至全裂，侧生裂片小，中裂片较大，叶灰绿色，两面疏被柔毛。单花，顶生或腋生；被柔毛；萼片4，黄色，斜上展，狭卵形或椭圆状矩圆形，顶端渐尖或急尖，里面无毛，外面疏被柔毛，边缘密被白色绒毛；花丝条形，被开展的长柔毛，花药无毛；子房密被柔毛。瘦果倒卵形，被长柔毛，宿存花柱长达4厘米；有白色羽毛。

生境：旱中生植物。生于荒漠地带的山地灌丛中。

分布：龙首山、额济纳州。

甘青铁线莲（徐杰摄于阿拉善右旗龙首山）

## 翠雀花属 *Delphinium* L.

### 东北高翠雀花 *Delphinium korshinskyanum* Nevski

别名：科氏飞燕草

鉴别特征：多年生草本，高 40～120 厘米。茎单一，被开展的白色长毛。基生叶及茎下部叶有长柄，叶片肾状五角形，掌状 3 深裂，中裂片 3 浅裂，裂片具缺刻和牙齿，侧裂片斜扇形，

东北高翠雀花（刘铁志摄于兴安盟阿尔山市白狼）

不等 2 深裂。总状花序单一或基部有分枝，萼片 5，暗蓝紫色，花瓣 2，黑褐色，退化雄蕊 2，黑褐色，被黄色长髯毛。蓇葖果 3，无毛。

生境：中生植物。生于河滩草甸及山地五花草甸。

分布：兴安北部、岭东、岭西州。

## 西湾翠雀花 *Delphinium siwanense* Franch.

别名：细须翠雀花

鉴别特征：多年生草本，高 100～150 厘米。茎单一，上部多分枝。叶片五角形，掌状 3 全裂，侧裂片 2 深裂，裂片再 3 深裂，2 回裂片狭楔形至条状披针形；叶柄茎下部者长，上部者短。花序似伞形近伞房状；萼片 5，蓝紫色，密被柔毛，花瓣 2，深蓝色，退化雄蕊 2，黑褐色或黑蓝色，被长柔毛。蓇葖果 3，疏被柔毛。

生境：中生植物。生于山地林缘、草甸及河滩草甸。

分布：燕山北部、阴山州。

西湾翠雀花（刘铁志摄于乌兰察布市兴和县苏木山）

## 白蓝翠雀花 *Delphinium albocoeruleum* Maxim.

鉴别特征：多年生草本，高 10～60 厘米。茎直立，具纵棱，密被反曲的白色短柔毛，茎生叶在茎上等距排列，3 深裂至全裂。叶片轮廓五角形，小裂片狭卵形、披针形或条形。伞房花序有 2～7 花，稀 1 花；苞片叶状而较小；萼片 5，宿存，蓝紫色或蓝白色。花瓣无毛；退化雄蕊黑褐色，面有黄色髯毛。蓇葖果，种子四面体形，有鳞状横翅。

生境：中生植物。生于云杉林缘草甸。

分布：贺兰山州。

白蓝翠雀花（徐杰摄于阿拉善贺兰山）

## 翠雀花 *Delphinium grandiflorum* L.

别名：大花飞燕草、鸽子花、摇咀咀花

鉴别特征：多年生草本，高 20～65 厘米。茎直立，全株被反曲的短柔毛。叶片轮廓圆肾形，状 3 全裂，裂片再细裂，小裂片条。总状花序具花 3～15 朵，萼片 5，蓝色、紫蓝色或粉紫色，椭圆形或卵形。基部有距，退化雄蕊 2，瓣片蓝色，宽倒卵形，里面中部有一小撮黄色髯毛及鸡冠状突起。蓇葖果 3 密被短毛，具宿存花柱。种子多数，四面体形，具膜质翅。

生境：旱中生植物。生于森林草原、山地草原及典型草原带的草甸草原、沙质草原及灌丛中，也可生于山地草甸及河谷草甸中，是草甸草原的常见杂类草。

分布：兴安北部、岭东、岭西、呼伦贝尔、兴安南部、科尔沁、辽河平原、赤峰丘陵、燕山北部、锡林郭勒、鄂尔多斯、阴山、阴南丘陵州。

翠雀花（刘铁志、徐杰摄于赤峰市阿鲁科尔沁旗天山和通辽市奈曼旗）

## 软毛翠雀花 *Delphinium mollipilum* W. T. Wang

鉴别特征：多年生草本，高 15～45 厘米。茎直立，疏被开展或向下斜展的白色长柔毛。基生叶 3 全裂，全裂片又 3 浅裂或具齿；茎生叶具长柄，叶片轮廓五角形。伞房花序有 1～3 花；基部苞片叶状，条形；萼片紫蓝色或蓝色，矩圆状倒卵形，外面疏被短柔毛，距钻形，退化雄蕊蓝色，瓣片圆倒卵形，雄蕊无毛；心皮 3，子房疏被短柔毛。蓇葖果疏被短柔毛。

生境：中生植物。生于海拔 2100～2400 米的沟谷草丛或山坡草地。

分布：贺兰山州。

软毛翠雀花（徐杰摄于阿拉善贺兰山）

## 乌头属 *Aconitum* L.

## 细叶黄乌头 *Aconitum barbatum* Patrin ex Pers.

别名：大嘴乌头

鉴别特征：多年生草本，高达 1 米。块根倒圆锥形，暗褐色。叶片轮廓近圆形，3 全裂，全裂片细裂。总状花序生于茎顶；花萼片紫蓝色，外面疏被短柔毛，上萼片高盔形，喙突出，鹰咀状，侧萼片圆倒卵形，矩圆状披针形，雄蕊疏被短毛，花丝全缘或具 2 小齿；心皮 3～8，通常 5，被长毛。蓇葖果疏被长毛。种子具 3 棱，沿纵棱生狭翅，只在一面密生横膜翅。

生境：中生植物。生于山地草甸或沼泽草甸。

分布：兴安北部、阴山州。

细叶黄乌头（徐杰摄于呼和浩特市大青山）

## 紫花高乌头 *Aconitum septentrionale*

**鉴别特征：** 多年生草本，高达 1 米余。直根粗壮。茎直立，粗达 1 厘米，疏被开展的长柔毛。叶片轮廓圆肾形，叶背面的毛直而长，长 0.8～1.2 毫米。总状花序顶生，多花；花瓣无毛。

紫花高乌头（刘铁志、徐杰摄于赤峰市喀喇沁旗和赤峰市宁城县黑里河）

蓇葖果长达 1.7 厘米。种子椭圆形。

　　**生境：**中生植物。生于林下及林缘草甸。

　　**分布：**兴安北部、兴安南部、燕山北部州。

## 西伯利亚乌头 *Aconitum barbatum* Patrin ex Pers. var. *hispidum*（DC.）Seringe

　　**别名：**牛扁、黄花乌头、黑大艽、瓣子艽。

　　**鉴别特征：**本变种与细叶黄乌头的区别是叶的全裂片分裂程度小，较宽而端钝，末回裂片披针形或狭卵形。

　　**生境：**中生植物。生于山地林下、林缘及中生灌丛。

　　**分布：**兴安南部、燕山北部、阴山州。

西伯利亚乌头（刘铁志、徐杰摄于松山区老府和包头市九峰山）

## 草地乌头 *Aconitum umbrosum*（Korsh.）Kom.

　　**鉴别特征：**多年生草本，高达 1 米。直根，粗约 1 厘米。茎直立，粗约 5 毫米，疏被反曲的短柔毛。叶片轮廓肾状五角形，掌状 5 深裂，深裂片互相稍覆压，菱形或斜扇形，裂片边缘具缺刻状牙齿通常背面变无毛。总状花序顶生，萼片黄色，外面被短柔毛。花瓣无毛。心皮 3，无毛或稍被毛。蓇葖果 3。种子椭圆形，黑色，被膜质鳞片。

　　**生境：**中生植物。生于林下、林缘及湿草甸。

　　**分布：**兴安北部州。

草地乌头（徐杰摄于兴安盟阿尔山）

## 黄花乌头　*Aconitum coreanum*（H. Lévl.）Rapaics

**别名**：关白附、白附子

**鉴别特征**：多年生草本，高达 1.4 米。块根倒卵球形或纺锤形。茎直立，疏被反曲的短柔毛。叶片轮廓宽卵形，3 全裂，全裂片细裂，小裂片条形或条状披针形。总状花序顶生，单一或下部分枝；萼片黄色，外面密被短曲毛，上萼片船状盔形；花瓣无毛；花丝全缘，疏被短毛；心皮 3。蓇葖果长 1～2 厘米。种子椭圆形，具 3 棱，表面稍皱，沿棱具狭翅。

**生境**：中生植物。生于山地草甸或疏林中。

**分布**：燕山北部州。

黄花乌头（徐杰摄于赤峰市宁城县）

## 草乌头 *Aconitum kusnezoffii* Reichb.

别名：北乌头、草乌、断肠草

鉴别特征：多年生草木，高 60～150 厘米。块根通常 2～3 个连生在一起，倒圆锥形或纺锤状圆锥形外皮暗褐色。茎直立，粗壮，无毛，光滑。叶互生，近革质。总状花序顶生，萼片蓝紫色，雄蕊无毛，全缘或有 2 小齿，花药椭圆形，黑色：心皮 4～5，无毛。菁葖果长 1～2 厘米。种子扁椭圆球形。

生境：中生植物。生于阔叶林下、林缘草甸及沟谷草甸。

分布：兴安北部、岭西、岭东、呼伦贝尔、兴安南部、辽河平原、燕山北部、锡林郭勒、阴山州。

草乌头（徐杰摄于赤峰市阿鲁科尔沁旗高格斯台罕山）

## 蔓乌头 *Aconitum volubile* Pall. ex Koelle

别名：狭叶蔓乌头

鉴别特征：多年生草本。块根纺锤形。茎缠绕，长约 2 米，分枝。叶具柄，下部者较长；叶片五角形，3 全裂，中裂片通常具柄，菱状卵形，侧裂片斜扇形，全裂片近羽裂，小裂片狭披针形或条形。总状花序顶生或腋生，花序轴有毛，有 3～5 花；萼片蓝紫色，上萼片高盔形，心皮 5。

生境：中生植物。生于沼泽草甸。

分布：兴安北部州。

蔓乌头（刘铁志摄于呼伦贝尔市根河）

## 华北乌头 *Aconitum jeholense* Nakai et Kitag. var. *angustius*（W. T. Wang）Y. Z. Zhao

**别名：**狭裂准噶尔乌头

**鉴别特征：**多年生草本。块根倒圆锥形。茎直立，粗壮，高 70～120 厘米。下部叶花期枯萎，叶片近圆形，较大，掌状 3 全裂，裂片细裂，末回裂片狭条形或条形，两面无毛。总状花序顶生，较长，有花 10～35 余朵，萼片蓝紫色，上萼片盔形或船形，花瓣距短，雄蕊多数，心皮 3～5。

**生境：**中生植物。生于林下、林缘及山地草甸。

**分布：**兴安北部、岭西、兴安南部州。

华北乌头（刘铁志摄于赤峰市克什克腾旗黄岗梁）

# 小檗科
Berberidaceae

## 小檗属　*Berberis* L.

### 刺叶小檗 *Berberis sibirica* Pall.

**别名：**西伯利亚小檗

**鉴别特征：**落叶灌木，高 50～100 厘米。老枝暗灰色，具条棱。叶刺 3～7 分叉。叶近革质，倒卵形，倒披针形或倒卵状矩圆形，先端圆钝，基部楔形，叶缘有时略呈波状，具刺状疏牙齿，网脉明显。花单生，稀为 2 朵，淡黄色；萼片 2 轮，花瓣倒卵形。浆果倒卵形，红色。

生境：旱中生植物。生于森林区及高山带的碎石坡地和陡峭的山坡上。

分布：兴安北部、岭东、兴安南部、锡林郭勒、阴南丘陵、鄂尔多斯、贺兰山州。

刺叶小檗（刘铁志摄于兴安盟阿尔山市白狼）

## 红叶小檗 *Berberis thunbergii* DC. cv. Atropurpurea

鉴别特征：落叶灌木。幼枝淡红带绿色，无毛。叶菱状卵形，全缘，具细乳突，两面均无毛。花 2～5 朵成具短总梗并近簇生的伞形花序，外轮萼片卵形，花瓣长圆状倒卵形，先端微

红叶小檗（徐杰摄于呼和浩特市）

缺，基部以上腺体靠近；雄蕊浆果红色，椭圆体形，稍具光泽，含种子1～2颗。

生境：中生植物。凉爽湿润环境，适应性强，耐寒也耐旱，不耐水涝，喜阳也能耐阴，萌蘖性强，耐修剪，对各种土壤都能适应，在肥沃深厚排水良好的土壤中生长更佳。

分布：内蒙古各州。

红叶小檗（徐杰摄于呼和浩特市）

## 鄂尔多斯小檗 *Berberis caroli* Schneid.

鉴别特征：落叶灌木，高1～2米，老枝暗灰色，表面具纵条裂，散生黑色皮孔和疣点。叶刺单一，叶纸质，叶片（1）2～8枚簇生于刺腋，倒披针形，倒卵形或椭圆形，全缘或有锯齿。总状花序稍下垂，花黄色。萼片6，外轮萼片倒卵形，内轮萼片宽倒卵形成近圆形，花瓣6。浆果矩圆形，鲜红色。

生境：旱中生灌木。散生于草原带的山地。

分布：阴南丘陵、鄂尔多斯、贺兰山州、龙首山州。

鄂尔多斯小檗（徐杰摄于阿拉善贺兰山）

## 黄芦木 *Berberis amurensis* Rupr.

别名：三颗针、狗奶子、阿穆尔小檗、山黄柏

鉴别特征：落叶灌木，高1～3米。叶纸质，叶片常5～7枚簇生于刺腋，长椭圆形至倒卵

状矩圆形，或卵形至椭圆形。总状花序下垂。花淡黄色，花梗长 5～10 毫米。雄蕊 6，较花瓣稍短，内含胚珠 2 枚。浆果椭圆形，鲜红色。内含种子 2 粒。

　　**生境：**中生灌木。在夏绿阔叶林区及森林草原的山地灌丛中为较常见的伴生种，有时稀疏生于林缘或山地沟谷。

　　**分布：**兴安南部、辽河平原、燕山北部、锡林郭勒、乌兰察布、阴山州。

黄芦木（刘铁志摄于赤峰市宁城县黑里河）

## 细叶小檗 *Berberis poiretii* C. K. Schneid.

　　**别名：**针雀、泡小檗、波氏小檗

　　**鉴别特征：**落叶灌木，高 1～2 米。叶片纸质，倒披针形至狭倒披针形，或披针状匙形，全缘或中上部边缘有齿。总状花序下垂，具 8～15 朵花，苞片条形。萼片 6，花瓣 6，倒卵形，较萼片稍短，顶端具极浅缺刻。浆果矩圆形，鲜红色，内含种子 1～2 粒。

　　**生境：**中生植物。森林草原带的山地灌丛和山麓砾质地上较为常见，进入荒漠草原带的固定沙地或覆沙梁地只能稀疏生长，零星分布到草原化荒漠的剥蚀残丘及山地。

　　**分布：**兴安南部、锡林郭勒、燕山北部、阴山、阴南丘陵、鄂尔多斯、东阿拉善州。

细叶小檗（徐杰摄于赤峰市宁城县）

## 类叶牡丹属 *Caulophyllum* Michaux

### 类叶牡丹 *Caulophyllum robustum* Maxim.

**别名：**红毛七、牡丹草、葳严仙

**鉴别特征：**多年生草本。株高40～100厘米。叶互生，2～3回三出复叶，小叶卵形、长椭圆形或宽披针形，全缘，有时2～3裂，上面绿色，下面灰白色。圆锥花序顶生；花黄绿色，萼片3～6，花瓣状，花瓣6，蜜腺状，雄蕊6，心皮1。花后子房开裂，种子外露。种子球形，蓝色，有肉质种皮。

**生境：**中生植物。生于山地林下、林缘草甸和山沟阴湿处。

**分布：**岭东、兴安南部、燕山北部州。

类叶牡丹（赵家明摄于呼伦贝尔市扎兰屯市）

# 防已科
Menispermaceae

## 蝙蝠葛属 *Menispermum* L.

### 蝙蝠葛 *Menispermum dauricum* DC.

**别名：**山豆根、苦豆根、山豆秧根

蝙蝠葛（刘铁志、徐杰摄于呼和浩特市大青山）

**鉴别特征：**缠绕性落叶灌木，长达10余米。根状茎细长，圆柱形，有细纵棱纹，被稀疏短柔毛。单叶互生，叶片肾圆形至心脏形。花白色或黄绿色，成腋生圆锥花序；萼片约6，披针形或长卵形，雄花有雄蕊10～16，花药球形，4室，鲜黄色；雌花有退化雄蕊6～12，心皮3，核果肾圆形，熟时黑紫色，内果皮坚硬，半月形。

**生境：**中生植物。生于山地林缘、灌丛、沟谷。

**分布：**兴安北部、岭东、岭西、兴安南部、科尔沁、辽河平原、燕山北部、阴山州。

蝙蝠葛（刘铁志、徐杰摄于赤峰市宁城县黑里河）

# 五味子科
## Schisandraceae

## 五味子属 *Schisandra* Michaux

### 五味子　*Schisandra chinensis*（Turcz.）Baill.

别名：北五味子、辽五味子、山花椒秧

五味子（刘铁志摄于赤峰市宁城县黑里河林场）

**鉴别特征：**落叶木质藤本，长达8米，全株近无毛。小枝细长，红褐色，具明显的皮孔，稍有棱。叶稍膜质，卵形、倒卵形或宽椭圆形，边缘疏生有暗红腺体的细齿。花单性，乳白色或带粉红色，芳香；花被片6～9，两轮，矩圆形或长椭圆形，基部有短爪；雄花有雄蕊5。

**生境：**耐阴中生植物。生于阴湿的山沟、灌丛或林下。

**分布：**岭东、兴安南部、辽河平原、燕山北部、阴山州。

五味子（刘铁志摄于赤峰市宁城县黑里河林场）

# 罂粟科
Papaveraceae

## 白屈菜属 *Chelidonium* L.

白屈菜 *Chelidonium majus* L.

别名：山黄连

鉴别特征：多年生草本，高 30～50 厘米。茎直立，多分枝，具纵沟棱，被细短柔毛。叶轮

白屈菜（徐杰摄于呼和浩特市和林县南天门林场）

廓为椭圆形或卵形，单数羽状全裂。伞形花序顶生和腋生；萼片 2，椭圆形，长约 5 毫米，疏生柔毛，早落；雄蕊多数，长约 5 毫米；子房圆柱形，花柱短，柱头头状，先端 2 浅裂。蒴果条状圆柱形，黑褐色，表面有光泽和网纹。

生境：中生植物。生于山地林缘，林下，沟谷溪边。

分布：兴安北部、兴安南部、辽河平原、燕山北部、阴山、贺兰山州。

## 罂粟属 *Papaver* L.

### 野罂粟 *Papaver nudicaule* L.

别名：野大烟、山大烟

鉴别特征：植物高 25～60 厘米。花瓣长（2）2.5～3.0 厘米。叶 1（2）回羽状分裂，裂片通常为披针形、狭卵形、卵形或矩圆形，宽 1～3（5）毫米。花黄色、淡黄色或橙黄色花黄色、橙黄色、淡黄色，稀白色。子房及蒴果被刚毛。种子多数肾形，褐色。

生境：旱中生植物。生于山地林缘、草甸、草原、固定沙丘。

分布：兴安北部、岭东、岭西、呼伦贝尔、兴安南部、科尔沁、锡林郭勒、燕山北部、乌兰察布、阴山州。

野罂粟（刘铁志、徐杰摄于赤峰市克什克腾旗乌兰布统和呼和浩特市大青山）

## 角茴香属 *Hypecoum* L.

### 角茴香 *Hypecoum erectum* L.

鉴别特征：一年生低矮草本，高 10～30 厘米。全株被白粉，基生叶呈莲座状，轮廓椭圆形或倒披针形，2～3回羽状全裂，最终小裂片细条形或丝形。花淡黄色；萼片2，卵状披针形。种子黑色，有明显的十字形突起。

　　生境：中生植物。生于草原与荒漠草原地带的砾石质坡地、沙质地、盐化草甸等处，多为零星散生。

　　分布：岭东、呼伦贝尔、科尔沁、锡林郭勒、乌兰察布、阴山、阴南丘陵、鄂尔多斯、东阿拉善、西阿拉善、贺兰山州。

角茴香（徐杰摄于鄂尔多斯市乌审旗）

## 节裂角茴香 *Hypecoum leptocarpum* J. D. Hook. et Thoms.

　　别名：细果角茴香

　　鉴别特征：一年生草本，全株稍有白粉，高5～40厘米。基生叶莲座状，具柄，2回奇数羽状全裂，末回裂片披针形或狭倒卵形；茎生叶苞状或叶状。花葶3～10，斜升，常二歧状分枝；萼片2，极小，花瓣4，淡紫色或白色，雄蕊4。蒴果条形，节裂。

　　生境：中生植物。生于山地沟谷、田边。

　　分布：锡林郭勒、阴山州。

节裂角茴香（刘铁志摄于乌兰察布市兴和县苏木山）

# 紫堇科
Fumariaceae

## 紫堇属　*Corydalis* Vent.

### 齿瓣延胡索　*Corydalis turtschaninovii* Bess.

**鉴别特征**：多年生草本，高 10～30 厘米。块茎球形。茎直立或斜伸，通常不分枝，下部具 1 枚大而反卷的鳞片。茎生叶通常 2 枚，2 回三出深裂或全裂，末回裂片披针形或狭卵形。总状花序密集，苞片篦齿状多裂；萼片小，不明显，花蓝色或蓝紫色，外花瓣边缘常具浅齿，顶端下凹，具短尖。蒴果线形。

**生境**：中生植物。生于山地林缘、沟谷草甸、河滩及溪沟边。

**分布**：兴安北部、岭东、岭西、阴山州。

齿瓣延胡索（赵家明摄于呼伦贝尔市根河市）

### 灰绿紫堇　*Corydalis adunca* Maxim.

**别名**：旱生黄堇

**鉴别特征**：多年生草本，全株被白粉，呈灰绿色。直根粗壮，直径 0.5～1.0 厘米，暗褐色。茎直立，具纵条棱。叶片轮廓披针形或卵状披针形，2 回单数羽状全裂。花黄色，排列成疏散的顶生总状花序。蒴果条形。

生境：旱生植物。生于石质山坡、岩石露头处。

分布：阴山、东阿拉善、龙首山、贺兰山州。

灰绿紫堇（徐建国摄于阿拉善贺兰山）

## 小黄紫堇 *Corydalis raddeana* Regel

鉴别特征：一年生或二年生草本，全株无毛，高达40厘米，有分枝，具纵棱。叶片轮廓三角形2～3回羽状全裂，总状花序生于枝顶。苞片披针形，常全缘；花瓣黄色，背部具龙骨状突起。蒴果狭矩圆形或倒披针形，顶端圆形，具长约2毫米的宿存花柱，基部楔形，种子间常稍缢细，1行；果梗纤细。

生境：中生植物。生于山地林缘、石崖下。

分布：岭东、兴安南部、阴山州。

小黄紫堇（徐杰、刘铁志摄于赤峰市阿鲁科尔沁旗高格斯台罕山和宁城县黑里河三道河）

## 紫堇 *Corydalis bungeana* Turcz.

别名：地丁草、紫花地丁

鉴别特征：一年生或二年生草本，全株被白粉，呈灰绿色，无毛。直根细长，褐黄色。叶片轮廓卵形，3回羽状全裂，2回裂片轮廓倒卵形或倒披针形。花瓣淡紫红色，背部有龙骨状突起。蒴果狭椭圆形。种子肾状球形，黑色，有光泽。

生境：中生植物。生于农田、渠道边、沟谷草甸、疏林下。

分布：赤峰、燕山北部、阴山、阴南丘陵州。

紫堇（刘铁志、徐杰摄于赤峰市红山区和呼和浩特市）

北紫堇（刘铁志摄于赤峰市巴林右旗赛罕乌拉）

## 北紫堇 *Corydalis sibirica*（ L. f. ） Pers.

**鉴别特征：**一年或二年生草本，高 10～30 厘米。叶具长柄，叶片为 2 回三出羽状全裂，最终小裂片倒披针形或矩圆形，灰绿色。总状花序有少数花；苞片披针形或条形；花黄色，较小，连距长 6～8 毫米，萼片 2，早落；花瓣 4，2 轮排列，距圆筒形。蒴果倒披针形或长矩圆形。

**生境：**中生植物。生于林下、沟谷溪边。

**分布：**兴安北部、岭东、岭西、兴安南部、阴山州。

## 黄堇　*Corydalis pallida* (Thunb.) Pers.

**别名**：球果紫堇

**鉴别特征**：二年生草本，高 20～60 厘米。叶 2～3 回羽状全裂，1 回裂片椭圆形，有短柄，最终裂片条形或椭圆形，有微锯齿。总状花序顶生或腋生，萼片圆形，膜质；花黄色，上花瓣卵圆形，距短粗，稍下弯；雄蕊 6，3 枚一束，花丝连合，花柱细长，柱头 2 分叉，每个分叉有 4 个乳头状突起。蒴果条形，串珠状，下垂。

**生境**：中生植物。生于林缘、石质山坡、路边沙质湿地。

**分布**：燕山北部州。

黄堇（刘铁志摄于宁城县黑里河大坝沟）

## 珠果黄堇　*Corydalis speciosa* Maxim.

**别名**：球果黄堇

**鉴别特征**：多年生草本，高 15～30 厘米，稍带白粉。茎直立，丛生，有纵棱。叶具柄，叶片为 2～3 回羽状全裂，末回裂片条状披针形或条形，灰绿色。总状花序顶生，花多而排列密集；苞片披针形；萼片小，花瓣黄色，较大，连距长 2 厘米。蒴果条形，念珠状。

**生境**：中生植物。生于山地林缘或沟边湿地。

**分布**：兴安南部州。

珠果黄堇（刘铁志摄于赤峰市新城区）

## 蛇果紫堇 *Corydalis ophiocarpa* G. D. Hook. et Thoms.

**鉴别特征：** 多年生草本。茎直立，分枝，具紫色棱翅，高可达40厘米。叶片轮廓通常狭卵形，2回羽状全裂、浅裂至深裂。总状花序顶生或腋生。花瓣淡黄色，内面花瓣上部红紫色。蒴果条形，串珠状，波状弯曲。种子黑色，有光泽。

**生境：** 中生植物。生于山沟。

**分布：** 贺兰山州。

蛇果紫堇（徐建国摄于阿拉善贺兰山）

# 十字花科
## Brassicaceae

## 菘蓝属 *Isatis* L.

### 欧洲菘蓝 *Isatis tinctoria* L.

**别名：** 大青

**鉴别特征：** 二年生草本，高30～100厘米。主根粗，灰黄色。茎直立，上部多分枝，稍有粉霜。基生叶具柄，叶片矩圆状椭圆形，基部渐狭，全缘或略具波状齿；茎生叶无柄，披针形或矩圆形，基部箭形，抱茎，全缘；茎上部叶线形。总状花序呈圆锥状；花黄色，花梗纤细，下垂。短角果不开裂，两侧压扁，有翅。

**生境：** 中生植物。栽培植物。

**分布：** 呼和浩特市、赤峰市和鄂尔多斯市等地有栽培。

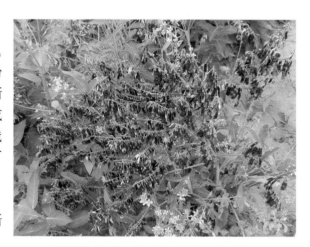

欧洲菘蓝（刘铁志摄于赤峰市喀喇沁旗牛营子）

## 沙芥属 *Pugionium* Gaertn.

### 沙芥 *Pugionium cornutum*（L.）Gaertn.

**别名：** 山羊沙芥

沙芥（徐杰摄于鄂尔多斯市准格尔旗库布齐沙漠）

**鉴别特征：** 一年生草本。根圆柱形，肉质。主茎直立，基生叶莲座状，肉质，具长柄，羽状全裂；茎生叶羽较全裂，裂片常条状披针形，全缘；茎上部叶条状披针形或条形。总状花序顶生或腋生，圆锥状花序；外萼片倒披针形，内萼片狭矩圆形，具微齿；花瓣白色或淡玫瑰色，条形或倒披针状条形。果核扁椭圆形，表面有刺状突起。

**生境：** 沙生植物。生于草原区的半固定与流动沙地上。

**分布：** 科尔沁沙地、毛乌素沙地和库布齐沙漠。

沙芥（徐杰摄于鄂尔多斯市准格尔旗库布齐沙漠）

## 宽翅沙芥 *Pugionium dolabratum* **Maxim.**

**别名**：绵羊沙芥、斧形沙芥、斧翅沙芥

**鉴别特征**：一年生草本。植株具强烈的芥菜辣味，全株呈球形，高 60～100 厘米。茎直立，圆柱形，近基部直径 6～12 毫米，淡绿色。茎下部叶羽状分裂，茎上部叶丝形。花瓣淡紫色。短角果两侧的宽翅多数矩圆形，顶端多数截形而啮蚀状。果核扁椭圆形。

**生境**：沙生植物。生于草原、荒漠草原及草原化荒漠地带的半固定沙地。

**分布**：乌兰布和沙漠、腾格里沙漠、巴丹吉林沙漠边缘、毛乌素沙地、库布齐沙漠。

宽翅沙芥（徐杰摄于鄂尔多斯市准格尔旗库布齐沙漠）

## 蔊菜属 *Rorippa* **Scop.**

## 山芥叶蔊菜 *Rorippa barbareifolia*（ DC. ）**Kitag.**

**鉴别特征**：一年生或二年生草本，高 20～80 厘米。茎直立，基部密生长柔毛。茎下部叶具

长柄，羽状深裂至羽状全裂，顶裂片较大，边缘具不整齐锯齿；中上部叶渐小，分裂较浅与较少。总状花序顶生和侧生；花淡黄色；萼片卵形，花瓣倒卵形，雄蕊6，分离。短角果近球形，成熟时4瓣裂。

生境：中生植物。生于林缘草甸、河边草甸。

分布：兴安北部、岭东、岭西、赤峰丘陵州。

山芥叶蔊菜（刘铁志摄于赤峰市新城区）

## 球果蔊菜 *Rorippa globosa*（Turcz. ex Fisch. et C.A. Mey.）Hayek

别名：银条菜、风花菜、圆果蔊菜

鉴别特征：一年生草本，高30～80厘米。茎直立。茎下部叶有柄，大头羽裂或不裂，茎上

球果蔊菜（刘铁志摄于兴安盟阿尔山市白狼）

部叶无柄，不分裂，基部抱茎，两侧具短叶耳，边缘具不整齐的齿裂。总状花序顶生；花淡黄色，萼片椭圆形，花瓣近椭圆形，较萼片稍短。短角果球形，成熟时2瓣裂。

生境：湿中生植物。生于湿地、河边。

分布：兴安南部、科尔沁州。

## 风花菜 *Rorippa palustris*（L.）Bess.

别名：沼生薄菜

鉴别特征：二年生或多年生草本，无毛。茎直立或斜升，高10～60厘米。基生叶和茎下部叶具长柄，大头羽状深裂，茎生叶，羽状深裂或具齿，其基部具耳状裂片面抱茎。短角果稍弯曲，圆柱状长椭圆形。种子近卵形，长约0.5毫米。

生境：中生沼泽草甸与草甸植物。生于水边、沟谷。

分布：内蒙古各州。

风花菜（徐杰摄于呼和浩特市大青山）

## 菥蓂属（遏篮菜属）*Thlaspi* L.

### 菥蓂 *Thlaspi arvense* L.

别名：遏蓝菜

鉴别特征：一年生草本。全株无毛，茎直立，高15～40厘米，不分枝或稍分枝，无毛。茎生叶倒披针形或矩圆状披针形，边缘具疏齿或近全缘，两面无毛。花较小，总状花序顶生或腋生，有时组成圆锥花序，白色；长约3毫米。果近圆形，具宽翅，较大，长13～16毫米。

生境：中生植物。生于山地草甸、沟边、村庄附近。

分布：兴安北部、呼伦贝尔、兴安南部、阴南丘陵、贺兰山州。

菥蓂（徐杰摄于克什克腾旗）

## 山菥蓂　*Thlaspi cochleariforme* DC.

别名：山遏蓝菜

鉴别特征：多年生草本。直根圆柱状，淡灰黄褐色。根状茎木质化，多头。茎丛生，直立或斜升，无毛。茎生叶卵形或披针形，全缘，稍肉质。总状花序生枝顶；花较大，长约6毫米。果倒卵状楔形，具狭翅，较小，长5～8毫米。

生境：砾石生旱生植物。生于山地石质山坡或石缝间。

分布：兴安北部、岭西、岭东、呼伦贝尔、兴安南部、科尔沁、燕山北部、锡林郭勒、阴山州。

山菥蓂（赵家明、徐杰摄于呼伦贝尔市新巴尔虎右旗和赤峰市克什克腾旗）

## 独行菜属 *Lepidium* L.

### 宽叶独行菜 *Lepidium latifolium* L.

**别名：**羊辣辣

**鉴别特征：**多年生草本，高 20～50 厘米。具粗长的根茎，茎直立，上部多分枝，被柔毛或近无毛。茎生叶卵状披针形至披针形，先端具短尖或钝。短角果被短柔毛；花梗无毛。总状花序在果期不成头。

**生境：**习见的耐盐中生杂草。生于村舍旁、田边、路旁、渠道边及盐化草甸等。

**分布：**内蒙古各州。

宽叶独行菜（徐杰摄于阿拉善左旗）

### 独行菜 *Lepidium apetalum* Willd.

**别名：**腺茎独行菜、辣辣根、辣麻麻

**鉴别特征：**一年生或二年生草本，高 5～30 厘米。茎被微小头状毛，茎生叶狭披针形至条形，有疏齿或全缘，基生叶 1 回羽裂。花瓣极小，匙形，长约 0.3 毫米；有时退化成丝状或无花

独行菜（徐杰摄于通辽市扎鲁特旗特金罕山）

瓣；雄蕊 2（稀 4），位于子房两侧，伸出萼片外，短角果扁平。种子棕色，具密而细的纵条纹；子叶背倚。

生境：旱中生杂草。多生于村边、路旁、田间撂荒地，也生于山地、沟谷。

分布：内蒙古各州。

独行菜（徐杰摄于通辽市扎鲁特旗特金罕山）

## 荠属　*Capsella* Medik.

### 荠　*Capsella bursa-pastoris*（L.）Medik.

别名：荠菜

鉴别特征：一年生或二年生草本，高 10～50 厘米。茎直立，有分枝，稍有单毛及星状毛。基生叶具长柄，大头羽裂、不整齐羽裂或不分裂，茎生叶无柄，披针形，先端锐尖，基部箭形且抱茎，全缘或具疏细。花瓣白色，矩圆状倒卵形，短角果倒三角形。种子黄棕色。

生境：中生杂草。生于田边、村舍附近或路旁。

分布：兴安北部、岭东、岭西、呼伦贝尔、兴安南部、辽河平原、科尔沁、燕山北部、阴山、东阿拉善州。

荠（徐杰、哈斯巴根摄于呼和浩特市）

## 庭荠属　*Alyssum* L.

### 北方庭荠　*Alyssum lenense* Adam.

别名：条叶庭荠、线叶庭荠

鉴别特征：草本，全株密被长星状毛，呈灰白色。直根长圆柱形，灰褐色，分枝直立，草质。叶多数，全缘。总状花序具多数稠密的花，萼片直立，近椭圆形，具膜质边缘，花瓣黄色，倒卵状矩圆形。花丝基部具翅，短角果矩圆状倒卵形或近椭圆形，顶端微凹。果瓣开裂后果实呈团扇状。种子黄棕色，宽卵形，种皮潮湿时具胶粘物质。

生境：旱生植物。散生于草原区的丘陵坡地、石质丘顶、沙地。

分布：兴安北部、岭西、呼伦贝尔、兴安南部、锡林郭勒、乌兰察布州。

北方庭荠（徐杰摄于锡林浩特市）

## 倒卵叶庭荠 *Alyssum obovatum*（C. A. Mey.）Turcz.

鉴别特征：多年生草本，高4～15厘米，全株密被短星状毛，呈银灰绿色。叶匙形，全缘，两面被星状毛。总状花序顶生，花序轴于果期伸长；花黄色；萼片直立，矩圆形或近椭圆形，具膜质边缘；花瓣圆状卵形，下部渐狭成长爪，顶端全缘或微凹；花丝具长翅；子房有星状毛，柱头2裂。短角果倒宽卵形，被短星状毛。

生境：旱生植物。生于山地草原、石质山坡。

分布：兴安北部、岭西、呼伦贝尔、兴安南部、锡林郭勒州。

倒卵叶庭荠（赵家明摄于呼伦贝尔市新巴尔虎右旗）

## 燥原荠属 *Ptilotricum* C. A. Mey.

### 燥原荠 *Ptilotricum canescens*（DC.）C. A. Mey.

鉴别特征：小半灌木，全株被星状毛，呈灰白色。茎自基部具多数分枝，近地面茎木质化，着生稠密的叶。叶条状矩圆形，先端钝，基部渐狭，全缘，两面密被星状毛，灰白色，无柄。花序密集，呈半球形，果期稍延长；萼片短圆形，边缘膜质；花瓣白色，匙形。短角果椭圆形，密被星状毛。

　　**生境**：旱生植物。生于荒漠带的石、砾质山坡、干河床。

　　**分布**：东阿拉善、西阿拉善、额济纳州。

燥原荠（徐杰摄于阿拉善右旗）

## 细叶燥原荠 *Ptilotricum tenuifolium*（Steph. ex Willd.）C. A. Mey.

　　**鉴别特征**：半灌木，全株密被星状毛。茎直立或斜升，过地面茎木质化，常基部多分枝。叶条形，基部渐狭，全缘，两面被星状毛，呈灰绿色，无柄。花序伞房状，果期极延长；萼片矩圆形，瓣片近圆形，基部具爪。短角果椭圆形或卵形。

　　**生境**：旱中生植物。生于草原带或荒漠化草原带的砾石山坡，高原草地，河谷。

　　**分布**：兴安北部、呼伦贝尔、科尔沁、兴安南部、锡林郭勒、乌兰察布、阴山、鄂尔多斯、贺兰山、龙首山州。

细叶燥原荠（刘铁志、徐杰摄于呼伦贝尔市新巴尔虎右旗贝尔和包头市达茂旗）

## 葶苈属 *Draba* L.

## 葶苈 *Draba nemorosa* L.

　　**鉴别特征**：一年生草本，高 10～30 厘米。茎直立，下半部被单毛、二或三叉状分枝毛和星状毛，上半部近无毛。基生叶莲座状，矩圆状倒卵形、矩圆形，茎生叶较基生叶小，矩圆形或披针形。花瓣黄色，近矩圆形，顶端微凹，短角果矩圆形或椭圆形。

　　**生境**：中生植物。生于山坡草甸、林缘、沟谷溪边。

　　**分布**：兴安北部、岭东、岭西、呼伦贝尔、兴安南部、燕山北部、锡林浩特、乌兰察布、阴山州、贺兰山、龙首山。

葶苈（刘铁志、徐杰摄于赤峰市新城区和呼和浩特市大青山）

## 喜山葶苈 *Draba oreades* Schrenk

鉴别特征：多年生矮小草本。根状茎具多分枝。叶基生，成莲座状，倒披针形，先端锐尖或圆钝，基部楔形，全缘，两面被单毛或叉状毛。总状花序；萼片椭圆形或卵形，长约 2 毫米，背面被单毛或叉状毛，边缘膜质；花瓣倒披针形。

生境：中生植物。生于海拔 2600～4000 米的高山草甸或灌丛中。

分布：贺兰山州。

喜山葶苈（徐杰摄于阿拉善贺兰山）

### 锥果葶苈 *Draba lanceolata* Royle

**鉴别特征：** 多年生或二年生草本，高15～25厘米，被星状毛或叉状毛。基生叶丛生，倒披针形，边缘具疏齿；茎生叶披针形或卵形，两侧具疏齿或浅裂，两面被星状毛。总状花序顶生；萼片狭卵形，具膜质边缘；花瓣白色，矩圆状倒卵形。短角果狭披针形，被星状毛；果序在果期伸长成鞭状。

**生境：** 中生植物。生于石质山坡。

**分布：** 兴安北部、兴安南部、贺兰山和龙首山州。

锥果葶苈（刘铁志摄于阿拉善贺兰山）

## 爪花芥属 *Oreoloma* Botsch.

### 紫爪花芥 *Oreoloma matthioloides* (Franchet) Botsch.

**别名：** 紫花棒果芥

**鉴别特征：** 多年生草本，高15～35厘米。全株被星状毛与混生腺毛，灰绿色。基生叶羽状分裂，侧裂片4～7对，全缘；茎生叶侧裂片2～4对。总状花序顶生或腋生，萼片直立，花瓣

紫爪花芥（紫花棒果芥）（杨俊平摄于阿拉善盟阿拉善左旗贺兰山）

淡紫色或淡红色，瓣片倒卵形，开展，长雄蕊的花丝成对合生。长角果密被星状毛与腺毛。

**生境：**旱生植物。生于荒漠草原、干草原和低山等砂砾地。

**分布：**乌兰察布、东阿拉善、西阿拉善、龙首山、贺兰山州。

## 花旗竿属 *Dontostemon* Andrz. ex C. A. Mey.

### 全缘叶花旗竿 *Dontostemon integrifolius*（L.）C. A. Mey.

**别名：**线叶花旗竿

**鉴别特征：**多年生草本，全株密被深紫色头状腺体、硬单毛和卷曲柔毛。茎直立，多分枝。叶狭条形，先端钝，基部渐狭，全缘。总状花序顶生和侧生。花瓣淡紫色，近匙形，长5~6毫米，宽约3毫米，顶端微凹，下部具爪。果期延长，长角果狭条形。种子扁椭圆形。

**生境：**中生植物。生于草原沙地或沙丘上。

**分布：**岭西、呼伦贝尔、兴安南部、科尔沁、辽河平原、赤峰丘陵、锡林郭勒、乌兰察布、阴山、阴南丘陵、鄂尔多斯、贺兰山州。

全缘叶花旗竿（赵家明摄于呼伦贝尔市鄂温克族自治旗）

### 小花花旗竿 *Dontostemon micranthus* C. A. Mey.

**鉴别特征：**一年生或二年生草本，植株被卷曲柔毛和硬单毛。茎直立，单一或上部分枝，茎生叶着生较密，全缘，两面稍被毛。总状花序结果时延长；萼片近相等，稍开展，具白色膜质边缘，背部稍被硬单毛；花瓣淡紫色或白色，顶端圆形，基部渐狭成爪。宿存花柱极短；柱头稍膨大。长角果细长圆柱形，果梗斜上开展，劲直或弯曲。种子淡棕色，矩圆形。

**生境：**中生植物。生于山地草甸、沟谷、溪边。

**分布：**兴安北部、岭西、呼伦贝尔、兴安南部、科尔沁、辽河平原、燕山北部、锡林郭勒、阴南丘陵、阴山州。

小花花旗竿（徐杰摄于赤峰市阿鲁科尔沁旗高格斯台罕山）

## 花旗竿 *Dontostemon dentatus*（Bunge）Ledeb.

**别名**：齿叶花旗竿

**鉴别特征**：一年生或二年生草本，高10～50厘米，散生单毛。茎直立，有分枝。叶披针形或矩圆状条形，两端渐狭，边缘有疏牙齿，两面散生单毛。总状花序顶生和侧生。花瓣紫色，倒卵形，基部有爪。长角果狭条形。

**生境**：中生植物。生于山地林下、林缘草甸。

**分布**：兴安北部、岭东、岭西、兴安南部、科尔沁、辽河平原、燕山北部州。

花旗竿（刘铁志摄于赤峰市喀喇沁旗旺业甸）

## 芝麻菜属 *Eruca* Mill.

### 芝麻菜 *Eruca vesicaria*（L.）Cavan. subsp. *sativa*（Mill.）Thellung

别名：臭芥

鉴别特征： 年生草本，高 10～50 厘米。茎直立，通常上部分枝，全株被单毛。叶大头羽状分裂或羽状深裂。总状花序；萼片直立，花瓣黄色或白色，有紫褐色脉纹。长角果圆柱形，紧贴果轴。

生境：中生植物。生于荒地和路旁。

分布：赤峰丘陵、锡林郭勒、乌兰察布、阴山、阴南丘陵、鄂尔多斯、东阿拉善、西阿拉善、额济纳州。

芝麻菜（刘铁志摄于赤峰市新城区）

## 芸苔属 *Brassica* L.

### 油芥菜 *Brassica juncea*（L.）Czern. var. *gracilis* Tsen et Lee

别名：芥菜型油菜。

鉴别特征：一年生或二年生草本，高 30～120 厘米。茎直立，上部分枝。基生叶大，矩圆

油芥菜（徐杰摄于呼和浩特市武川县）

形或倒卵形，边缘有重锯齿或缺刻；茎下部叶较小，具叶柄；茎上部叶最小，有短柄，披针形，近全缘。花黄色，萼片开展，淡黄绿色。长角果细圆柱形，长3～5厘米，顶端有细柱形的喙。种子近球形。

生境：中生植物。大田栽培油料作物。

分布：原产亚洲，内蒙古各地广泛栽培。

## 诸葛菜属 *Orychophragmus* Bunge

### 诸葛菜 *Orychophragmus violaceus*（L.）O. E. Schulz

鉴别特征：一二年生杂草。高10～50厘米，全株无毛或疏生单毛。基生叶和下部茎生。叶大头羽状深裂，上部叶长圆形或狭卵形，顶端锐尖，基部耳状，抱茎，边缘具不整齐牙齿。花紫色或淡红色。长角果细条形，具4棱。

生境：庭院、路旁。

分布：赤峰丘陵、阴南丘陵州。

诸葛菜（徐杰摄于呼和浩特市）

## 山芥属 *Barbarea* R. Br.

### 山芥 *Barbarea orthoceras* Ledeb.

鉴别特征：二年生草本，高15～60厘米。基生叶及茎下部叶大头羽状分裂，顶裂片大，卵形或椭圆形，边缘微波状或具圆齿，侧裂片1～4对，基部侧裂片耳状抱茎；上部叶披针形或倒披针形，全缘或具疏齿。总状花序顶生，果期伸长；花瓣黄色，有时白色。长角果直立，贴近果轴。

生境：中生植物。生于草甸及低湿地。

分布：兴安北部、岭西、呼伦贝尔、兴安南部州。

山芥（刘铁志摄于赤峰市巴林右旗赛罕乌拉和宁城县黑里河林场）

## 大蒜芥属 *Sisymbrium* L.

### 垂果大蒜芥 *Sisymbrium heteromallum* C. A. Mey.

别名：垂果蒜芥

鉴别特征：一年生或二年生草本。茎直立，无毛或基部稍具硬单毛。叶矩圆形或披针形，大头羽状深裂、浅裂或不裂。花瓣淡黄色，矩圆状倒披针形。长角果纤细，细长圆柱形，长5～7厘米，宽0.8毫米，稍扁，无毛，稍弯曲。果瓣膜质，具3脉。种子矩圆状椭圆形，棕色，具颗粒状纹。

生境：中生植物。生于森林草原及草原带的山地林缘、草甸及沟谷溪边。

分布：兴安南部、科尔沁、燕山北部、锡林郭勒、乌兰察布、阴山、阴南丘陵、鄂尔多斯、东阿拉善、贺兰山、龙首山州。

垂果大蒜芥（徐杰摄于呼和浩特市清水河县）

垂果大蒜芥（徐杰摄于呼和浩特市清水河县）

## 多型大蒜芥 *Sisymbrium polymorphum* （Murray）Roth

**别名**：寿蒜芥、多型蒜芥

**鉴别特征**：多年生草本，高 15～35 厘米，淡灰蓝色。叶多型，稍肉质，羽状全裂、羽状深裂或不分裂而有大的缺刻；茎上部叶丝状狭条形，全缘。总状花序伞房状，后显著伸长；花瓣黄色。长角果斜展，狭条形。

**生境**：中旱生植物。生于草原地区的山坡或草地。

**分布**：岭东、呼伦贝尔、锡林郭勒州。

多型大蒜芥（刘铁志摄于呼伦贝尔市新巴尔虎右旗）

## 碎米荠属 *Cardamine* L.

裸茎碎米荠（刘铁志摄于赤峰市宁城县黑里河）

### 裸茎碎米荠 *Cardamine scaposa* Franch.

鉴别特征：多年生草本，高6～15厘米。根状茎匍匐，有淡黄色瘤状突起与残存叶基。基生叶为单叶，近圆形或肾状圆形，基部心形，边缘不明显波状浅裂，叶柄纤细；无茎生叶。总状花序有花2～5朵，花瓣白色，倒卵形。长角果条形而稍扁。

生境：湿中生植物。生于林下、林缘和灌丛潮湿处。

分布：燕山北部州（宁城县黑里河）。

### 浮水碎米荠 *Cardamine prorepens* Fisch. ex DC.

别名：伏水碎米荠

鉴别特征：多年生草本，高10～30厘米。茎下部匍匐，节部生不定根，上部斜升，长达50厘米。叶为羽状全裂，具5～11个裂片，边缘不规则波状或有疏齿。总状花序顶生，伞房状；花瓣白色，椭圆形或宽倒卵形。长角果狭条形。

生境：湿生植物。生于河边浅水中活林下湿地。

分布：兴安北部、岭东、岭西、兴安南部、燕山北部州。

浮水碎米荠（刘铁志摄于赤峰市宁城县和兴安盟阿尔山市）

### 白花碎米荠 *Cardamine leucantha*（Tausch）O. E. Schulz

鉴别特征：多年生草本，高30～70厘米。茎直立，单一，有纵棱槽。奇数羽状复叶，有小叶5，稀7，小叶披针形或卵状披针形，边缘有不整齐的钝齿或锯齿，两面被短硬毛。圆锥花序顶生，常由3～5总状花序组成；花瓣白色，倒卵状楔形。长角果条形。

生境：中生植物。生于林下、林缘、灌丛下和湿草地。

分布：兴安北部、岭东、燕山北部州。

白花碎米荠（刘铁志摄于赤峰市宁城县）

## 大叶碎米荠　*Cardamine macrophylla* Willd.

鉴别特征：多年生草本，高 30～90 厘米。茎直立，单一或上部分枝，有纵沟棱。奇数羽状复叶，有小叶 5～9，稀 11，小叶卵状披针形、椭圆形或矩圆形，边缘有钝或锐的锯齿，两面被

大叶碎米荠（刘铁志摄于宁城县）

短柔毛。总状花序顶生；花瓣淡紫色或紫红色，宽倒卵形。长角果狭条形。

生境：中生植物。生于林下、林缘和草甸。

分布：兴安南部、燕山北部州。

## 草甸碎米荠 *Cardamine pratensis* L.

鉴别特征：多年生草本。茎直立，不分枝或上部稍分枝。叶片轮廓为长矩圆形，羽状全裂，裂片椭圆形或披针形，全缘；基生叶具长柄，具短柄。顶生总状花序，开花时伞房状；外萼片矩圆状披针形，内萼片矩圆形，比外萼片稍小，具膜质边缘；花瓣淡紫色，稀白色，倒卵状矩圆形。长角果条形，两端渐狭。种子矩圆状卵形。

生境：湿中生植物。生于林区湿草地、塔头甸子。

分布：岭东、岭西、兴安南部州。

草甸碎米荠（徐杰摄于赤峰市克什克腾旗）

## 异蕊芥属 *Dimorphostemon* Kitag.

## 异蕊芥 *Dimorphostemon pinnatifidus*（Willd.）H. L. Yang

别名：栉叶芥

鉴别特征：一年生或二年生草本。茎直立，单一，茎不分枝。叶轮廓倒披针形或狭椭圆形，

异蕊芥（徐杰摄于呼和浩特市和林县南天门林场）

单数羽状分裂，裂片条状披针形。总状花序顶生和腋生，开花时伞房状，萼片矩圆形，外萼片基部囊状，内萼片上部兜状；花瓣白色或玫瑰色，楔状倒卵形，顶端微凹，基部具爪。种子矩圆形。

**生境：** 中生植物。生于海拔 1500～3000 米的向阳山坡或石缝中。

**分布：** 岭东、岭西、兴安南部、燕山北部、阴山、贺兰山州。

## 针喙芥属 *Acirostrum* Y. Z. Zhao

### 针喙芥 *Acirostrum alaschanicum*( Maxim. )Y. Z. Zhao

**别名：** 贺兰山南芥

**鉴别特征：** 多年生草本。直根圆柱状，淡黄褐色。叶于基部丛生，呈莲座状，肉质，倒披针形至倒卵形，顶端钝，基部渐狭，边缘有疏细牙齿，叶柄具狭翅。总状花序，具少数花；萼片矩圆形，具白色膜质边缘；花瓣白色或淡紫色，近匙形，下部具爪。长角果狭条形；果梗劲直，较粗状。种子矩圆形，棕褐色，扁平，具狭翅。

**生境：** 中生植物。生于海拔 1900～3000 米的山地石缝、山地草甸。

**分布：** 兴安南部、阴山、贺兰山州。

针喙芥（徐建国摄于贺兰山）

## 盐芥属 *Thellungiella* O. E. Schulz

### 盐芥 *Thellungiella salsuginea*( Pall. )O. E. Schulz

**鉴别特征：** 一年生草本。无毛，全株稍被白粉，呈灰蓝绿色。茎直立，多分枝。叶披针形。总状花序具多数花，开花时伞房状，花梗丝状；萼片卵状椭圆形，边缘白膜质；花瓣白色，宽倒披针形。长角果条形，顶端花柱极短，柱头压扁头状，果瓣微凹，膜质，中脉明显；果梗近平展。种子矩圆形，黄棕色。

**生境：** 盐生植物。生于盐化草甸、盐化低地及碱土上。

**分布：** 锡林郭勒州。

盐芥（徐杰摄于锡林浩特市白音敖包）

## 香花芥属 *Hesperis* L.

### 北香花芥 *Hesperis sibirica* L.

别名：雾灵香花芥、雾灵香花草

鉴别特征：多年生草本，高40～110厘米。茎疏生长硬毛和腺毛。基生叶具长柄，倒披针形或狭倒卵形；茎生叶短柄或无柄，披针形或椭圆状披针形，边缘具波状牙齿。总状花序顶生；萼片直立，内萼片基部为囊状；花瓣紫红色。长角果圆柱形，种子间稍收缩，被腺毛。

生境：中生植物。生于林缘和沟谷草甸。

分布：兴安南部、燕山北部州。

北香花芥（刘铁志摄于赤峰市宁城县）

## 香芥属　*Clausia* Korn. -Tr.

### 毛萼香芥　*Clausia trichosepala*（ Turcz. ）Dvorák

别名：香花草

鉴别特征：二年生草本，高 20～50 厘米。茎直立，被硬单毛，具纵向沟棱。茎生叶披针形或卵状披针形。花瓣紫色或红紫色，瓣片椭圆形，长角果细长四棱状圆柱形。果梗短粗。种子椭圆形或矩圆形。

生境：中生植物。生于山地、林缘、沟谷、溪旁。

分布：岭东、兴安南部、科尔沁、锡林郭勒、燕山北部、阴山州。

毛萼香芥（徐杰摄于赤峰市阿鲁科尔沁旗高格斯台罕山）

## 芹叶荠属（裂叶芥属）*Smelowskia* C. A. Mey.

### 灰白芹叶芥　*Smelowskia alba*（ Pall. ）Regel

别名：裂叶芥、芹叶荠

鉴别特征：多年生草本，高 10～30 厘米，密被分枝的长柔毛，呈灰绿色。茎基部包被老叶柄。叶羽状全裂，裂片多对，通常全缘，稀具疏牙齿。总状花序顶生，花后显著伸长；萼片早落；花瓣白色。长角果椭圆状条形。

生境：中生植物。生于石质山坡和岩石缝。

分布：兴安北部、兴安南部州。

灰白芹叶芥（刘铁志采集于赤峰市巴林右旗赛罕乌拉罕山沟）

## 播娘蒿属 *Descurainia* Webb et Berth.

### 播娘蒿 *Descurainia sophia*（L.）Webb ex Prantl

**别名**：野芥菜

**鉴别特征**：一年生或二年生草本，全株呈灰白色。茎直立，上部分枝，具纵棱槽，茎下部叶有叶柄。叶轮廓为矩圆形或矩圆状披针形，2～3回羽状全裂或深裂，全缘，两面被分枝短柔毛。总状花序顶生；花瓣匙形，雄蕊比花瓣长。长角果狭条形，直立或稍弯曲，淡黄绿色，无毛。种子黄棕色，矩圆形。

**生境**：中生杂草。生于山地草甸、沟谷、村旁、田边。

**分布**：兴安北部、岭东、岭西、兴安南部、燕山北部、科尔沁、赤峰丘陵、阴山州。

播娘蒿（徐杰摄于赤峰市克什克腾旗）

## 糖芥属 *Erysimum* L.

### 糖芥 *Erysimum amurense* Kitag.

**鉴别特征**：多年生草本。茎直立，通常不分枝。叶条状披针形或条形，先端渐尖，基部渐狭，全缘。总状花序顶生；外萼片披针形，基部囊状，内萼片条形；花瓣橙黄色，稀黄色，瓣片倒卵形或近圆形。长角果呈四棱形，果瓣中央有1突起的中肋。种子矩圆形，侧扁，黄褐色。

**生境**：旱中生植物。生于山坡林缘、草甸，沟谷。

**分布**：赤峰丘陵、阴南丘陵、锡林郭勒、燕山北部、阴山、兴安南部州。

糖芥（刘铁志、徐杰摄于赤峰市宁城县黑里河和呼和浩特市和林县南天门林场）

## 小花糖芥 *Erysimum cheiranthoides* L.

别名：桂竹香糖芥

鉴别特征：一年生或二年生草本，高30～50厘米。茎直立，有时上部分枝，密被伏生丁字毛。叶狭披针形至条形，2～4叉状分枝毛。花瓣黄色或淡黄色，较小，长3～7毫米，近匙形。长角果条形，果瓣伏生3或4叉状分枝毛。种子宽卵形，棕褐色。

生境：中生植物。生于山地林缘、草原、草甸、沟谷。

分布：岭东、岭西、兴安北部、兴安南部、燕山北部、科尔沁、锡林郭勒、贺兰山州。

小花糖芥（徐杰摄于赤峰市阿鲁科尔沁旗高格斯台罕山）

### 蒙古糖芥 *Erysimum flavum*（Georgi）Bobrov

**别名：** 阿尔泰糖芥

**鉴别特别：** 多年生草本。直根粗壮，淡黄褐色。根状茎缩短，顶部常具多头，外面包被枯黄残叶，茎直立，不分枝。叶狭条形或条形，先端锐尖，基部渐狭，全缘，灰蓝绿色。总状花序顶生；萼片狭矩圆形，基部囊状，外萼片较宽，背面被丁字毛；花瓣淡黄色或黄色，爪细长。种子矩圆形，棕色。

**生境：** 中旱生杂类草。生于草原、草甸草原，为其伴生成分。

**分布：** 兴安北部、岭东、岭西、呼伦贝尔、锡林郭勒、兴安南部州。

蒙古糖芥（刘铁志摄于赤峰市克什克腾旗乌兰布统）

## 念珠芥属（串珠芥属）*Neotorularia* Hedge et J. Léonard

### 清水河念珠芥 *Neotorularia qingshuiheense*（Ma et Zong Y. Zhu）Al-Shehbaz et al.

**别名：** 清水河小蒜芥

**鉴别特征：** 一年生草本，高8～15厘米，茎斜升或直立，密被2或3叉状分枝毛。基生叶多数，莲座状；叶羽状深裂，裂片3～4对，顶裂片卵状三角形，侧裂片近三角形；茎生叶与基生叶近似。总状花序顶生；花瓣白色，倒卵状楔形。长角果条形，稍扁。

**生境：** 旱中生植物。生于石质丘陵。

**分布：** 阴南丘陵州。

清水河念珠芥（刘铁志摄于包头市土默特右旗九峰山）

## 曙南芥属 *Stevenia* Adams et Fisch.

### 曙南芥 *Stevenia cheiranthoides* DC.

**鉴别特征**：多年生草本，高 10～30 厘米，全株密被星状毛。基生叶成莲座状，条形；茎生叶条形或倒披针状条形，全缘。总状花序顶生，花期伞房状，果期伸长；花瓣紫色或淡红色，后变白色。长角果条形或长椭圆形，扁平，不规则弯曲，密被星状毛。

**生境**：旱中生植物。生于石质坡地和石缝。

**分布**：兴安北部、岭西、岭东、兴安南部、赤峰丘陵、锡林郭勒、阴山和东阿拉善州。

曙南芥（刘铁志摄于赤峰市巴林右旗赛罕乌拉）

## 南芥属 *Arabis* L.

### 垂果南芥 *Arabis pendula* L.

**鉴别特征**：二年生草本，高 30～150 厘米，全株被硬单毛，杂有 2～3 叉毛。主根圆锥状，黄白色。茎直立，上部有分枝。茎下部的叶长椭圆形至倒卵形，边缘有浅锯齿。总状花序顶生或腋生，花瓣白色。长角果线形，下垂。

**生境**：生于山坡，路旁，河边草丛中及高山灌木林和荒漠地区，海拔 1500～3600 米。

**分布**：兴安北部、岭东、岭西、呼伦贝尔、兴安南部、科尔沁、辽河平原、赤峰丘陵、燕山北部、锡林郭勒、阴山、贺兰山州。

垂果南芥（刘铁志、徐杰摄于赤峰市宁城县黑里河和呼和浩特市大青山）

# 硬毛南芥 *Arabis hirsuta*（L.）Scop.

**别名**：毛南芥

**鉴别特征**：一年生草本。茎直立，不分枝或上部稍分枝，高 20～60 厘米。茎生叶质较薄，先端常钝圆，边缘有不明显的疏齿。总状花序顶生或腋生，花瓣白色，近匙形。长角果向上直立，贴紧于果轴。种子黄棕色，近椭圆形，具狭翅，表面细网状。

**生境**：中生植物。生于林下、林缘、下湿草甸、沟谷溪边。

**分布**：兴安北部、岭西、岭东、呼伦贝尔、兴安南部、燕山北部、阴山、贺兰山州。

硬毛南芥（徐杰摄于呼和浩特市大青山）

# 景天科
## Crassulaceae

## 瓦松属 *Orostachys* Fisch.

### 瓦松 *Orostachys fimbriata*(Turcz.)A. Berger

**别名**：酸溜溜、酸窝窝

**鉴别特征**：二年生草本，高 10～30 厘米，全株粉绿色，密生紫红色斑点。茎生叶散生，无柄，条形至倒披针形。花序顶生，总状或圆锥状，萼片 5，狭卵形，花瓣 5，红色，干后常呈蓝紫色，披针形；雄蕊 10，花药紫色；鳞片 5，近四方形；心皮 5。蓇葖果矩圆形。

**生境**：旱生植物。生于石质山坡、石质丘陵及沙质地。常在草原植被中零星生长，在一些石质丘顶可形成小群落片段。

**分布**：内蒙古各州。

瓦松（徐杰摄于阿拉善贺兰山）

### 钝叶瓦松 *Orostachys malacophylla*(Pall.)Fisch.

**鉴别特征**：二年生草本，高 10～30 厘米。叶矩圆形、椭圆形、倒卵形、矩圆状披针形或卵形，先端钝，茎生叶互生，匙状倒卵形、倒披针形、矩圆状披针形或椭圆形，两面有紫红色斑点。花序圆柱状总状；花紧密，无梗或有短梗；花瓣 5，白色或淡绿色。雄蕊 10，较花瓣稍长，花药黄色；鳞片 5，条状长方形；心皮 5。蓇葖果卵形，先端渐尖。

　　**生境：**肉质旱生植物。多生于山地、丘陵的砾石质坡地及平原的沙质地。常为草原及草甸草原植被的伴生植物。

　　**分布：**兴安北部、岭西、岭东、呼伦贝尔、兴安南部、赤峰丘陵、锡林郭勒、阴山州。

钝叶瓦松（赵家明、徐杰摄于赤峰市阿鲁科尔沁旗高格斯台罕山和呼伦贝尔市海拉尔区）

## 狼爪瓦松 *Orostachys cartilaginea* A. Bor.

　　**别名：**辽瓦松、瓦松、千滴落

　　**鉴别特征：**二年生草本，高 10～20 厘米，全株粉白色，密布紫红色斑点。叶片矩圆状披针形，先端有 1 半圆形白色的软骨质附属物，全缘或有圆齿；茎生叶互生，条形或披针状条形。圆柱状总状花序，苞片条状披针形，淡绿色；花瓣 5，白色，稀具红色斑点而呈粉红色，矩圆状披针形，雄蕊 10，花药暗红色，心皮 5。蓇葖果矩圆形。种子多数，卵形。

狼爪瓦松（徐杰摄于赤峰市喀喇沁旗）

生境：肉质旱生植物。生长于石质山坡。

分布：兴安北部、兴安南部、科尔沁、锡林郭勒州。

### 黄花瓦松 *Orostachys spinosa*（L.）Sweet

鉴别特征：二年生草本，高 10～30 厘米。第一年有莲座状叶丛，叶矩圆形，先端有半圆形，白色，软骨质的附属物，中央具 1 长 2～4 毫米的刺尖；茎生叶互生，有软骨质的刺尖。花序顶生，狭长，穗状或总状；花梗长 1 毫米，或无梗；花瓣 5，黄绿色。

生境：肉质旱生植物。生于山坡石缝中及林下岩石上。在草甸草原及草原石质山坡植被中常伴生种。

分布：兴安北部、岭东，岭西、呼伦贝尔州、贺兰山州。

黄花瓦松（苏云摄于阿拉善贺兰山）

## 八宝属 *Hylotelephium* H. Ohba

### 华北八宝 *Hylotelephium tatarinowii*（Maxim.）H. Ohba

华北八宝（刘铁志摄于赤峰市喀喇沁旗马鞍山）

别名：华北景天

鉴别特征：多年生草本。根块状，常有胡萝卜状根。茎多数，倾斜，高 10～15 厘米。叶互生，条状倒披针形至倒披针形，边缘有疏锯齿至浅裂，近有柄。伞房状聚伞花序顶生；萼片 5，花瓣 5，浅红色，卵状披针形，雄蕊 10，花药紫色，鳞片 5，心皮 5，直立，卵状披针形，花柱稍外弯。

生境：旱中生植物。生于山地石缝中。

分布：兴安北部、兴安南部、燕山北部、锡林郭勒、阴山州。

### 八宝 *Hylotelephium erythrostictum*（Miq.）H. Ohba

别名：景天、活血三七、对叶景天

鉴别特征：多年生草本。块根胡萝卜状。茎直立，高 30～60 厘米。叶对生，少互生或 3 叶轮生，矩圆形至卵状矩圆形，边缘有疏锯齿或波状钝牙齿。伞房状聚伞花序顶生；萼片 5，花瓣 5，白色或粉红色，宽披针形，雄蕊 10，与花瓣等长或稍短，花药紫色，鳞片 5，心皮 5，直立，基部几分离。

生境：旱中生植物。生于山地林缘及沟谷。

分布：兴安北部、岭东、呼伦贝尔、兴安南部、燕山北部州。

八宝（刘铁志摄于兴安盟阿尔山市白狼）

## 紫八宝 *Hylotelephium triphyllum*（Haworth）Holub

**别名**：紫景天

**鉴别特征**：多年生草本。块根多数，胡萝卜状。茎直立，单生或少数聚生，高 30～60 厘米。叶互生，卵状矩圆形至矩圆形，边缘有不整齐牙齿，上面散生斑点。伞房状聚伞花序，萼片 5，卵状披针形；花瓣 5，紫红色，矩圆状披针形，自中部向外反折；雄蕊 10，条状匙形，有缺刻。

**生境**：旱中生植物。生于山坡草甸、林下、灌丛间或沙地。

**分布**：兴安北部、岭东、岭西、呼伦贝尔、兴安南部、锡林郭勒州。

紫八宝（徐杰摄于赤峰市阿鲁科尔沁旗高格斯台罕山示紫色花和黄色花药）

## 红景天属 *Rhodiola* L.

## 库页红景天 *Rhodiola sachalinensis* A. Bor.

**鉴别特征**：多年生草本，高 10～30 厘米。根粗壮，通常直立，稀横生；根颈短粗，先端被多数棕褐色、膜质鳞片状叶。叶矩圆状匙形、矩圆状菱形或矩圆状披针形。聚伞花序，花多数密集，萼片 4，稀 5，披针状条形，花瓣 4，稀 5，淡黄色，条状倒披针形或矩圆形。蓇葖果披针形或条状披针形，种子矩圆形至披针形。

**生境**：多年生旱中生草本。生于山坡林下及碎石山坡。

**分布**：岭东州。

库页红景天（徐杰摄于赤峰市阿鲁科尔沁旗高格斯台罕山）

## 小丛红景天 *Rhodiola dumulosa* （Franch.）S. H. Fu

别名：凤尾七、凤凰草，香景天

鉴别特征：多年生草本，高 5～15 厘米，全体无毛。主轴粗壮，多分枝，地上部分常有残存的老枝。叶互生，条形，宽 1～2 毫米，全缘。花序顶生，聚伞状，着生 4～7 花。花具短梗；花瓣 5，白色或淡红色，披针形。

生境：旱中生肉质草本。生长于山地阳坡

小丛红景天（徐杰摄于阿拉善贺兰山）

及山脊的岩石裂缝中。

　　**分布**：兴安南部、阴山、东阿拉善、贺兰山、龙首山州。

## 费菜属 *Phedimus* Rafin.

### 费菜 *Phedimus aizoon*（L.）'t Hart.

　　**别名**：土三七、景天三七、见血散

　　**鉴别特征**：多年生草本，全体无毛。根状茎短而粗。茎高 20～50 厘米，茎直立，不分枝。叶互生，椭圆状披针形至倒披针形，先端渐尖或稍钝，基部楔形，边缘有不整齐的锯齿，几无柄。聚伞花序顶生，分枝平展，多花，花近无梗；心皮 5。蓇葖呈星芒状排列。

　　**生境**：旱中生植物。生于石质山地疏林、灌丛、林间草甸及草甸草原，为偶见伴生植物。

　　**分布**：兴安北部、岭西、岭东、呼伦贝尔、兴安南部、科尔沁、燕山北部、锡林郭勒、乌兰察布、阴山州。

费菜（徐杰摄于赤峰市阿鲁科尔沁旗高格斯台罕山）

### 兴安费菜 *Phedimus aizoon*（L.）'t Hart var. *hsinaganicus*（Y. C. Chu ex S. H. Fu et Y. H. Huang）Y. Z. Zhao

　　**鉴别特征**：多年生草本。根状茎短。茎 3～5 丛生，无毛，下部分枝。叶近对生或互生，倒卵状矩圆形或矩圆形，边缘有锯齿或近全缘。伞房状聚伞花序顶生及腋生，花密集呈头状，黄色，矩圆状披针形；心皮 8，少数为 12，20。

　　**生境**：旱中生植物。生长于海拔 750 米多石山坡。

　　**分布**：兴安北部州。

兴安费菜（徐杰摄于兴安盟阿尔山）

## 乳毛费菜 *Phedimus aizoon*（L.）′t Hart var. *scabrus*（Maxim）H. Ohba et al.

鉴别特征：与费菜的主要区别在于叶狭，先端钝。植株被乳头状微毛。

生境：生长于山坡草地。

分布：呼伦贝尔、兴安南部、辽河平原、赤峰丘陵、锡林郭勒、阴山、阴南丘陵、东阿拉善、西阿拉善、龙首山、贺兰山州。

乳毛费菜（徐建国摄于阿拉善贺兰山）

狭叶费菜（徐杰摄于呼和浩特市大青山）

## 狭叶费菜 *Phedimus aizoon*（L.）′t Hart var. *yamatutae*（Kitag.）H. Ohba et al.

别名：狭叶土三七

鉴别特征：与费菜主要区别在于叶狭矩圆状楔形或条形，宽不及 5 毫米。

生境：生长于山坡石砾地，砂丘。

分布：兴安北部、岭西、呼伦贝尔、燕山北部、锡林郭勒、阴山州。

# 虎耳草科
## Saxifragaceae

## 红升麻属 *Astilbe* Buch. -Ham. ex D. Don

### 红升麻 *Astilbe chinensis*（Maxim.）Franch. et Savat.

别名：落新妇、虎麻

鉴别特征：多年生草本，高 40～100 厘米。根茎肥厚，着生多数须根。基生叶为 2～3 回三出复叶，稀顶生复叶为具 5 小叶的羽状复叶，小叶卵形、椭圆形或卵状矩圆形。萼片 5，椭圆形，花瓣 5，狭条形，紫色。蓇葖果 2，椭圆状卵形，沿腹缝线开裂。种子狭纺锤形，棕色，具狭翅。

生境：中生植物。生于林缘草甸及山谷溪边。

分布：兴安北部、辽河平原、燕山北部、阴山州。

红升麻（刘铁志摄于赤峰市宁城县黑里河林场）

## 梅花草属 *Parnassia* L.

### 梅花草 *Parnassia palustris* L.

别名：苍耳七

鉴别特征：多年生草本，高 20～40 厘米，全株无毛。根状茎近球形，肥厚。叶片心形或宽卵形，基部心形，全缘。花白色或淡黄色，外形如梅花，因此称"梅花草"；子房上位，退化雄蕊条裂状。蒴果，上部 4 裂。种子多数。

生境：湿中生植物。多在林区及草原带山地的沼泽化草甸中零星生长。

分布：兴安北部、岭东、岭西、兴安南部、科尔沁、辽河平原、燕山北部、赤峰丘陵、锡林郭勒、阴山、鄂尔多斯、东阿拉善州。

梅花草（刘铁志、徐杰摄于锡林郭勒盟锡林浩特市白音锡勒和赤峰市阿鲁科尔沁旗高格斯台罕山）

## 虎耳草属 *Saxifraga* L.

### 爪虎耳草 *Saxifraga unguiculata* Engl.

**别名**：爪瓣虎耳草

**鉴别特征**：多年生草本，<u>丛生</u>，高 3～8 厘米。基生叶多数，呈莲座状，匙状倒披针形，先端圆钝，两面通常无毛，茎生叶条状倒披针形，边缘有腺毛，两面无毛，无柄。聚伞花序有 1～3 朵花，花梗细长，有腺毛，萼片 5 被腺毛；花瓣 5，黄色，狭卵形或矩圆形。

**生境**：中生植物。生于海拔 2800～3400 米的高山灌<u>丛</u>下、碎石缝、高山草甸。山州。

**分布**：贺兰山州。

爪虎耳草（徐建国摄于阿拉善贺兰山）

## 点头虎耳草 *Saxifraga cernua* L.

**别名**：珠芽虎耳草

**鉴别特征**：多年生草本。具小球茎，白色，肉质，长2～4毫米，全株被腺毛。单叶互生，叶片肾形，边缘有大钝齿或浅裂，两面都被腺毛；叶腋间常有珠芽。花常单生枝顶，萼片披针状卵形，顶端钝，外面密被腺毛，花瓣白色，狭卵形或倒披针。

**生境**：中生植物。生于海拔1300～3400米的山地阴坡岩石缝间。

**分布**：兴安北部、燕山北部、锡林郭勒、阴山、贺兰山州。

点头虎耳草（徐建国摄于阿拉善贺兰山）

## 球茎虎耳草 *Saxifraga sibirica* L.

**鉴别特征**：多年生草本，高5～13厘米，地下具小球茎。茎被短腺毛。基生叶具长柄，叶片肾形，7～9浅裂，两面及叶柄均被腺毛；茎生叶似基生叶，向上渐变小，有短柄或无柄。聚伞花序有1～4花；花萼5深裂，花瓣5，白色，倒卵形，雄蕊10。蒴果近椭圆形。

**生境**：中生植物。生于山地林下、灌丛和石缝。

**分布**：兴安北部、岭东、兴安南部、燕山北部州。

球茎虎耳草（刘铁志摄于赤峰市宁城县黑里河）

球茎虎耳草（刘铁志摄于赤峰市宁城县黑里河）

## 金腰属 *Chrysosplenium* L.

### 五台金腰 *Chrysosplenium serreanum* Hand.-Mazz.

**鉴别特征**：草本。单叶，叶对生。多花组成花序，无退化雄蕊，无花瓣，子房一室，侧膜胎座，心皮2。蒴果纵裂。

**生境**：湿生植物。生于森林带和草原带的山地林下阴湿地，山谷溪边。

**分布**：兴安北部、燕山北部，阴山州。

五台金腰（刘铁志摄于赤峰市宁城县黑里河）

## 茶藨属 *Ribes* L.

### 刺梨 *Ribes burejense* Fr. Schmidt

**别名：**刺果茶藨子、刺李

**鉴别特征：**灌木，高约 1 米。小枝灰黄色，密生长短不等的细刺，在叶基部集生 3～7 个刺，刺长 5～10 毫米。叶近圆形，3～5 裂，基部心形或截形，裂片先端锐尖，边缘有圆状牙齿，两面和边缘有短柔毛。花 1～2 朵，腋生，蔷薇色，萼片矩圆形，花瓣 5，菱形，浆果球形，绿色，有黄褐色长刺。

**生境：**中生植物。生于山地杂木林中、山溪边。

**分布：**燕山北部州。

刺梨（刘铁志摄于赤峰市宁城县黑里河林场和喀喇沁旗旺业甸）

## 楔叶茶藨 *Ribes diacanthum* **Pall.**

**鉴别特征**：灌木，高 1～2 米。当年生小枝红褐色，有纵棱，平滑；老枝灰褐色，稍剥裂，节上有皮刺 1 对。叶倒卵形，稍革质，裂片边缘有几个粗锯齿。花单性，雌雄异株，总状花序生于短枝上；苞片条形，花淡绿黄色，萼筒浅碟状，萼片 5，卵形或椭圆状。浆果，红色，球形。

**生境**：中生灌木。生于沙丘、沙地、河岸及石质山地，可成为沙地灌丛的优势植物。

**分布**：兴安北部、岭东、呼伦贝尔、兴安南部、锡林郭勒州。

楔叶茶藨（刘铁志摄于锡林郭勒盟正蓝旗贺日苏台）

## 小叶茶藨 *Ribes pulchellum* **Turcz.**

**别名**：美丽茶藨、酸麻子、碟花茶藨子

**鉴别特征**：灌木，高 1～2 米。叶宽卵形，掌状 3 深裂，少 5 深裂，先端尖，边缘有粗锯齿，基部近截形，两面有短柔毛，掌状三至五出脉。花单性，雌雄异株，总状花序生于短枝上，花淡绿黄色或淡红色，萼筒浅碟形。浆果，红色，近球形。

**生境**：中生灌木。山地灌丛的伴生植物，生于石质山坡与沟谷。

**分布**：兴安南部、辽河平原、锡林郭勒、乌兰察布、阴山、阴南丘陵、东阿拉善、贺兰山州。

小叶茶藨（徐杰摄于呼和浩特市和林县南天门林场）

## 水葡萄茶藨子 *Ribes procumbens* Pall.

鉴别特征：灌木，高 20～30 厘米，平卧或斜升。小枝褐色，疏生腺点。叶掌状肾形，3～5
裂，基部浅心形，边缘有牙齿，下面淡绿色，有亮黄色腺点，3 条主脉。总状花序有 6～10 花；
萼片紫红色，密被毛，花瓣比萼片短。浆果绿色，成熟时变暗紫褐色，卵球形，疏生腺点。

生境：湿中生植物。生于落叶松或白桦林下、塔头草甸。

分布：兴安北部州。

水葡萄茶藨子（刘铁志摄于呼伦贝尔市根河市）

## 东北茶藨 *Ribes manschuricum*（Maxim.）Kom.

别名：山麻子、狗葡萄

鉴别特征：灌木，高 1～2 米。枝灰褐色，
剥裂。叶掌状 3 裂，长 3～10 厘米，宽 3～11
厘米，中央裂片常较侧裂片长，裂片先端锐
尖，边缘有锐尖牙齿。总状花序长 4～10 厘
米；花托宽钟状，萼片 5，绿色。浆果球形，
直径 7～9 毫米，红色。

生境：中生植物。生于杂木林下。

分布：兴安北部、兴安南部、阴山。

东北茶藨（徐杰摄于赤峰市阿鲁科尔沁旗高格斯台罕山）

## 瘤糖茶藨 *Ribes himalense* Royle. ex Decne var. *verruculosum*（Rehd.）L. T. Lu

别名：埃牟茶藨子、糖茶藨

鉴别特征：灌木，高 1～2 米。叶宽卵形，掌状 3 浅裂至中裂，稀 5 裂；裂片卵状三角形，先端锐尖，边缘有不整齐的重锯齿，基部心形，上面绿色，有腺毛；掌状三至五出脉。花两性，淡紫红色；萼筒钟状管形，萼片 5，直立，近矩圆形，顶端有睫毛。浆果红色，球形。

生境：中生灌木。生于山地林缘及沟谷。

分布：兴安南部、燕山北部、赤峰丘陵、阴山，东阿拉善、龙首山、贺兰山州。

瘤糖茶藨（徐杰摄于阿拉善贺兰山）

## 八仙花属 *Hydrangea* L.

## 东陵八仙花 *Hydrangea bretschneideri* Dipp.

别名：东陵绣球

鉴别特征：灌木，高 1～3 米。当年生小枝红褐色或棕褐色，有纵棱。叶长卵形、椭圆状卵形或长椭圆形，近无毛，沿脉疏生柔毛，有时毛较稀疏。伞房花序，花多数；不孕花有大型萼片 4，卵圆形，白色，有时变淡紫色、紫色或淡黄色，两性花小，白色，花瓣披针状椭圆形，花柱 3；圆柱状。蒴果近卵形。

生境：喜暖的中生灌木。在山地林缘、灌丛中零星生长。

分布：兴安南部、燕山北部、阴山州。

东陵八仙花（徐杰摄于乌兰察布市凉城县蛮汉山林场）

东陵八仙花（徐杰摄于乌兰察布市凉城县蛮汉山林场）

## 山梅花属 *Philadelphus* L.

### 董叶山梅花 *Philadelphus tenuifolius* Rupr. ex Maxim.

董叶山梅花（徐杰摄于呼和浩特市和林县南天门林场）

**别名：** 太平花

**鉴别特征：** 灌木，高 1.5～2.0 米。当年生枝紫褐色，光滑，老枝灰褐色，剥裂。叶卵形、披针状卵形或披针形，边缘疏生小牙齿，掌状三出脉。花乳白色，微芳香；萼裂片卵状三角形，外面有柔毛或无毛，里面有短柔毛，花瓣卵圆形。

**生境：** 中生植物。生于山坡林缘、灌木林中。

**分布：** 赤峰丘陵、燕山北部，阴山州。

堇叶山梅花（徐杰摄于呼和浩特市和林县南天门林场）

## 溲疏属　*Deutzia* Thunb.

### 大花溲疏　*Deutzia grandiflora* Bunge

**鉴别特征：**灌木，高1～2米。当年生枝黄褐色，被星状毛，老枝灰褐色，树皮不剥裂。叶卵形边缘有密细尖锯齿。聚伞花序，有花1～3朵；花梗与花萼密生星状毛，萼裂片5，披针状条形，花瓣5，白色，椭圆状倒卵形。蒴果近球形。

**生境：**中生植物。生于山谷、山坡灌丛中，石崖上。

**分布：**燕山北部州。

大花溲疏（刘铁志、徐杰摄于赤峰市喀喇沁旗十家）

### 小花溲疏　*Deutzia parviflora* Bunge

**鉴别特征：**灌木，高1～2米。老枝灰褐色，树皮剥落。叶披针状卵形、椭圆形或卵形，先端渐尖或锐尖，基部圆形或宽楔形，边缘具细锯齿，上面绿色，下面淡绿色，具星状毛。花序伞房状，多花，花瓣5，白色，雄蕊10，花丝扁，花柱3。蒴果近球形。

　　生境：中生植物。生于石质山坡和林缘。

　　分布：燕山北部州。

小花溲疏（刘铁志摄于赤峰市宁城县黑里河和喀喇沁旗旺业甸）

# 蔷薇科
## Rosaceae

## 假升麻属　*Aruncus* Adans.

### 假升麻　*Aruncus sylvester* Kostel. ex Maxim.

　　别名：棣棠升麻

　　鉴别特征：多年生草本。茎直立。叶为二回羽状复叶，小叶3～9片，质薄，菱状卵形、卵状披针形或长椭圆形，楔形、歪楔形或截形，边缘有不规则的重锯齿。大型圆锥花序，花单性，雌雄异株，稀杂性，苞片条状披针形，萼片三角形，花瓣狭倒卵形，白色，雄花有雄蕊20，花盘圆环状，雌花心皮通常3。直立蓇葖果无毛，有光泽，果梗下垂，花萼宿存。

　　生境：中生植物。生于山地林下，林缘及林间草甸。

　　分布：兴安北部、岭东、岭西州。

假升麻（赵家明摄于呼伦贝尔市鄂伦春自治旗）

# 绣线菊属 *Spiraea* L.

## 柳叶绣线菊 *Spiraea salicifolia* L.

**别名**：绣线菊、空心柳

**鉴别特征**：灌木，高1～2米。芽宽卵形，具数枚鳞片。叶片矩圆状披针形或披针形，基部楔形，边缘具锐锯齿或重锯齿，上面绿色，下面淡绿色。圆锥花序，花多密集；萼片三角形，花瓣宽卵形，粉红色，雄蕊多数，花丝长短不等。蓇葖果直立，沿腹缝线有短柔毛。

**生境**：湿中生植物。生于沼泽化灌丛、沼泽化草甸或林缘草甸和林下。

**分布**：兴安北部、岭东、岭西、兴安南部、燕山北部州。

柳叶绣线菊（刘铁志摄于呼伦贝尔市额尔古纳市莫尔道嘎）

## 大叶华北绣线菊 *Spiraea fritschiana* Schneid. var. *angulata*（Fritsch ex C. K. Schneid.）Rehd.

**别名**：驴腿

**鉴别特征**：灌木，高约1米。枝粗壮，小枝明显有棱角，紫褐色或棕褐色，有光泽，无毛，树皮片状剥落。叶卵形，卵状椭圆形或矩圆状椭圆形，边缘自2/3以上有锯齿或重锯齿。复伞房花序生予当年生新枝顶端，萼片三角形，先端急尖；花瓣白色，卵形；雄蕊长于花瓣；花盘环状；花柱顶生，萼片宿存，常反

大叶华北绣线菊（徐杰摄于赤峰市喀喇沁旗旺业甸林场）

折。菁葖果淡褐色，有光泽，腹面被毛。

生境：中生植物。生于山坡杂木林中或灌木丛中.

分布：燕山北部州。

## 美丽绣线菊 *Spiraea elegans* Pojark.

别名：丽绣线菊

鉴别特征：灌木，高 1.0～1.5 米。嫩枝红褐色；冬芽卵形，具数枚紫褐色鳞片。叶长椭圆形、椭圆形、卵状披针形或卵形，基部楔形，边缘自中部以上有不整齐锯齿或重锯齿，下面仅在脉腋间有毛。伞房花序着生在当年生的枝条顶端；萼片三角形，直立，花瓣近圆形，白色，雄蕊多数，与花瓣等长。菁葖果被黄色短柔毛。

生境：旱中生植物。生于向阳山坡或石质山坡。

分布：兴安北部、岭东州。

美丽绣线菊（刘铁志摄于兴安盟阿尔山市白狼）

## 欧亚绣线菊 *Spiraea media* Schmidt

别名：石棒绣线菊、石棒子

鉴别特征：灌木，高 0.5～1.5 米。小枝灰褐色或红褐色。无毛，芽卵形，有数鳞片，被柔毛，棕褐色。叶片椭圆形或卵形，边缘通常全缘，稍被柔毛。伞房花序，有总花梗，萼片近三角彤，近无毛，花瓣近圆形，白色，雄蕊长于花瓣，花盘环状，有不规则的 10 深裂，裂片黄褐

欧亚绣线菊（赵家明、徐杰摄于呼伦贝尔市鄂伦春自治旗和呼伦贝尔市根河市阿龙山）

色；宿存花柱倾斜或开展，萼片宿存，反折。蓇葖果被短柔毛。

　　**生境**：中生灌木，耐寒。主要见于针叶林、针阔混交林地带，也见于草原带较高的山地；生林下、林缘及石质山坡。

　　**分布**：兴安北部、岭东、岭西、兴安南部州。

## 三裂绣线菊　*Spiraea trilobata* L.

　　**别名**：三桠绣线菊、三裂叶绣线菊

　　**鉴别特征**：灌木，高 1.0～1.5 米。叶近圆形或倒卵形，先端常 3 裂，两面无毛。叶柄长 1～5 毫米。伞房花序有总花梗，有花（10）15～20 朵；萼片直立，宿存。蓇葖果沿开裂的腹缝线稍有毛。

　　**生境**：中生灌木。多生于石质山坡，为山地灌丛的建群种。

　　**分布**：兴安南部、燕山北部、锡林郭勒、乌兰察布、贺兰山、阴山、东阿拉善州。

三裂绣线菊（徐杰摄于赤峰市阿鲁科尔沁旗高格斯台罕山）

## 土庄绣线菊　*Spiraea pubescens* Turcz.

　　**别名**：柔毛绣线菊、土庄花

　　**鉴别特征**：灌木，高 1～2 米。叶菱状卵形或椭圆形，有时 3 裂，密被柔毛。伞形花序具总花梗，有花 15～20 朵；花瓣白色；萼片直立，宿存。蓇葖果沿腹缝线被柔毛。

　　**生境**：中生灌木。多生于山地林缘及灌丛，也见于草原带的沙地，有时可成为优势种，一般零星生长。

　　**分布**：兴安北部、岭东、岭西、辽河平原、锡林郭勒、燕山北部、阴山、阴南丘陵、东阿拉善州。

土庄绣线菊（刘铁志、徐杰摄于赤峰市喀喇沁旗十家和包头市九峰山）

# 耧斗叶绣线菊 *Spiraea aquilegifolia* Pall.

**鉴别特征：** 灌木，高 50～60 厘米。花及果枝上的叶通常为倒披针形或狭倒卵形、扇形或倒卵形全缘或先端 3 浅裂，基部楔形，先端常 3～5 裂或全缘。伞形花序无总花梗，被短柔毛。蓇葖果。

**生境：** 旱中生植物。主要见于森林草原、草原、荒漠草原带的低山丘陵阴坡，可成为建群种，形成团块状的山地灌丛，也零星见于石质山坡。

耧斗叶绣线菊（刘铁志摄于呼伦贝尔市新巴尔虎左旗嵯岗和赤峰市巴林右旗赛罕乌拉）

　　分布：岭西、呼伦贝尔、兴安南部、科尔沁、锡林郭勒、乌兰察布、阴山、阴南丘陵、鄂尔多斯、贺兰山、龙首山州。

## 蒙古绣线菊 *Spiraea mongolica* Maxim.

　　鉴别特征：灌木，高1～2米。冬芽圆锥形，无毛。叶片长椭圆形或椭圆状倒披针形，通常不孕枝上叶较大而花果接上叶较小，稀先端2～3裂，两面无毛。伞房花序有总花梗。花瓣近圆形，白色。蓇葖果被短柔毛，萼片宿存，直立。

　　生境：旱中生灌木。生于石质干山坡或山沟。

　　分布：阴山、贺兰山、龙首山州。

蒙古绣线菊（徐杰摄于呼和浩特市大青山）

## 回折绣线菊 *Spiraea tomentulosa*（T. T. Yu）Y. Z. Zhao

　　鉴别特征：灌木，高1～2米。枝条呈强烈"之"字形曲折，幼枝被短柔毛，老枝紫褐色或暗灰色，皮条状剥落。叶片长椭圆形或椭圆状倒披针形，全缘或在不育枝上的叶先端具3～5齿。伞房花序有总花梗，具花10～17朵；萼片近三角形，萼片直立或反卷；花瓣近圆形，白色，雄蕊短于花瓣，花盘环状，子房无毛。蓇葖果无毛，萼片宿存。

　　生境：旱中生植物。生于海拔1500～2100米的山地灌丛，林缘，石质山坡及山沟。

　　分布：贺兰山州。

回折绣线菊（刘铁志、苏云摄于阿拉善贺兰山）

回折绣线菊（刘铁志、苏云摄于阿拉善贺兰山）

## 珍珠梅属 *Sorbaria*（Ser.）A. Br. ex Asch.

### 珍珠梅 *Sorbaria sorbifolia*（L.）A. Braun

**别名：**东北珍珠梅、华楸珍珠梅

**鉴别特征：**灌木，高达2米。嫩枝绿色。奇数羽状复叶，有小叶9～17，小叶无柄，卵状披针形或长椭圆状披针形，基部圆形，边缘有重锯齿。大型圆锥花序顶生；萼片卵形或近三角形，花瓣宽卵形或近圆形，白色，雄蕊30～40，长于花瓣。蓇葖果密被白柔毛。

**生境：**中生植物。生于山地林缘、林下、路旁、沟边和林缘草甸。

**分布：**兴安北部、岭东、岭西、兴安南部、科尔沁州。

珍珠梅（刘铁志摄于兴安盟科尔沁右翼前旗索伦）

## 华北珍珠梅 *Sorbaria kirilowii*（Regel et Tiling）Maxim.

**别名**：珍珠梅

**鉴别特征**：灌木，高2～3米。芽卵形，红褐色，无毛。单数羽状复叶，披针形或椭圆状披针形先端长渐尖，或尾尖，边缘有尖锐重锯齿。大型圆锥花序，花瓣近圆形或宽卵形，雄蕊20～25，长短不一，与花瓣等长或稍短，子房无毛，花柱稍侧生。蓇葖果矩圆形。萼片宿存、反折。

**生境**：中生植物。生于山坡，杂木林中。

**分布**：燕山北部州。

华北珍珠梅（徐杰摄于呼和浩特市）

## 栒子属 *Cotoneaster* Medikus

### 水栒子 *Cotoneaster multiflorus* Bunge

**别名**：栒子木、多花栒子

**鉴别特征**：灌木，高达2米。嫩枝紫色或紫褐色，被毛。叶片卵形、菱状卵形或椭圆形，

水栒子（刘铁志摄于赤峰市喀喇沁旗十家）

基部宽楔形或圆形，全缘，上面绿色，下面淡绿色，无毛。聚伞花序腋生；萼片近三角形，花瓣近圆形，白色，开展，基部有一簇柔毛，雄蕊20，稍短于花瓣，花柱2。果实近球形或宽卵形，鲜红色。

**生境**：中生植物。生于山地灌丛、林缘及沟谷。

**分布**：兴安南部、锡林郭勒、乌兰察布、阴山、贺兰山州。

## 准噶尔栒子 *Cotoneaster soongoricus*（Regel et Herd.）Popov

**别名**：准噶尔总花栒子

**鉴别特征**：灌木，高1.0～2.5米。叶片卵形或椭圆形，先端圆钝或急尖，常有小尖头上面被稀疏柔毛或无毛。聚伞花序，有花3～5朵；花梗长2～5毫米，被毛；萼筒外面被绒毛；花瓣近圆形，白色。果实卵形至椭圆形，红色，有1～2小核。

**生境**：旱中生灌木。散生于山地的石质山坡。

**分布**：阴山、阴南丘陵、贺兰山、龙首山州。

准噶尔栒子（徐杰摄于阿拉善贺兰山）

## 全缘栒子 *Cotoneaster integrrimus* Medikus

全缘栒子（徐杰摄于呼和浩特市和林县南天门林场）

**别名**：全缘栒子木

**鉴别特征**：灌木，高达1.5米。叶椭圆形或宽卵形，全缘。聚伞花序，有花2～4（5）朵；苞片披针形，被微毛；萼片卵状三角形，内外两面无毛；花瓣直立，近圆形，花柱2，短于雄蕊，子房顶端有柔毛。果实近圆球形，稀卵形红色，无毛，有2～4小核。

**生境**：中生灌木。生于山地桦木林下，灌丛及石质山坡。

**分布**：兴安南部、岭西、锡林郭勒、阴山州。

## 黑果栒子 *Cotoneaster melanocarpus* Lodd.

别名：黑果栒子木、黑果灰栒子

鉴别特征：灌木，高达 2 米。枝紫褐色、褐色或棕褐色，嫩枝密被柔毛。叶片卵形、宽卵形或椭圆形，基部圆形或宽楔形，全缘，上面被稀疏短柔毛，下面密被灰白色绒毛。聚伞花序；萼片近三角形，花瓣近圆形，粉红色，直立，雄蕊 20，与花瓣近等长或稍短，花柱 2～3。果实近球形，蓝黑色或黑色，被蜡粉。

生境：中生植物。生于山地和丘陵坡地、灌丛、林缘和疏林。

分布：兴安北部、兴安南部、燕山北部、锡林郭勒、阴山、阴南丘陵、东阿拉善、贺兰山、龙首山州。

黑果栒子（刘铁志摄于赤峰市克什克腾旗白音敖包）

## 灰栒子 *Cotoneaster acutifolius* Turcz.

别名：尖叶栒子

鉴别特征：灌木，高 1.5～2.0 米。叶片卵形，稀椭圆形，先端锐尖、渐尖，稀钝，托叶披针形，紫色，被毛。聚伞花序，花瓣直立，粉红色，果实倒卵形或椭圆形，暗紫黑色，有 2 小核。

生境：旱中生灌木。散生于山地石质坡地及沟谷，常见于林缘及一些杂木林中，也可生于固定沙地。

分布：兴安南部、赤峰丘陵、燕山北部、锡林郭勒、阴山、阴南丘陵、东阿拉善、贺兰山州。

灰栒子（徐杰摄于呼和浩特市和林县南天门林场和阿拉善贺兰山）

## 山楂属 *Crataegus* L.

### 山楂 *Crataegus pinnatifida* Bunge

别名：山里红、裂叶山楂

鉴别特征：乔木，高达6米。叶宽卵形、三角状卵形或菱状卵形，边缘有3～4对羽状深裂，裂片。花梗及总花梗均被毛，花梗长5～10毫米。花瓣白色；果实近球形或宽卵形，直径1.0～1.5厘米，深红色，表面有灰白色斑点，内有3～5小核，果梗被毛。

生境：中生落叶阔叶乔木。稀见于森林区或森林草原区的山地沟谷。

分布：兴安北部、岭西、兴安南部、辽河平原、燕山北部、锡林郭勒、阴山州。

山楂（徐杰摄于乌兰察布市凉城县蛮汉山林场）

### 辽宁山楂 *Crataegus sanguinea* Pall.

别名：红果山楂、面果果、白楂子（内蒙土名）

鉴别特征：乔木，高2～4米。枝刺锥形，芽宽卵形，紫褐色，无毛。叶宽卵形、菱状卵形，边缘有2～3（4）对羽状浅裂，有重锯齿或锯齿。伞房花序，疏生柔毛或近无毛；萼片狭三角形，先端渐尖或尾尖，白色，雄蕊20，花丝长短不齐。果实近球形或宽卵形，血红色或橘红色；果梗无毛；萼片宿存；反折。

生境：中生落叶阔叶小乔木。见于森林区和草原区山地，多生于山地阴坡、半阴坡或河谷。为杂木林的伴生种。

分布：兴安北部、兴安南部、岭西、岭东、锡林郭勒、阴山州。

辽宁山楂（刘铁志摄于赤峰市宁城县黑里河）

## 花楸属 *Sorbus* L.

### 花楸树 *Sorbus pohuashanensis*（Hance）Hedl.

**别名**：山槐子、百华花楸、马加木

**鉴别特征**：乔木，高达8米。小枝紫褐色或灰褐色，树皮灰色；芽长卵形，有数片红褐色鳞片，密被灰白色绒毛。单数羽状复叶，小叶通常9～13，长椭圆形或椭圆状披针形，缘在1/4～1/3以上有锯齿。顶生大型聚伞圆锥花序，呈伞房状，花多密集，花瓣宽卵形或近圆形，白色，里面基部稍被柔毛，雄蕊20，宽卵形或球形，橘红色，萼片宿存。

**生境**：中生落叶阔叶乔木。喜湿润土壤，生于山地阴坡、溪涧或疏林中。

**分布**：兴安北部、兴安南部、燕山北部、阴山州。

花楸树（徐杰、刘铁志摄于包头市九峰山和赤峰市宁城县黑里河）

## 梨属 *Pyrus* L.

### 秋子梨 *Pyrus ussuriensis* Maxim.

别名：花盖梨、山梨、野梨

鉴别特征：乔木，高 10～15 米。芽宽卵形。叶片近圆形、宽卵形或卵形，边缘具刺芒的尖锐锯齿。伞房花序有花 5～7 朵；萼片三角状披针形，里面密被绒毛；花瓣倒卵形，雄蕊 20，花萼宿存。果实近球形，果梗粗短，长 1～2 厘米。

生境：中生落叶阔叶乔木。喜生于潮湿、肥沃、深厚的土壤中。生于山地及溪沟杂木林中。

分布：岭东、兴安南部、辽河平原、燕山北部、阴山州。

秋子梨（刘铁志摄于赤峰市松山区和宁城县黑里河大坝沟）

### 杜梨 *Pyrus betulifolia* Bunge

别名：棠梨、土梨

鉴别特征：乔木，高达 10 米。枝开展，被灰白色绒毛。叶片宽卵形或长卵形，边缘有粗锐锯齿，托叶条状披针形，被绒毛，早落。伞房花序，有花 6～14 朵，密被灰白色绒毛；花瓣宽卵形，白色；雄蕊 17～18，花药紫色，花柱（2）3，与雄蕊近等长。果实近球形褐色，有浅色斑点，萼片脱落，果梗被绒毛。种子宽卵形，褐色。

生境：中生植物。园林栽培果树。

分布：内蒙古西南有少量栽培。

杜梨（刘铁志摄于乌海市）

## 苹果属 *Malus* Mill.

### 山荆子 *Malus baccata*（L.）Borkh.

**别名：**山定子、林荆子

**鉴别特征：**乔木，高达 10 米。叶片椭圆形、少卵状披针形或倒卵形，边缘有细锯齿。伞形花序或伞房花序，萼片披针形，外面无毛，里面被毛；花瓣卵形、倒卵形或椭圆形，白色，雄蕊 15～20，长短不齐；花柱 5（4），基部合生，有柔毛，比雄蕊长。果实近球形，红色或黄色。

**生境：**中生落叶阔叶小乔木或乔木。喜肥沃、潮湿的土壤，常见于山地林缘及森林草原带的沙地和落叶阔叶林区的河流两岸谷地，为河岸杂木林的优势种。

**分布：**兴安北部、岭东、呼伦贝尔、兴安南部、辽河平原，燕山北部、锡林郭勒、阴山、鄂尔多斯州。

山荆子（刘铁志摄于赤峰市巴林右旗赛罕乌拉）

## 苹果 *Malus pumila* Mill.

**别名**：西洋苹果

**鉴别特征**：乔木，高达15米。叶片椭圆形、卵形或宽椭圆形、披针形卵状、倒披针形，边缘有圆钝锯齿或重锯齿叶，下面毛较稠密。萼片三角状披针形，与萼筒等长或稍长，两面密被灰白色绒毛。果实通常扁圆形、圆形、宽卵形或圆锥形。

**生境**：中生植物。本种原产欧洲和中亚地区，栽培历史悠久，全世界温带地区均有栽培。

**分布**：内蒙古各州均有栽培。

苹果（刘铁志摄于赤峰市红山区）

## 花叶海棠 *Malus transitoria*（Batal.）C. K. Schneid.

**别名**：花叶杜梨、马杜梨、涩枣子

**鉴别特征**：灌木或小乔木，高1～5米。叶片卵形或宽卵形，裂片被针状卵形或矩圆状椭圆形，3～5。花序近于伞形，有花3～6朵；花萼密被绒毛，萼筒钟形，萼片三角状卵形，先端钝或稍尖，两面均密被绒毛，花瓣白色，近圆形。梨果近球形，或倒卵形，红色。

**生境**：中生植物。生于山坡，山沟丛林中或黄土丘陵。

**分布**：阴南丘陵，贺兰山州。

花叶海棠（苏云摄于阿拉善贺兰山）

## 蔷薇属 Rosa L.

### 山刺玫 *Rosa davurica* Pall.

**别名**：刺玫果

**鉴别特征**：落叶灌木，高1～2米，多分枝。枝通常暗紫色，无毛。单数羽状复叶，小叶5～7（9），小叶片矩圆形或长椭圆形，边缘有细锐锯齿。花常单生，有时数朵簇生。花瓣紫红色。宽倒卵形，先端微凹。蔷薇果近球形或卵形，红色，平滑无毛，顶端有直立宿存的萼片。

**生境**：中生灌木。生于林下、林缘及石质山坡，亦见于河岸沙质地，为山地灌丛的建群种或优势种，多呈团块状分布。

**分布**：兴安北部、岭西、兴安南部、辽河平原、燕山北部、锡林郭勒、阴山、东阿拉善、贺兰山州。

山刺玫（刘铁志摄于赤峰市新城区）

### 刺蔷薇 *Rosa acicularis* Lindl.

**鉴别特征**：灌木，高约1米，多分枝。枝常密生皮刺。单数羽状复叶，通常有5～7小叶，小叶片椭圆形、矩圆形或卵状椭圆形，先边缘有锯齿，稀重锯齿，近基部常全缘。花单生叶腋，萼片披针形，花瓣宽倒卵形，玫瑰红色。蔷薇果椭圆形、长椭圆形或梨形，红色，有明显颈部，光滑无毛。

**生境**：中生植物。山地林下、林缘、山地灌丛。

**分布**：兴安北部、岭西、兴安南部、阴山、贺兰山、龙首山州。

刺蔷薇（苏云摄于阿拉善贺兰山）

刺蔷薇（苏云摄于阿拉善贺兰山）

## 玫瑰 *Rosa rugosa* Thunb.

**鉴别特征**：直立灌木，高1～2米。小枝淡灰棕色，密生绒毛和成对的皮刺，皮刺淡黄色，密生长柔毛。羽状复叶，小叶5～9，小叶片椭圆形或椭椭圆形或椭圆状倒卵形，单生或几朵簇生。花瓣紫红色，宽倒卵形，芳香。蔷薇果扁球形。

**生境**：中生植物。公园、庭园观赏栽培花卉。

**分布**：内蒙古各州均有栽培。

玫瑰（刘铁志、徐杰摄于呼和浩特市和赤峰市新城区）

## 黄刺玫 *Rosa xanthina* Lindl.

**鉴别特征**：直立灌木。高1～2米。小枝紫褐色，分枝稠密，有多数皮刺；皮刺直伸。单数羽状复叶，近圆形、椭圆形或倒卵形，长6～15毫米，宽4～12毫米，边缘有钝锯齿。花单生，黄色，花瓣多数。蔷薇果红黄色。

**生境**：中生植物。生于山坡。观赏灌木，公园、学校、庭园有栽培。

**分布**：燕山北部、乌兰察布、阴山、阴南丘陵、鄂尔多斯、东阿拉善、贺兰山州。

黄刺玫（苏云摄于阿拉善贺兰山）

## 美蔷薇 *Rosa bella* Rehd. et E. H. Wils.

别名：油瓶瓶

鉴别特征：灌木，直立，高 1～3 米。小枝常带紫色，枝生稀疏直伸的皮刺。单数羽状复叶，小叶片椭圆形或卵形，小叶下面被短柔毛，皮刺稀疏，直立。蔷薇果椭圆形或矩圆形，鲜红色，先端收缩成颈部。

生境：暖中生灌木。生于山地林缘、沟谷及黄土丘陵的沟头、沟谷陡崖上，为建群种，可形成以美蔷薇为主的灌丛。

分布：燕山北部、阴山、贺兰山州。

美蔷薇（刘铁志、徐杰摄于呼和浩特市和林县南天门林场和乌兰察布市兴和县苏木山）

## 月季花 *Rosa chinensis* Jacq.

鉴别特征：常绿或半常绿直立灌木。茎有弯曲的皮刺，少无皮刺。单数羽状复叶，卵状披针形至矩圆形，边缘有锯齿。花常数朵簇生，少单生，花梗长，常被腺毛；萼筒常被稀疏腺毛或近无毛；萼片狭披针形，全缘或有时分裂；花瓣紫红色、粉红色或略带白色，宽倒卵形，先端微凹。蔷薇果倒卵形，红色，先端有宿存萼片。

生境：中生植物。栽培观赏花卉。

分布：内蒙古各州均有栽培。

月季花（徐杰摄于呼和浩特市）

## 地榆属 *Sanguisorba* L.

### 高山地榆 *Sanguisorba alpina* Bunge

鉴别特征：多年生草本，高30～80厘米，全株无毛或几无毛。根粗壮，圆柱形。茎常分技。单数羽状复叶，小叶片椭圆形或长椭圆形，稀卵形，边缘有缺刻状尖锐锯齿。花由基部向上逐渐开放，每花有苞片2，卵状披针形或匙状披针形，密被柔毛；萼片白色，或微带淡红色，卵形；雄蕊比萼片长2～3倍。瘦果宽卵形，具纵脊棱。

生境：中生植物。生于山坡、沟谷水边、沼地及林缘。

分布：贺兰山州。

高山地榆（徐杰、刘铁志摄于阿拉善贺兰山）

地榆（刘铁志摄于赤峰市阿鲁科尔沁旗天山）

### 地榆 *Sanguisorba officinalis* L.

别名：蒙古枣、黄瓜香

鉴别特征：多年生草本，高30～80厘米，全株光滑无毛。茎直立单数羽状复叶，穗状花序顶生，萼筒暗紫色，萼片紫色，椭圆形，雄蕊与萼片近等长，花药黑紫色，花丝红色。瘦果宽卵形或椭圆形，有4纵脊棱，被短柔毛。

生境：中生植物。为林缘草甸（五花草甸）的优势种和建群种，生态幅度比较广，在落叶阔叶林中可生于林下，在草原区则见于河滩草甸及草甸草原中。

分布：兴安北部、岭东、岭西、呼伦贝尔、兴安南部、辽河平原、科尔沁、燕山北部、赤峰丘陵、锡林郭勒、乌兰察布、阴山、阴南丘陵州。

**粉花地榆** *Sanguisorba officinalis*
**L. var.** *carnea*（**Fisch. ex Link**）
**Regel ex Maxim.**

鉴别特征：本变种与地榆区别在于花粉色或白色；植株光滑无毛。

生境：中生植物。生于山地阴坡。

分布：赤峰丘陵州。

**长叶地榆** *Sanguisorba officinalis*
**L. var.** *longifolia*（**Bertol.**）**T. T. Yu**
**et C. L. Li**

鉴别特征：本变种与地榆的区别在于：基生小叶条状矩圆形至条状披针形，基部微心形、圆形至宽楔形，茎生叶与基生叶相似，但更长而狭窄。

生境：中生植物。生于山坡草地、溪边、灌丛中、湿草地及疏林中。

分布：岭西、呼伦贝尔、锡林郭勒、鄂尔多斯、东阿拉善州。

粉花地榆（刘铁志摄于赤峰市松山区老府）

长叶地榆（徐杰摄于赤峰市阿鲁科尔沁旗高格斯台罕山）

### 细叶地榆 *Sanguisorba tenuifolia* Fisch. ex Link

**鉴别特征**：多年生草本。高达120厘米。奇数羽状复叶，有小叶7～9对，小叶片披针形或矩圆状披针形，基部圆形至斜楔形，边缘有锯齿；茎生叶较小。穗状花序长圆柱形，通常下垂，从顶端向下逐渐开放；萼片长椭圆形，粉红色，雄蕊4枚，花丝扁平扩大，比萼片长0.5～1倍。瘦果近球形，有4棱。

**生境**：中生植物。生于山坡草地、草甸及林缘。

**分布**：兴安北部、岭东、岭西、兴安南部州。

细叶地榆（刘铁志摄于兴安盟阿尔山市白狼）

### 小白花地榆 *Sanguisorba tenuifolia* Fisch. ex Link var. *alba* Trautv. et C. A. Mey.

**鉴别特征**：本变种与细叶地榆的区别在于花白色，花丝比萼片长1～2倍。

**生境**：中生植物。生于湿地、草甸、林缘及林下。

**分布**：兴安北部、岭东、岭西、呼伦贝尔、辽河平原州。

小白花地榆（刘铁志、哈斯巴根摄于呼伦贝尔市额尔古纳市莫尔道嘎和通辽市大青沟国家级自然保护区）

## 悬钩子属 *Rubus* L.

### 葎草叶悬钩子 *Rubus humulifolius* C.A. Mey.

**鉴别特征**：多年生草本，高 10～30 厘米。茎直立或斜升，被皮刺状刚毛。叶心形或肾状心形，掌状 3～5 浅裂至深裂，裂片边缘有不整齐的重锯齿，上面绿色，下面淡绿色，沿叶脉有柔毛和少数刚毛；叶柄有皮刺状刚毛。花单生，顶生；花瓣白色，披针形。聚合果球形，成熟时红色。

**生境**：中生植物。生于落叶松林下和林缘。

**分布**：兴安北部州。

葎草叶悬钩子（刘铁志摄于呼伦贝尔市根河市）

## 北悬钩子 *Rubus arcticus* L.

鉴别特征：多年生草本，高 10～30 厘米。茎斜升，近四棱形，被短柔毛。羽状三出复叶，小叶片菱形至菱状倒卵形，基部楔形，侧生小叶基部偏斜，边缘有不规则的重锯齿，有时浅裂，上面绿色，下面淡绿色，被短柔毛；叶柄有疏柔毛。花单生，顶生；花瓣紫红色，宽倒卵形。聚合果成熟时暗红色，宿存萼片反折。

生境：中生植物。生于白桦林下、灌丛和草甸。

分布：兴安北部州。

北悬钩子（刘铁志摄于呼伦贝尔市根河市得耳布尔）

## 石生悬钩子 *Rubus saxatilis* L.

鉴别特征：多年生草本，高 15～30 厘米。花枝直立，被长柔毛；不育枝有鞭状匐枝，被疏长柔毛与皮刺状刚毛。羽状三出复叶，被长柔毛与皮刺状刚毛；小叶片卵状菱形，边缘有粗重锯齿。聚伞花序成伞房状，顶生，花少数；花葶长 5～10 毫米，被卷曲柔毛与少数腺毛；花瓣白色，匙形或倒披针形。聚合果含小核果红色；果核矩圆形，具蜂巢状孔穴。

生境：耐寒中生植物，喜湿润。生于山地林下、林缘灌丛、林缘草甸，和森林上限的石质山坡，亦可见于林区的沼泽灌丛中。

分布：兴安北部、岭西、兴安南部、燕山北部、阴山州。

石生悬钩子（徐杰摄于赤峰市阿鲁科尔沁旗高格斯台罕山）

## 牛叠肚 *Rubus crataegifolius* Bunge

别名：托盘、马林果

鉴别特征：灌木，高 1～2 米。小枝红褐色，有微弯皮刺。单叶，卵形至长卵形，3～5 掌状分裂，裂片卵形，有不规则重锯齿，两面无毛；叶柄疏生柔毛和小皮刺。花 2～6 朵簇生或成短总状花序；花瓣白色，椭圆形。聚合果近球形，成熟时暗红色。

生境：中生植物。生于山坡灌丛或林缘。

分布：岭东、燕山北部州。

牛叠肚（刘铁志摄于赤峰市宁城县黑里河）

## 华北覆盆子 *Rubus idaeus* L. var. *bolealinensis* T. T. Yu et C. T. Lu

鉴别特征：灌木，高约 1 米。羽状复叶，小叶 3～5，卵形或宽卵形，先端渐尖，基部圆形或近心形，边缘有不规则锯齿或重锯齿，顶生小叶较大，侧生小叶较小，基部偏斜，叶柄有皮刺；托叶狭条形，被短柔毛。枝、叶柄、总花梗和花梗上均有稀疏针刺或近无刺，枝和叶柄上无腺毛，仅在花梗和花萼外有腺

华北覆盆子（徐杰、刘铁志摄于呼和浩特市大青山和赤峰市宁城县黑里河）

毛。伞房状花序顶生或腋生，花白色。果密被毛。

生境：中生植物。山地林园、灌木或草甸。

分布：阴山州。

## 库页悬钩子 *Rubus sachalinensis* H. Léveillé

鉴别特征：灌木，高 40～100 厘米。茎直立，被卷曲柔毛和皮刺。羽状三出复叶，互生，小叶片卵形、宽卵形成披针状卵形，边缘有锯盘，稀重锯齿，齿尖有尖刺；枝、叶柄、总花梗和花梗上密被针刺和腺毛。伞房状花序，顶生或腋生。聚合果有多数红色小核果。

生境：中生灌木。生于山地林下、林缘灌丛、林间草甸和山沟。

分布：兴安北部、岭西、岭东、兴安南部、燕山北部、阴山、贺兰山州。

库页悬钩子（徐杰摄于呼和浩特市大青山）

## 水杨梅属 *Geum* L.

## 水杨梅 *Geum aleppicum* Jacq.

别名：路边青

鉴别特征：多年生草本，高 20～70 厘米。根状茎粗短，着生多数须根。茎直立，上部分枝，基生叶为不整齐的单数羽状复叶，裂片菱形、倒卵状菱形或矩圆状菱形。花常 8 朵成伞房状排列，萼片三角状卵形，花后反折；花瓣黄色，近圆形，雄蕊长约 8 毫米。瘦果长椭圆形，稍扁，顶端有由花柱形成的钩状长喙。

生境：中生植物。喜湿润。散生于林缘草甸，河滩沼泽草甸、河边。

分布：兴安北部、岭东、岭西、兴安南部、燕山北部、阴山州。

水杨梅（徐杰摄于呼和浩特市大青山）

## 龙牙草属 *Agrimonia* L.

### 龙牙草 *Agrimonia pilosa* Ledeb.

**鉴别特征：** 多年生草本，高 30～60 厘米。茎单生或丛生，被开展长柔毛和微小腺点。不整齐单数羽状复叶，菱状倒卵形或倒卵状椭圆形，边缘常在 1/3 以上部分有粗圆齿状锯齿或缺刻状锯齿。总状花序顶生；萼筒倒圆锥形，顶部有钩状刺毛，萼片卵状三角形，花瓣黄色，长椭圆

龙牙草（刘铁志、徐杰摄于赤峰市宁城县黑里河三道河和呼和浩特市大青山）

形。瘦果椭圆形，萼筒顶端有 1 圈钩状刺。

生境：中生植物。散生于林缘草甸、低湿地草甸、河边、路旁，主要见于落叶阔叶林地区，往南可进入常绿阔叶林北部。

分布：兴安北部、岭西、岭东、兴安南部、辽河平原、燕山北部、阴山州。

## 蚊子草属 *Filipendula* Mill.

蚊子草（刘铁志摄于兴安盟阿尔山市白狼）

### 蚊子草 *Filipendula palmata*（Pall.）Maxim.

别名：合叶子

鉴别特征：多年生草本，高约 1 米。茎直立，具条棱。单数羽状复叶，通常掌状深裂，轮廓肾形，菱状披针形或披针形，边缘有不整齐的锐锯齿。萼片 5，矩圆形至卵形，花后反折；花瓣 5，白色，倒卵形；雄蕊多数，心皮 6～8，彼此分离。瘦果有柄，近镰形，沿背缝线和腹缝线有 1 圈睫毛，花柱宿存。

生境：中生植物。喜湿润。生于森林区的河滩沼泽草甸，河岸杨、柳林及杂木灌丛，亦散见于林缘草甸及针阔混交林下。在本区主要见于山区。

分布：兴安北部、岭西、岭东、兴安南部、辽河平原、燕山北部、赤峰丘陵、阴山州。

### 绿叶蚊子草 *Filipendula glabra*（Ledeb. ex Kom. et Alissova-Klobulova）Y. Z. Zhao

别名：光叶蚊子草

绿叶蚊子草（徐杰摄于赤峰市阿鲁科尔沁旗高格斯台罕山）

鉴别特征：多年生草本，高 1.0～1.5 米。茎直立，具纵条棱，无毛，基部包被纤维状残余叶柄。单数羽状复叶，顶生小叶较大，掌状深裂，菱状披针形、披针形或条状披针形，边缘有不整齐的锯齿；侧生小叶较小。顶生大型圆锥花序，着生多数小白花；萼片三角状卵形，先端钝；花后反折；花瓣倒卵状椭圆形。瘦果椭圆状镰形。

生境：湿中生植物。生于海拔 800～1300 米山谷溪边、灌丛下。

分布：兴安北部、兴安南部、燕山北部、阴山州。

## 细叶蚊子草 *Filipendula angustiloba*（Turcz.）Maxim.

鉴别特征：多年生草本，高 80～100 厘米。茎直立，有纵条棱，无毛。单数羽状复叶，有小叶 2～5 对，顶生小叶比侧生小叶大，掌状 7～9 深裂，裂片条形至披针状条形，边缘有不规则尖锐锯齿，两面均无毛。圆锥花序顶生，萼片卵形，先端钝，花后反折；花瓣白色。瘦果椭圆状镰形，沿背腹缝线有睫毛。

生境：湿中生植物。生于海拔 300～1200 米的林缘、草甸、河边。

分布：兴安北部、岭东、岭西、兴安南部、辽河平原州。

细叶蚊子草（徐杰摄于赤峰市阿鲁科尔沁旗高格斯台罕山）

## 草莓属 *Fragaria* L.

### 东方草莓 *Fragaria orientalis* Losinsk.

别名：野草葛、高丽果

鉴别特征：多年生草本。高 10～20 厘米。根状茎横走，黑褐色，具多数须根。匍匐茎细长。掌状三出复叶，宽卵形或菱状卵形，边缘自 1/4 到 1/2 以上有粗圆齿状锯齿。聚伞花序生于花葶顶部，花少数；花梗长约 1 厘米，花白色。花萼被长柔毛，副萼片条状

东方草莓（徐杰、刘铁志摄于赤峰市阿鲁科尔沁旗高格斯台罕山）

披针形，萼片卵状披针形花瓣近圆形。瘦果宽卵形，多数聚生于肉质花托上。

生境：森林草甸中生植物。一般生林下，也进入林缘灌丛、林间草甸及河滩草甸。

分布：兴安北部、岭西、岭东、兴安南部州。

东方草莓（徐杰、刘铁志摄于赤峰市阿鲁科尔沁旗高格斯台罕山和赤峰市巴林右旗赛罕乌拉）

## 绵刺属 *Potaninia* Maxim.

### 绵刺 *Potaninia mongolica* Maxim.

别名：蒙古包大宁

鉴别特征：倾卧地面的小灌木，高20～40厘米；多分枝。叶多簇生于短枝上或互生，革质，羽状三出复叶，全缘，两面有长柔毛；侧生小叶全缘。花小，径约4毫米，单生于短枝上；花梗纤细，萼片3，卵状或三角状卵形，花丝短。瘦果，外有宿存萼筒。

生境：强旱生的小灌木。极耐盐碱，根系常伸入灰棕荒漠土的石膏层中。本种为阿拉善地区的特有植物，是东阿拉善沙砾质荒漠的重要建群种，生于戈壁和覆沙碎石质平原，亦见于山前冲积扇；常形成大面积的荒漠群落。

分布：东阿拉善、西阿拉善、贺兰山州。

绵刺（徐杰摄于鄂尔多斯市鄂托克旗碱贵）

## 金露梅属 *Pentaphylloides* Ducham.

### 金露梅 *Pentaphylloides fruticosa* ( L. ) O. Schwarz

**别名：** 金老梅、金蜡梅、老鸹爪

**鉴别特征：** 灌木，高50～130厘米，多分枝。单数羽状复叶，小叶5，少8，通常矩圆形，少矩圆状倒卵形或倒披针形。花瓣黄色，宽倒卵形至圆形。瘦果近卵形，密被绢毛，褐棕色。

**生境：** 较耐寒的中生灌木。为山地河谷沼泽灌丛的建群种或伴生种，也常散生于落叶松林及云杉林下的灌木层中。

**分布：** 兴安北部、岭西、兴安南部、赤峰丘陵、燕山北部、阴山、东阿拉善、贺兰山州。

金露梅（徐杰摄于呼和浩特市大青山）

### 小叶金露梅 *Pentaphylloides parvifolia* ( Fisch. ex Lehm. ) Soják

**别名：** 小叶金老梅

**鉴别特征：** 灌木，高20～80厘米，多分枝。单数羽状复叶，近革质，小叶片条状披针形或条形，全缘，边缘强烈反卷，先端1尖或钝。花单生叶腋或数朵成伞房状花序；花瓣黄色，宽倒卵形，长与宽各约1厘米，子房近卵

小叶金露梅（徐杰摄于阿拉善贺兰山）

形，被绢毛，花柱侧生，棍棒状，向下渐细，长约2毫米；柱头头状。瘦果近卵形，被绢毛，褐棕色。

生境：旱中生小灌木。多生于草原带的山地与丘陵砾石质坡地，也见于荒漠区的山地。

分布：兴安南部、锡林郭勒、乌兰察布、阴山、东珂拉善、贺兰山、龙首山州。

## 银露梅 *Pentaphylloides glabra*（Lodd.）Y. Z. Zhao

别名：银老梅、白花棍儿茶

鉴别特征：灌木，高30～100厘米。单数羽状复叶，椭圆形、矩圆形或倒披针形。花常单生叶腋或数朵成伞房花序状，花瓣白色，宽倒卵形，全缘。

生境：耐寒的中生灌木。多生于海拔较高的山地灌丛中。

分布：兴安北部、兴安南部、燕山北部、阴山、贺兰山州。

银露梅（徐杰摄于呼和浩特市大青山）

## 华西银露梅 *Pentaphylloides glabra*（Lodd.）Y. Z. Zhao var. *mandshurica*（Maxim.）Y. Z. Zhao

别名：白毛银腊梅

鉴别特征：本变种与银露梅的不同点主要在于：小叶上面疏生绢毛，下面密生绢毛或毡毛。花果期6～9月。

生境：耐寒的中生灌木。生于山地灌丛或高山灌丛。

分布：燕山北部、阴山、贺兰山州。

华西银露梅（徐杰摄于阿拉善贺兰山）

## 委陵菜属 *Potentilla* L.

### 二裂委陵菜 *Potentilla bifurca* L.

**别名**：叉叶委陵菜

**鉴别特征**：多年生草本或亚灌木，全株被稀疏或稠密的伏柔毛，高 5～20 厘米。茎直立或斜升。单数羽状复叶，部分小叶先端 2 裂。聚伞花序生于茎顶部；花萼被柔毛；花瓣宽卵形或近圆形。瘦果近椭圆形，褐色。

**生境**：广幅耐旱植物。是干草原及草甸草原的常见伴生种，在荒漠草原带的小型凹地，草原化草甸、轻度盐化草甸、山地灌丛、林缘、农田、路边等生境中也常有零星生长。

**分布**：内蒙古各州。

二裂委陵菜（徐杰摄于乌兰察布市四子王旗格根塔拉）

### 高二裂委陵菜 *Potentilla bifurca* L. var. *magor* Ledeb.

**别名**：长叶二裂委陵菜

**鉴别特征**：本变种与二裂委陵菜的区别在于：植株较高大，叶柄、花茎下部伏生柔毛或脱落几无毛。小叶片长椭圆形或条形。花较大，直径 12～15 毫米。瘦果近椭圆形，褐色。

高二裂委陵菜（赵家明摄于呼伦贝尔市牙克石市喇嘛山）

　　生境：旱中生植物。生于耕地道旁、河滩沙地、山坡草地。

　　分布：兴安北部、岭东、岭西、呼伦贝尔、兴安南部、燕山北部、锡林郭勒、乌兰察布、阴山、贺兰山、西阿拉善、龙首山州。

## 轮叶委陵菜 *Potentilla verticillaris* Steph. ex Willd.

　　鉴别特征：多年生草本。高 4～15 厘米，全株除叶上面和花瓣外几乎全都覆盖一层白色毡毛。茎丛生。单数羽状复叶多基生，顶生小叶羽状全裂，侧生小叶常 2 全裂，侧生小叶成假轮状排列，小叶无柄，近革质，条形，全缘，边缘向下反卷。聚伞花序生茎顶部；花萼被白色毡毛，副萼片条形，萼片狭三角状披针形；花瓣黄色，倒卵形。瘦果卵状肾形，表面有皱纹。

　　生境：旱生植物。零星生长为典型草原的常见伴生种，也偶见于荒漠草原中。

　　分布：兴安南部、岭西、呼伦贝尔、科尔沁、燕山北部、锡林郭勒、乌兰察布、阴山、阴南丘陵州。

轮叶委陵菜（徐杰、赵家明摄于包头市达茂旗和呼伦贝尔市海拉尔区）

## 匍枝委陵菜 *Potentilla flagellaris* Willd. ex Schlecht.

　　鉴别特征：多年生匍匐草本。根纤细，3～5 条，黑褐色。茎匍匐，纤细。掌状五出复叶，基生叶具长柄，边缘有大小不等的缺刻状锯齿，全缘或分裂。花单生叶腋，花梗纤细，花萼伏生柔毛，花瓣黄色，宽倒卵形。瘦果矩圆状卵形，褐色，表面微皱。

　　生境：中生植物。山地林间草甸及河滩草甸的伴生植物，可在局部成为优势种，也可见于落叶松林及桦木林下的草本层中。

　　分布：兴安北部、岭东、岭西、兴安南部、辽河平原、燕山北部州。

匍枝委陵菜（徐杰摄于锡林郭勒盟锡林浩特市）

## 绢毛细蔓委陵菜 *Potentilla reptans* L. var. *sericophylla* Franch.

**别名**：绢毛匍匐委陵菜、五爪龙

**鉴别特征**：多年生匍匐草本。常具纺锤状块根。茎基部包被老叶柄和托叶的残余。茎匍匐，纤细，丛生，平铺地面，被柔毛，节部常生不定根。掌状三出复叶柄纤细，侧生小叶常2深裂，顶生小叶较侧生小叶大，被柔毛。与叶柄离生。花单出叶腋，花瓣黄色，宽倒卵形，花柱近顶生，柱头头状；花托密生短柔毛。

**生境**：旱中生植物。散生于山地草甸、草甸草原及山地沟谷。

**分布**：兴安北部、兴安南部、燕山北部、阴山州。

绢毛细蔓委陵菜（徐杰摄于呼和浩特市大青山）

## 等齿委陵菜 *Potentilla simulatrix* Th. Wolf

**鉴别特征**：多年生匍匐草本。茎基部包被褐色老托叶，茎匍匐，纤细，被柔毛。基生叶为掌状三出复叶，边缘有粗圆齿状牙齿或缺刻状牙齿。花单生叶腋，花梗纤细，花萼被柔毛，萼片披针形，宽倒卵形，雄蕊多数不等长；子房椭圆形，无毛，花柱细长。瘦果棕褐色。

**生境**：中生植物。生于山地林下及沟谷草甸中。

**分布**：兴安南部、燕山北部、锡林郭勒、阴山州。

等齿委陵菜（刘铁志摄于赤峰市宁城县黑里河）

## 星毛委陵菜 *Potentilla acaulis* L.

别名：无茎委陵菜

鉴别特征：多年生草本，高 2~10 厘米，全株被白色星状毡毛，呈灰绿色。掌状三出复叶；小叶近无柄，倒卵形，两面均密被星状毛与毡毛，灰绿色。聚伞花序，有花 2~5 朵，稀单花；花萼外面被星状毛与毡毛；花瓣黄色。瘦果近椭圆形。

生境：草原旱生植物。生于典型草原带的沙质草原、砾石质草原及放牧退化草原。常形成斑块状小群落。是草原放牧退化的标志植物。

分布：岭西、呼伦贝尔、兴安南部、科尔沁、锡林郭勒、阴南丘陵、乌兰察布、阴山、东阿拉善、贺兰山、龙首山州。

星毛委陵菜（赵家明、徐杰摄于呼伦贝尔市海拉尔区和包头市达茂旗）

## 雪白委陵菜 *Potentilla nivea* L.

鉴别特征：多年生草本，高 5~20 厘米。茎斜升或直立，不分枝，带淡红紫色，被蛛丝状毛。掌状三出复叶，椭圆形或卵形，边缘有圆钝锯齿。聚伞花序生于茎顶，花梗长 1~2 厘米，花萼被绢毛及短柔毛，萼片卵状或三角状卵形；花瓣黄色，倒心形；子房近椭圆形，无毛，花柱顶生，向基部渐粗，花托被柔毛。

生境：耐寒旱中生植物。生于山地草甸、灌丛或林缘。

分布：兴安北部、兴安南部、阴山、贺兰山州。

雪白委陵菜（徐杰摄于赤峰市克什克腾旗黄岗梁）

## 三出委陵菜 *Potentilla betonicifolia* Poir.

别名：白叶委陵菜、三出叶委陵菜、白萼委陵菜

鉴别特征：多年生草本。基叶为掌状三出复叶，革质，矩圆状披针形、披针形或条状披针形。聚伞花序生于花茎顶部，苞片掌状3全裂；萼片披针状卵形，花瓣黄色，倒卵形。瘦果椭圆形，稍扁。

生境：砾石生草原旱生植物。生于向阳石质山坡、石质丘顶及粗骨性土壤上。可在砾石丘顶上形成群落片段。

分布：兴安北部、岭东、呼伦贝尔、兴安南部、科尔沁、燕山北部、锡林郭勒、乌兰察布、阴南丘陵、阴山州。

三出委陵菜（徐杰摄于赤峰市克什克腾旗）

三出委陵菜（徐杰、赵家明摄于赤峰市克什克腾旗和呼伦贝尔市海拉尔区）

## 三叶委陵菜 *Potentilla freyniana* Bornm.

**鉴别特征**：多年生草本，高 10～20 厘米。茎纤细，直立或斜升。基生叶为掌状三出复叶，具长柄，小叶矩圆形、椭圆形或卵形，边缘有锯齿或牙齿，两面有疏绢毛；茎生叶有短柄或近无柄。伞房状聚伞花序顶生；花瓣黄色，先端微凹或圆钝。瘦果卵球形，黄色。

**生境**：中生植物。生于溪边、疏林下阴湿处。

**分布**：岭东、辽河平原州。

三叶委陵菜（刘铁志摄于呼伦贝尔市鄂伦春自治旗大杨树）

## 鹅绒委陵菜 *Potentilla anserina* L.

**别名**：河篦梳、蕨麻委陵菜、曲尖委陵菜

**鉴别特征**：多年生匍匐草本。基生叶多数，为不整齐的单数羽状复叶；小叶间夹有极小的小叶片，上面无毛或被稀疏柔毛，极少被绢毛状毡毛，下面密被绢毛状毡毛或较稀疏。花单生叶腋；花萼被绢状长柔毛；花瓣黄色。瘦果近肾形，稍扁，褐色，表面微有皱纹。

**生境**：中生耐盐植物。为河滩及低湿地草甸的优势植物，常见于苔草草甸、矮杂类草草甸、盐化草甸、沼泽化草甸等群落中，在灌溉农田上也可成为农田杂草。

**分布**：内蒙古各州。

鹅绒委陵菜（徐杰摄于呼和浩特市清水河县）

## 朝天委陵菜 *Potentilla supina* L.

别名：铺地委陵菜 、伏委陵菜、背铺委陵菜

鉴别特征：一年生或二年生草本，高10～35厘米。单数羽状复叶，基生叶和茎下部叶有长柄，边缘具羽状浅裂片或圆齿。花单生于茎顶部的叶腋内，常排列成总状；花梗纤细；花萼疏被柔毛，副萼片披针形，先端锐尖，萼片披针状卵形，花瓣黄色。瘦果褐色，扁卵形，表面有皱纹。

生境：轻度耐盐的旱中生植物。生于草原

朝天委陵菜（徐杰摄于呼和浩特市）

区及荒漠区的低湿地上，为草甸及盐化草甸的伴生植物，也常见于农田及路旁。

分布：内蒙古各州。

## 莓叶委陵菜 *Potentilla fragarioides* L.

别名：雉子莛

鉴别特征：多年生草本，高 5～15 厘米，全株被直伸的长柔毛。茎直立或斜倚。奇数羽状复叶，具长柄，小叶 5～9，顶生 3 小叶明显大；小叶椭圆形、卵形或菱形，边缘有锯齿，两面有长柔毛。聚伞花序多花；花瓣黄色，先端圆形或微凹。

生境：中生植物。生于山地林下、林缘、灌丛、林间草甸和草甸化草原。

分布：兴安北部、岭东、岭西、兴安南部、燕山北部、阴山州。

莓叶委陵菜（刘铁志摄于赤峰市宁城县黑里河大坝沟）

## 腺毛委陵菜 *Potentilla longifolia* Willd. ex Schlecht.

别名：粘委陵菜

鉴别特征：多年生草本，高（15）20～40（60）厘米。直根木质化，粗壮，黑褐色，根状茎木质化，多头，包被棕褐色老叶柄与残余托叶。茎自基部丛生，直立或斜升，单数羽状复叶，基生叶和茎下部叶。伞房状聚伞花序紧密，花萼密被短柔毛和腺毛，萼片卵形，花瓣黄色，宽

腺毛委陵菜（刘铁志摄于赤峰市宁城县黑里河四道沟）

倒卵形。瘦果褐色，卵形，表面有皱纹。

**生境**：中旱生植物。是草原和草甸草原的常见伴生种。

**分布**：兴安北部、岭东、岭西、兴安南部、辽河平原、燕山北部、锡林郭勒、阴山、阴南丘陵州。

## 菊叶委陵菜 *Potentilla tanacetifolia* Willd. ex Schlecht.

**别名**：蒿叶委陵菜、沙地委陵菜

**鉴别特征**：多年生草本，高 10～45 厘米。茎自基部丛升、斜升、斜倚或直立，茎、叶柄、花梗被长柔毛、短柔毛或曲柔毛，茎上部分枝。单数羽状复叶，有小叶 11～17。花序较疏松，花萼和花梗非密被腺毛。瘦果褐色，卵形，微皱。

**生境**：中旱生植物。为典型草原和草甸草原的常见伴生植物。

**分布**：兴安北部、岭东、岭西、呼伦贝尔、兴安南部、辽河平原、燕山北部、锡林郭勒、乌兰察布、阴山、阴南丘陵、鄂尔多斯州。

菊叶委陵菜（徐杰摄于赤峰市克什克腾旗）

## 翻白草 *Potentilla discolor* Bunge

**别名**：翻白委陵菜

**鉴别特征**：多年生草本，高 10～35 厘米。茎直立或斜升，被白色绵毛。奇数羽状复叶，基生叶具长柄，小叶 7～9；小叶矩圆形或椭圆状披针形，基部楔形或歪楔形，边缘有粗锯齿，上面暗绿色，下面密被灰白色毡毛；茎生叶短柄或无柄，常具 3 小叶。伞房状聚伞花序顶生；花瓣黄色，倒卵形。瘦果近肾形。

**生境**：中生植物。生于草甸、山坡草地和疏林下。

**分布**：岭东、兴安南部、燕山北部、辽河平原州。

翻白草（赵家明摄于呼伦贝尔市鄂伦春自治旗大杨树）

## 绢毛委陵菜 *Potentilla sericea* L.

鉴别特征：多年生草本。茎纤细。自基部弧曲斜升或斜倚，茎、总花梗与叶柄都有短柔毛和开展的长柔毛。单数羽状复叶，小叶片矩圆形，边缘羽状深裂，呈篦齿状排列，上面密生柔毛，下面白色毡毛，毡毛上覆盖一层绢毛。伞房状聚伞花序。瘦果椭圆状卵形，褐色，表面有皱纹。

生境：旱生植物。为典型草原群落的伴生植物，也稀见于荒漠草原中。

分布：呼伦贝尔、科尔沁、辽河平原、锡林郭勒、乌兰察布、鄂尔多斯、东阿拉善、阴山、贺兰山、龙首山州。

绢毛委陵菜（徐杰摄于呼和浩特市大青山）

## 多裂委陵菜 *Potentilla multifida* L.

别名：细叶委陵菜

鉴别特征：多年生草本，高 20～80 厘米。茎斜升、斜倚或近直立。单数羽状复叶，裂片条形或条状披针形。伞房状聚伞花序生于茎顶端，花萼密被长柔毛与短柔毛，萼片三角状卵形，

多裂委陵菜（徐杰摄于呼和浩特市大青山）

花瓣黄色，宽倒卵形。瘦果椭圆形，褐色，稍具皱纹。

　　**生境**：中生植物。生于山坡草地、林缘。

　　**分布**：兴安北部、岭西、岭东、呼伦贝尔、兴安南部、锡林郭勒、乌兰察布、阴山、鄂尔多斯、贺兰山州。

多裂委陵菜（徐杰摄于呼和浩特市大青山）

## 掌叶多裂委陵菜 *Potentilla multifida* L. var. *ornithopoda*（Tausch）Th. Wolf

　　**鉴别特征**：本变种与多裂委陵菜的区别在于：单数羽状复叶，有小叶 5，小叶排列紧密，似掌状复叶。

　　**生境**：草原旱生杂类草。是典型草原的常见伴生种，偶然可渗入荒漠草原及草甸草原中。

　　**分布**：呼伦贝尔、兴安南部、科尔沁、锡林郭勒、东阿拉善、阴山、鄂尔多斯州。

掌叶多裂委陵菜（徐杰摄于赤峰市阿鲁科尔沁旗高格斯台罕山）

## 大萼委陵菜 *Potentilla conferta* Bunge

　　**别名**：白毛委陵菜、大头委陵菜

　　**鉴别特征**：多年生草本，高 10～45 厘米。茎、叶柄、总花梗、花密被开展的白色长柔毛和短柔毛。单数羽状复叶，羽状中裂或深裂，裂片三角状矩圆形、三角状披针形或条状矩圆形。

伞房状聚伞花序紧密。花瓣倒卵形。瘦果卵状肾形。

　　生境：旱生植物。为常见的草原伴生植物，生于典型草原及草甸草原。

　　分布：兴安北部、岭东、岭西、呼伦贝尔、兴安南部、锡林郭勒、阴山、阴南丘陵、乌兰察布、贺兰山州。

大萼委陵菜（赵家明摄于呼伦贝尔市海拉尔区）

# 多茎委陵菜 *Potentilla multicaulis* Bunge

　　鉴别特征：多年生草本。根木质化，圆柱形。茎多数，丛生，斜倚或斜升。单数羽状复叶，边缘羽状深裂，呈篦齿状排列。伞房状聚伞花序具少数花，疏松，花梗纤细，花萼密被短柔毛，

多茎委陵菜（徐杰摄于呼和浩特市大青山）

萼片三角状卵形；花瓣黄色，宽倒卵形。瘦果椭圆状肾形，表面有皱纹。

　　**生境：**中旱生植物。草甸草原及干草原的伴生植物。生于农田边、向阳砾石山坡、滩地。

　　**分布：**燕山北部、锡林郭勒、乌兰察布、阴山，阴南丘陵、鄂尔多斯、东阿拉善、龙首山、贺兰山州。

## 委陵菜 *Potentilla chinensis* Ser.

　　**鉴别特征：**多年生草本，高 20～50 厘米。茎直立或斜升，被短柔毛及开展的绢状长柔毛。单数羽状复叶，小叶片狭长椭圆形或椭圆形，羽状中裂或深裂，裂片三角状卵形或三角状披针形，边缘向下反卷，下面被白色毡毛，沿叶脉被绢状长柔毛。伞房状聚伞花序，花瓣黄色，宽倒卵形。瘦果肾状卵形。

　　**生境：**中旱生植物。为草原、草甸草原的偶见伴生种，也见于山地林缘、灌丛中。

　　**分布：**兴安北部、岭西、岭东、兴安南部、辽河平原、赤峰丘陵、燕山北部、锡林郭勒、乌兰察布、阴山、阴南丘陵、鄂尔多斯州。

委陵菜（徐杰摄于呼和浩特市大青山）

## 西山委陵菜 *Potentilla sischanensis* Bunge ex Lehm.

　　**鉴别特征：**多年出草本，高 7～20 厘米，全株除叶上面和花瓣外几乎全都覆盖一层厚或薄的白色毡毛。根圆柱状，粗壮，黑褐色。根状茎木质化，多头。单数羽状复叶，多基生，全缘，边缘向下反卷，萼片泖状披针形，花瓣黄色，宽倒卵形，子房肾形，无毛；花柱近顶生。瘦果肾状卵形，多皱纹。

生境：旱中生植物。多生于山地阳坡、石质丘陵的灌丛、草原。

分布：锡林郭勒、阴山、阴南丘陵、东阿拉善、贺兰山州。

西山委陵菜（刘铁志、徐杰摄于呼和浩特市大青山和乌兰察布市凉城蛮汉山林场）

## 齿裂西山委陵菜 *Potentilla sischanensis* Bunge ex Lehm. var. *peterae*（Hand. -Mazz.）T. T. Yu et C. L. Li

鉴别特征：本变种与西山委陵菜区别在于；小叶片边缘呈锯齿状浅裂，裂片三角形或三角状卵形。

生境：旱中生植物。生于山坡草地，海拔 1700～2500 米左右。

分布：贺兰山州。

齿裂西山委陵菜（徐杰摄于阿拉善贺兰山）

## 沼委陵菜属 *Comarum* L.

### 沼委陵菜 *Comarum palustre* L.

鉴别特征：多年生草本，高 20～30 厘米，具长根状茎。茎斜升，上部密生柔毛和腺毛。奇数羽状复叶，小叶 5～7，彼此靠近，有时似掌状；小叶椭圆形或矩圆形，基部楔形，边缘有锐锯齿，下面灰绿色，有伏柔毛；茎上部叶具 3 小叶。聚伞花序顶生；萼片紫色，三角形，花瓣紫色，卵状披针形。瘦果多数，卵形，无毛。

　　**生境**：湿生植物。生于沼泽、下湿草甸。

　　**分布**：兴安北部、岭西、岭东、兴安南部州。

沼委陵菜（赵家明摄于呼伦贝尔市牙克石市）

## 西北沼委陵菜 *Comarum salesovianum*（Steph.）Asch. et Gr.

　　**鉴别特征**：半灌木，高 50～150 厘米。幼茎、叶下面、总花梗、花梗及花萼都有粉质蜡层和柔毛。单数羽状复叶，矩圆状披针形或倒披针形，边缘有尖锐锯齿。聚伞花序顶生或腋生。花瓣白色或淡红色，与萼片近等长。

　　**生境**：中生植物。生于海拔 2100～3000 米山坡、沟谷、河岸。

　　**分布**：贺兰山州。

西北沼委陵菜（徐杰摄于阿拉善贺兰山）

## 山莓草属 *Sibbaldia* L.

### 伏毛山莓草 *Sibbaldia adpressa* Bunge

**鉴别特征：**多年生草本。根粗壮，黑褐色，木质化；细长，有分枝，黑褐色，皮稍纵裂。节上生不定根。基生叶为单数羽状复叶。花茎丛生，纤细，斜倚或斜升，疏被绢毛。聚伞花序具花数朵，或单花。萼片三角状卵形，具膜质边缘，花瓣黄色或白色，宽倒卵形，雄蕊 10，长约 1 毫米；雌蕊约 10。瘦果近卵形，表面有脉纹。

**生境：**旱生植物。生于沙质土壤及砾石性土壤的干草原或山地草原群落中。

**分布：**呼伦贝尔、兴安南部、锡林郭勒、乌兰察布、阴山、东阿拉善、贺兰山州。

伏毛山莓草（刘铁志、徐杰摄于乌兰察布市兴和县苏木山和包头市达茂旗）

### 绢毛山莓草 *Sibbaldia sericea*（**Grubov**）**Soják**

**鉴别特征：**多年生草本。根木质，花茎丛生，高约 1～4 厘米，密被绢毛。基生叶为奇数羽状复叶，小叶 3 或 5，小叶倒披针形或披针形，全缘，两面灰绿色，密被绢毛；茎生叶3 小叶。花 1～2 朵，萼片被绢毛，花瓣 4 或5，白色，先端圆形，比萼片长。

**生境：**旱生植物。生于草原带的地山丘陵。

**分布：**呼伦贝尔、锡林郭勒州。

绢毛山莓草（刘铁志摄于呼伦贝尔市新巴尔虎右旗贝尔）

## 地蔷薇属　*Chamaerhodos* Bunge

### 地蔷薇　*Chamaerhodos erecta*（L.）Bunge

别名：直立地蔷薇

鉴别特征：二年生或一年生草本，高（8）15～30（40）厘米。根较细，长圆锥形。茎单生，稀数茎丛生，上部有分枝，密生腺毛和短柔毛，有时混生长柔毛。基生叶 3 回三出羽状全裂。聚伞花序着生茎顶，多花，常形成圆锥花序；花瓣粉红色，倒卵状匙形。瘦果近卵形，淡褐色。

生境：中旱生植物。生于草原带的砾石质丘坡、丘顶及山坡，也可生在沙砾质草原，在石质丘顶可成为优势植物，组成小面积的群落片段。

分布：兴安北部、岭东、岭西、呼伦贝尔、兴安南部、燕山北部、赤峰丘陵、锡林郭勒、乌兰察布、阴山、阴南丘陵、鄂尔多斯、东阿拉善、贺兰山州。

地蔷薇（徐杰摄于呼和浩特市和林县南天门林场）

### 阿尔泰地蔷薇　*Chamaerhodos altaica*（Laxm.）Bunge

鉴别特征：半灌木，垫状，高约 5 厘米。茎多数，二叉状分枝。基生叶多数，丛生，裂片条形或条状矩圆形，全缘。聚伞花序具 3～5 花，稀单花；花葶高 1～4 厘米，萼片三角状卵形；花瓣粉红色或淡红色；宽倒卵形；雄蕊长约1毫米，花药椭圆形；花盘边缘密生长柔毛，花柱基生。瘦果长卵形，褐色，无毛。

　　生境：旱生植物。生于山地、丘陵的砾石质坡地与丘顶，可形成占优势的群落片段。

　　分布：乌兰察布、阴山州。

阿尔泰地蔷薇（徐杰摄于包头市达茂旗）

## 砂生地蔷薇 *Chamaerhodos sabulosa* Bunge

　　鉴别特征：多年生草本，高5～18厘米。直根圆锥形，木质化，褐色。茎多数，丛生。基生叶多数，丛生，先端钝，全缘，茎生叶互生，与基生叶同形，但叶柄较短。聚伞花序顶生，疏松；花梗纤细，萼片三角状卵形，花瓣淡红色或白色，倒披针形，花盘边缘位于萼筒中上部，其边缘密生一圈长柔毛。瘦果狭卵形，棕黄色，无毛。

　　生境：旱生植物。生于荒漠草原带的沙质或沙砾质土壤上，也可渗入干草原带。

　　分布：乌兰察布、东阿拉善、贺兰山州。

砂生地蔷薇（徐杰摄于阿拉善贺兰山）

## 毛地蔷薇 *Chamaerhodos canescens* J. Krause

　　鉴别特征：多年生草本，高7～20厘米。直根圆柱形，木质化，黑褐色。根状茎短缩，多头，茎多数丛生。基生叶2回三出羽状全裂，全缘；茎生叶互生。伞房状聚伞花序具多数稠密的花，花萼片狭长三角形，花瓣粉红色，倒卵形，花盘位于萼管的基部，其边缘密生长柔毛。

瘦果披针状卵形，带黑色斑点。

　　生境：旱生植物。生于砾石质、沙砾质草原及沙地。

　　分布：兴安南部、岭东、呼伦贝尔、赤峰丘陵、燕山北部、锡林郭勒、乌兰察布州。

毛地蔷薇（徐杰摄于赤峰市阿鲁科尔沁旗高格斯台罕山）

## 三裂地蔷薇 *Chamaerhodos trifida* Ledeb.

　　别名：矮地蔷薇

　　鉴别特征：多年生草本。高5～18厘米。茎多数，丛生。基生叶密丛生，羽状3全裂，裂片狭条形，先端细尖，全缘，两面灰绿色，被伏生长柔毛；茎生叶较短，3～5全裂。伞房状聚伞花序多花；花萼筒钟状，稍膨大，萼片披针状三角形，花瓣粉红色，宽倒卵形，先端微凹。瘦果灰褐色，卵形。

　　生境：旱生植物。生于草原带的地山、丘陵砾石坡地及沙质土壤上。

　　分布：呼伦贝尔、锡林郭勒州。

三裂地蔷薇（赵家明摄于呼伦贝尔市新巴尔虎右旗）

三裂地蔷薇（赵家明摄于呼伦贝尔市新巴尔虎右旗）

## 桃属 *Amygdalus* L.

### 山桃 *Amygdalus davidiana*（Carr.）de Vos ex L. Henry

别名：野桃、山毛桃、普通桃

鉴别特征：乔木，高 4～6 米。单叶，互生，叶片披针形或椭圆状披针形，两面平滑无毛。花单生，直径 2～3 厘米，萼片矩圆状卵形，先端钝或稍尖，外面无毛。核果球形，果肉薄，干燥；果核矩圆状椭圆形。

生境：中性植物。生于向阳山坡。

分布：阴山、阴南丘陵、鄂尔多斯州。

山桃（徐杰摄于呼和浩特市）

## 蒙古扁桃 *Amygdalus mongolica* ( Maxim. ) Ricker

别名：山樱桃、土豆子

鉴别特征：灌木，高 1.0～1.5 米。多分枝，枝条成近直角方向开展，小枝顶端成长枝刺。单叶，小形，叶片近革质，倒卵形、椭圆形或近圆形，长 5～15 毫米，边缘有浅钝锯齿，两面光滑无毛。核果宽卵形，被毡毛；果肉薄，干燥，离核；果核扁宽卵形。

生境：旱生灌木。生于荒漠区和荒漠草原区的低山丘陵坡麓、石质坡地及于河床，为这些地区的景观植物。

分布：乌兰察布、阴山、鄂尔多斯、东阿拉善、西阿拉善，贺兰山、龙首山州。

蒙古扁桃（徐杰摄于阿拉善盟贺兰山）

## 柄扁桃 *Amygdalus pedunculata* Pall.

别名：山樱桃、山豆子

柄扁桃（徐杰摄于包头市达茂旗）

鉴别特征：灌木，高 1.0～1.5 米。多分枝，枝开展。单叶互生或簇生于短枝上，叶片倒卵基部宽楔形，边缘有锯齿。花单生于短枝上。萼片三角状卵形。花瓣粉红色，圆形，雄蕊多数，子房密被长柔毛。核果近球形，稍扁，被毡毛，果肉薄、干燥、离核、核宽卵形。

生境：中旱生灌木。主要生长于干草原及荒漠草原地带，多见于丘陵地向阳石质斜坡及坡麓。

分布：锡林郭勒、乌兰察布、阴山、鄂尔多斯、东阿拉善州。

柄扁桃（徐杰摄于包头市达茂旗）

## 杏属 *Armeniaca* Mill.

### 杏 *Armeniaca vulgaris* Lam.

别名：普通杏

鉴别特征：乔木，高可达 10 米，无毛。单叶互生，叶片宽卵形至近圆形，边缘有细钝锯齿，托叶条状披针形。花单生，先叶开放，花梗极短．萼筒钟状，带紫红色。花瓣白色或淡红色，宽倒卵形至椭圆形，雄蕊多数。核果近球形，常带红晕。种子（杏仁）扁球形，顶端尖。

生境：中生植物。栽培果树。

分布：内蒙古各州均有栽培。

杏（徐杰摄于呼和浩特市）

## 山杏 *Armeniaca ansu*（Maxim.）Kostina

**别名：** 野杏

**鉴别特征：** 小乔木，高 1.5～5.0 米。单叶，互生，宽卵形至近圆形，先端渐尖或短骤尖。花单生，近无柄，萼筒钟状，萼片矩圆状椭圆形，先端钝，被短柔毛或近无毛；花瓣粉红色果近球形。果肉薄，干燥，离核，果核扁球形，背棱增厚有锐棱。

**生境：** 中生乔木。多散生于向阳石质山坡，栽培或野生。

**分布：** 锡林郭勒、乌兰察布、阴南丘陵、贺兰山、阴山州。

山杏（徐杰摄于阿拉善贺兰山）

## 西伯利亚杏 *Armeniaca sibirica*（L.）Lam.

**别名：** 山杏

**鉴别特征：** 乔木或灌小，高 1～2（4）米。单叶互生，叶片宽卵形或近圆形，边缘有细钝锯齿。花单生，萼片矩圆状椭圆形，花后反折；花瓣白色或粉红色。核果近球形，黄色而带红晕，核扁球形，边缘极锐利如刀刃状。

**生境：** 耐旱落叶灌木。多见于森林草原地带及其邻近的落叶随叶林地带边缘。在陡峻的石质向阳山坡，常成为建群植物，形成山地灌丛，也散见于草原地带的沙地。

**分布：** 兴安北部、岭东、岭西、兴安南部、燕山北部、阴山、阴南丘陵州。

西伯利亚杏（徐杰、刘铁志摄于赤峰市阿鲁科尔沁旗高格斯台罕山和喀喇沁旗十家）

## 李属 *Prunus* L.

### 李 *Prunus salicina* Lindl.

别名：李子

鉴别特征：乔木，高达 10 米。单叶互生，椭圆状倒卵形、矩圆状倒卵形或倒披针形，边缘有细钝锯齿。花通常 8 朵簇生，花梗长 10～15 毫米，无毛，萼筒杯状无毛；萼片矩圆状卵形，花瓣白色，倒卵形或椭圆形，雄蕊多数，长短不一，比花瓣短。核果近球形，有 1 纵沟，核卵球形。

生境：中生植物。栽培果树。

分布：内蒙古各州均有栽培。

李（刘铁志摄于赤峰市新城区）

## 樱属 *Cerasus* Mill.

### 榆叶梅 *Cerasus triloba*（ Lindl. ）Bar. et Liou

鉴别特征：灌木，稀小乔木，高 2～5 米。叶片宽椭圆形或倒卵形，先端渐尖，常 3 裂，基部宽楔形，边缘具粗重锯齿。花 1～2 朵，腋生，花瓣粉红色。核果近球形，红色，果肉薄，成熟时开裂；核具厚硬壳，表面有皱纹。

生境：中生植物。公园、庭院有栽培。

分布：内蒙古各州均有栽培。

榆叶梅（徐杰摄于呼和浩特市）

榆叶梅（徐杰摄于呼和浩特市）

## 毛樱桃 *Cerasus tomentosa*（Thunb.）Wall.

**别名：**山樱桃、山豆子

**鉴别特征：**灌木，高 1.5～3.0 米。单叶互生或簇生于短梗上，叶片倒卵形至椭圆形，被短柔毛，下面被毡毛；叶柄被短柔毛。花单生或 2 朵并生，与叶同时开放。花瓣白色或粉红色，宽倒卵形。核果近球形，表面平滑。

**生境：**中生灌木。生于山地灌丛间。

**分布：**锡林郭勒、燕山北部、赤峰丘陵、贺兰山州。

毛樱桃（徐杰摄于呼和浩特市）

## 欧李 *Cerasus humilis*（Bunge）Sok.

**鉴别特征：**小灌木，高 20～40 厘米。单叶互生，叶片矩圆状披针形至条状椭圆形，边缘有细锯齿。花单生或 2 朵簇生。花萼无毛或被疏柔毛，萼片卵状三角形，花后反折，花瓣白色或粉红色，倒卵形或椭圆形；雄蕊多数。核果近球形，果核近卵形。

**生境：**中生小灌木或灌木。生于山地灌丛或林缘坡地，也见于固定沙丘，广布于我国落叶阔叶林地区。

**分布：**兴安南部、辽河平原、燕山北部、阴山州。

欧李（刘铁志摄于赤峰市喀喇沁旗十家）

## 稠李属 *Padus* Mill.

### 稠李 *Padus avium* Mill.

**别名：**臭李子

**鉴别特征：**小乔木，高5～8米。树皮黑褐色，小枝无毛或被带疏短柔毛；腋芽单生。单叶互生，叶片椭圆形，宽卵形或倒卵形，边缘有尖锐细锯齿。总状花序疏松下垂，萼筒杯状，萼片近半圆形，边缘有细齿，花瓣白色，宽倒卵形，雄蕊多数，比花瓣短一半。核果近球形，果核宽卵形，表面有弯曲沟槽。

**生境：**中生小乔木。耐阴，喜潮湿，常见于河溪两岸，也见于山丘、山麓洪积扇及沙地。为落叶阔叶林地带河岸杂木林的优势种；也零星见于山坡杂木林中。

**分布：**兴安北部、岭东、岭西、呼伦贝尔、兴安南部、辽河平原、锡林郭勒、阴山州。

稠李（赵家明、徐杰摄于呼伦贝尔市牙克石市和赤峰市阿鲁科尔沁旗高格斯台罕山）

# 豆 科
Fabaceae

## 皂荚属 *Gleditsia* L.

### 山皂荚 *Gleditsia japonica* Miq.

**鉴别特征**：落叶乔木或小乔木，高达25米。叶为1~2回羽状复叶，小叶卵状长圆形或卵状披针形至长圆形。花黄绿色，组成穗状花序；花序腋生或顶生，被短柔毛。荚果带形，不规则旋钮或弯曲作镰刀状。

**生境**：中生植物。生于向阳山坡或谷地、溪边路旁。

**分布**：内蒙古南部和西部地区有栽培。

山皂荚（徐杰摄于呼和浩特市）

## 槐属 *Sophora* L.

### 槐 *Sophora japonica* L.

**别名**：槐树、国槐

**鉴别特征**：乔木，树冠圆形，树皮灰色或暗灰色，粗糙纵裂。单数羽状复叶；托叶镰刀状，早落；小叶片卵状披针形或卵状矩圆形，全缘，疏生柔毛。圆锥花序顶生，花梗绿色，有毛。荚果肉质，串珠状，成熟时黄绿。

**生境**：中生植物。园林栽培树种。

**分布**：内蒙古各州。

槐（徐杰摄于呼和浩特市）

## 苦豆子 *Sophora alopecuroides* L.

**别名：** 苦甘草、苦豆根

**鉴别特征：** 多年生草本，全体呈灰绿色。根发达，粗壮。茎直立，分枝多呈帚状；枝条密生灰色平伏绢毛。单数羽状复叶；小叶矩圆状披针形、矩圆状卵形、矩圆形或卵形，全缘，两面密生平伏绢毛。总状花序顶生。

**生境：** 耐盐旱生植物。多生于湖盐低地和河滩的覆沙地、平坦沙地、固定、半固定沙地。

**分布：** 阴南丘陵、鄂尔多斯、乌兰察布、东阿拉善、贺兰山、西阿拉善、额济纳州。

苦豆子（徐杰摄于鄂尔多斯市准格尔旗）

## 苦参 *Sophora flavescens* Aiton

**别名：** 苦参麻、山槐、地槐、野槐

**鉴别特征：** 多年生草本，高1～3米。根圆柱状，外皮浅棕黄色。茎直立，多分枝，具不规则

的纵沟，幼枝被疏柔毛。单数羽状复叶，具小叶 11～19；托叶条形，小叶卵状矩圆形、披针形或狭卵形，稀椭圆形。总状花序顶生，花梗细，花萼钟状，稍偏斜。花冠淡黄色，雄蕊 10，离生；子房筒状。荚果条形。种子近球形，棕褐色。

　　**生境：**中旱生植物。多生于草原带的沙地、田埂、山坡。

　　**分布：**兴安北部、岭西、岭东、兴安南部、科尔沁、辽河平原、锡林郭勒、燕山北部、阴南丘陵、鄂尔多斯州。

苦参（刘铁志摄于赤峰市喀喇沁旗十家）

## 沙冬青属 *Ammopiptanthus* S. H. Cheng

### 沙冬青 *Ammopiptanthus mongolicus*（Maxim. ex Kom.）S. H. Cheng

　　**别名：**蒙古黄花木

　　**鉴别特征：**常绿灌木。树皮黄色。叶为掌状三出复叶，三角形或三角状披针形，与叶柄连合而抱茎。总状花序顶生，具花 8～10 朵；苞片卵形，有白色绢毛；花萼钟状，稍革质，密被短柔毛，萼齿宽三角形，边缘有睫毛，花冠黄色。荚果扁平，矩圆形。

　　**生境：**强度旱生常绿灌木。沙质及沙砾质荒漠的建群植物。在亚洲中部的旱生植被中，它是古老的第三纪残遗种。

　　**分布：**东阿拉善，西阿拉善、鄂尔多斯、贺兰山州。

沙冬青（徐杰摄于阿拉善左旗）

## 黄华属 *Thermopsis* R. Br.

### 披针叶黄华 *Thermopsis lanceolata* R. Br.

**别名**：苦豆子、面人眼睛、绞蛆爬、牧马豆

**鉴别特征**：多年生草本。掌状三出复叶，小叶矩圆状椭圆形或倒披针形，先端通常反折，基部渐狭，上面无毛，下面疏被平伏长柔毛。总状花序顶生，花于花序轴每节3～7朵轮生，苞片卵形或卵状披针形；花萼钟状，萼齿披针形，被柔毛；花冠黄色；子房被毛。荚果条形，扁平，疏被平伏的短柔毛，沿缝线有长柔毛。

**生境**：耐盐中旱生植物。为草甸草原和草原带的草原化草甸、盐化草甸伴生植物，也见于荒漠草原和荒漠区的河岸盐化草甸、沙质地或石质山坡。

**分布**：内蒙古各州。

披针叶黄华（徐杰摄于鄂尔多斯市达拉特旗）

## 木蓝属 *Indigofera* L.

### 花木蓝 *Indigofera kirilowii* Maxim. ex Palib.

花木蓝（刘铁志摄于赤峰市敖汉旗大黑山）

**别名**：吉氏木蓝、朝鲜庭藤

**鉴别特征**：小灌木，高20～90厘米。小叶宽卵形、菱状卵形或椭圆形，两面疏生白色丁字毛，长1.5～3.5厘米。总状花序腋生，与叶近等长。花淡紫红色，花冠长约1.5厘米；萼筒杯状，子房条形，无毛。荚果条形。

**生境**：喜暖的中生灌木。生长于低山坡、固定沙地。

**分布**：科尔沁、燕山北部州。

花木蓝（刘铁志摄于赤峰市敖汉旗大黑山）

## 铁扫帚 *Indigofera bungeana* Walp.

别名：河北木蓝、本氏木蓝、野兰枝子

鉴别特征：灌木，高 40～100 厘米。茎多分枝，嫩枝密被灰白色丁字毛。奇数羽状复叶，具小叶 7～9；小叶矩圆形或倒卵状矩圆形，基部圆形，两面被平伏丁字毛。总状花序腋生；萼钟状，萼齿 5，下面 3 齿较长，花冠紫色或紫红色，旗瓣宽倒卵形，外面被丁字毛。荚果圆柱形，褐色，被白色丁字毛。

生境：中生植物。生于山坡灌丛。

分布：燕山北部、赤峰丘陵州。

铁扫帚（刘铁志摄于赤峰市喀喇沁旗十家）

## 紫穗槐属 *Amorpha* L.

## 紫穗槐 *Amorpha fruticosa* L.

别名：棉槐、椒条

鉴别特征：灌木，高 1～2 米，丛生，枝叶繁密。叶互生，单数羽状复叶，小叶卵状矩圆形、矩圆形或椭圆形，具短刺尖，全缘，上面绿色。花序集生于枝条上部，成密集的圆锥状总状花序，花冠蓝紫色。荚果弯曲，棕褐色，有瘤状腺点。

生境：喜暖的中生灌木。栽培的园林树木。

分布：内蒙古各州。

紫穗槐（徐杰摄于呼和浩特市）

## 刺槐属 *Robinia* L.

### 刺槐 *Robinia pseudoacacia* L.

别名：洋槐

鉴别特征：乔木，高 10～20 米。单数羽状复叶，具小叶 7～19，对生或互生；卵状矩圆形或矩圆状披针形，全缘。总状花序腋生，总花梗长 10～20 厘米，密被短柔毛；花梗有密毛；花白色，芳香。花萼钟状，稍带 2 唇形，密被柔毛。荚果扁平，深褐色，条状矩圆形。种子肾形，黑色。

生境：喜暖的中生植物。园林栽培树种。

分布：内蒙古南部地区。

刺槐（徐杰摄于呼和浩特市）

### 毛刺槐 *Robinia hispida* L.

鉴别特征：乔木。与刺槐的主要区别在于花冠红色。荚果密被粗硬腺毛。无托叶刺。

生境：中生植物。园林栽培树种。

分布：原产北美，内蒙古南部有栽培。

毛刺槐（徐杰摄于呼和浩特市）

## 苦马豆属 *Sphaerophysa* DC.

### 苦马豆 *Sphaerophysa salsula* （Pall.）DC.

**别名**：羊卵蛋，羊尿泡

**鉴别特征**：多年生草本，高 20～60 厘米。全株被灰白色短伏毛。单数羽状复叶，小叶倒卵状椭圆形或椭圆形。总状花序腋生；花萼杯状，有白色短柔毛，萼齿三角形；花冠红色；子房条状矩圆形，被柔毛，花柱稍弯，内侧具纵列须毛。

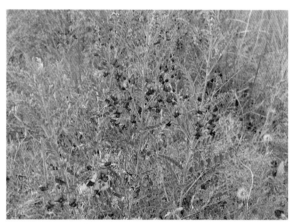

苦马豆（徐杰摄于鄂尔多斯市准格尔旗十二连城）

生境：耐碱耐旱草本。在草原带和荒漠带的盐碱性荒地、河岸低湿地，沙质地上常可见到。

分布：科尔沁、兴安南部、辽河平原、锡林郭勒、赤峰丘陵、阴山、阴南丘陵、鄂尔多斯、东阿拉善、西阿拉善、额济纳州。

## 甘草属 *Glycyrrhiza* L.

### 甘草 *Glycyrrhiza uralensis* Fisch. ex DC.

别名：甜草苗

鉴别特征：多年生草本，高 30～70 厘米。小叶卵形、倒卵形、近圆形或椭圆形，基部圆形或宽楔形。花淡蓝紫色或紫红色，较大，长 14～16 毫米。荚果条状矩圆形，弯曲成镰刀形或环状。

生境：中旱生植物。生于碱化沙地、沙质草原、具沙质土的田边、路旁、低地边缘及河岸轻度碱化的草甸。

分布：内蒙古各州。

甘草（徐杰摄于鄂尔多斯市准格尔旗十二连城）

### 圆果甘草 *Glycyrrhiza squamulosa* Franch.

别名：马兰秆

鉴别特征：多年生草本，高 30～60 厘米。茎直立，稍带木质，具条棱，有白色短毛和鳞片状腺体。叶为单数羽状复叶、托叶披针形或宽披针形，边缘有长毛及腺体。总状花序腋生，花萼筒状钟形，花瓣均密被腺体，均具爪。荚果扁，宽卵形、矩圆形或近圆形，褐色。

生境：旱生草本。生长于田野、路旁、撂荒地或河岸阶地，轻度盐碱地也能生长。

分布：乌兰察布、阴山、阴南丘陵、鄂尔多斯州。

圆果甘草（徐杰摄于呼和浩特市土默特左旗哈素海）

## 刺果甘草　*Glycyrrhiza pallidiflora* Maxim.

别名：头序甘草、山大料

鉴别特征：多年生草本，高1米左右。茎直立，基部木质化，枝具棱，有鳞片状腺体。单数羽状复叶，具小叶9～15；托叶披针形或长三角形，渐尖，全缘，两面密被小腺点。总状花序腋生，花多数，密集成矩圆形，花淡蓝紫色。花萼钟状，萼齿5，其中2萼齿较短。荚果卵形或椭圆形，黄褐色，密被细长刺，通常含种子2粒，荚果密集成椭圆形或矩圆状果序。

生境：草原旱生草本。散生于田野、路旁及河边草丛中。

分布：兴安南部、科尔沁州。

刺果甘草（刘铁志、哈斯巴根摄于兴安盟科尔沁右翼前旗居力很和赤峰市阿鲁科尔沁国家级自然保护区）

## 米口袋属　*Gueldenstaedtia* Fisch.

### 米口袋　*Gueldenstaedtia multiflora* Bunge

别名：米布袋、紫花地丁

鉴别特征：多年生草本，高10～20厘米。全株被白色长柔毛。奇数羽状复叶，具小叶11～21，小叶椭圆形或卵形，被白色长柔毛，老时近无毛。伞形花序有花（2）6～8朵；花紫红色或蓝紫色。荚果圆筒状，被长柔毛。

生境：旱生植物。生于山坡、田边和路旁。

分布：燕山北部、阴山、赤峰丘陵州。

米口袋（刘铁志摄于赤峰市红山区）

## 少花米口袋 *Gueldenstaedtia verna*（Georgi）Boriss.

别名：地丁、多花米口袋

鉴别特征：多年生草本，全株被白色长柔毛。茎短缩，在根颈上丛生。单数羽状复叶，小叶 9～21，托叶基部与叶柄合生，小叶片长卵形至披针形，全缘，两面被白色长柔毛。总花梗数个自叶丛间抽出，伞形花序，具花 2～4 朵；花梗无或极短；花蓝紫色或紫红色，花萼钟状，密被长柔毛，萼齿不等长，上 2 萼大，下 3 萼小；子房密被柔毛，花柱顶端卷曲。荚果圆筒状。种子肾形，具浅的蜂窝状凹点，有光泽。

生境：草原旱生植物。散生于草原带的沙质草原或石质草原，多度虽不高，但分布稳定。

分布：兴安北部、岭西、岭东、呼伦贝尔、兴安南部、鄂尔多斯、锡林郭勒、科尔沁、燕山北部、赤峰丘陵、阴山、阴南丘陵州。

少花米口袋（刘铁志、徐杰摄于赤峰市宁城县黑里河三道河和赤峰市克什克腾旗）

## 狭叶米口袋 *Gueldenstaedtia stanophylla* Bunge

别名：地丁

鉴别特征：多年生草本，全株有长柔毛。茎短缩。叶为单数羽状复叶，具小叶 7～19；托叶三角形，基部与叶柄合生，外面被长柔毛，小叶片矩圆形至条形，具小尖头，全缘。总花梗数个从叶丛间抽出，顶端2～4朵花排列成伞形；苞片及小苞片披针形；花粉紫色；花萼钟形，密被长柔毛；旗瓣近圆形，顶端微凹，基部渐狭成爪，翼瓣比旗瓣短。荚果圆筒形。

　　生境：草原旱生植物。为草原带和荒漠草原带的沙质草原伴生种，少量向东进入森林草原带。

　　分布：呼伦贝尔、赤峰丘陵、燕山北部、锡林郭勒、乌兰察布、阴南丘陵、鄂尔多斯、东阿拉善、西阿拉善州。

狭叶米口袋（刘铁志摄于赤峰市红山区）

## 雀儿豆属 *Chesneya* Lindl. ex Endl.

### 大花雀儿豆 *Chesneya macrantha* S. H. Cheng ex H. C. Fu

　　别名：红花雀儿豆、红花海绵豆

　　鉴别特征：垫状半灌木，多分枝，当年枝短缩。单数羽状复叶，具小叶，托叶三角状披针形，革质，叶轴长，宿存并硬化成针刺状；小叶椭圆形、菱状椭圆形或倒卵形，黑色腺点。花较大，小苞片条状披针形，褐色，对生，花萼管状钟形，二唇形，锈褐色，密被柔毛，萼齿条状披针形；旗瓣倒卵形；子房有毛。荚果矩圆状椭圆形，具短喙。

　　生境：荒漠旱生垫状半灌木。散生于荒漠区或荒漠草原的山地石缝中、剥蚀残丘或沙地上。

　　分布：乌兰察布、东阿拉善、西阿拉善、贺兰山州。

大花雀儿豆（徐杰摄于阿拉善右旗的雅布赖山）

## 棘豆属 *Oxytropis* DC.

### 小花棘豆 *Oxytropis glabra*（Lam.）DC.

别名：醉马草、包头棘豆

鉴别特征：多年生草本，高 20～30 厘米。茎匍匐，多分枝，上部斜升，疏被柔毛。奇数羽状复叶，具小叶（5）11～19，疏离；小叶披针形、卵状披针形至椭圆形，下面被平伏柔毛。总状花序腋生，花排列稀疏；花小，淡蓝紫色。荚果长椭圆形，下垂，膨胀。

生境：中生植物。生于低湿地和湖盆边缘。

分布：乌兰察布、阴南丘陵、鄂尔多斯、东阿拉善、西阿拉善、额济纳州。

小花棘豆（刘铁志摄于鄂尔多斯市达拉特旗）

蓝花棘豆（刘铁志摄于赤峰市巴林右旗赛罕乌拉）

### 蓝花棘豆 *Oxytropis caerulea*（Pall.）DC.

别名：东北棘豆

鉴别特征：多年生草本，高 20～80 厘米。单数羽状复叶，小叶片长 5～15 毫米，宽 2～5 毫米。花萼钟状，被白色与黑色短柔毛，萼齿披针形，花紫红色或蓝紫色，花长约 10 毫米。荚果矩圆状卵形，长 12～18 毫米。

生境：旱中生植物。在山地林间草甸、河谷草甸以及草甸草原群落中为伴生植物。

分布：兴安南部、燕山北部、锡林郭勒、阴山州。

## 宽苞棘豆 *Oxytropis latibracteata* Jurtz.

宽苞棘豆（徐杰摄于阿拉善左旗贺兰山）

**鉴别特征**：多年生草本，高5～15厘米。主根粗壮，黄褐色。茎短缩或近无茎。单数羽状复叶，托叶膜质，卵形或三角状披针形。总状花序近头状，花萼筒状，并混生黑色短毛，萼齿披针形；花冠蓝紫色、紫红色或天蓝色。荚果卵状矩圆形，膨胀，先端具短喙，密被黑色和白色短柔毛。

**生境**：山地草甸寒旱生植物。稀疏地分布于荒漠带的高山草甸或山地桤林下。

**分布**：贺兰山、龙首山州。

## 大花棘豆 *Oxytropis grandiflora*（Pall.）DC.

**鉴别特征**：多年生草本，高20～35厘米。通常无地上茎，叶基生呈丛生状，全株被白色平伏柔毛。奇数羽状复叶，小叶15～25；小叶矩圆状披针形或矩圆状卵形，基部圆形，全缘，两面被白色绢状柔毛。总状花序比叶长；花大，密集于总花梗顶端呈穗状或头状，花冠红紫色或蓝紫色，旗瓣倒卵形。荚果矩圆状卵形，革质。

**生境**：旱中生植物。生于山地杂类草草甸草原。

**分布**：兴安北部、呼伦贝尔、兴安南部、科尔沁、锡林郭勒州。

大花棘豆（刘铁志摄于赤峰市巴林右旗赛罕乌拉）

## 硬毛棘豆 *Oxytropis hirta* Bunge

**别名**；毛棘豆

**鉴别特征**：多年生草本，无地上茎，高20～40厘米，全株被长硬毛。叶基生，单数羽状复叶，密生长硬毛；小叶6～19，卵状披针形或长椭圆形。总状花序呈长穗状，花黄白色，少蓝紫色，花萼筒状或近于筒状钟形。荚果藏于萼内，长卵形，具假隔膜，顶端具短喙。

**生境**：草甸旱中生植物。常伴生于森林草原及草原带的山地杂类草草原和草甸草原群落中。

**分布**：兴安北部、岭东、岭西、兴安南部、燕山北部、阴南丘陵、锡林郭勒、乌兰察布、阴山州。

硬毛棘豆（刘铁志、徐杰摄于赤峰市巴林右旗赛罕乌拉和赤峰市阿鲁科尔沁旗高格斯台罕山）

## 缘毛棘豆 *Oxytropis ciliata* Turcz.

**鉴别特征：** 多年生草本，高 5～20 厘米，全株带灰绿色。根粗壮。无地上茎，或茎极短

缘毛棘豆（徐杰摄于呼和浩特市大青山）

缩。叶基生，成密丛状。托叶宽卵形，下部与叶柄基部连合，单数羽状复叶。总花梗弯曲或直立，花白色或淡黄色，花萼筒状，萼齿披针形。荚果卵形，近纸质，紫褐色或黄褐色，端具喙，内具较窄的假隔膜。

生境：旱生植物。散生于草原群落或山地，渗入荒漠草原东部。生长于山坡及丘陵碎石坡地。

分布：锡林郭勒、阴山州。

缘毛棘豆（徐杰摄于呼和浩特市大青山）

## 薄叶棘豆 *Oxytropis leptophylla*（Pall.）DC.

别名：山泡泡、光棘豆

鉴别特征：多年生草本，无地上茎。根粗壮，通常呈圆柱状伸长。叶轴细弱；单数羽状复叶，小叶7～13，对生，条形。总花梗稍倾斜，常弯曲，花紫红色或蓝紫色，苞片椭圆状披针形，密被毛，萼齿条状披针形。荚果宽卵形，膜质，膨胀，顶端具喙，表面密生短柔毛，内具窄的假隔膜。

生境：旱生植物。在森林草原及草原带的砾石性和沙性土地的草原群落中。

分布：呼伦贝尔、岭西、兴安南部、赤峰丘陵、锡林郭勒、乌兰察布、阴南丘陵、阴山州。

薄叶棘豆（徐杰摄于包头市达茂旗）

内蒙古棘豆（苏云摄于阿拉善贺兰山）

## 内蒙古棘豆 *Oxytropis neimonggolica* C. W. Zhang et Y. Z. Zhao

鉴别特征：多年生矮小草本，高3~7厘米。小叶1，同型，椭圆形或椭圆状披针形，长10~30毫米，宽3~7毫米，旗瓣匙形近匙形长约20毫米。荚果卵球形，长15~20毫米。花冠淡黄色，旗瓣匙形或近匙形。

生境：旱生植物。生长于荒漠草原带的丘陵坡地，及荒漠区海拔2100米的砾质山坡。

分布：乌兰察布、东阿拉善、贺兰山州。

## 多叶棘豆 *Oxytropis myriophylla*（Pall.）DC.

别名：狐尾藻棘豆、鸡翎草

鉴别特征：多年生草本，高20~30厘米。叶为具轮生小叶的复叶，每叶具小叶25~32轮。花蓝紫色，红紫色、淡紫色、粉红色，稀为白色，苞及萼均密被长柔毛。荚果披针状矩圆形。

生境：砾石生草原中旱生植物。多出现于森林草原带的丘陵顶部和山地砾石性土壤。也进入草原地带和林区边缘，但总生长在砾石质或沙质土壤上。

分布：兴安北部、岭东、岭西、呼伦贝尔、兴安南部、辽河平原、科尔沁、赤峰丘陵、锡林郭勒、阴山州。

多叶棘豆（赵家明、徐杰摄于呼伦贝尔市新巴尔虎右旗和呼和浩特市清水河县）

多叶棘豆（赵家明摄于呼伦贝尔市新巴尔虎右旗）

## 二色棘豆 *Oxytropis bicolor* **Bunge**

　　**鉴别特征**：多年生草本，高5～10厘米，植物体各部有开展的白色绢状长柔毛。茎极短，似无茎状。叶为具轮生小叶的复叶，基部圆形，全缘，边缘常反卷，两面密被绢状长柔毛。总花梗比叶长或与叶近相等，被白色长柔毛；花蓝紫色，苞片披针形，有毛。荚果矩圆形，腹背稍扁，顶端有长喙，密被白色长柔毛，假2室。

　　**生境**：中旱生植物。为典型草原和沙质草原的伴生种，也进入荒漠草原带。生长于干山坡、沙质地、撂荒地。

　　**分布**：锡林郭勒、阴山、阴南丘陵、鄂尔多斯州。

二色棘豆（徐杰摄于呼和浩特市）

## 黄毛棘豆 *Oxytropis ochrantha* **Turcz.**

　　**别名**：黄土毛棘豆、黄穗棘豆

　　**鉴别特征**：多年生草本，高10～30厘米。无地上茎成生极短缩。羽状复叶，密生土黄色长柔毛。花多数，排列成密集的圆柱状的总状花序；总花梗几与叶等长，密生土黄色长柔毛；花萼筒状，近膜质，花冠白色或黄色，子房密生土黄色长柔毛。荚果卵形，膨胀。

　　生境：草原中旱生植物。散生于草原带的干山坡与干河谷沙地上，也见于芨芨草草滩。

　　分布：兴安南部、燕山北部、锡林郭勒、乌兰察布、阴山州。

黄毛棘豆（徐杰摄于赤峰市克什克腾旗）

## 砂珍棘豆 *Oxytropis racemosa* Turcz.

　　别名：泡泡草、砂棘豆

　　鉴别特征：多年生草本，高 5～15 厘米。根圆柱形，伸长，黄褐色。茎短缩或几乎无地上茎。叶丛生，多数；叶为具轮生小叶的复叶，小叶条形、披针形或条状矩圆形。总花梗比叶长或与叶近等长；总状花序近头状，粉红色或带紫色。荚果宽卵形，膨胀，为不完全的 2 室。

　　生境：旱生植物。生长于沙丘、河岸沙地及沙质坡地。

砂珍棘豆（刘铁志摄于鄂尔多斯市准格尔旗东孔兑）

砂珍棘豆（刘铁志摄于鄂尔多斯市准格尔旗东孔兑）

分布：岭西、呼伦贝尔、兴安南部、辽河平原、科尔沁、锡林郭勒、乌兰察布、阴山、阴南丘陵、鄂尔多斯、东阿拉善州。

## 尖叶棘豆 *Oxytropis oxyphylla*（Pall.）DC.

别名：海拉尔棘豆、山棘豆、呼伦贝尔棘豆

鉴别特征：多年生草本，高7～20厘米。复叶具轮生小叶，3～9轮，每轮有2～6小叶；小叶条状披针形、矩圆状披针形或条形，全缘，边缘常反卷，两面密被绢状长柔毛。短总状花序比叶长或近相等；花红紫色、淡紫色或稀为白色。荚果宽卵形或卵形，膜质，泡状，被短柔毛。

生境：旱生植物。生于沙质草原和丘陵石质坡地。

分布：呼伦贝尔、兴安南部、锡林郭勒、乌兰察布州。

尖叶棘豆（刘铁志摄于呼伦贝尔市新巴尔虎右旗贝尔）

## 刺叶柄棘豆 *Oxytropis aciphylla* Ledeb.

别名：鬼见愁、猫头刺、老虎爪子

鉴别特征：矮小半灌木，高10～15厘米。小叶先端具刺，双数羽状复叶，小叶4～6，条形。总状花序腋生，花萼筒状，花冠蓝紫色，红紫色以至白色，具花1～2朵。荚果矩圆形。

生境：旱生垫状半灌木。多生长于砾石质平原、薄层覆沙地以及丘陵坡地。

分布：锡林郭勒、乌兰察布、阴南丘陵、鄂尔多斯、东阿拉善、西阿拉善、贺兰山州。

刺叶柄棘豆（徐杰摄于阿拉善左旗）

## 胶黄耆状棘豆 *Oxytropis tragacanthoides* Fisch.

**鉴别特征**：矮小半灌木，高5～20厘米。老枝粗壮，半球状丛生，密被针刺状宿存的叶轴。单数羽状复叶，具小叶7～13；托叶膜质，先端三角状，有缘毛；小叶卵形至矩圆形，先端钝，两面密被白色绢毛。总状花序具花2～5朵，紫红色，总花梗短；苞片条状披针形，花萼管状，均被白色和黑色长柔毛，萼齿条状钻形；旗瓣爪长与瓣片长相等，翼瓣爪稍长于瓣片，龙骨瓣爪长于瓣片。球状荚果近无柄，膨胀成膀胱状，密被白色和黑色长柔毛。

**生境**：旱中生丛生矮小植物。生于荒漠区的山地草原，石质和砾质阳坡。

**分布**：阴山、贺兰山、龙首山州。

胶黄耆状棘豆（徐杰摄于阿拉善右旗龙首山）

## 黄耆属 *Astragalus* L.

## 草木樨状黄耆 *Astragalus melilotoides* Pall.

**别名**：扫帚苗、层头、小马层子

**鉴别特征**：多年生草本，高30～100厘米。根深长，较粗壮。茎多数由基部丛生，直立或稍斜升，多分枝，有条棱，疏生短柔毛或近无毛。单数羽状复叶，具小叶3～7；托叶三角形至披针形，全缘，两面疏生白色短柔毛。总状花序腋生，粉红色或白色，多数，疏生，萼齿三角形，具短喙。

　　生境：中旱生植物。为典型草原及森林草原最常见的伴生植物，在局部可成为次优势成分。多适应干沙质及轻壤质土壤。

　　分布：兴安北部、岭东、岭西、呼伦贝尔、兴安南部、辽河平原、燕山北部、赤峰丘陵、锡林郭勒、乌兰察布、阴山、阴南丘陵、鄂尔多斯、东阿拉善州。

草木樨状黄耆（徐杰摄于赤峰市阿鲁科尔沁旗高格斯台罕山）

## 细叶黄耆 *Astragalus tenuis* Turcz.

　　鉴别特征：本种与草木樨状黄耆的不同点在于，植株由基部生出多数细长的茎，通常分枝多，呈扫帚状。小叶 3～5，狭条形或丝状，长 10～15 毫米，宽 0.5 毫米，先端尖。

细叶黄耆（徐杰摄于赤峰市阿鲁科尔沁旗高格斯台罕山）

生境：旱生植物。为典型草原的常见伴生植物，喜生于轻壤质土壤上。

分布：兴安北部、岭东、岭西、呼伦贝尔、兴安南部、辽河平原、赤峰丘陵、燕山北部、锡林郭勒、乌兰察布、阴山、阴南丘陵、鄂尔多斯、东阿拉善州。

## 阿拉善黄耆 *Astragalus alaschanus* Bunge

鉴别特征：多年生矮小垫状草本，高5～15厘米。茎细弱，斜升，密被白色平伏的短柔毛。单数羽状复叶；托叶卵状三角形。总状花序腋生或顶生，具花10～14朵，排列紧密呈头状，苞片卵状披针形，膜质，先端尖，有毛；花蓝紫色；花萼钟状，被白色和黑色的平伏短柔毛。荚果近球形，稍被毛。

生境：旱生植物。生长于荒漠区的山沟滩地。

分布：贺兰山州。

阿拉善黄耆（徐杰摄于阿拉善贺兰山）

## 扁茎黄耆 *Astragalus complanatus* R. Br. ex Bunge

别名：夏黄芪、沙苑子、沙苑蒺藜、潼蒺藜、蔓黄芪

鉴别特征：多年生草本，主根粗长。全株疏生短毛。茎数个至多数，有棱，略扁，通常平卧。单数羽状复叶，具小叶9～21。总状花序腋生，比叶长，具花3～9朵，疏生，白色或带紫色。花萼钟状，被黑色和白色短硬毛，萼齿披针形或近锥形。荚果纺锤状矩圆形，圆肾形，灰棕色至深棕色，光滑。

生境：旱中生植物。在草原带的微碱化草甸、山地阳坡或灌丛中为伴生种。

分布：科尔沁、燕山北部、赤峰丘陵、阴山、阴南丘陵、鄂尔多斯州。

扁茎黄耆（刘铁志摄于赤峰市红山区）

## 粗壮黄耆 *Astragalus hoantchy* Franch.

别名：乌拉特黄芪、黄芪、贺兰山黄芪

鉴别特征：多年生草本，高可达1米。小叶宽卵形、近圆形或倒卵形，柱头有簇状毛。总状花序具花12～15朵，花冠紫红色或紫色，长25～30毫米。荚果矩圆形，长30～40毫米。

生境：旱中生植物。散生于草原区和荒漠区的石质山坡或沟谷中，以及山地灌丛中。

分布：阴山、东阿拉善、贺兰山州。

粗壮黄耆（苏云摄于阿拉善贺兰山）

## 达乌里黄耆 *Astragalus dahuricus* ( Pall. ) DC.

别名：驴干粮，兴安黄芪、野豆角花

鉴别特征：一或二年生草本，高30～60厘米，全株被白色柔毛。小叶11～21，小叶矩圆形、狭矩圆形至倒卵状矩圆形。花紫红色。荚果圆筒状，常呈镰刀状弯曲。

生境：旱中生植物。为草原化草甸及草甸草原的伴生种，在农田、撂荒地及沟渠边常有散生。

分布：除阿拉善和额济纳外，内蒙古各州。

达乌里黄耆（徐杰摄于赤峰市阿鲁科尔沁旗高格斯台罕山）

## 细弱黄耆 *Astragalus miniatus* Bunge

别名：红花黄耆、细茎黄耆

鉴别特征：多年生草本，高 7～15 厘米，全株被白色平伏的丁字毛，稍呈灰白色。茎自基部分枝，细弱，斜升。奇数羽状复叶，具小叶 5～11；小叶丝状或狭条形，全缘，边缘常内卷，下面被白色平伏的丁字毛。总状花序腋生或顶生；花粉红色。荚果圆筒形，薄革质，被白色丁字毛，顶端具短喙。

生境：旱生植物。生于砾石质坡地及盐化低地。

分布：呼伦贝尔、锡林郭勒、乌兰察布州。

细弱黄耆（赵家明摄于呼伦贝尔市新巴尔虎右旗）

## 灰叶黄耆 *Astragalus discolor* Bunge

鉴别特征：多年生草本，高 30～50 毫米，植物体各部有丁字毛，呈现灰绿色。主根直伸。茎直立或斜升，具条棱，密被白色平伏的丁字毛。单数羽状复叶，具小叶 9～25；托叶狭三角

灰叶黄耆（徐杰摄于阿拉善贺兰山）

形。总花梗显著比叶长，总状花序生于枝上部叶腋，具花 8～15 朵，疏散；苞片卵形，花蓝紫色，伸展或稍反折；花萼筒状钟形，萼齿三角形。

生境：旱生植物。在荒漠草原及荒漠地带的群落中为伴生种；喜生于砾质或沙质地。

分布：乌兰察布、阴山、阴南丘陵、东阿拉善、鄂尔多斯、贺兰山州。

## 湿地黄耆 *Astragalus uliginosus* L.

鉴别特征：多年生草本，高 30～60 厘米，茎直立，被白色或黑色丁字毛。奇数羽状复叶，具小叶 13～27；小叶椭圆形至矩圆形，上面无毛，下面被白色丁字毛。总状花序于茎上部腋生；花多数，密集，下垂，淡黄色。荚果矩圆形，膨胀，向上斜立，顶端具反曲的喙。

生境：湿中生植物。生于森林区的林下草甸、沼泽化草甸、山地河岸边草地和柳灌丛。

分布：兴安北部、岭西、兴安南部州。

湿地黄耆（刘铁志摄于呼伦贝尔市根河市得耳布尔）

## 斜茎黄耆 *Astragalus laxmannii* Jacq.

别名：直立黄芪、马拌肠

斜茎黄耆（刘铁志、徐杰摄于赤峰市克什克腾旗浩来呼热和鄂尔多斯市准格尔旗马栅）

鉴别特征：无毛。单数羽状复叶，具小叶 7～23；小叶卵状椭圆形、椭圆形或矩圆形，全缘。总状花序于茎上部腋生；花多数，密集，有时稍稀疏，蓝紫色、近蓝色或红紫色，稀近白色；花萼筒状钟形，被黑色或白色丁字毛或两者混生。荚果矩圆形，具 8 棱。

生境：中旱生植物。在森林草原及草原带中是草甸草原的重要伴生种或亚优势种。有的渗入河滩草甸、灌丛和林缘下层成为伴生种，少数进入森林区和荒漠草原带的山地。

分布：兴安北部、岭西、岭东、呼伦贝尔、兴安南部、辽河平原、科尔沁、燕山北部、赤峰丘陵、锡林郭勒、乌兰察布、阴山、阴南丘陵、鄂尔多斯、东阿拉善、西阿拉善州。

## 沙打旺 *Astragalus laxmannii* Jacq. cv. Shadawang

鉴别特征：本栽培变种与野生种的区别在于：植株高 1～2 米，茎直立和近直立，绿色，粗壮。小叶椭圆形或卵状椭圆形，长 20～35 毫米。总状花序具花 17～79（135）朵。

分布：在通辽市、赤峰市、锡林郭勒盟、乌兰察布市、呼和浩特市、包头市、鄂尔多斯市和巴彦淖尔市有栽培。

沙打旺（哈斯巴根摄于鄂尔多斯市准格尔旗十二连城）

## 糙叶黄耆 *Astragalus scaberrimus* Bunge

别名：春黄芪、掐不齐、白花黄耆

鉴别特征：多年生草本，具总花梗，长 1.0～3.5 厘米。叶密集于地表，呈莲座状，全株密被白色丁字毛，具横走的木质化根状茎。总状花序具花 3～5 朵，花白色或淡黄色。荚果矩圆形，喙不明显。

糙叶黄耆（徐杰摄于呼和浩特市）

**生境**：草原旱生植物。为草原带中常见的伴生植物。多生于山坡、草地和沙质地。也见于草甸草原、山地林缘。

**分布**：兴安北部、岭西、呼伦贝尔、兴安南部、辽河平原、科尔沁、赤峰丘陵、燕山北部、锡林郭勒、乌兰察布、阴山、阴南丘陵、鄂尔多斯州。

## 乳白花黄耆 *Astragalus galactites* Pall.

**别名**：白花黄耆

**鉴别特征**：多年生草本，高 5～10 厘米，具缩短而分枝的地下茎。地上无茎或具极短茎。奇数羽状复叶，具小叶 9～21；小叶矩圆形、椭圆形、披针形至条状披针形，全缘，上面无毛，下面密被白色丁字毛。花序近无梗，通常每叶腋具花 2 朵，密集于叶丛基部如根生状；花白色或稍带黄色。荚果小，卵形，通常包于萼内。

**生境**：旱生植物。生于草原、砂质坡地、退化草场及干河床。

**分布**：呼伦贝尔、兴安南部、科尔沁、辽河平原、赤峰丘陵、锡林郭勒、乌兰察布、阴山、阴南丘陵、鄂尔多斯、东阿拉善州。

乳白花黄耆（刘铁志摄于赤峰市红山区）

## 卵果黄耆 *Asgtragalus grubovii* Sancz.

**别名**：新巴黄芪、拟糙叶黄芪

**鉴别特征**：多年生草本，高 5～20 厘米。叶与花密集于地表呈丛生状。全株灰绿色，密被开展的丁字毛。根粗壮，直伸，黄褐色或褐色，木质。单数羽状复叶，具小叶 9～29。花序近无梗，通常每叶腋具 5～8 朵花，密集于叶丛的基部，淡黄色；花萼筒形，萼齿条形，子房密被白色长柔毛。荚果无柄，矩圆状卵形，密被白色长柔毛，2 室。

**生境**：旱生植物。广布于草原带以至荒漠区的砾质或沙质地、干河谷、山麓或湖盆边缘。

**分布**：锡林郭勒、乌兰察布、鄂尔多斯、西阿拉善、东阿拉善州。

卵果黄耆（苏云摄于阿拉善贺兰山）

## 鄂尔多斯黄耆 *Astragalus ordosicus* H. C. Fu

**鉴别特征**：多年生草本，高 10～20 厘米，全株被白色丁字毛。茎缩短，形成密丛。奇数羽状复叶，具小叶 19～35；小叶倒卵形或宽椭圆形，全缘，两面被开展的丁字毛。花序近无梗，通常每叶腋具花 1～2 朵，密集于叶丛基部；花淡黄色。荚果卵形，密被开展的白色长柔毛。

　　生境：旱生植物。生于荒漠区的沙质地。

　　分布：乌兰察布、东阿拉善、西阿拉善州。

鄂尔多斯黄耆（刘铁志摄于乌海市海勃湾区）

## 察哈尔黄耆 *Astragalus zacharensis* Bunge

　　别名：皱黄耆、小果黄耆、密花黄耆、鞑靼黄耆、小叶黄耆

　　鉴别特征：多年生草本，高 10～30 厘米，被白色单毛。茎多数，细弱，常从基部分枝，形成密丛。奇数羽状复叶，具小叶 13～21；小叶披针形、椭圆形、长卵形、卵形或矩圆形，长 2～10 毫米，下面被白色平伏柔毛。短总状花序腋生；花淡蓝紫色或天蓝色，翼瓣顶端全缘。荚果微膨胀，果柄稍长于萼筒。

　　生境：中旱生植物。生于森林草原、草甸草原、溪旁和干河床。

　　分布：岭西、呼伦贝尔、兴安南部、赤峰丘陵、锡林郭勒、乌兰察布、阴山、阴南丘陵和贺兰山州。

察哈尔黄耆（刘铁志摄于乌兰察布市卓资县巴音锡勒）

## 蒙古黄耆 *Astragalus mongholicus* Bunge

　　别名：黄芪、绵黄芪、内蒙黄芪

　　鉴别特征：多年生草本，高 50～100 厘米。茎直立。单数羽状复叶，互生，托叶披针形、

卵形至条状披针形，有毛；小叶 25～37，长 5～10 毫米，宽 3～5 毫米，椭圆形或卵状披针形。总状花序生于枝顶，总花梗比叶稍长或近等长，至果期显著伸长，黄色或淡黄色，花梗与苞片近等长；子房及荚果无毛。荚果半椭圆形，膜质，稍膨胀。

**生境：**旱中生植物。散生于草甸草原、草原化草甸、山地灌丛及林缘。

**分布：**兴安南部、乌兰察布、阴山州。

蒙古黄耆（徐杰摄于呼和浩特市）

## 胀萼黄耆 *Astragalus ellipsoideus* Ledeb.

**鉴别特征：**多年生草本，高 10～30 厘米。单数羽状复叶。花黄色，旗瓣矩圆状倒披针形。旗瓣长 18～27 毫米；花萼被开展的长柔毛；总花梗较叶稍长或与之近等长；萼齿长 4～5 毫米。荚果矩圆形或卵状矩圆形，长 12～15 毫米。

**生境：**旱生植物。生于荒漠草原或荒漠区的砾质山坡或山前沙砾质地。

**分布：**东阿拉善、贺兰山、龙首山州。

胀萼黄耆（苏云摄于阿拉善贺兰山）

## 锦鸡儿属 *Caragana* Fabr.

### 小叶锦鸡儿 *Caragana microphylla* Lam.

别名：柠条、连针

鉴别特征：灌木，高40～70厘米，最高可达1米。树皮灰黄色或黄白色，小枝黄白色至黄褐色。小叶10～20，羽状排列，倒卵形或倒卵状矩圆形。花单生，花萼钟形或筒状钟形，花冠黄色。荚果圆筒形。

生境：旱生灌木。在沙砾质、沙壤质或轻壤质土壤的针茅草原群落中形成灌木层片，并可成为亚优势成分，组成灌丛化草原群落。

分布：呼伦贝尔、兴安南部、科尔沁、辽河平原、赤峰丘陵、锡林郭勒、乌兰察布、阴山、阴南丘陵、鄂尔多斯、东阿拉善、贺兰山州。

小叶锦鸡儿（赵家明、徐杰摄于呼伦贝尔市海拉尔区西山和乌兰察布市四子王旗）

### 柠条锦鸡儿 *Caragana korshinskii* Kom.

别名：柠条、白柠条、毛条

鉴别特征：灌木，高1.5～3.0米。树皮金黄色，有光泽；小叶倒披针形或矩圆状倒披针形，羽状排列。花冠黄色。荚果披针形或距圆状披针形，长2.0～3.5厘米，顶端短渐尖，果皮厚硬。

生境：沙漠旱生灌木。散生于荒漠、荒漠草原地带的流动沙丘及半固定沙地。

分布：东阿拉善、西阿拉善州。

柠条锦鸡儿（徐杰摄于鄂尔多斯市准格尔旗十二连城）

## 荒漠锦鸡儿 *Caragana roborovskyi* Kom.

**别名：** 洛氏锦鸡儿

**鉴别特征：** 矮灌木，高30～50厘米。树皮黄褐色。小叶6～10，羽状排列，宽倒卵形、倒卵形或倒披针形，两面密被绢状长柔毛。花单生，花蕾筒状，花冠黄色，全部被短柔毛。荚果圆筒形。

**生境：** 强旱生小灌木。生于干燥剥蚀山坡、山间谷地及干河床，并可沿干河床构成小面积呈条带状的荒漠群落。

**分布：** 东阿拉善州、贺兰山、龙首山州。

荒漠锦鸡儿（苏云摄于阿拉善贺兰山）

## 鬼箭锦鸡儿 *Caragana jubata* (Pall.) Poir.

**别名；** 鬼见愁

**鉴别特征：** 多刺灌木，高1米左右。茎直立或横卧，基部多分枝。小叶4至多数，羽状排列。叶轴全部宿存并硬化成针刺状。由叶轴所硬化的针刺长5～7厘米。花萼钟状筒形，花淡红色或黄白色。

鬼箭锦鸡儿（徐建国摄于阿拉善贺兰山）

鬼箭锦鸡儿（徐建国摄于阿拉善贺兰山）

**生境**：高山耐寒旱生多刺灌木。在高山、亚高山灌丛中为多度较高的伴生种，有时可达优势种，森林顶部或高山草甸中也常有出现。

**分布**：贺兰山州。

## 卷叶锦鸡儿（垫状锦鸡儿）*Caragana ordosica* Y. Z. Zhao，Zong Y. Zhu et L. Q. Zhao

**别名**：康青锦鸡儿，藏锦鸡儿

**鉴别特征**：垫状矮灌木。树皮灰黄色，多裂纹。枝条短而密，灰褐色，密被长柔毛。托叶卵形或近圆形，先端渐尖，膜质，褐色，密被长柔毛；叶轴全部宿存并硬化成针刺状。翼瓣爪约与瓣片等长或较瓣片稍长，耳短而狭或钝圆，龙骨瓣的爪较瓣片为长，耳短，稍成牙齿状。子房密生柔毛。荚果短，椭圆形，外面密被长柔毛，里面密生毡毛。

**生境**：旱生小灌木。为草原化荒漠的建群种，构成垫状锦鸡儿荒漠群系，它极少生于其他群落中。

**分布**：乌兰察布、鄂尔多斯、东阿拉善、贺兰山州。

卷叶锦鸡儿（苏云摄于阿拉善贺兰山）

## 红花锦鸡儿 *Caragana rosea* Turcz.

**别名**：金雀儿、黄枝条

**鉴别特征**：灌木，高 60～90 厘米。长枝上的托叶宿存并硬化成针刺状，短枝上的托叶脱落；叶轴脱落或宿存变成针刺状。小叶 4，假掌状排列，长椭圆状倒卵形，近革质，先端有刺尖。花单生，花冠黄色，带紫红色或粉红色，凋谢时变成红紫色。荚果圆筒形。

**生境**：中生植物。生于山地灌丛和山地沟谷灌丛。

**分布**：燕山北部、赤峰丘陵州。

红花锦鸡儿（刘铁志摄于赤峰市喀喇沁旗十家）

## 甘蒙锦鸡儿 *Caragana opulens* Kom.

**鉴别特征**：直立灌木，树皮灰褐色，有光泽。小枝细长，带灰白色，有条棱。长枝上的托叶宿存并硬化成针刺状，具针尖，边缘有短柔毛。小叶 4，假掌状排列，倒卵状披针形，先端圆形，有刺尖。花冠黄色，宽倒卵形，翼瓣长椭圆形，顶端圆，基部具爪及距状尖耳，龙骨瓣顶端钝，基部具爪及齿状耳；子房筒状，无毛。荚果圆筒形，无毛，带紫褐色。

**生境**：喜暖中旱生灌木。散生于山地、丘陵及山地的沟谷或混生于山地灌丛中。

**分布**：燕山北部、锡林郭勒、乌兰察布、阴南丘陵、阴山、鄂尔多斯、东阿拉善、贺兰山、龙首山州。

甘蒙锦鸡儿（徐杰摄于乌兰察布市凉城县蛮汉山林场）

## 窄叶矮锦鸡儿 *Caragana angustissima*( C. K. Schneid. )Y. Z. Zhao

**鉴别特征：** 矮灌木，高30～40厘米。树皮金黄色，有光泽，枝甚细长。小叶4，假掌状排列，小叶狭条形或条状倒披针形，灰绿色，有毛。花单生；花梗较叶长；花萼钟状筒形，花冠黄色；花梗、花萼与子房均密被绢状毡毛或长柔毛。荚果圆筒形。

**生境：** 旱生灌木。散生于荒漠草原群落中，具有明显的景观作用。

**分布：** 锡林郭勒、乌兰察布、鄂尔多斯州。

窄叶矮锦鸡儿（徐杰摄于锡林郭勒盟苏尼特左旗）

## 白皮锦鸡儿 *Caragana leucophloea* Pojark.

**鉴别特征：** 灌木。树皮淡黄色或金黄色，有光泽。小枝具纵条棱，嫩枝被短柔毛，常带紫红色。托叶在长枝上的硬化成针刺，宿存，在短枝上的脱落；叶轴在长枝上的硬化成针刺，宿存，短枝上的叶无叶轴，假掌状排列，狭倒披针形或条形。

**生境：** 荒漠旱生灌木。生长于干河床和薄层覆沙地。

**分布：** 阴南丘陵、东阿拉善、西阿拉善、额济纳州。

白皮锦鸡儿（徐杰摄于阿拉善盟左旗）

## 狭叶锦鸡儿 *Caragana stenophylla* Pojark.

**别名**：红柠条、羊柠角、红刺、柠角

**鉴别特征**：矮灌木，高 15～70 厘米。树皮灰绿色、灰黄色、黄褐色或深褐色。小叶 4，假掌状排列，条状倒披针形。花单生；花冠黄色，子房无毛。荚果圆筒形。

**生境**：旱生小灌木。喜生于砂砾质土壤，覆沙地及砾石质坡地。

**分布**：呼伦贝尔、科尔沁、锡林郭勒、乌兰察布、阴山、阴南丘陵、鄂尔多斯、东阿拉善、贺兰山州。

狭叶锦鸡儿（徐杰摄于阿拉善左旗）

## 野豌豆属 *Vicia* L.

## 广布野豌豆 *Vicia cracca* L.

**别名**：草藤、落豆秧

鉴别特征：多年生草本。茎攀援或斜生，有棱，被短柔毛。叶为双数羽状复叶，托叶为半边箭头形或半戟形，膜质。总状花序腋生，总花梗超出于叶或于叶近等长；花紫色或蓝紫色，花萼钟状，有毛，下萼齿比上萼齿长，瓣片与瓣爪近等长，翼瓣稍短于旗瓣或近等长，龙骨瓣显著短于翼瓣，柱头头状。荚果矩圆状菱形，稍膨胀或压扁。

生境：中生植物。为草甸种，稀进入草甸草原。生于草原带的山地和森林草原带的河滩草甸、林缘、灌丛、林间草甸，亦生于林区的撂荒地。

分布：兴安北部、岭东、岭西、呼伦贝尔、兴安南部、燕山北部、锡林郭勒、阴山州。

广布野豌豆（刘铁志、徐杰摄于呼和浩特市大青山和赤峰市宁城县黑里河三道河）

东方野豌豆（刘铁志摄于赤峰市巴林右旗赛罕乌拉）

## 东方野豌豆 *Vicia japonica* A. Gray

鉴别特征：多年生草本，茎攀援，长 60～120 厘米。羽状复叶具（8）10～14 枚小叶；叶轴末端具分枝卷须；托叶小，半边戟形，裂片锐尖；小叶质薄近膜质，椭圆形、卵形至长卵形，侧脉与主脉成锐角（45°～60°）。总状花序腋生；花蓝紫色或紫色。荚果近矩圆形。

生境：中生植物。生于河岸湿地、沙质地、山坡和路旁。

分布：兴安北部、岭东、岭西、兴安南部州。

## 大叶野豌豆 *Vicia peseudo-orobus* Fisch. et C. A. Mey.

别名：假香野豌豆、大叶草藤

鉴别特征：多年生草本。根茎粗壮，分歧。茎直立或攀援，有棱，被柔毛或近无毛。叶为双数羽状复叶；托叶半边箭头形；小叶卵形、椭圆形或披针针状卵形，近革质，基部圆形或宽楔形，全缘，上面无毛，下面疏生柔毛或近无毛，叶脉明显，侧脉不达边缘，在末端联合成波状或牙齿状。总状花序，腋生。

生境：中生植物。生于落叶阔叶林下、林缘草甸、山地灌丛以及森林草原带的丘陵阴坡。

分布：兴安北部、岭西、岭东、兴安南部、科尔沁、锡林郭勒、燕山北部州。

大叶野豌豆（刘铁志、徐杰摄于赤峰市新城区和赤峰市阿鲁科尔沁旗高格斯台罕山）

## 多茎野豌豆 *Vicia multicaulis* Ledeb.

**鉴别特征：** 多年生草本。茎数个或多数，有棱，被柔毛或近无毛。叶为双数羽状复叶，具小叶；叶轴末端成分枝或单一的卷须，脉纹明显，有毛，上部的托叶常较细，下部托叶较宽；

小叶矩圆形或椭圆形以至条形，具短刺尖，基部圆形，全缘，叶脉特别明显。总状花序腋生，超出于叶；花萼钟状，有毛，上萼刺短，三角形，下萼齿长，狭三角状锥形。

**生境：** 中生植物。生于森林草原与草原带的山地及丘陵地，散见于林缘、灌丛、山地森林上限的草地、也进入河岸沙地与草甸草原。

**分布：** 兴安北部、岭西、岭东、兴安南部、赤峰丘陵、锡林郭勒、阴山州。

多茎野豌豆（徐杰摄于呼和浩特市大青山）

## 山野豌豆 *Vicia amoena* Fisch. ex Seringe

**别名**：山黑豆、落豆秧、透骨草

**鉴别特征**：多年生草本，高 40～80 厘米。叶为双数羽状复叶，具小叶 6～14，互生，叶轴末端成分枝或单一的卷须，具刺尖，基部通常圆，全缘，在末端不连合成波状。总状花序，腋生；花红紫色或蓝紫色；花萼钟状。荚果矩圆状菱形。

**生境**：旱中生植物。为草甸草原和林缘草甸的优势种或伴生种。生长在山地林缘、灌丛和广阔的草甸草原群落中。

**分布**：兴安北部、岭西、岭东、兴安南部、科尔沁、辽河平原、赤峰丘陵、燕山北部、锡林郭勒、乌兰察布、阴山、阴南丘陵、鄂尔多斯州。

山野豌豆（刘铁志、徐杰摄于赤峰市宁城县黑里河三道河和赤峰市阿鲁科尔沁旗高格斯台罕山）

## 大花野豌豆 *Vicia bungei* Ohwi

**别名**：三齿萼野豌豆

**鉴别特征**：一年生草本，茎多分枝，高 15～40 厘米。羽状复叶具 6～8（10）枚小叶；叶轴末端具单一或分枝卷须；托叶为半边箭头形；小叶矩圆形、条状矩圆形或倒卵形，先端截形或微凹，下面疏生细毛。总状花序腋生，具 2～3 朵花；花紫红色。荚果矩圆形，稍膨胀或扁。

**生境**：中生植物。生于庭院绿地。

**分布**：赤峰市和呼和浩特市。

大花野豌豆（刘铁志摄于赤峰市红山区）

## 柳叶野豌豆 *Vicia venosa* ( Willd. ex link ) Maxim.

别名：北野豌豆、贝加尔野豌豆

鉴别特征：多年生草本。茎直立，分歧。常数茎丛生。叶为双数羽状复叶，具小叶，叶轴末端成刺状；托叶半边箭头形或斜卵形，小叶卵状椭圆形、卵形或卵状披针形。花序腋生，花轴具单总状花序的或分枝成复总状花序，花萼钟状，上萼齿短，三角形，下萼齿较长，基部为三角状，旗瓣矩圆形或长倒卵形。荚果扁。

生境：中生植物。为山地森林带及其山麓森林草原带常见的伴生成分。生于针阔叶混交林下、林缘草地、山坡等生境中。

分布：兴安北部、岭西、兴安南部州。

柳叶野豌豆（徐杰摄于呼伦贝尔市根河市）

## 歪头菜 *Vicia unijuga* A. Br.

别名：草豆

鉴别特征：多年生草本。根茎粗壮，近木质。茎直立，常数茎丛生。叶为双数羽状复叶，具小叶，叶轴末端成刺状；托叶半边箭头形，小叶卵形或椭圆形，叶脉明显，成密网状。总状花序，腋生或顶生，比叶长，总花梗疏生柔毛，小苞片短，披针状锥形，花蓝紫色或淡紫色。

生境：中生植物。生于山地林下、林缘草甸、山地灌丛和草甸草原，是森林边缘草甸群落（五花草塘）的亚优势种或伴生种。

分布：兴安北部、岭东、岭西、呼伦贝尔、兴安南部、科尔沁、赤峰丘陵、燕山北部、锡林郭勒、阴山、鄂尔多斯州。

歪头菜（刘铁志、徐杰摄于赤峰市宁城县黑里河三道河和呼和浩特市大青山）

## 山黧豆属 *Lathyrus* L.

大山黧豆（刘铁志摄于赤峰市喀喇沁旗马鞍山）

### 大山黧豆 *Lathyrus davidii* Hance

别名：茳芒香豌豆、大豌豆

鉴别特征：多年生草本，高80～100厘米。茎近直立或斜升，稍攀援。羽状复叶具（4）6～8（10）枚小叶；上部叶的叶轴末端常具分枝卷须，下者多为单一卷须或成长刺状；托叶大，为半箭头形，长2～7厘米；小叶卵形或椭圆形，先端具短刺尖，下面苍白色。总状花序腋生；花黄色。荚果条形。

生境：中生植物。生于林缘、林下、灌丛和山坡草地。

分布：燕山北部州。

## 矮山黧豆 *Lathyrus humilis*（Ser.）Fisch. ex Spreng.

别名：矮香豌豆

鉴别特征：多年生草本，高 20～50 厘米。茎有棱，直立，略呈之字形屈曲。羽状复叶具 6～10 枚小叶；叶轴末端成单一或分枝卷须；托叶半箭头形或斜卵状披针形；小叶卵形或椭圆形，先端具短刺尖，下面有粉霜，带苍白色。总状花序腋生，有花 2～4 朵；花红紫色。荚果矩圆状条形。

生境：中生植物。生于林下、灌丛和草甸。

分布：兴安北部、岭东、兴安南部、燕山北部、阴山州。

矮山黧豆（刘铁志摄于赤峰市宁城县黑里河）

## 山黧豆 *Lathyrus quinquenervius*（Miq.）Litv.

别名：五脉山黧豆、五脉香豌豆

鉴别特征：多年生草本，高 20～40 厘米。根茎细而稍弯，横走地下。茎单一，直立或稍斜

山黧豆（刘铁志摄于赤峰市阿鲁科尔沁旗高格斯台罕山）

升，有棱，具翅，有毛或近无毛。双数羽状复叶，托叶细长，长 5～15 毫米，宽 0.5～1.5 毫米，小叶具 5 条明显凸出的纵脉；卷须单一，不分枝。花蓝紫色或紫色。荚果矩圆状条形。

生境：中生植物。森林草原带的山地草甸、河谷草甸群落伴生种，也进入草原带的草甸化草原群落。

分布：兴安北部、岭东、兴安南部、科尔沁、燕山北部、锡林郭勒、鄂尔多斯、阴山州。

毛山黧豆（赵家明摄于呼伦贝尔市新巴尔虎左旗）

## 毛山黧豆 *Lathyrus palustris* L. var. *pilosus*（Cham.）Ledeb.

别名：柔毛山黧豆

鉴别特征：多年生草本，高 30～50 厘米。茎攀援，常呈之字形屈曲，有翅，疏生长柔毛。羽状复叶具 4～8（10）枚小叶；叶轴末端具分枝的卷须；托叶半箭头形；小叶披针形、条状披针形、条形或近矩圆形，先端具短刺尖，下面淡绿色，密或疏生长柔毛。总状花序腋生，有花 2～6 朵；花蓝紫色。荚果矩圆状条形或条形。

生境：中生植物。生于沼泽化草甸、山地林缘草甸和沟谷草甸。

分布：兴安北部、岭东、岭西、呼伦贝尔、兴安南部、科尔沁、辽河平原、燕山北部、锡林郭勒、阴山州。

### 车轴草属 *Trifolium* L.

## 野火球 *Trifolium lupinaster* L.

别名：野车轴草

野火球（刘铁志、徐杰摄于兴安盟阿尔山白狼和赤峰市阿鲁科尔沁旗高格斯台罕山）

鉴别特征：多年生草本，高 15～30 厘米。茎直立或斜升，多分枝，略呈四棱形。掌状复叶，通常具小叶 5，边缘具细锯齿。花序呈头状，顶生或腋生，花多数，红紫色或淡红色；花梗短，有毛；花萼钟状。荚果条状矩圆形，含种子 1～3 颗。

生境：中生植物。多生于肥沃的壤质黑钙土及黑土上，但也可适应于砾石质粗骨土。

分布：兴安北部、岭东、岭西、呼伦贝尔、兴安南部、科尔沁、赤峰丘陵、燕山北部、锡林郭勒、阴山州。

## 白车轴草 *Trifolium repens* L.

别名：白三叶

鉴别特征：多年生草本。根系发达。茎匍匐，无毛。掌状复叶，托叶膜质鞘状，卵状披针形，抱茎；边缘具细锯齿，两面几无毛。花序具多数花、密集成簇或呈头状；总花梗超出于叶，花萼钟状，萼齿披针形。花冠白色、稀黄白色或淡粉红色；子房条形，花柱长而稍弯。荚果倒卵状矩圆形，具 3～4 粒种子。

生境：中生植物。生于海拔 800～1200 米的针阔叶混交林林间草地及林缘路边。

分布：原产欧洲。兴安北部州有逸生。

白车轴草（徐杰摄于呼伦贝尔市牙克石市）

## 红车轴草 *Trifolium pratense* L.

别名：红三叶

鉴别特征：多年生草本。根系粗壮。茎直立或上升，多分枝，高 20～50 厘米。掌状复叶，具 3 枚小叶，边缘锯齿状或近全缘，两面被柔毛。花序具多数花，密集成簇或呈头状，腋生或顶生，总花梗超出于叶。花萼钟状、具 5 齿，花冠紫红色。荚果小，通常具 1 粒种子。

生境：中生植物。生于海拔约 1000 米的针阔叶混交林林间草地及林缘路边。

分布：兴安北部州有逸生。

红车轴草（徐杰摄于呼伦贝尔市根河市）

## 苜蓿属 *Medicago* L.

### 紫花苜蓿 *Medicago sativa* L.

别名：紫苜蓿、苜蓿

鉴别特征：多年生草本。羽状三出复叶；小叶矩圆状倒卵形、倒卵形或倒披针形。短总状花序腋生，具花5～20余朵，通常较密集，有毛；花紫色或蓝紫色，花梗短，有毛；花萼筒状钟形，有毛，萼齿锥形或狭披针形。荚果螺旋形，通常卷曲1～2.5圈。

生境：中生植物。喜湿、喜光，对土壤要求不严格，但要求排水良好的沙质壤土。为栽培的优良牧草。

分布：内蒙古各州有栽培。

紫花苜蓿（刘铁志、徐杰摄于赤峰市红山区和呼和浩特市武川县）

### 天蓝苜蓿 *Medicago lupulina* L.

别名：黑荚苜蓿

**鉴别特征：**一年生或二年生草本。羽状三出复叶，叶柄有毛，小叶宽倒卵形，倒卵形至菱形，边缘上部具锯齿，下部全缘。花8～15朵密集成头状花序，生于总花梗顶端；花小，黄色。荚果肾形。

**生境：**中生植物。草原带的草甸常见伴生种。生于微碱性草甸、砂质草原、田边、路旁等处。

**分布：**兴安北部、岭西、呼伦贝尔、兴安南部、科尔沁、赤峰丘陵、燕山北部、锡林郭勒、乌兰察布、阴山、阴南丘陵、鄂尔多斯、贺兰山州。

天蓝苜蓿（赵家明、徐杰摄于呼伦贝尔市海拉尔区和呼和浩特市区）

# 黄花苜蓿 *Medicago falcata* L.

**别名：**野苜蓿、镰荚苜蓿

**鉴别特征：**多年生草本。根粗壮，木质化。茎斜升或平卧。多分枝，被短柔毛。小叶倒披针形、条状倒披针形，稀倒卵形或矩圆状倒卵形。花梗短，长约2毫米，花黄色。荚果镰刀形，长7～12毫米。

黄花苜蓿（赵家明摄于呼伦贝尔市海拉尔区）

　　**生境**：旱中生植物。喜生于砂质或砂壤质土，多见于河滩、沟谷等低温生境中。

　　**分布**：兴安北部、岭东、岭西、呼伦贝尔、兴安南部、锡林郭勒州。

## 草木樨属 *Melilotus*（L.）Mill.

### 草木樨 *Melilotus officinalis*（L.）Lam.

　　**别名**：黄花草木樨、马层子、臭苜蓿

　　**鉴别特征**：一或两年生草本，高 60～90 厘米。茎直立，粗壮。叶为羽状三出复叶；托叶条状披针形，基部不齿裂，稀有时靠近下部叶的托叶基部具 1 或 2 齿裂；小叶倒卵形、矩圆形或倒披针形。总状花序细长，腋生，有多数花；花黄色，花萼钟状。

　　**生境**：旱中生植物。多生于河滩、沟谷，湖盆洼地等低湿地生境中。

　　**分布**：兴安北部、岭西、岭东、兴安南部、科尔沁、辽河平原、赤峰丘陵、燕山北部、锡林郭勒、阴山、阴南丘陵、鄂尔多斯、东阿拉善、西阿拉善、额济纳州。

草木樨（徐杰摄于乌兰察布市凉城县蛮汉山林场）

### 细齿草木樨 *Melilotus dentatus*（Wald. et Kit.）Pers.

　　**别名**：马层、臭苜

细齿草木樨（徐杰摄于乌兰察布市四子王旗）

鉴别特征：二年生草本，高 20～50 厘米。茎直立，有分枝，无毛。叶为羽状三出复叶，托叶条形或条状披针形，边缘具密的细锯齿。总状花序细长，腋生，花多而密；花黄色，萼齿三角形。荚果卵形或近球形，表面具网纹。种子近圆形或椭圆形，稍扁。

生境：旱中生植物。多生于低湿草地、路旁、滩地等生境中。

分布：兴安北部、岭西、呼伦贝尔、兴安南部、赤峰丘陵、燕山北部、阴山、阴南丘陵、鄂尔多斯、贺兰山州。

## 白花草木樨 *Melilotus albus* Medik.

别名：白香草木樨

鉴别特征：一或二年生草本，高达 1 米以上。茎直立，全株有香味。叶为羽状三出复叶，托叶锥形或条状披针形；小叶椭圆形、矩圆形、卵状短圆形或倒卵状矩圆形等，边缘具疏锯齿。总状花序腋生，花小，花萼钟状，萼齿三角形；花冠白色。

生境：中生植物。原产于亚洲西部。生于路边、沟旁、盐碱地及草甸等生境中。

分布：兴安北部、岭东、兴安南部、科尔沁、锡林郭勒、乌兰察布、阴山、鄂尔多斯、东阿拉善、西阿拉善、额济纳州。

白花草木樨（赵家明、徐杰摄于呼伦贝尔市海拉尔区和呼和浩特市大青山）

## 扁蓿豆属 *Melilotoides* Heist. ex Fabr.

### 扁蓿豆 *Melilotoides ruthenica*（L.）Soják

别名：花苜蓿、野苜蓿

扁蓿豆（刘铁志、徐杰摄于赤峰市阿鲁科尔沁旗高格斯台罕山）

鉴别特征：多年生草本，高20～60厘米。根茎粗壮。茎斜升。近平卧或直立，多分枝，茎、枝常四棱形，疏生短毛。叶为羽状三出复叶；小叶矩圆状倒披针形、矩圆状楔形或条状楔形。总状花序，腋生；花黄色，带深紫色；花萼钟状。

生境：中旱生植物。生于丘陵坡地、沙质地、路旁草地等处。

分布：兴安北部、呼伦贝尔、兴安南部、辽河平原、锡林郭勒、燕山北部、阴山、阴南丘陵、乌兰察布、鄂尔多斯、东阿拉善、贺兰山州。

## 两型豆属 *Amphicarpaea* Ell. ex Nutt.

两型豆（刘铁志摄于赤峰市宁城县黑里河）

### 两型豆 *Amphicarpaea edgeworthii* Benth.

别名：阴阳豆、山巴豆、三籽两型豆

鉴别特征：一年生草本。茎纤细，缠绕，长达80厘米，被逆向斜生淡褐色粗毛。羽状三出复叶；小叶宽卵形或菱状卵形，全缘。总状花序腋生，花两型，闭锁花生于茎基部，无花瓣；完全花有花3～7朵，花淡紫色。荚果近矩圆形，扁平，沿两侧缝线有长硬毛。

生境：中生植物。生于湿草甸、林缘、疏林下、灌丛和溪流附近。

分布：兴安南部、燕山北部州。

## 大豆属 *Glycine* Willd.

### 大豆 *Glycine max*（L.）Merr.

别名：毛豆、黄豆、黑豆

鉴别特征：一年生草本，高60～90厘米。茎粗壮，通常直立，具条棱，密被黄褐色长硬毛。叶为羽状三出复叶；小叶卵形或菱状卵形，先端尖锐或钝圆，两面均被白色长柔毛。总状花序腋生，苞片及小苞片披针形，白色至淡紫色，花萼钟状，密被黄色长硬毛。荚果矩圆形，

大豆（哈斯巴根摄于呼和浩特市）

略弯，下垂，在种子间缢缩，密被黄褐色长硬毛。

生境：中生植物。大田栽培作物。

分布：内蒙古各州。

## 野大豆 *Glycine soja* Sieb. et Zucc.

别名：乌豆

鉴别特征：一年生草本。茎缠绕，细弱，疏生黄色长硬毛。叶为羽状三出复叶，托叶卵状披针形，小托叶狭披针形，有毛。总状花序腋生，花小，淡紫红色，茎缠绕。荚果瘦小；种子小。

生境：中生植物，喜湿润。生长于河岸、灌丛、山地或田野。

分布：兴安北部、兴安南部、科尔沁、燕山北部、阴山、阴南丘陵、鄂尔多斯州。

野大豆（徐杰摄于赤峰市阿鲁科尔沁旗高格斯台罕山）

## 落花生属　*Arachis* L.

### 落花生 *Arachis hypogaea* L.

鉴别特征：一年生草本，高 20～30cm。双数羽状复叶，先端无卷须，具小叶 2 对；小叶倒卵状矩圆形，全缘，先端圆形，具小刺尖。萼齿 5，上方 4 枚愈合到先端，下方 1 枚细长；花后子房柄向下延长而伸入地下结实。荚果矩圆形，膨胀，果皮厚，具明显的网纹。种子间缢缩。

生境：中生植物。大田栽培植物。

分布：科尔沁、阴南丘陵州有栽培。

落花生（哈斯巴根摄于通辽市科尔沁左翼后旗）

## 岩黄耆属 *Hedysarum* L.

### 阴山岩黄耆 *Hedysarum yiashanicum* Y. Z. Zhao

**鉴别特征**：多年生草本，高可达 1 米。单数羽状复叶，具小叶 7～25；托叶三角状披针形或卵状披针形；小叶较窄，矩圆形或卵状矩圆形，宽 3～10 毫米，下面中脉上被柔毛；花冠长10～12 毫米，乳白色，子房无毛。荚果有 3～5 荚节，荚节无毛，荚节斜倒卵形或近圆形，边缘有狭翅，扁平，表面有稀疏网纹。

**生境**：生于山地、林缘、灌丛、沟谷草甸。

**分布**：阴山州。

阴山岩黄耆（徐杰摄于包头市九峰山）

## 宽叶岩黄耆 *Hedysarum przewalskii* Yakovl.

**鉴别特征：**多年生草本，高近 1 米。小叶较宽，卵形或距圆状卵形，宽 8～15 毫米，下面被贴伏短肉，短柔毛；花冠长 14～16 毫米，淡黄色。子房和荚节被贴伏短柔毛。

**生境：**生于山地林缘。

**分布：**贺兰山州。

宽叶岩黄耆（徐杰摄于阿拉善贺兰山）

## 山岩黄耆 *Hedysarum alpinum* L.

**鉴别特征：**多年生草本，根粗壮，暗褐色。茎直立，具纵沟，无毛。单数羽状复叶，托叶披针形或近三角形，基部彼此合生或合生至中部以上，膜质，褐色；小叶卵状矩圆形、狭椭圆形或披针形，全缘，侧脉密而明显。总状花序腋生，显著比叶长，花多数。荚果有荚节（1）2～3（4），荚节近扁平，椭圆形至狭倒卵形，两面具网状脉纹。

**生境：**中生植物。为森林区的河谷草甸、林间草甸、林缘、灌丛及草甸草原的伴生种，稀疏进入森林草原和草原带。

**分布：**兴安北部、岭东、岭西、兴安南部、燕山北部、阴山州。

山岩黄耆（徐杰摄于赤峰市阿鲁科尔沁旗高格斯台罕山）

山岩黄耆（徐杰摄于赤峰市阿鲁科尔沁旗高格斯台罕山）

## 短翼岩黄耆 *Hedysarum brachypterum* Bunge

**鉴别特征：**多年生草本，高 15～30 厘米。茎斜升，疏或密生长柔毛。单数羽状复叶，小叶椭圆形、矩圆形或条状矩圆形。总状花序腋生；花红紫色，花萼钟状，子房有柔毛，具短柄。荚果有 1～3 荚节，顶端有短尖，荚节宽卵形或椭圆形，有白色柔毛和针刺。

**生境：**旱生植物。多出现在干草原和荒漠草原地带的石质山坡、丘陵地和砾石平原。

**分布：**锡林郭勒、乌兰察布、阴山、阴南丘陵、鄂尔多斯州。

短翼岩黄耆（刘铁志、徐杰摄于鄂尔多斯东胜区和包头市达茂旗）

## 华北岩黄耆 *Hedysarum gmelinii* Ledeb.

别名：刺岩黄芪、矮岩黄芪

鉴别特征：多年生草本。根粗壮，深长，暗褐色。茎直立或斜升，伸长或短缩，具纵沟，被疏或密的白色柔毛。单数羽状复叶，叶轴有柔毛；小叶椭圆形、矩圆形或卵状矩圆形，基部圆形或近宽楔形。总状花序腋生，紧缩或伸长，花梗短，苞片披针形，小苞片条形，约与萼筒等长，膜质，褐色，花红紫色，花萼钟状。

生境：旱生植物。常在典型草原和森林草原砾石质土壤上散生，局部数量较多，但不占优势。

分布：兴安南部、锡林郭勒、乌兰察布、阴山、阴南丘陵、鄂尔多斯州。

华北岩黄耆（徐杰摄于赤峰市克什克腾旗）

## 贺兰山岩黄耆 *Hedysarum petrovii* Yakovl.

别名：六盘山岩黄耆

鉴别特征：多年生草本，高4～20厘米。茎多数，缩短，长1～3厘米，全株被开展与平伏

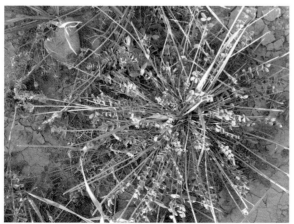

贺兰山岩黄耆（刘铁志摄于阿拉善盟阿拉善左旗贺兰山）

的白色柔毛。奇数羽状复叶，具小叶 7～15；小叶椭圆形或矩圆状卵形，上面密被腺点，下面密被平伏的长柔毛。总状花序腋生，较叶长；花红色或红紫色。荚果有（1）2～4 荚节，荚节稍凸起，表面密被白色柔毛和硬刺。

　　生境：中旱生植物。生于荒漠区的低山丘陵砾石坡地和沟谷。

　　分布：东阿拉善、贺兰山州。

## 山竹子属 *Corethrodendron* Fisch. et Basin.

### 红花山竹子 *Corethrodendron multijugum* (Maxim.) B. H. Choi et H. Ohashi

　　别名：红花岩黄耆

　　鉴别特征：半灌木，高可达 1 米。茎下部木质化，一年生枝密被短柔毛。单数羽状复叶，具小叶 21～41；托叶卵状披针形，下部连合，上部分离；叶柄甚短，小叶卵形、椭圆形至倒卵形，先端钝或微凹，基部近圆形，上面无毛，下面密被平伏短柔毛。总状花序腋生，具花 9～25 朵，稀疏；花萼钟状，萼齿短于萼筒，花冠红紫色，有黄色斑点。荚果扁平，有 2～3 节，荚节斜圆形，表面有横肋纹和柔毛，中部常有 1～3 极小针刺或边缘有刺毛。

　　生境：中旱生植物。生于荒漠区河岸或砂砾质山地。

　　分布：东阿拉善、西阿拉善、贺兰山、龙首山州。

红花山竹子（徐杰摄于阿拉善右旗龙首山）

### 细枝山竹子 *Corethrodendron scoparium*（Fisch. et C. A. Mey.）Fisch. et Basiner

　　别名：花棒、花柴、花帽、花秧、牛尾梢、细枝岩黄耆

　　鉴别特征：灌木。茎和下部枝紫红色或黄褐色，皮剥落，多分枝，嫩枝绿色或黄绿色，具纵沟，被平伏的短柔毛或近无毛。单数羽状复叶，子房有毛。荚果有荚节 2～4，荚节近球形，

膨胀，密被白色毡状柔毛。

**生境：**旱生沙生半灌木。为荒漠和半荒漠地区植被的优势植物或伴生植物，在固定及流动沙丘均有生长。

**分布：**东阿拉善、西阿拉善、额济纳州。

细枝山竹子（徐杰、刘铁志摄于鄂尔多斯市达拉特旗库布齐沙地和乌海市海勃湾区）

# 山竹子 *Corethrodendron fruticosum*（Pall.）B. H. Choir et H. Ohashi

**别名：**山竹岩黄耆

**鉴别特征：**半灌木或呈小灌木状。根粗壮，深长，少分枝，红褐色。茎直立，多分枝。树皮灰黄色或灰褐色，常呈纤维状剥落。小枝黄绿色或带紫褐色，嫩枝灰绿色，密被平伏的短柔毛，具纵沟。单数羽状三叶；托叶卵形或卵状披针形。膜质，褐色。荚果通常具2～3荚节，荚节矩圆状椭圆形，两面稍凸，具网状脉纹。

**生境：**旱生植物。生于草原区的沙丘及沙地，也进入森林草原地区。

**分布：**岭西、呼伦贝尔、兴安南部、科尔沁、锡林郭勒、乌兰察布、阴南丘陵、鄂尔多斯、东阿拉善州。

山竹子（刘铁志摄于赤峰市阿鲁科尔沁旗高格斯台罕山）

羊柴 *Corethrodendron fruticosum*（Pall.）B. H. Choir et H. Ohashi var. *lignosum*（Trautv.）Y. Z. Zhao

别名：塔落岩黄耆

鉴别特征：半灌木。茎直立，多分枝，开展。树皮灰黄色或灰褐色，常呈纤维状剥落。小枝黄绿色或灰绿色，疏被平伏的短柔毛，具纵条棱。单数羽状复叶，具小叶，上部的叶具少数小叶，中下部的叶具多数小叶，托叶卵形。龙骨瓣约与旗瓣等长；子房无毛。荚果通常具1～2荚节，荚节矩圆状椭圆形，两面扁平，具隆起的网状脉纹，无毛。

生境：旱生植物。生长于草原区以至荒漠草原的半固定、流动沙丘或黄土丘陵浅覆沙地。

分布：呼伦贝尔、兴安南部、辽河平原、科尔沁、锡林郭勒、乌兰察布，阴南丘陵、鄂尔多斯、东阿拉善州。

羊柴（徐杰摄于鄂尔多斯杭锦旗库布齐沙漠）

## 胡枝子属 *Lespedeza* Michx.

胡枝子 *Lespedeza bicolor* Turcz.

别名：横条、横笆子、扫条

鉴别特征：直立灌木，高达1米余。羽状三出复叶，互生；托叶2，条形，褐色。总状花序腋生，全部成为顶生圆锥花序，总花梗较叶长；花梗长2～8毫米，有毛；花萼杯状，紫褐色，被白色平伏柔毛，萼片披针形，花冠紫色，旗瓣倒卵形。荚果卵形，两面微凸。

生境：耐荫中生植物，为林下植物。多见于山地，生于山地森林或灌丛中，一般出现在阴坡。

分布：兴安北部、岭东、兴安南部、辽河平原、燕山北部、赤峰丘陵、阴山、阴南丘陵、鄂尔多斯州。

胡枝子（徐杰摄于赤峰市阿鲁科尔沁旗高格斯台罕山）

## 多花胡枝子 *Lespedeza floribunda* Bunge

鉴别特征：半灌木，高30～100厘米。羽状三出复叶，互生；顶生小叶较大，倒卵形或倒卵状矩圆形，侧生小叶较小，先端微凹，有短刺尖，基部楔形，下面密被白色柔毛。总状花序腋生，较叶长；花紫红色。荚果卵形，密被柔毛。

生境：旱中生植物。生于山地石质山坡、林缘及灌丛。

分布：兴安南部、赤峰丘陵、燕山北部、阴山、阴南丘陵州。

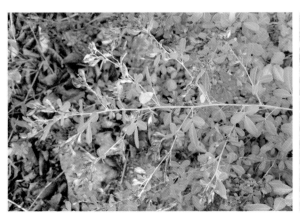

多花胡枝子（刘铁志摄于赤峰市敖汉旗大黑山）

## 达乌里胡枝子 *Lespedeza davurica*（Laxm.）Schindl.

别名：牤牛茶、牛枝子

鉴别特征：多年生草本，高 20～50 厘米。小叶披针状矩圆形，长 1.5～3.0 厘米，宽 5～10 毫米，下面伏生柔毛。花白色或黄白色，萼裂片披针形或披针状钻形，先端刺芒状，1/2 以上包被花冠，与花冠略等长。

生境：中旱生个半灌木。较喜温暖。生于森林草原和阜原带的干山坡、丘陵坡地、沙地以及草原群落中，为草原群落的次优势成分或伴生成分。

分布：岭西、岭东、呼伦贝尔、兴安南部、辽河平原、科尔沁、赤峰丘陵、燕山北部、锡林郭勒、阴山、阴南丘陵州。

达乌里胡枝子（徐杰摄于呼和浩特市大青山）

## 长叶胡枝子 *Lespedeza caraganae* Bunge

鉴别特征：草本状半灌木，高 40～60 厘米。茎直立，有分枝，褐色，具细棱，被短柔毛。羽状三出复叶；小叶条状矩圆形，长为宽的 10 倍。总状花序腋生；花冠黄白色，旗瓣椭圆形或倒卵状椭圆形。荚果宽卵形，长约 2 毫米，被短柔毛。

生境：中旱生植物。生长于山坡上。

分布：赤峰丘陵、阴山州。

长叶胡枝子（徐杰摄于赤峰市阿鲁科尔沁旗高格斯台罕山）

## 牛枝子 *Lespedeza potaninii* V. N. Vassil.

**别名：** 牛筋子

**鉴别特征：** 多年生草本，高 20～50 厘米。茎单一。羽状三出复叶，互生，托叶 2，刺芒状，小叶矩圆形或倒卵状矩圆形。总状花序腋生，花序比叶长；总花梗有毛；小苞片披针状条形，萼筒杯状，萼片披针状钻形；先端刺芒状，几与花冠等长；花冠黄白色，子房条形，有毛。荚果小，包于宿存萼内，倒卵形或长倒卵形。

**生境：** 草原旱生小半灌木。稀疏地生长在荒漠草原的砾石性丘陵坡地、干燥的沙质地、往

牛枝子（徐杰摄于鄂尔多斯市准格尔旗马栅）

东少量进入草原带的边缘。

　　分布：锡林郭勒、乌兰察布、阴山、阴南丘陵、鄂尔多斯、东阿拉善、贺兰山、西阿拉善州。

### 尖叶胡枝子 *Lespedeza juncea*（L. f.）Pers.

　　别名：尖叶铁扫帚、铁扫帚、黄蒿子

　　鉴别特征：草本状半灌木，高 30~-50 厘米，分枝少或上部多分枝成帚状。羽状三出复叶；托叶刺芒状，条状炬圆形、先端锐尖或钝。总状花序腋生，具 3～5 朵花，总花梗长 2～3 厘米 .萼片披针形，花冠白色，有紫斑。荚果宽椭圆形或倒卵形。

　　生境：中旱生小半灌木。生于草甸草原带的丘陵坡地、沙质地，也见于栎林边缘的干山坡。

　　分布：兴安北部、岭西、岭东、兴安南部、科尔沁、辽河平原、燕山北部、锡林郭勒、阴南丘陵、阴山州。

尖叶胡枝子（徐杰摄于赤峰市阿鲁科尔沁旗罕山）

## 鸡眼草属 *Kummerowia* Schindl.

### 长萼鸡眼草 *Kummerowia stipulacea*（Maxim.）Makino

　　别名：掐布齐

　　鉴别特征：一年生草本，高 5～20 厘米。根纤细。茎斜升、斜倚或直立，分枝开展，茎及枝上疏生向上的细硬毛。掌状三出复叶，少近羽状；小叶倒卵形、倒卵状楔形，侧脉平行。花通常 1～2 朵腋生，有关节；花萼钟状，萼齿 5，花冠淡红紫色。荚果椭圆形或卵形。

生境：中生杂草。遍及草原和森林草原带的山地、丘陵、田野，为常见杂草。

分布：兴安北部、岭东、兴安南部、科尔沁、赤峰丘陵、燕山北部、阴山、阴南丘陵、鄂尔多斯州。

长萼鸡眼草（刘铁志摄于赤峰市喀喇沁旗十家）

# 醡浆草科
Oxalidaceae

## 酢浆草属 *Oxalis* L.

### 酢浆草 *Oxalis corniculata* L.

鉴别特征：多年生草本。掌状三出复叶；小叶倒心形，先端2浅裂，基部宽楔形。花1朵

酢浆草（刘铁志、徐杰摄于赤峰市新城区和呼和浩特市区）

或2～5朵形成腋生的伞形花序；萼片5；花瓣5，黄色；雄蕊10，5长5短。蒴果近圆筒形，略具5棱，被柔毛。

**生境：**生于山地，林下，山坡、河岸、耕地、荒地。

**分布：**阴山、阴南丘陵州。

# 牻牛儿苗科
## Geraniaceae

**牻牛儿苗属 *Erodium* L' Hérit.**

### 牻牛儿苗 *Erodium stephanianum* Willd.

**别名：**太阳花

**鉴别特征：**一年生或二年生草本。根直立，圆柱状。茎平铺地面或稍斜升，具开展的长柔毛或有时近无毛。叶对生，2回羽状深裂，1回羽片4～7对，基部下延至中脉。伞形花序腋生，萼片矩圆形成近椭圆形，先端具长芒；花瓣淡紫色或紫蓝色。蒴果长4～5厘米。

**生境：**旱中生植物，广布种。生于山坡、干草甸子、河岸、沙质草原、沙丘、田间、路旁。

**分布：**内蒙古各州。

牻牛儿苗（刘铁志、赵家明、徐杰摄于赤峰市红山区、呼伦贝尔市海拉尔区和赤峰市阿鲁科尔沁旗高格斯台罕山）

牻牛儿苗（刘铁志、赵家明、徐杰摄于赤峰市红山区、呼伦贝尔市海拉尔区和赤峰市阿鲁科尔沁旗高格斯台罕山）

## 芹叶牻牛儿苗 *Erodium cicutarium*（L.）L' Hérit. ex Ait.

**鉴别特征：**一年生或二年生草本，高 10～45 厘米，全株被白色柔毛。基生叶多数，茎生叶对生或互生，2 回羽状深裂，羽片互生或近于对生，基部不下延，小羽片全缘或具 1～3 齿状缺刻。伞形花序腋生；萼片锐尖头，无芒，花瓣紫红色或淡红色。蒴果有短伏毛。

**生境：**中生植物。生于田边、沟谷、山麓、山坡和草地。

**分布：**兴安南部、燕山北部、阴山州。

芹叶牻牛儿苗（刘铁志摄于赤峰市松山区）

## 短喙牻牛儿苗 *Erodium tibetanum* Edgew.

**别名：**西藏牻牛儿苗

**鉴别特征：**一年生或二年生矮小草本，无茎，高 2～5 厘米。基生叶多数成莲座状丛生；叶片 1～2 回羽状分裂，轮廓卵形或披针状卵形，1 回侧裂片通常 2 对，顶生裂片常 3 深裂，两面被毡毛，呈灰蓝绿色。花葶高 2～5 厘米，其顶部具花 2～4 朵，苞片宽卵形至披针形；花序轴、花梗与苞片均被毡毛；花瓣倒卵形，白色。蒴果被硬毛。

**生境：**旱中生植物。生于砾石质戈壁，石质残丘见沙地，干河床沙地。

**分布：**东阿拉善，西阿拉善，贺兰山，龙首山，额济纳州。

短喙牻牛儿苗（徐杰摄于阿拉善右旗）

## 老鹳草属 *Geranium* L.

### 毛蕊老鹳草 *Geranium platyanthum* Duthie

**鉴别特征：** 多年生草本。根状茎短，直立或斜上，上部被有淡棕色鳞片状膜质托叶。茎直立，高 30～80 厘米。叶互生，肾状五角形，掌状 5 中裂或略深。聚伞花序顶生，萼片卵形，背面具腺毛和开展的白毛；边缘膜质；花瓣蓝紫色，宽倒卵形，全缘，基部有须毛。蒴果具腺毛和柔毛。种子褐色。

**生境：** 中生植物。生于林下、林缘、灌丛、林间及林缘草甸。

**分布：** 兴安北部、岭东、岭西、兴安南部、辽河平原、锡林郭勒、燕山北部、阴山州。

毛蕊老鹳草（徐杰摄于呼和浩特市大青山）

### 草地老鹳草 *Geranium pratense* L.

**别名：** 草甸老鹳草

**鉴别特征：** 多年生草本。根状茎短。茎直立，高 20～70 厘米，下部被倒生伏毛及柔毛，上部混生腺毛。叶对生，肾状圆形，掌状 7～9 深裂，裂片菱状卵形或菱状楔形，羽状分裂、羽状缺刻或大牙齿。萼片狭卵形或椭圆形，具 3 脉，顶端具短芒，密被短毛及腺毛，花瓣蓝紫色。蒴果具短柔毛及腺毛。

　　**生境**：中生植物。生于林缘、林下、灌丛间及山坡草甸及河边湿地。

　　**分布**：兴安北部、岭西、兴安南部、辽河平原、锡林郭勒、阴山州。

草地老鹳草（徐杰摄于呼和浩特市和林县南天门林场）

## 突节老鹳草　*Geranium krameri* Franch.

　　**鉴别特征**：多年生草本。茎直立或稍斜升，高 40～100 厘米，具纵棱，具倒生白毛或伏毛，关节处略膨大。叶对生，肾状圆形或近圆形。聚伞花序顶生或腋生，萼片矩圆形或椭圆状卵形，背面疏生柔毛，顶端具短芒；花瓣宽倒卵形，淡红色或紫红色，密生白色须毛围着基部成环状。果疏生短柔毛。种子褐色，具极细小点。

　　**生境**：中生植物。生于草甸、灌丛间、林缘及路边湿地。

　　**分布**：兴安北部、岭西、岭东、兴安南部州。

突节老鹳草（刘铁志摄于赤峰市宁城县黑里河）

### 灰背老鹳草 *Geranium wlassovianum* Fisch. ex Link

**鉴别特征：**多年生草本。根状茎短，倾斜或直立，具肉质粗根，植株基部具淡褐色托叶。茎高 30～70 厘米，具伏生或倒生短柔毛。叶片肾圆形。花序腋生，萼片狭卵状矩圆形，背面密生短毛，花瓣宽倒卵形，淡紫红色或淡紫色，具深色脉纹，基部具长毛；花丝基部扩大部分的边缘及背部均有长毛。蒴果长约 3 厘米，具短柔毛。种子褐色，近平滑。

**生境：**湿中生植物，草甸种。生于沼泽草甸、河岸湿地、沼泽地、山沟、林下。

**分布：**兴安北部、岭西、岭东、兴安南部、辽河平原、燕山北部、阴山、呼伦贝尔州。

灰背老鹳草（刘铁志摄于兴安盟阿尔山市白狼）

大花老鹳草（徐杰摄于呼和浩特市大青山）

### 大花老鹳草 *Geranium transbaicalicum* Serg.

**鉴别特征：**多年生草本，植株基部具多数淡棕色鳞片状膜质托叶。茎直立或斜升，具密生短柔毛，上部混生开展的腺毛。叶对生，近圆形，裂片狭卵状菱形或狭倒卵状菱形。伞花序通常生于腋生小枝顶端；萼片椭圆形或卵状椭圆形，背部密生白色柔毛和腺毛，花瓣宽倒卵形，蓝紫色。蒴果具密生短柔毛和混生腺毛。种子淡褐色，近平滑。

**生境：**中生植物。生于山坡草地、河边湿地、林下、林缘、丘间谷地及草甸。

**分布：**兴安北部、岭西、兴安南部、锡林郭勒州。

大花老鹳草（徐杰摄于呼和浩特市大青山）

## 鼠掌老鹳草　*Geranium sibiricum* L.

别名：鼠掌草

鉴别特征：多年生草本，高 20～100 厘米。根垂直，分枝或不分枝，圆锥状圆柱形。茎细长，伏卧或上部斜向上，多分枝，被倒生毛。叶对生，肾状五角形，基部宽心形。花通常单生叶腋，萼片卵状椭圆形或矩圆状披针形，具 3 脉，沿脉有疏柔毛，花瓣淡红色或近于白色。蒴果长 1.5～2.0 厘米，具短柔毛。种子具细网状隆起。

生境：中生植物，杂草。生于居民点附近及河滩湿地、沟谷、林缘、山坡草地。

分布：兴安北部、岭西、岭东、兴安南部、科尔沁、辽河平原、赤峰丘陵、燕山北部、锡林郭勒、乌兰察布、阴山、阴南丘陵、鄂尔多斯、东阿拉善、西阿拉善、贺兰山州。

鼠掌老鹳草（徐杰摄于呼和浩特市大青山）

## 粗根老鹳草 *Geranium dahuricum* DC.

别名：块根老鹳草

鉴别特征：具纵棱，被倒向伏毛，常二歧分枝。叶对生，基生叶花期常枯萎；叶片肾状圆形。萼片卵形或披针形，顶端具短芒，边缘膜质，背部具 3～5 脉，疏生柔毛；花瓣倒卵形，淡紫红色、蔷薇色或白色带紫色脉纹，内侧基部具白毛。蒴果具密生伏毛。种子黑褐色，有密的微凹小点。

生境：中生植物。生于林下、林缘、灌丛间、林缘草甸及湿草地。

分布：兴安北部、岭西、兴安南部、辽河平原、科尔沁、燕山北部、锡林郭勒、阴山、阴南丘陵州。

粗根老鹳草（徐杰摄于呼和浩特市大青山）

## 老鹳草 *Geranium wilfordii* Maxim.

老鹳草（徐杰摄于赤峰市克什克腾旗）

别名：鸭脚草

鉴别特征：多年生草本。根状茎短而直立，具很多略增粗的长根。叶对生，肾状三角形或三角形，多为 3 深裂，裂片卵状菱形或卵状椭圆形，上部边缘有缺刻或粗锯齿，齿顶端有小凸尖。聚伞花序腋生，具 2 花；花瓣宽倒卵形，淡红色或近白色而具深色脉纹。

生境：中生植物。生于林内、林缘、灌丛间、河岸沙地、草甸。

分布：辽河平原、兴安南部州。

## 尼泊尔老鹳草 *Geranium nepalense* Sweet

别名：短咀老鹳草、五叶草

鉴别特征：多年生草本。根状茎直立，具多数斜生的细长根。茎多为细弱，伏卧地上，上部斜向上。叶对生，肾状五角形基部宽心形或近截形，裂片长 1.5～3.0 厘米，宽卵形、长椭圆形或倒卵形，两面具疏柔毛。聚伞花序腋生，萼片披针形或矩圆状披针形，背面疏生白长毛；

花瓣倒卵形，紫红色或淡红紫色。蒴果有较密的短柔毛。种子棕色。

生境：中生植物，杂草。生于潮湿的山坡、路旁、田野、荒坡、杂草丛中。

分布：锡林郭勒、阴山州。

尼泊尔老鹳草（徐杰摄于呼和浩特市大青山）

# 亚麻科

Linaceae

亚麻属 *Linum* L.

## 野亚麻 *Linum stelleroides* Planch.

别名：山胡麻

鉴别特征：一年生或二年生草本，高40～70厘米。茎直立，圆柱形，光滑，基部稍木质，上部多分枝。叶互生，密集，条形或条状披针形。聚伞花序，分枝多；萼片5，卵形或卵状披针形，具黑色腺点；花瓣5，倒卵形，淡紫色、紫蓝色或蓝色。蒴果球形或扁球形，径约4毫米。种子扁平，褐色。

生境：中生杂草。生于干燥山坡、路旁。

分布：岭西、呼伦贝尔、兴安南部、科尔沁、辽河平原、燕山北部、阴山、阴南丘陵、鄂尔多斯州。

野亚麻（徐杰摄于赤峰市阿鲁科尔沁旗）

## 亚麻 *Linum usitatissimum* L.

别名：胡麻

鉴别特征：一年生草本，高 30～100 厘米。茎直立，无毛，仅上部分枝。叶互生，无柄，条形或条状披针形至披针形基部狭，全缘，具 3 条脉。聚伞花序，疏松；花生于茎顶端或上部叶腋，萼片 5，卵形或卵状披针形，具 3 条脉，花瓣 5，蓝色或蓝紫色，稀白色或红紫色，雄蕊 5，只留下 5 个齿状痕迹；柱头条形。蒴果球形。

生境：中生植物。栽培植物。

分布：内蒙古各州。

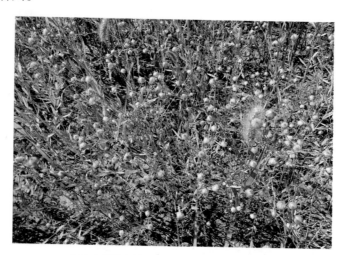

亚麻（刘铁志摄于乌兰察布市兴和县苏木山）

## 宿根亚麻 *Linum perenne* L.

鉴别特征：多年生草本，高 20～70 厘米。主根垂直，粗壮，木质化。茎从基部丛生，直立或稍斜生，分枝，通常有或无不育枝。叶互生，条形或条状披针形，具 1 脉。萼片卵形、下部有 5 条突出脉，边缘膜质。蒴果近球形，草黄色，开裂。种子矩圆形。

生境：旱生植物，草原种。广泛生于草原地带，多见于沙砾质地、山坡，为草原伴生植物。

分布：岭西、呼伦贝尔、锡林郭勒、兴安南部、科尔沁、辽河平原、阴山、阴南丘陵、鄂尔多斯、贺兰山、龙首山州。

宿根亚麻（徐杰摄于乌兰察布市卓资县）

# 白刺科
Nitrariaceae

## 白刺属 *Nitraria* L.

### 白刺 *Nitraria roborowskii* Kom.

**别名**：唐古特白刺

**鉴别特征**：灌木，高 1~2 米。多分枝，开展或平卧；小枝灰白色，先端常成刺状。叶通常 2~3 个簇生，宽倒披针形或长椭圆状匙形，长 1.8~2.5 厘米，宽 3~6 毫米，全缘。花序顶生。核果卵形或椭圆形，熟时深红色，果汁玫瑰色；果核卵形，上部渐尖。

**生境**：旱生植物。生于荒漠草原和荒漠地带的古河床阶地、沙质地、内陆湖盆边缘、盐化低洼地的芨芨草滩外围、绿洲或低地的边缘，株丛下常形成中至大形的沙堆。

**分布**：锡林郭勒、鄂尔多斯、东阿拉善、西阿拉善、贺兰山、龙首山、额济纳州。

白刺（徐杰摄于阿拉善右旗巴丹吉林沙漠）

### 小果白刺 *Nitraria sibirica* Pall.

**别名**：西伯利亚白刺、哈蟆儿

**鉴别特征**：灌木，高 0.5~1.0 米。多分枝；小枝灰白色，尖端刺状。叶在嫩枝上多为 4~6 个簇生，倒卵状匙形，全缘，无毛或嫩时被柔毛；无柄。花小，黄绿色，排成顶生蝎尾状花序，萼片 5，绿色，三角形；花瓣 5，白色，矩圆形。

**生境**：耐盐旱生植物。生于草原带的轻度

小果白刺（徐杰、刘铁志摄于鄂尔多斯市伊金霍洛旗和赤峰市克什克腾旗达里诺尔）

盐渍化低地、湖盆边缘、干河床边，可成为优势种形成群落，在荒漠草原及荒漠地带，株丛下常形成小沙堆。

　　分布：呼伦贝尔、科尔沁、锡林郭勒、岭西、乌兰察布、阴南平原、鄂尔多斯、东阿拉善、西阿拉善、贺兰山、龙首山州。

小果白刺（徐杰、刘铁志摄于鄂尔多斯市伊金霍洛旗和赤峰市克什克腾旗达里诺尔）

# 骆驼蓬科
## Peganaceae

### 骆驼蓬属 *Peganum* L.

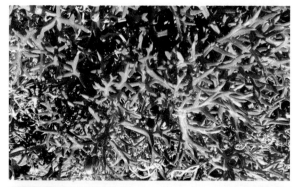

### 骆驼蓬 *Peganum harmala* L.

　　鉴别特征：多年生草本，无毛。茎高30～80厘米，直立或开展，由基部多分枝。叶互生，卵形，全裂为3～5条形或条状披针形裂片。花单生，与叶对生，萼片稍长于花瓣，裂片条形，长1.5～2.0厘米，有时仅顶端分裂；花瓣黄白色，倒卵状矩圆形。

骆驼蓬（徐杰摄于阿拉善贺兰山）

生境：耐盐旱生植物。生于荒漠地带干旱草地，绿洲边缘轻盐渍化荒地、土质低山坡。

分布：东阿拉善、贺兰山州。

## 匍根骆驼蓬 *Peganum nigellastrum* Bunge

别名：骆驼蓬、骆驼蒿

鉴别特征：多年生草本，高 10~25 厘米，全株密生短硬毛。茎有棱，多分枝。叶 2~3 回羽状全裂，裂片长约 1 厘米。萼片稍长于花瓣，5~7 裂，裂片条形；花瓣白色、黄色，倒披针形。蒴果近球形，黄褐色。种子纺锤形，黑褐色，有小疣状突起。

生境：根蘖性耐盐旱生植物。多生于居民点附近、旧舍地、水井边、路旁，白刺堆间、芨芨草植丛中。

分布：锡林郭勒、乌兰察布、阴南丘陵、鄂尔多斯、东阿拉善、西阿拉善州。

匍根骆驼蓬（徐杰摄于乌兰察布市四子王旗）

多裂骆驼蓬（刘铁志摄于阿拉善左旗）

## 多裂骆驼蓬 *Peganum multisectum* （Maxim.）Bobr.

鉴别特征：本种与骆驼蓬的区别在于：叶 2~3 回深裂，裂片较窄，宽 1.0~1.5 毫米。萼片 3~5 深裂。植株平卧。

生境：耐盐旱生植物。为荒漠或草原化荒漠地带的杂草，习生于饮水点附近、畜群休息地、路旁及过度放牧地。

分布：鄂尔多斯、东阿拉善、西阿拉善州。

多裂骆驼蓬（刘铁志摄于阿拉善左旗）

# 蒺藜科
## Zygophyllaceae

## 霸王属 *Sarcozygium* Bunge

### 霸王 *Sarcozygium xanthoxylon* Bunge

**鉴别特征**：灌木，高 70～150 厘米。皮淡灰色，木材黄色，小枝先端刺状。叶在老枝上簇生，在嫩枝上对生；小叶 2 枚，椭圆状条形或长匙形，顶端圆，基部渐狭。花瓣 4，黄白色；雄蕊长于花瓣，褐色。蒴果通常具 3 宽翅，宽椭圆形或近圆形，不开裂。

**生境**：强旱生植物。在戈壁覆沙地上，有时成为建群种形成群落，亦散生于石质残丘坡地、固定与半固定沙地、干河床边、沙砾质丘间平地。

**分布**：乌兰察布、东阿拉善、西阿拉善、贺兰山、龙首山、额济纳州。

霸王（徐杰摄于阿拉善左旗巴音毛道）

## 四合木属　*Tetraena* Maxim.

### 四合木　*Tetraena mongolica* Maxim.

**鉴别特征：**落叶小灌木，高可达 90 厘米。小枝密被白色稍开展的不规则的丁字毛，节短明显。双数羽状复叶，小叶 2 枚，肉质，倒披针形，全缘，两面密被不规则的丁字毛。花 1～2 朵着生于短枝上；花瓣 4，白色具爪，花丝近基部有白色薄膜状附属物，具花盘。

**生境：**强旱生植物。为东阿拉善州植物所特有，在草原化荒漠地区，常成为建群种，形成四合木荒漠群落。

**分布：**东阿拉善、贺兰山州。

四合木（刘铁志、徐杰摄于乌海市西鄂尔多斯国家级自然保护区）

## 蒺藜属　*Tribulus* L.

### 蒺藜　*Tribulus terrestris* L.

**鉴别特征：**一年生草本。茎由基部分枝，平铺地面，深绿色到淡褐色，长可达 1 米左右，全株被绢状柔毛。双数羽状复叶；小叶 5～7 对，对生，矩圆形。花瓣倒卵形。果由 5 个分果瓣

组成，每果瓣具长短棘刺各 1 对，背面有短硬毛及瘤状突起。

　　**生境：**中生杂草。生于荒地、山坡、路旁、田间、居民点附近，在荒漠区亦见于石质残丘坡地、白刺堆间沙地及干河床边。

　　**产地：**内蒙古各州。

蒺藜（徐杰摄于阿拉善右旗）

## 驼蹄瓣属 *Zygophyllum* L.

### 骆驼蹄瓣 *Zygophyllum fabago* L.

　　**鉴别特征：**多年生草本，高 30～80 厘米。茎基部有时木质，枝条开展或铺散。小叶 1 对，倒卵形，有时为矩圆状倒卵形。花常 2 朵腋生，萼片绿色，卵形或椭圆形，花瓣倒卵形。果矩圆形或圆柱形，端有约 5 毫米长的白色宿存花柱。

　　**生境：**旱生植物。生于冲积平原、绿洲、河谷、湿润沙地和荒地。

　　**分布：**西阿拉善和龙首山州。

骆驼蹄瓣（徐杰摄于阿拉善左旗巴音毛道）

### 蝎虎驼蹄瓣 *Zygophyllum mucronatum* Maxim.

　　**别名：**蝎虎草、草霸王

　　**鉴别特征：**多年生草本，高约 10～30 厘米。茎由基部多分枝，开展，具沟棱。叶条形或条状矩圆形，绿色；叶轴有翼，扁平。萼片 5，矩圆形或窄倒卵形，绿色，边缘膜质，雄蕊长于花瓣，花药矩圆形，黄色，花丝绿色，鳞片白膜质；倒卵形至圆形，长可达花丝长度的一半。蒴果弯垂，具5棱，圆柱形，基部钝，顶端渐尖，上部常弯曲。

**生境**：强旱生肉质草本植物。生于荒漠和草原化荒漠地带的干河床、石质坡和沙质地上。

**分布**：东阿拉善、西阿拉善、贺兰山州。

蝎虎驼蹄瓣（徐杰摄于阿拉善左旗）

## 翼果驼蹄瓣 *Zygophyllum pterocarpum* Bunge

**鉴别特征**：多年生草本，高10～20厘米。茎多数，疏展，具沟棱，无毛。叶条状矩圆形或倒披针形，顶端稍尖或圆，灰绿色。花1～2朵腋生，直立，萼片5，椭圆形，雄蕊10，长于花瓣，橙黄色，鳞片矩圆状披针形。蒴果弯垂，矩圆状卵形或卵形，两端圆，多渐尖。

**生境**：强旱生肉质草本植物。生于荒漠和草原化荒漠地带的石质残丘坡地、砾石质戈壁、干河床边等处。

**分布**：东阿拉善、西阿拉善州。

翼果驼蹄瓣（徐杰摄于阿拉善左旗巴音毛道）

翼果驼蹄瓣（徐杰摄于阿拉善左旗巴音毛道）

# 芸香科
### Rutaceae

## 黄檗属 *Phellodendron* Rupr.

### 黄檗 *Phellodendron amurense* Rupr.

**别名**：黄菠萝树、黄柏

**鉴别特征**：落叶乔木，高 10～15 米。枝开展。树皮 2 层，外层厚，浅灰色，幼枝棕色，无毛。小叶卵状披针形至卵形，边缘细圆锯齿，常被缘毛，小叶柄极短。花五基数，排成顶生聚

黄檗（刘铁志摄于赤峰市红山区植物园）

伞圆锥花序；雄花的雄蕊 5。果球形，成熟时紫黑色，有特殊香气。

　　生境：中生植物。生于杂木林中。

　　分布：岭东、兴安南部、辽河平原、燕山北部州。

## 拟芸香属 *Haplophyllum* Juss.

### 北芸香 *Haplophyllum dauricum*（L.）G. Don

　　别名：假芸香、单叶芸香、草芸香

　　鉴别特征：多年生草本，高 6～25 厘米，全株有特殊香气。根棕褐色。茎丛生，直立，上部较细，绿色，具不明显细毛。单叶互生，全缘，无柄，条状披针形至狭矩圆形。花聚生于茎顶，黄色。花瓣 5，黄色，椭圆形，边缘薄膜质。蒴果，成熟时黄绿色，3 瓣裂。种子肾形，黄褐色。

　　生境：旱生植物。广布于草原和森林草原地区的伴生种，亦见于荒漠草原区的山地。

　　分布：岭西、呼伦贝尔、东阿拉善、西阿拉善、兴安南部、科尔沁、锡林郭勒、乌兰察布、赤峰丘陵、阴山、鄂尔多斯州。

北芸香（徐杰摄于呼和浩特市和林县南天门林场）

### 针枝芸香 *Haplophyllum tragacanthoides* Diels

　　鉴别特征：小半灌木，茎基粗短，丛生多数宿存的针刺状不分枝的老枝，老枝淡褐色或淡

针枝芸香（徐杰、苏云摄于阿拉善贺兰山）

棕黄色；叶矩圆状披针形、狭椭圆状或矩圆状倒披针形。花单生于枝顶；花萼 5 深裂，裂片卵形至宽卵形。花瓣狭矩圆形。成熟蒴果顶部开裂。

生境：强旱生植物。生于干旱区石质山坡。

分布：东阿拉善、贺兰山州。

针枝芸香（徐杰、苏云摄于阿拉善贺兰山）

## 白鲜属 *Dictamnus* L.

### 白鲜 *Dictamnus dasycarpus* Turcz.

别名：八股牛、好汉拔、山牡丹

白鲜（徐杰摄于赤峰市阿鲁科尔沁旗高格斯台罕山）

　　**鉴别特征：** 多年生草本，高约 1 米。根肉质粗长，淡黄白色。茎直立，基部木质。叶卵状披针形或矩圆状披针形，边缘有锯齿。花大，淡红色或淡紫色，稀白色，萼片狭披针形，背面有多数红色腺点；花瓣倒披针形，有红紫色脉纹。蒴果成熟时 5 裂，背面密被棕色腺点及白色柔毛。种子近球形，黑色，有光泽。

　　**生境：** 中生植物。生于山坡林缘、疏林灌丛、草甸。

　　**分布：** 兴安北部、岭东、岭西、呼伦贝尔、兴安南部、辽河平原、赤峰丘陵、燕山北部州。

# 苦木科
Simaroubaceae

## 臭椿属 *Ailanthus* Desf.

## 臭椿 *Ailanthus altissima*（ Mill. ）Swingle

　　**别名：** 樗

　　**鉴别特征：** 乔木，高达 30 米，胸径可达 1 米。树皮平滑，具灰色条纹。小枝赤褐色，粗壮。单数羽状复叶，小叶有短柄，卵状披针形或披针形，先端长渐尖；叶缘波纹状，近基部有 2～4 先端具腺体的粗齿，常挥发恶臭味。花小，白色带绿，杂性同株或异株。

　　**生境：** 中生乔木。生于山麓、村庄附近。

　　**分布：** 阴山、阴南丘陵、鄂尔多斯州。

臭椿（徐杰摄于呼和浩特市）

# 远志科
## Polygalaceae

## 远志属 Polygala L.

### 远志 *Polygala tenuifolia* Willd.

别名：细叶远志、小草

鉴别特征：多年生草本，高8～30厘米。根肥厚，圆柱形，外皮浅黄色或棕色。茎多数，较细，直立或斜升。叶近无柄，条形至条状披针形。总状花序顶生或腋生。花淡蓝紫色，萼片5，绿色，花瓣3，紫色。蒴果扁圆形，先端微凹，边缘有狭翅，表面无毛。种子2，椭圆形，棕黑色，被白色茸毛。

生境：广旱生植物，嗜砾石。多见于石质草原及山坡、草地、灌丛下。

分布：内蒙古各州。

远志（徐杰摄于鄂尔多斯市准格尔旗马栅和包头市九峰山）

### 卵叶远志 *Polygala sibirica* L.

别名：瓜子金、西伯利亚远志

鉴别特征：稍木质。叶无柄或有短柄，茎下部的叶小，卵圆形，上部的叶大，狭卵状披针形。花淡蓝色，生于一侧。花瓣3，龙骨状瓣比侧瓣长，花柱稍扁，细长。蒴果扁，倒心形，顶端凹陷，周围具宽翅，边缘疏生短睫毛。种子2，长卵形。

生境：中旱生植物。生于山坡、草地、林缘、灌丛。

分布：兴安北部、岭东、岭西、兴安南部、科尔沁、燕山北部、锡林郭勒、辽河平原、阴山、阴南丘陵、贺兰山、龙首山州。

卵叶远志（徐杰摄于呼和浩特市大青山）

# 大戟科
Euphorbiaceae

## 白饭树属 *Flueggea* Willd.

### 一叶萩 *Flueggea suffruticosa*（Pall.）Baill.

别名：叶底珠、叶下珠、狗杏条

鉴别特征：灌木，高1～2米，上部分枝细密。叶椭圆形或矩圆形，边缘全缘或具细齿，两

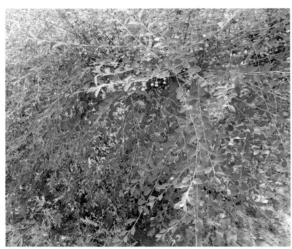

一叶萩（徐杰摄于赤峰市红山区）

面光滑无毛。花单性，雌雄异株；雌花单一或数花簇生叶腋；子房圆球形，花柱很短，柱头3裂，向上逐渐扩大成扁平的倒三角形，先端具凹缺。蒴果扁圆形。

生境：喜暖中生植物。多生于石质山坡及山地灌丛。

分布：兴安北部、兴安南部、科尔沁、辽河平原、燕山北部、锡林郭勒、阴山、阴南丘陵、乌兰察布、鄂尔多斯州。

## 铁苋菜属 *Acalypha* L.

### 铁苋菜 *Acalypha australis* L.

别名：海蚌含珠、蚌壳草

鉴别特征：一年生草本，高20～60厘米。叶互生，卵状披针形或椭圆状披针形，边缘有钝齿。花单性，雌雄同株，无花瓣，穗状花序腋生；雄花多数，生于花序上部，带紫红色，雄蕊8；雌花生于花序基部，通常3花生于叶状总苞内，合对如蚌；子房球形，有毛；花柱3，分枝。蒴果钝三棱形，有毛。

生境：中生植物。生于田野和路旁。

分布：岭东、呼伦贝尔、赤峰丘陵、燕山北部、阴南丘陵州。

铁苋菜（刘铁志摄于赤峰市红山区）

## 地构叶属 *Speranskia* Baill.

### 地构叶 *Speranskia tuberculata*（Bunge）Baill.

别名：珍珠透骨草、海地透骨草、瘤果地构叶

**鉴别特征：**多年生草本。根粗壮，木质。茎直立，多由基部分枝，密被短柔毛。叶互生，披针形或卵状披针形，边缘疏生不整齐的牙齿。花单性，雌雄同株，总状花序顶生；花小形，淡绿色；苞片披针形；花瓣倒卵状三角形。

**生境：**旱中生植物。多生于落叶阔叶林区和森林草原区的石质山坡，也生于草原区的山地。

**分布：**兴安南部、科尔沁、辽河平原、燕山北部、赤峰丘陵、阴山、阴南丘陵、鄂尔多斯、东阿拉善州。

地构叶（徐杰摄于锡林郭勒盟锡林浩特市）

## 蓖麻属 *Ricinus* L.

### 蓖麻 *Ricinus communis* L.

别名：大麻子

蓖麻（刘铁志摄于赤峰市红山区）

鉴别特征：一年生草本，高1～2米。叶互生，盾状圆形，掌状半裂，裂片5～11，边缘具齿。圆锥花序顶生或与叶对生，花单性同株；雄花生于花序下部；雄蕊多数，花丝多分枝；雌花生于花序上部，花柱3，先端2裂，深红色。蒴果近球形，有刺或无。

生境：中生植物。生于田间。

分布：内蒙古各州栽培。

## 大戟属 *Euphorbia* L.

### 地锦 *Euphorbia humifusa* Willd.

别名：铺地锦、铺地红、红头绳

鉴别特征：一年生草本。茎多分枝，纤细，平卧，被柔毛或近光滑。单叶对生，矩圆形或倒卵状矩圆形，边缘具细齿，两面无毛或疏生毛；托叶小，锥形，羽状细裂。杯状聚伞花序单生于叶腋。蒴果三棱状圆球形。

生境：中生杂草。生于田野、路旁、河滩及固定沙地。

分布：内蒙古各州。

地锦（徐杰摄于赤峰市阿鲁科尔沁旗高格斯台罕山）

### 斑地锦 *Euphorbia maculata* L.

别名：血筋草

斑地锦（刘铁志摄于赤峰市新城区）

鉴别特征：一年生草本。茎平卧，长10～30厘米，含白色乳汁。单叶对生，长椭圆形至肾状矩圆形，基部偏斜，边缘中部以上疏生细齿，上面中央具暗紫色斑纹，下面被白色短柔毛。杯状聚伞花序，单生于枝腋和叶腋。蒴果三棱状卵球形，疏被白色柔毛。

生境：中生植物。生于庭院草坪和路边。

分布：赤峰丘陵和阴南丘陵。

## 泽漆 *Euphorbia helioscopia* L.

别名：五朵云

鉴别特征：一年生或二年生草本。高10～30厘米，含白色乳汁。单叶互生，倒卵形或匙形，无柄或短柄，边缘中部以上具细锯齿，下部叶小，开花后逐渐脱落。多歧聚伞花序顶生，基部具5片轮生苞叶，其上生出5伞梗，每伞梗再分生2～3回小伞梗；腺体椭圆形。蒴果球形，光滑。

生境：中生植物。生于潮湿沙地、田边、荒地和路旁。

分布：科尔沁、赤峰丘陵州。

泽漆（刘铁志摄于赤峰市新城区）

## 乳浆大戟 *Euphorbia esula* L.

别名：猫儿眼、烂疤眼

鉴别特征：多年生草木。茎直立，光滑无毛，具纵沟。叶条形、条状披针形或倒披针状条形，两面无毛；无柄。总花序顶生；腺体4，与裂片相间排列，新月形，两端有短角，黄褐色或深褐色。

生境：生态幅度较宽，多零散分布于草原、山坡、干燥沙质地和路旁。

分布：内蒙古各州。

乳浆大戟（刘铁志摄于赤峰市红山区）

乳浆大戟（刘铁志摄于赤峰市红山区）

大戟（徐杰摄于包头市九峰山）

## 大戟 *Euphorbia pekinensis* Rupr.

别名：京大戟、猫儿眼、猫眼草

鉴别特征：多年生草本，高 30～60 厘米。根粗壮。茎直立，基部多分枝，被较密的白色柔毛。叶互生，矩圆状条形、矩圆状披针形或倒披针形，两面无毛。花序顶生，常具 5～7 伞梗，伞梗疏被白色柔毛，杯状聚伞花序；杯状总苞黄绿色，倒圆锥形，子房球形，表面具长瘤状突起。蒴果三棱状球形。

生境：中生植物。生于山沟、田边。

分布：阴山州。

## 狼毒大戟 *Euphorbia fischeriana* Steud.

别名：狼毒、猫眼草

鉴别特征：多年生草本。茎单一，粗壮，无毛，直立。茎基部的叶为鳞片状，膜质，黄褐色，覆瓦状排列，互生，披针形或卵状披针形，边缘全缘，表面深绿色，背面淡绿色。花序顶生，总苞广钟状，外被白色长柔毛。种子椭圆状卵形，淡褐色。

生境：中旱生植物。生于森林草原及草原区石质山地向阳山坡。

分布：兴安北部、岭西、岭东、赤峰丘陵、锡林郭勒、阴山州。

狼毒大戟（赵家明摄于呼伦贝尔市牙克石市）

# 水马齿科
## Callitrichaceae

## 水马齿属　*Callitriche* L.

### 沼生水马齿　*Callitriche palustris* L.

别名：水马齿

鉴别特征：一年生草本，茎纤弱，多分枝。叶对生，二型，茎顶浮于水面的叶密集呈莲座状；叶匙形或倒卵形，全缘或微具波状齿，3 脉；茎生沉水叶匙形或线形。花单性同株，单生于叶腋；雄蕊 1，花丝纤细；子房倒卵形，花柱 2。果实倒卵状椭圆形，周围或仅顶端具狭翅。

生境：水生植物。生于溪流或沼泽。

分布：兴安北部、岭东、岭西、兴安南部、科尔沁、锡林郭勒、燕山北部州。

沼生水马齿（刘铁志摄于赤峰市宁城县黑里河）

# 漆树科
Anacardiaceae

## 盐肤木属 *Rhus* L.

### 火炬树 *Rhus typhina* L.

别名：鹿角漆、火炬漆、加拿大盐肤木

鉴别特征：乔木，高 3～8 米。奇数羽状复叶互生，长圆形至披针形。直立圆锥花序顶生，果穗鲜红色。果扁球形，有红色刺毛，紧密聚生成火炬状。果实 9 月成熟后经久不落，而且秋后树叶会变红，十分壮观。

生境：中生植物。原产欧美，常在开阔的沙土或砾质土上生长。

分布：内蒙古各州有栽培。

火炬树（徐杰摄于呼和浩特市）

# 卫矛科
Celastraceae

## 卫矛属 *Euonymus* L.

### 白杜 *Euonymus maackii* Rupr.

别名：丝棉木，明开夜合、桃叶卫矛

鉴别特征：落叶灌木或小乔木，高可达 6 米。叶对生，卵形、椭圆状卵形或椭圆形状披针形，少近圆形，先端长渐尖，基部宽楔形，边缘具细锯齿，两面光滑无毛。聚伞花序由 8～15 花组成；花瓣 4，花药紫色，花丝着生在肉质花盘上。蒴果倒圆锥形。

生境：中生植物。散生于落叶阔叶林区，亦见于较温暖的草原区南部山地。喜光，深根性树种。

分布：岭西、兴安南部、科尔沁、辽河平原、燕山北部、赤峰丘陵、锡林郭勒、阴山、阴南丘陵、鄂尔多斯州。

白杜（徐杰摄于呼和浩特市）

## 毛脉卫矛 *Euonymus alatus*（Thunb.）Sieb.

别名：鬼箭羽

鉴别特征：落叶灌木，高可达 8 米。小枝绿色，四棱形或近于圆柱形，在每一棱上常生有扁平的木栓翅。叶对生，菱状倒卵形、矩圆形或卵形，先端渐尖，基部常楔形，边缘具细密小齿，表面深绿色，光滑，背面淡绿色，主脉及侧脉上被较密的短柔毛，具短柄或近无柄。花两性，由 1～3 花组成腋生的聚伞花序；花四基数，淡绿色，花盘方形，雄蕊短。

生境：生于山坡林缘及疏林中。

分布：辽河平原、锡林郭勒、燕山北部、阴山州。

毛脉卫矛（刘铁志摄于赤峰市敖汉旗大黑山）

毛脉卫矛（刘铁志摄于赤峰市敖汉旗大黑山）

## 矮卫矛 *Euonymus nanus* M. Bieb.

别名：土沉香

鉴别特征：小灌木，高可达1米。枝柔弱，绿色，光滑，常具棱。叶互生、对生或3～4叶轮生，条形或条状矩圆形，长1～4厘米，宽2～5毫米；无柄。蒴果熟时紫红色，每室有1到几粒种子，棕褐色，基部为橘红色假种皮所包围。

生境：中生植物较喜温暖。生于草原区南部山地及落叶阔叶林边缘。

分布：阴南丘陵、鄂尔多斯、贺兰山州。

矮卫矛（苏云摄于阿拉善盟贺兰山）

## 南蛇藤属 *Celastrus* L.

## 南蛇藤 *Celastrus orbiculatus* Thunb.

鉴别特征：藤状灌木，长可达12米。枝光滑，灰褐色或微带紫褐色，具明显的圆点状皮孔。单叶互生，近圆形至宽卵形。簇生聚伞花序具3～7花；花黄绿色，杂性，雄花的退化雌蕊为柱状；雌花的雄蕊不育；子房基部为杯状花盘所包围，花柱细长。蒴果球形，黄色。

生境：中生植物。生杂木林下或沟坡灌丛中。

分布：辽河平原州。

南蛇藤（徐杰摄于通辽市大青沟国家级自然保护区）

# 槭树科
## Aceraceae

## 槭树属 *Acer* L.

### 元宝槭 *Acer truncatum* Bunge

**别名：**华北五角槭

**鉴别特征：**落叶小乔木，高达 8 米。单叶对生叶 5 裂，裂片全缘，有时中央裂片又常分为 3 小裂片，基部截形。花淡绿黄色。果翅与小坚果长度几乎相等，两果开展角度为直角或钝角，小坚果扁平，光滑，果基部多为截形。

**生境：**本种为较耐阴性树种，在山区多见于半阴坡、阴坡及沟谷底部。喜温凉气候和湿润肥沃土壤，但在干燥山坡砂砾质土壤上也能生长。

**分布：**兴安南部、燕山北部州。

元宝槭（哈斯巴根、刘铁志摄于通辽市大青沟国家级自然保护区和赤峰市新城区）

元宝槭（哈斯巴根、刘铁志摄于通辽市大青沟国家级自然保护区和赤峰市新城区）

## 色木槭 *Acer mono* Maxim.

别名：地锦槭、五角枫

鉴别特征：落叶小乔木，高达 8 米。单叶对生，叶 5 裂，每裂片不再分小裂片，叶基部心形或浅心形，基部截形。花淡绿黄色。翅长为小坚果的 1.5 倍，果基部心形或近心形。

生境：中生植物。色木槭为稍耐荫树种，喜湿润肥沃土壤，中性、酸性或石灰性土均可生长。常生于林缘、河谷、岸旁或杂木林中。花期 6 月上旬，果熟期 9 月。

分布：兴安南部、辽河平原、赤峰丘陵、燕山北部、锡林郭勒州。

色木槭（徐杰摄于通辽市扎鲁特旗五角枫自然保护区）

## 茶条槭 *Acer ginnala* Maxim.

别名：黑枫

鉴别特征：落叶小乔木，高达 4 米。小枝细，光滑。单叶对生，卵状长椭圆形至卵形，叶 3

裂或不裂，中央裂片大，边缘有粗锯齿。花黄白色，伞房花序，顶生。小坚果，两翅几近平行，两果开展度为锐角或更小。

**生境：** 中生植物。弱阳性树种，耐寒。喜湿润肥沃土壤，但干燥砾质山坡也能生长。常生于半阳坡，半阴坡和其他树种组成杂木林。

**分布：** 兴安南部、燕山北部、阴山、阴南丘陵州。

茶条槭（徐杰摄于呼和浩特市大青山）

## 细裂槭　*Acer stennolobum* Rehd.

**鉴别特征：** 落叶小乔木，高约5米。叶近革质，3深裂，裂片长圆状披针形，全缘或具粗锯齿。伞房花序无毛，生于小枝顶端；花淡绿色。小坚果凸起，近于卵圆形或球形，翅近于短圆形，两果开展角度为钝角或近于直角。

**生境：** 中生植物。喜生于较阴湿的沟谷及山坡灌丛中。

**分布：** 贺兰山州。

细裂槭（徐杰摄于阿拉善盟贺兰山）

### 梣叶槭 *Acer negundo* L.

别名：复叶槭、糖槭

鉴别特征：落叶乔木，高达15米。小枝粗壮，有白粉。单数羽状复叶，小叶3～5，稀7或9。花单性，雌雄异株，雄花成伞房花序。翅果扁平无毛，长3厘米，翅长与小坚果几乎相等，两果开展度成锐角或近直角。

生境：喜光树种，能耐干寒，稍耐水温，在适宜的气候环境条件下生长较快，抗烟性较强。

分布：内蒙古各州有栽培。

梣叶槭（徐杰摄于通辽市扎鲁特旗特金罕山）

# 无患子科
## Sapindaceae

## 栾树属 *Koelreuteria* Laxim.

### 栾树 *Koelreuteria paniculata* Laxim.

鉴别特征：乔木，高达8米。单数羽状复叶，有时2回或不完全的2回羽状复叶；小叶卵形，先端锐尖或渐尖，边缘有不整齐粗锯齿或羽状分裂。圆锥花序顶生，花黄色；花瓣4。蒴果长卵圆形。

　　**生境：** 中生植物。园林、街道栽培树种。

　　**分布：** 呼和浩特、赤峰等地有栽培。

栾树（刘铁志摄于赤峰市新城区）

## 文冠果属 *Xanthoceras* Bunge

### 文冠果 *Xanthoceras sorbifolium* Bunge

　　**别名：** 木瓜（内蒙古）、文冠树

　　**鉴别特征：** 灌木或小乔木，高可达8米，胸径可达90厘米。树皮灰褐色。小枝褐紫色。单数羽状复叶，互生，小叶9～19，无柄，窄椭圆形至披针形。花瓣5，白色，内侧基部有由黄变紫红的斑纹；雄蕊8。蒴果3～4室，每室具种子1～8粒。种子球形，黑褐色，种脐白色，种仁（种皮内有一棕色膜包着的）乳白色。

　　**生境：** 中生植物。生于山坡。

　　**分布：** 兴安南部、辽河平原、燕山北部、赤峰丘陵、阴南丘陵、阴山、乌兰察布、鄂尔多斯、东阿拉善、贺兰山州。

文冠果（刘铁志、徐杰摄于赤峰市巴林左旗林东和呼和浩特市树木园）

# 凤仙花科
## Balsaminaceae

### 凤仙花属 *Impatiens* L.

## 凤仙花 *Impatiens balsamina* L.

**别名：** 急性子、指甲草、指甲花

**鉴别特征：** 一年生草本，高 40～60 微米。茎直立，肉质。叶互生，披针形，先端长渐尖，基部渐狭，边缘具锐锯齿。花单生与数朵簇生于叶腋；花大，粉红色、紫色、白色与杂色，单瓣与重瓣；花药先端纯。蒴果纺锤形与椭圆形。

凤仙花（徐杰摄于呼和浩特市）

生境：中生植物。栽培观赏植物。

分布：内蒙古各州有栽培。

## 水金凤 *Impatiens noli-tangere* L.

别名：辉菜花

鉴别特征：一年生草本，高30～60厘米。主根短，肉质，常带红色。茎直立，上部分枝，肉质。叶互生，叶片卵形，椭圆形或卵状披针形。花2型，大花黄色或淡黄包，有时具红紫色斑点；萼片漏斗形，花药先端尖；小花为闭锁花，淡黄白色，花瓣通常2。蒴果圆柱形。

生境：湿中生植物。生于湿润的森林地区的山沟溪边、山坡林下、林缘湿地。

分布：兴安北部、兴安南部、燕山北部、辽河平原、阴山州。

水金凤（徐杰摄于赤峰市阿鲁科尔沁旗高格斯台罕山）

东北凤仙花（刘铁志摄于通辽市科尔沁左翼后旗）

## 东北凤仙花 *Impatiens furcillata* Hemsl.

**鉴别特征**：一年生草本，高30～70厘米。叶互生。茎顶部近轮生，菱状卵形或菱状披针形，边缘有锐锯齿。总花梗腋生，被腺毛，花3～9朵排成总状花序，紫色或淡紫色。蒴果细纺锤形，无毛。

**生境**：湿中生植物。生于林缘湿地及山沟溪边。

**分布**：辽河平原州。

# 鼠李科
## Rhamnaceae

## 枣属 *Ziziphus* Mill.

## 酸枣 *Ziziphus jujuba* Mill. var. *spinosa*（Bunge）Hu ex H. F. Chow

**别名**：棘

**鉴别特征**：灌木或小乔木，高达4米。小枝弯曲呈"之"字形，紫褐色，具柔毛，有细长的刺，刺有两种：一种是狭长刺，有时可达3厘米，另一种刺成弯钩状。叶长椭圆状卵形至卵状披针形。核果暗红色，后变黑色，卵形至长圆形，长0.7～1.5厘米，具短梗，核顶端钝。

**生境**：旱中生植物。耐干旱，喜生于海拔1000米以下的向阳干燥平原、丘陵及山谷等地，常形成灌木丛。

**分布**：赤峰丘陵、阴山、阴南丘陵、鄂尔多斯、东阿拉善、贺兰山州。

酸枣（徐杰摄于鄂尔多斯市准格尔旗）

酸枣（徐杰摄于鄂尔多斯市准格尔旗）

## 枣 *Ziziphus jujuba* Mill. var. *inermis*（Bunge）Rehd.

别名：无刺枣

鉴别特征：灌木或小乔木，高达4米。枝上无针刺。单叶互生，长椭圆状卵形至卵状披针形。花黄绿色，2～3朵簇生于叶腋，花梗短，花萼5裂；花瓣5；雄蕊5，与花瓣对生，比花瓣稍长；具明显花盘。核果暗红色，卵形至长圆形，核果较大，超过1.5厘米，核顶端尖。

生境：旱中生植物。栽培果树。

分布：内蒙古南部有栽培。

枣（刘铁志摄于赤峰市新城区）

## 鼠李属 *Rhamnus* L.

### 柳叶鼠李 *Rhamnus erythroxylum* Pall.

别名：黑格兰、红木鼠李

鉴别特征：灌木，高达 2 米，多分枝，具刺。叶条状披针形，长 2～9 厘米，宽 0.3～1.2 厘米，先端渐尖，少为钝圆，基部楔形。核果球形，熟时黑褐色。种子倒卵形，背面有沟，种沟开口占种子全长的 5/6。

生境：旱中生植物。生于山坡、沙丘间地及灌木丛中。

分布：呼伦贝尔、赤峰丘陵、锡林郭勒、乌兰察布、阴山、阴南丘陵、鄂尔多斯、东阿拉善、贺兰山州。

柳叶鼠李（铁龙摄于鄂尔多斯市准格尔旗）

### 鼠李 *Rhamnus davurica* Pall.

别名：老鹳眼

鉴别特征：灌木或小乔木，高达 4 米。树皮暗灰褐色，呈环状剥落。小枝近对生，光滑，粗壮，褐色，顶端具大形芽。单叶对生于长枝，丛生于短枝，椭圆状倒卵形至长椭圆形或宽倒披针形。核果球形，熟后呈紫黑色。

生境：中生灌木。生于低山坡、土壤较湿润的河谷、林缘或杂木林中。

分布：兴安北部、岭东、岭西、兴安南部、辽河平原、赤峰丘陵、燕山北部、锡林郭勒、阴山州。

鼠李（刘铁志摄于赤峰市巴林右旗赛罕乌拉）

## 金钢鼠李 *Rhamnus diamantiaca* Nakai

**别名**：老鸹眼

**鉴别特征**：灌木，高达2米。枝对生或近对生，光滑，一年生枝暗黄绿色，末端具刺；二年生枝褐紫色，光滑。单叶在长枝上对生或近对生，在短枝上簇生，叶为宽卵形、倒卵形或卵状菱形。花单性，雌雄异株。核果球形。

**生境**：旱中生植物。生于山坡槁缘或杂木林中。

**分布**：燕山北部、辽河平原州。

金钢鼠李（徐杰摄于赤峰市阿鲁科尔沁旗高格斯台罕山）

## 小叶鼠李 *Rhamnus parvifolia* Bunge

**别名**：黑格令（内蒙古西部）

**鉴别特征**：灌木，高达2米。单叶密集丛生于短枝或在长枝上近对生，叶厚，小形，菱状卵圆形或倒卵形、椭圆形，先端突尖或钝圆，基部楔形，仅在脉腋具簇生柔毛的腋窝，侧脉2～3对，显著，成平行的弧状弯曲。每核各具1种子，种子侧扁，光滑，栗褐色，背面有种沟，种沟开口占种子全场的4/5。

**生境**：旱中生植物。性抗干旱，耐寒。生于向阳石质干山坡、沙丘间地或灌木丛。

**分布**：兴安南部、辽河平原、燕山北部、赤峰丘陵、锡林郭勒、乌兰察布、阴山、阴南丘陵州。

小叶鼠李（刘铁志摄于赤峰市宁城县热水）

## 锐齿鼠李 *Rhamnus arguta* Maxim.

**别名**：老乌眼、尖齿鼠李

**鉴别特征**：灌木，高1～3米。树皮灰紫色。小枝对生或近对生。单叶在长枝上对生或近对生，叶为卵形、卵圆形，边缘具芒齿或细锐锯齿。花单性，雌雄异株。核果球形，熟时黑紫色，种沟开口5/6。种子4粒。

**生境**：旱中生植物。生于山脊、向阳干燥山坡、林缘。

**分布**：兴安南部辽河平原、燕山北部、兴安北部州。

锐齿鼠李（哈斯巴根摄于阿鲁科尔沁旗高格斯台罕山）

# 葡萄科

Vitaceae

## 葡萄属 *Vitis* L.

### 山葡萄 *Vitis amurensis* Rupr.

**鉴别特征**：木质藤本，长达 10 余米。树皮暗褐色，成长片状剥离。小枝带红色，具纵棱，嫩时被绵毛；卷须断续性。雌雄异株，花小，黄绿色，组成圆锥花序，总花轴被疏长曲柔毛；雌花具退化的雄蕊 5，子房近球形，雄花具雄蕊 5，无雌蕊。浆果球形。

**生境**：中生植物。分布于落叶阔叶林区，零星见于林缘。和湿润的山坡。

**分布**：兴安南部、辽河平原、燕山北部、锡林郭勒、阴山、贺兰山州。

山葡萄（徐杰、刘铁志摄于赤峰市宁城县黑里河和赤峰市喀喇沁旗）

### 葡萄 *Vitis vinifera* L.

**鉴别特征**：木质藤本，长达 20 米。卷须断续性。叶圆形或圆卵形，基部心形，掌状 3～5 裂，边缘有粗牙齿，两面无毛或下面稍被绵毛。圆锥花序与叶对生；花小，黄绿色，两性花或单性花。

果序下垂，圆柱形、圆锥形或圆柱状圆锥形；果肉无狐臭味，与种子易分离，种子倒梨形。

  生境：中生植物。栽培果树。

  分布：内蒙古各地普遍栽培。

葡萄（徐杰摄于呼和浩特市和林县）

## 地锦属 *Parthenocissus* Planchon

### 五叶地锦 *Parthenocissus quinquefolia*（L.）Planchon

  鉴别特征：木质藤本。幼枝带红色；卷须与叶对生，顶端具吸盘。叶互生，掌状复叶具5小叶；小叶长圆状披针形，先端锐尖，边缘具粗大牙齿。二歧聚伞花序圆锥状，与叶对生。浆果球形，蓝黑色。

  生境：中生植物。庭院、园林栽培。

  分布：内蒙古南部地区。

五叶地锦（徐杰摄于呼和浩特市）

## 蛇葡萄属 *Ampelopsis* Michaux

### 掌裂蛇葡萄 *Ampelopsis delayavana* Planch var. *glabra*（Diels et Gilg）C. L.Li

  鉴别特征：木质藤本，长达8米。老枝皮暗灰褐色，具纵条棱与皮孔；幼枝稍带红紫色，具

条棱；卷须与叶对生，具2分叉。掌状复叶具3小叶；小叶不分裂，边缘具粗锯齿；小枝，叶柄和叶下面无毛。二歧聚伞花序具多数花，与叶对生，具细长的总花轴；花萼不分裂；花瓣5，椭圆状卵形，绿黄色，雄蕊5，与花瓣对生；花盘浅盘状。浆果近球形。

**生境：**沟谷灌丛中。

**分布：**兴安南部，辽河平原，燕山北部，阴山，阴南丘陵，鄂尔多斯州。

掌裂蛇葡萄（哈斯巴根摄于通辽市大青沟国家级自然保护区）

## 葎叶蛇葡萄 *Ampelopsis humulifolia* Bunge

**鉴别特征：**木质藤本，长3～4米，老枝皮红褐色，具纵条棱，嫩枝稍带绿褐色，稍具纵棱，无毛或被微柔毛；卷须与叶对生，具2分叉。叶宽卵形，边缘具粗锯齿。二歧聚伞花序与叶对生或顶生，花小，淡黄绿色；花萼合生成浅杯状；花瓣5；雄蕊5，比花瓣短。浆果球形。

**生境：**中生植物。生于山沟、山坡林缘。

**分布：**兴安南部、燕山北部、阴山州。

葎叶蛇葡萄（徐杰摄于赤峰市宁城）

# 椴树科
Tiliaceae

## 椴树属 *Tilia* L.

### 糠椴 *Tilia mandshurica* Rupr. et Maxim.

**别名：**大叶椴、菩提树

鉴别特征：乔木，高达 15 米，胸径 50 厘米。叶宽卵形或近圆形，边缘有粗锯齿，齿尖呈刺芒状，叶下面密生灰白色或褐灰色的星状毛。聚伞花序下垂，两面网脉明显，萼片宽披针形，花瓣与萼片近等长，黄色。

生境：中生落叶阔叶树种，为落叶阔叶林的伴生种之一，在本区见于山地杂木林中。

分布：燕山北部、兴安南部州。

糠椴（刘铁志摄于赤峰市红山区）

## 蒙椴　*Tilia mongolica* Maxim.

别名：小叶椴

鉴别特征：乔木，高达 10 米，胸径 30 厘米。叶近圆形或宽卵形，边缘具不规则粗大锯齿，

蒙椴（徐杰摄于呼和浩特市大青山）

齿尖具刺芒，基部截形或浅心形。聚伞花序；花瓣条状披针形，与萼片等长，黄色；子房球形，密被银灰色茸毛，花柱无毛。果实椭圆形或卵圆形。

生境：中生落叶阔叶树种，亦为落叶林的伴生种，在本区散生于山地杂木林区及山坡。

分布：兴安南部、燕山北部、赤峰丘陵、阴山州。

### 紫椴 *Tilia amurensis* Rupr.

鉴别特征：乔木，高达20米，胸径80厘米。叶宽圆形或近圆形，边缘具较整齐的细锯齿，脉缝处簇生褐色毛。聚伞花序；苞片宽披针形，有时条形或矩圆形，萼片宽披针形；外面白色星状毛，花瓣黄色，条状披针形；子房球形，具白色绒毛，花柱无毛。果实球形或矩圆形。

生境：中生落叶阔叶树种，为落叶阔叶林的伴生种，在本区散生于山地杂木林及山坡。

分布：辽河平原，兴安南部、燕山北部州。

紫椴（哈斯巴根摄于通辽市大青沟国家级自然保护区）

# 锦葵科
## Malvaceae

## 木槿属 *Hibiscus* L.

### 野西瓜苗 *Hibiscus trionum* L.

别名：和尚头、香铃草

鉴别特征：一年生草本。茎直立，或下部分枝铺散，高20～60厘米，具白色星状粗毛。叶近圆形或宽卵形，掌状3全裂，先端钝，基部楔形，边缘具不规则的羽状缺刻。花单生于叶腋，花柄长1～5厘米，密生星状毛及叉状毛；花瓣5，淡黄色，基部紫红色，倒卵形。

生境：中生杂草。生于田野、路旁、村边、山谷等处。

分布：内蒙古各州。

野西瓜苗（徐杰摄于鄂尔多斯杭锦旗库布齐沙漠）

## 锦葵属 *Malva* L.

### 锦葵 *Malva cathayensis* M. G. Gilbert., Y. Tang et Dorr.

别名：荆葵、钱葵

鉴别特征：一年生草本。茎直立，较粗壮，高80～100厘米。叶近圆形或近肾形；叶柄被单毛及星状毛。花多数，簇生于叶腋；花梗长短不等，长1～3厘米，小苞片卵形；花直径3.5～4.0厘米，花瓣紫红色，具暗紫色脉纹，基部具狭窄的瓣爪，爪的两边具髯毛。

生境：中生植物。栽培花卉。

锦葵（赵家明摄于呼伦贝尔市海拉尔区）

分布：内蒙古各州有栽培。

## 野葵 *Malva verticillata* L.

**别名**：菟葵、冬苋菜

**鉴别特征**：一年生草本，茎直立或斜升，高40～100毫米，下部近无毛，上部具星状毛。叶近圆形或肾形。花多数，近无梗，簇生于叶腋，少具短梗，长不超过1厘米；小苞片（副萼片）3，条状披针形，边缘有毛；花直径约1厘米，花瓣淡紫色或淡红色，倒卵形。

**生境**：中生杂草。生于田间、路旁、村边、山坡。

**分布**：内蒙古各州。

野葵（徐杰摄于赤峰市阿鲁科尔沁旗）

冬葵（刘铁志摄于通辽市科尔沁区）

## 冬葵 *Malva verticillata* L. var. *crispa* L.

**别名**：冬寒菜

**鉴别特征**：本变种与野葵区别在于花淡白色；叶裂片具棱角，边缘特别皱曲。

**生境**：中生植物。生于居民点附近的荒地和路旁。

**分布**：辽河平原、赤峰丘陵州。

## 蜀葵属 *Alcea* L.

## 蜀葵 *Alcea rosea* L.

**别名**：大熟钱、蜀季花、淑气花

　　**鉴别特征：**一年生草本。茎粗壮，直立，高 1.0～1.5 米。叶片近圆形，边缘具不规则圆锯齿，叶柄被星状毛。花大，单生于叶腋，花萼杯状。裂片三角形，小苞片（副萼）6～7，均被星状毛；花瓣粉红色、紫色、白色，黄色、黑紫色，单瓣或重瓣。分果磨盘状，分果瓣肾形。

　　**生境：**中生植物。栽培供观赏用。

　　**分布：**内蒙古各州均有栽培。

蜀葵（哈斯巴根摄于呼和浩特市）

## 苘麻属 *Abutilon* Mill.

### 苘麻 *Abutilon theophrasti* Medik.

　　**别名：**青麻、白麻、车轮草

　　**鉴别特征：**一年生亚灌木状草本，高 1～2 米，茎直立，圆柱形，上部常分枝，密被柔毛及

苘麻（徐杰摄于赤峰市阿鲁科尔沁旗）

星状毛，下部毛较稀疏。叶圆心形，边缘具细圆锯齿，两面密被星状柔毛；萼杯状，花冠黄色，花瓣倒卵形。

**生境：** 田边、路旁、荒地和河岸等处。

**分布：** 内蒙古各州有栽培或逸生。

# 猕猴桃科

## Actinidiaceae

**猕猴桃属** *Actinidia* Lindl.

### 葛枣猕猴桃 *Actinidia polygama*（Sieb. et Zucc.）Maxim.

**鉴别特征：** 落叶藤本，长达4～6米。幼枝淡灰褐色，髓白色，实心。叶质薄，卵形、宽卵形或椭圆状卵形。花白色，芳香，花药黄色；子房无毛。浆果卵圆形成熟时淡橘色，顶端具直或弯的喙，有深色的纵纹，基部有宿存萼片。

**生境：** 中生植物。生长于山地杂木林中。仅见于燕山北部州。

**分布：** 燕山北部州。产赤峰市宁城县黑里河林区。

葛枣猕猴桃（牛林龙摄于赤峰市宁城县黑里河林场）

# 藤黄科
## Clusiaceae

## 金丝桃属 *Hypericum* L.

### 长柱金丝桃 *Hypericum ascyron* L.

**别名**：黄海棠、红旱莲、金丝蝴蝶

**鉴别特征**：多年生草本，高 60～80 厘米。茎四棱形，黄绿色，近无毛。叶卵状椭圆形或宽披针形，叶片有透明腺点。花通常 8 朵成顶生聚伞花序，花黄色，花瓣倒卵形或倒披针形，呈镰状向一边弯曲。蒴果卵圆形。

**生境**：中生植物。见于森林及森林草原地区，生于林缘、山地草甸和灌丛中。

**分布**：兴安北部、岭东、岭西、兴安南部、辽河平原、燕山北部、阴山州。

长柱金丝桃（徐杰摄于赤峰市阿鲁科尔沁旗高格斯台罕山）

### 乌腺金丝桃 *Hypericum attenuatum* Fisch. ex Choisy

**别名**：野金丝桃、赶山鞭

**鉴别特征**：多年生草本，高 30～60 厘米。茎直立，圆柱形，具 2 条纵线棱，全株散生黑色腺点。叶长卵形，倒卵形或椭圆形。顶生聚伞圆锥花序，花较小；花瓣黄色，矩圆形或倒卵形，花药上亦有黑腺点。

**生境**：旱中生植物。生于草原区山地、林缘、灌丛、草甸草原。

**分布**：兴安北部、岭东、岭西、兴安南部、辽河平原、赤峰丘陵、阴山州。

乌腺金丝桃（徐杰摄于赤峰市阿鲁科尔沁旗高格斯台罕山）

# 柽柳科
Tamaricaceae

## 红砂属 *Reaumuria* L.

### 红砂 *Reaumuria soongarica*（Pall.）Maxim.

别名：枇杷柴、红虱

鉴别特征：小灌木，多分枝，高10～30厘米。老枝灰黄色，幼枝色稍淡。叶肉质，圆柱形，叶较短，长1～5毫米。花无梗；花萼中部以下连合；花瓣粉红色。花单生叶腋或在小枝上集为稀疏的穗状花序状；花瓣5，开张，粉红色或淡白色。

生境：超旱生小灌木，广泛分布于荒漠及荒漠草原地带。在荒漠区，为重要的建群种，常在砾质戈壁上与珍珠柴、白刺等共同组成大面积的荒漠群落。在荒漠草原地区，仅见于盐渍低地。在干湖盆、干河床等盐渍土上形成隐域性红沙群落。

分布：呼伦贝尔、锡林郭勒、乌兰察布、鄂尔多斯、东阿拉善、西阿拉善、额济纳州。

红砂（徐杰摄于阿拉善右旗）

# 长叶红砂 *Reaumuria trigyna* Maxim.

别名：黄花枇杷柴

长叶红砂（徐杰摄于乌海市西鄂尔多斯国家级自然保护区）

**鉴别特征**：小灌木，高 10～30 厘米。树皮片状剥裂；老枝灰白色或灰黄色。叶肉质，圆柱形，叶长 5～10（15）毫米。花梗长 8～10 毫米，萼片不连合。花单生叶腋，花瓣 5，黄白色，矩圆形，长约 5 毫米，下半部有 2 鳞片。

**生境**：荒漠耐盐旱生植物。生于石质低山、山前洪积或冲积平原。

**分布**：东阿拉善、贺兰山州。

## 柽柳属 *Tamarix* L.

### 柽柳 *Tamarix chinensis* Lour.

**别名**：中国柽柳、桧柽柳、华北柽柳

**鉴别特征**：灌木或小乔木，高 2～5 米。老枝深紫色或紫红色；幼嫩枝叶深绿色，叶平贴或微开张，叶开张或平贴在幼枝上。春季的花序着生于去年枝上，夏、秋季的花序着生于当年枝上，花筒稍开张，花小，花瓣 5，粉红色。

**生境**：耐轻度盐碱，生湿润碱地、河岸冲积地及草原带的沙地。

**分布**：辽河平原、科尔沁、阴南丘陵、鄂尔多斯州。

柽柳（刘铁志摄于赤峰市克什克腾旗达里诺尔）

### 多枝柽柳 *Tamarix ramosissima* Ledeb.

**鉴别特征**：灌木或小乔木，通常高 2～3 米，多分枝。叶披针形或三角状卵形。总状花序生于当年枝上，组成顶生的大型圆锥花序；花梗短于或等长于花萼；萼片 5，粉红色或紫红色；花盘 5 裂，每裂先端有深或浅的凹缺，花药钝或在顶端有钝的突起；花柱 3。蒴果长圆锥形。

生境：耐盐潜水旱生植物。多生于盐渍低地，古河道及湖盆边缘。

分布：阴南丘陵，鄂尔多斯，东阿拉善、西阿拉善、额济纳州。

多枝柽柳（徐杰摄于乌海市）

## 水柏枝属　*Myricaria* Desv.

### 河柏　*Myricaria bracteata* Royle

别名：水柽柳

鉴别特征：灌木，高 1～2 米。叶小，窄条形，长 1～4 毫米。总状花序由多花密集而成，顶生，少有侧生；苞片宽卵形或长卵形，几等于或长于花瓣，先端有尾状长尖，边缘膜质，具圆齿；花瓣 5，矩圆状椭圆形，粉红色。

生境：生于山沟及河漫滩。

分布：阴山、阴南丘陵、鄂尔多斯、东阿拉善、西阿拉善州。

河柏（徐杰摄于阿拉善贺兰山）

## 宽叶水柏枝 *Myricaria platyphylla* Maxim.

**别名：** 喇嘛棍

**鉴别特征：** 灌木，高可达 2 米左右。叶疏生，卵形，心形或宽披针形，较大，长 5～12 毫米，先端渐尖，全缘。常由叶腋生出小枝，小枝上叶形较小。总状花序顶生或腋生；苞片先端有尾状长尖；花瓣 5，紫红色，倒卵形。

**生境：** 生于丘间低地及河漫滩。

**分布：** 鄂尔多斯、东阿拉善、贺兰山州。

宽叶水柏枝（徐杰摄于鄂尔多斯杭锦旗）

# 半日花科
## Cistaceae

## 半日花属 *Helianthemum* Mill.

## 鄂尔多斯半日花 *Helianthemum ordosicum* Y. Z. Zhao, Zong Y. Zhu et R. Cao

**鉴别特征：** 矮小灌木，高 5～12 厘米，多分枝，稍呈垫状。单叶对生，革质，披针形或狭卵形，边缘常反卷，两面被白色棉毛；托叶钻形。萼片 5，背面密被白色短柔毛；花瓣 5，黄色，倒卵形；雄蕊多数，长为花瓣的 1/2，花药黄色，花柱丝形。

**生境：** 强旱生植物，为古老的残遗种。生于草原化荒漠区的石质和砾石质山坡。

**分布：** 东阿拉善、贺兰山州。

鄂尔多斯半日花（徐杰摄于乌海市西鄂尔多斯国家自然保护区）

# 董菜科
Violaceae

## 董菜属　*Viola* L.

### 双花董菜　*Viola biflora* L.

别名：短距董菜

鉴别特征：多年生草本，高 10～20 厘米。地上茎纤弱，直立或上升，不分枝，无毛。根茎细，斜生或匍匐，稀直立，具结节，生细的根。叶片肾形，少近圆形。花 1～2 朵，生于茎上部叶腋，花瓣淡黄色或黄色，矩圆状倒卵形。蒴果矩圆状卵形。

生境：中生植物。生于海拔较高山地疏林下及湿草地。

分布：兴安北部、岭东、兴安南部、燕山北部、阴山、贺兰山州。

双花董菜（徐杰、刘铁志摄于赤峰市克什克腾旗和宁城县黑里河）

### 库页董菜　*Viola sacchalinensis* H. Boiss.

鉴别特征：多年生草本，高 15～20 厘米。叶片卵形、卵圆形或宽卵形，先端钝圆，基部心形，边缘具钝锯齿；基生叶柄长，茎生叶较短；托叶披针形或狭卵形，边缘有不整齐的细尖牙齿。花淡紫色，生于茎上部叶腋，具长梗，靠近花处有 2 枚线形苞片。蒴果椭圆形，无毛。

生境：中生植物。生于林下及林缘。

分布：兴安北部、岭西、兴安南部州。

库页堇菜（刘铁龙摄于呼伦贝尔市扎兰屯市）

## 鸡腿堇菜 *Viola acuminata* Ledeb.

别名：鸡腿菜

鉴别特征：多年生草本，高5～50厘米。根茎垂直或倾斜，密生黄白色或褐色根。茎直立，通常2～6茎丛生，无毛或上部有毛。托叶大，披针形或椭圆形。萼片条形或条状披针形，有毛或无毛，基部的附属物短，末端截形；花白色或淡紫色，较小。蒴果椭圆形。

生境：中生植物。生于疏林下、林缘、灌丛间、山坡草地、河谷湿地。

分布：兴安北部、岭东、兴安南部，科尔沁、辽河平原、燕山北部、赤峰丘陵、阴山州。

鸡腿堇菜（徐杰摄于呼和浩特市大青山）

## 裂叶堇菜 *Viola dissecta* Ledeb.

**鉴别特征**：多年生草本，高5～15厘米，无地上茎。叶片掌状3～5全裂或深裂并再裂，或近羽状分裂，裂片条形；果期叶柄具窄翅；托叶披针形，边缘疏具细齿。花淡紫堇色，具紫色脉纹，苞片条形，生于花梗中部以上。蒴果矩圆状卵形，无毛。

**生境**：中生植物。生于山坡、林缘草甸、林下及河滩地。

**分布**：兴安北部、岭西、岭东、兴安南部、燕山北部、科尔沁、阴山、阴南丘陵、鄂尔多斯、贺兰山州。

裂叶堇菜（刘铁志摄于赤峰市喀喇沁旗十家）

## 总裂叶堇菜 *Viola incisa* Turcz.

**鉴别特征**：多年生草本，高6～15厘米，无地上茎。叶片卵形，有不整齐的缺刻状浅裂至中裂，裂片形状多样；叶柄具窄翅；托叶披针形或宽条形。花紫堇色，苞片条形，生于花梗中部以上。蒴果椭圆形，无毛。

**生境**：中生植物。生于林缘、灌丛和草甸草原。

**分布**：岭东、兴安南部、辽河平原、阴南丘陵州。

总裂叶堇菜（刘铁志摄于赤峰市巴林右旗赛罕乌拉）

## 球果堇菜 *Viola collina* Bess.

**鉴别特征**：多年生草本，无地上茎，花期高3～8厘米，果期可达30厘米。根茎肥厚有结节，黄褐色或白色。叶片近圆形，心形或宽卵形。萼片矩圆状披针形或矩圆形，先端圆或钝，有毛，基部具短而钝的附属器；花瓣淡紫色或近白色。蒴果球形。

**生境**：中生植物。生长于林下、林缘草甸、灌丛、山坡、溪旁等腐殖土层厚或较阴湿的草地上。

**分布**：岭东、岭西、兴安南部、燕山北郎、赤峰丘陵、阴山州。

球果堇菜（刘铁志、徐杰摄于赤峰市巴林右旗赛罕乌拉和呼和浩特市大青山）

## 东北堇菜　*Viola mandshurica* W. Becker

别名：紫花地丁

鉴别特征：多年生草本，无地上茎，高 7～25 厘米，根茎及根赤褐色至暗褐色。叶柄具狭翼，叶片卵状披针形或舌形，果期常呈长三角形，基部钝圆、截形或宽楔形，边缘具疏圆齿或全缘。花紫堇色或蓝紫色，花梗常超出叶，被细毛，侧瓣里面有须毛，下瓣中下部带白色，距直，末端钝圆。蒴果矩圆形。

生境：中生植物。生于湿草地、林缘、疏林下或灌丛内。

分布：兴安北部、兴安南部、岭东、岭西、科尔沁、辽河、燕山北部州。

东北堇菜（刘铁志摄于赤峰市喀喇沁旗旺业甸）

## 紫花地丁　*Viola philippica* Cav.

别名：辽堇菜、光瓣堇菜

鉴别特征：多年生草本，无地上茎，花期高 3～10 厘米，果期高可达 15 厘米。根茎较短，垂直，主根较粗，白色至黄褐色，直伸。叶片矩圆形、卵状矩圆形、矩圆状披针形或卵状披针形，先端钝，基部截形、钝圆或楔形，边缘其浅圆齿。花瓣紫堇色或紫色。

生境：中生杂草。多生长于庭园、田野、荒地、路旁、灌丛及林缘等处。

分布：岭东、兴安南部、科尔沁、燕山北部、赤峰丘陵、鄂尔多斯、阴山、阴南丘陵州。

紫花地丁（刘铁志摄于赤峰市红山区）

## 斑叶堇菜 *Viola variegata* Fisch. ex Link

**鉴别特征：** 多年生草本，无地上茎，高3～20厘米。根茎细短，分生1至数条细长的根，根白色、黄白色或淡褐色。叶片圆形或宽卵形，边缘具圆齿。花梗超出于叶或略等于叶，常带紫色；花瓣倒卵形，暗紫色或红紫色。蒴果椭圆形至矩圆形。

**生境：** 中生植物。生于荒地、草坡、山坡砾石地、林下岩石缝、疏林地及灌丛间。

**分布：** 兴安北部、岭西、岭东、兴安南部、燕山北部、阴南丘陵、赤峰丘陵、阴山州。

斑叶堇菜（徐杰、刘铁龙摄于赤峰市阿鲁科尔沁旗高格斯台罕山和呼和浩特市大青山）

## 深山堇菜 *Viola selkirkii* Pursh ex Goldie.

**鉴别特征：** 多年生草木，无地上茎，高5～14厘米。根茎细，长1至数厘米，具较稀疏的

深山堇菜（徐杰、刘铁龙摄于赤峰市阿鲁科尔沁旗高格斯台罕山）

结节，根白色。叶片近圆形或宽卵形，边缘有钝锯齿或圆锯齿。花淡紫色；萼片卵状披针形或宽披针形，基部附属物末端齿裂，具缘毛。蒴果较小，卵状椭圆形。

　　**生境**：中生植物。生于山地针叶林、阔叶林、针阔混交林或采伐迹地上。

　　**分布**：兴安北部、兴安南部州。

## 兴安圆叶堇菜 *Viola brachyceras* Turcz.

　　**鉴别特征**：多年生草本，无地上茎。根茎斜生或垂直，上部被暗褐色残托叶及残叶，分生支根。叶片心状圆形，稀为宽卵形。花淡紫色或近白色，萼片卵状披针形披针形，渐尖，具膜质的狭边，基部附属物短，末端圆形或截形。蒴果无毛，具褐色斑或不明显。

　　**生境**：中生植物。生于针叶林下及河岸砾石地。

　　**分布**：兴安北部、岭西州、兴安南部。

兴安圆叶堇菜（赵家明、徐杰摄于呼伦贝尔市牙克石市和赤峰市克什克腾旗）

## 早开堇菜 *Viola prionantha* Bunge

　　**别名**：尖瓣堇菜、早花地丁

　　**鉴别特征**：多年生草本，花期高 4～10 厘米，果期可达 15 厘米。无地上茎。叶通常多数。叶片矩圆状卵形或卵形；边缘具钝锯齿；萼片披针形或卵状披针形。花瓣紫堇色或淡紫色，花柱棍棒状。蒴果椭圆形至矩圆形。

生境：中生植物。生于山坡、草地、荒地、路旁、沟边、庭园、林缘等处。

分布：兴安北部、岭东、兴安南部、科尔沁、燕山北部、赤峰丘陵、阴山、阴南丘陵、贺兰山州。

早开堇菜（刘铁志摄于赤峰市红山区）

细距堇菜（刘铁志摄于赤峰市喀喇沁旗旺业甸）

## 细距堇菜 *Viola tenuicornis* W. Beck.

鉴别特征：多年生草本，无地上茎，高4～14厘米。根茎细短，垂直或斜生，白色或淡黄色，根细长。叶片卵形、宽卵形或卵圆形。花紫堇色；萼片披针形或卵状披针形，末端圆形或截形，稀具微齿；侧瓣稍白。蒴果椭

圆形，无毛。

　　**生境：** 中生植物。生于湿润草地、杂木林间、林缘。

　　**分布：** 兴安北部、岭东、兴安南部、燕山北部、辽河平原州。

## 白花堇菜 *Viola patrinii* DC. ex Ging.

　　**别名：** 白花地丁

　　**鉴别特征：** 多年生草本，无地上茎，高 6～22 厘米。根茎短，根赤褐色或暗褐色。叶片椭圆形至矩圆形或卵状椭圆形至卵状矩圆形。花梗通常超出叶；花白色，带紫色脉纹；花柱棍棒状。蒴果无毛。

　　**生境：** 湿中生植物。生于沼泽性湿草地、草地、灌丛地或林缘。

　　**分布：** 兴安北部、岭东、岭西、兴安南部、燕山北部州。

白花堇菜（徐杰摄于赤峰市克什克腾旗）

# 瑞香科
Thymelaeaceae

## 草瑞香属 *Diarthron* Turcz.

### 草瑞香 *Diarthron linifolium* Turcz.

　　**别名：** 粟麻

　　**鉴别特征：** 多年生草本，植株高 20～35 厘米，全株光滑无毛。茎直立，细瘦，具多数分枝，基部带紫色。叶长 1～2 厘米，宽 1～3 毫米，先端钝或稍尖，基部渐狭，全缘，边缘向下反卷。总状花序顶生，花梗极短，裂片紫红色，矩圆状披针形，花丝极短，花药矩圆形；子房扁，长卵形，1室，黄色，无毛，花柱细，上柱头稍膨大。小坚果长梨形，黑色。

**生境：**中生植物。生于山坡草地，林缘或灌丛间。

**分布：**兴安南部、辽河平原、赤峰丘陵、燕山北部、锡林郭勒、阴山、阴南丘陵、鄂尔多斯、贺兰山州。

草瑞香（徐杰摄于阿拉善贺兰山）

## 狼毒属　*Stellera* L.

### 狼毒　*Stellera chamaejasme* L.

**别名：**断肠草、小狼毒、红火柴头花、棉大戟

**鉴别特征：**多年生草本，高 20～50 厘米。根粗大，木质，外包棕褐色。茎丛生，直立，不分枝，光滑无毛。叶较密生，椭圆状披针形。顶生头状花序，花萼筒细瘦，具紫红色网纹，子房椭圆形，近头状；子房基部一侧有长约 1 毫米矩圆形蜜腺。小坚果卵形，棕色。

**生境：**旱生植物。广泛分布于草原区，为草原群落的伴生种，在过度放牧影响下，数量常常增多，成为景观植物。

**分布：**除西阿拉善、龙首山和额济纳州外，产内蒙古各州。

狼毒（徐杰摄于赤峰市克什克腾旗和鄂尔多斯市杭锦旗）

# 胡颓子科
## Elaeagnaceae

### 沙棘属 *Hippophae* L.

## 中国沙棘 *Hippophae rhamnoides* L. subsp. *sinensis* Rousi

**别名：** 醋柳、酸刺、黑刺

**鉴别特征：** 灌木或乔木，通常高1米。枝灰色，通常具粗壮棘刺。叶通常近对生，条形至条状披针形；叶柄极短。花先叶开放，淡黄色，花小；花萼2裂；雄花序轴常脱落，雄蕊4。果实橙黄或橘红色，包于肉质花萼筒中，近球形，直径5～10毫米。

**生境：** 比较喜暖的旱中生植物。主要分布于暖湿带落叶阔叶林区或森林草原区。喜阳光，不耐荫。对土壤要求不严，耐干旱、瘠薄及盐碱土壤。有根瘤菌，有肥地之效。为优良水土保持及改良土壤树种。

**分布：** 兴安南部、赤峰丘陵、燕山北部、锡林郭勒、阴山、阴南丘陵、鄂尔多斯州。

中国沙棘（徐杰摄于呼和浩特市和林县南天门林场）

## 胡颓子属 *Elaeagnus* L.

### 沙枣 *Elaeagnus angustifolia* L.

**别名**：桂香柳、金铃花、银柳、七里香

**鉴别特征**：灌木或小乔木，高达 15 米。幼枝被灰白色鳞片及星状毛，老枝栗褐色；具有刺。叶矩圆状披针形至条状披针形，两面均有银白色鳞片。花银白色，通常 1～3 朵，生于小枝下部叶腋；花萼筒钟形，内部黄色，外边银白色，有香味。

**生境**：耐盐的潜水旱生植物。为荒漠河岸林的建群种之一。在栽培条件下，沙枣最喜通气良好的沙质土壤。

**分布**：东阿拉善，西阿拉善，额济纳州。

沙枣（徐杰、哈斯巴根摄于呼和浩特市土左旗哈素海和阿拉善盟额济纳旗）

### 东方沙枣 *Elaeagnus angustifolia* L. var. *orientalis*（L.）Kuntze

**别名**：大沙枣

**鉴别特征**：本变种与沙枣的区别在于：本变种花枝下部的叶宽椭圆形，宽 1.8～3.2 厘米，两端钝形或先端圆形。上部叶披针形或椭圆形。果实大，长 15～25 毫米，栗红色或黄红色。

**生境**：耐盐的潜水旱生植物，为荒漠河岸林的建群种之一。在栽培条件下，沙枣最喜通气良好的沙质土壤。

**分布**：东阿拉善，西阿拉善，额济纳州。

东方沙枣（徐杰摄于乌海市）

# 千屈菜科
## Lythraceae

### 千屈菜属 *Lythrum* L.

#### 千屈菜 *Lythrum salicaria* L.

鉴别特征：多年生草本。叶对生，少互生，长椭圆形或矩圆状披针形。顶生总状花序；花

千屈菜（徐杰摄于兴安盟科尔沁右翼前旗）

两性，数朵簇生于叶状苞腋内；花萼筒紫色，萼筒外面现 12 条凸起纵脉，顶端有齿裂，萼齿裂间有被柔毛的长尾状附属物，花瓣 6，狭倒卵形。花盘杯状，黄色。蒴果椭圆形，包于萼筒内。

　　**生境：** 湿生植物。生于河边、下湿地、沼泽。

　　**分布：** 兴安北部、岭东、岭西、辽河平原、科尔沁、燕山北部、锡林郭勒、鄂尔多斯州。

# 菱　科
### Trapaceae

## 菱属 *Trapa* L.

### 欧菱 *Trapa natans* L.

　　**鉴别特征：** 一年生浮水草本，茎细长，沉水中。沉水叶细裂，裂片丝状；浮水叶叶片宽菱形或卵状菱形，中部以上具矩圆形海绵质气囊。花梗短，果期向下，长 2～3 厘米，常疏生软毛；绿色，有光泽，下面被长软毛；花白色至微红色。果实稍扁平，菱形与菱状三角形，坚硬；上缘中央部突出，两端有开出的刺状角，果熟时黑褐色。

　　**生境：** 湖泊，池塘，水泡子，旧河湾。

　　**分布：** 兴安北部、兴安南部、科尔沁、辽河平原、鄂尔多斯、阴南丘陵州。

欧菱（哈斯巴根摄于赤峰市阿鲁科尔沁旗）

# 柳叶菜科
## Onagraceae

### 露珠草属 *Circaea* L.

### 高山露珠草 *Circaea alpina* L.

**鉴别特征**：植株纤细，直立，高5～25厘米，地下有小的长卵形肉质块茎及细根茎。叶卵状三角形或宽卵状心形。总状花序顶生及腋生，于花后增长，无毛，花萼筒紫红色，花瓣白色，倒卵状三角形，与萼裂片约等长；花柱丝状，柱头头状。果实长圆状倒卵形成棒状。

**生境**：中生植物。耐阴湿。生于林下、林缘及山沟溪边或山坡潮湿石缝中。

**分布**：兴安北部、兴安南部、燕山北部、阴山州。

高山露珠草（徐杰摄于赤峰市阿鲁科尔沁旗高格斯台罕山）

深山露珠草（刘铁志摄于赤峰市宁城县黑里河三道河）

### 深山露珠草 *Circaea alpina* L. var. *caulescens* Kom.

**鉴别特征**：本变种与高山露珠草区别在于茎具弯曲短毛；花序于开花前或开花时伸长；花在花序轴上排列稀疏，开花时花序下部之花梗与总状花序轴垂直；花通常为红色或粉红色。

**生境**：中生植物。生于林下或山沟阴湿处。

**分布**：兴安北部、岭东、兴安南部、燕山北部州。

## 水珠草 *Circaea quadrisulcata*（Maxim.）Franch. et Sav.

**鉴别特征**：多年生草本，根粗壮，棕褐色。具粗根茎，茎直立，高约1米，光滑无毛。叶互生，披针形。总状花序顶生；花萼紫红色；花瓣倒卵形，紫红色；花药矩圆形，子房下位，密被毛，花柱比花丝长。蒴果圆柱状，略四棱形，皆被密毛。种子顶端具一簇白色种缨。

**生境**：中生植物。主要分布于林区，亦见于森林草原及草原带的山地，生于山地、林缘、森林采伐迹地，有时在路旁或新翻动的土壤上形成占优势的小群落。

**分布**：兴安南部、辽河平原、燕山北部州。

水珠草（哈斯巴根摄于通辽市大青沟国家级自然保护区）

## 柳叶菜属 *Epilobium* L.

## 柳兰 *Epilobium angustifolium* L.

**鉴别特征**：多年生草本。根粗壮，棕褐色。叶互生，披针形。总状花序顶生；花萼紫红色，裂片条状披针形；花瓣倒卵形，紫红色；雄蕊8，花丝4枚较长，基部加宽。具短柔毛；花药矩圆形，长约3毫米；子房下位，密被毛，花柱比花丝长。种子顶端具一簇白色种缨。

**生境**：中生植物。生于森林带和草原带的山地林缘、森林采伐迹地、丘陵阴坡，有时在路旁或新翻动的土壤上形成占优势的小群落。

**分布**：兴安北部、岭东、岭西、呼伦贝尔、兴安南部、锡林郭勒、赤峰丘陵、燕山北部、阴山、贺兰山州。

柳兰（徐杰摄于呼伦贝尔市根河市阿龙山）

柳兰（徐杰摄于呼伦贝尔市根河市阿龙山）

## 沼生柳叶菜 *Epilobium palustre* L.

**别名**：沼泽柳叶菜，水湿柳叶菜

**鉴别特征**：多年生草本。茎直立，高 20～50 厘米，基部具匍匐枝或地下有匍匐枝，上部被曲柔毛，下部通常稀少或无。茎下部叶对生，上部互生，披针形或长椭圆形。花单生于茎上部叶腋，粉红色；花萼裂片披针形；花瓣倒卵形，花药椭圆形。种缨淡棕色或乳白色。

**生境**：湿生植物。生于山沟溪边、河岸边或沼泽草甸中。

**分布**：内蒙古各州（除荒漠区外）。

沼生柳叶菜（徐杰摄于呼和浩特市）

沼生柳叶菜（徐杰摄于呼和浩特市）

## 多枝柳叶菜 *Epilobium fastigiatoramosum* Nakai

**鉴别特征：**多年生草本，高 20～60 厘米。茎直立，基部无匍匐枝，通常多分枝，基部密被弯曲短毛，下部稀少或无毛。叶狭披针形、卵状披针形或狭长椭圆形。花单生于上部叶腋，淡红色或白色；花萼裂片披针形，花瓣倒卵形，柱头短棍棒状。种缨白色或污白色。

**生境：**生于水边草地或沼泽旁湿草地。

**分布：**兴安北部、呼伦贝尔、兴安南部、辽河平原、燕山北部、锡林郭勒、阴山州。

多枝柳叶菜（徐杰摄于赤峰市阿鲁科尔沁旗高格斯台罕山）

## 毛脉柳叶菜 *Epilobium amurense* Hausskn.

**鉴别特征：**多年生草本，高 20～50 厘米，具不明显的毛棱线，沿棱线密生皱曲柔毛。叶卵形或卵状披针形，基部圆形或宽楔形，边缘具稀疏锯齿，两面疏生皱曲柔毛，沿叶脉及边缘较密，近无柄。花单生与叶腋，粉红色，萼筒上部裂片间有一簇白色柔毛，柱头头状。

**生境：**湿生植物。生于山沟溪边。

**分布：**兴安南部、燕山北部、阴山州。

毛脉柳叶菜（刘铁志摄于赤峰市宁城县黑里河小柳树沟）

## 细籽柳叶菜 *Epilobium minutiflorum* Hausskn.

**别名：** 异叶柳叶菜

**鉴别特征：** 多年生草本。茎直立，多分枝，高 25～90 厘米，下部无毛，上部被稀疏弯曲短毛。叶披针形或矩圆状披针形。花单生茎上部叶腋，粉红色；花萼长 3 毫米，被白色毛，裂片披针形；花瓣倒卵形；花药椭圆形；子房密被白色短毛，柱头短棍棒状。

**生境：** 湿生植物。生于山谷溪边或山沟湿地。

**分布：** 兴安北部、兴安南部、辽河平原、锡林郭勒、阴山、阴南丘陵、鄂尔多斯、西阿拉善、贺兰山州。

细籽柳叶菜（徐杰摄于乌兰察布市黄花沟）

## 月见草属 *Oenothera* L.

### 夜来香 *Oenothera biennis* L.

**别名：**月见草、山芝麻

**鉴别特征：**一年生或二年生草本，高80～120厘米。茎直立，多分枝，疏被白色长硬毛。叶倒披针形或长椭圆形。花大，有香气，花萼筒长约4厘米，喉部扩大，裂片长三角形，倒卵状三角形，长宽约相等，雄蕊8，黄色，不超出花冠，子房下位，柱头4裂。蒴果稍弯。

**生境：**中生植物。栽培花卉。

**分布：**内蒙古各州广泛栽培。

夜来香（徐杰摄于呼和浩特市）

# 小二仙草科
Haloragaceae

## 狐尾藻属 *Myriophyllum* L.

### 狐尾藻 *Myriophyllum spicatum* L.

**别名：**穗状狐尾藻

鉴别特征：多年生草本。根状茎生于泥中。茎光滑，多分枝，圆柱形。叶轮生，羽状全裂，裂片丝状，无叶柄。穗状花序生于茎顶，花单性或两性，雌雄同株，花序上部为雄花，下部为雌花。果实球形，具4条浅槽，表面有突起。

生境：水生植物。生于池塘、河边浅水中。

分布：内蒙古各州。

狐尾藻（刘铁志摄于兴安盟科尔沁右翼前旗索）

## 轮叶狐尾藻 *Myriophyllum verticillatum* L.

别名：狐尾藻

鉴别特征：多年生水生草本，泥中具根状茎。茎直立，圆柱形，光滑无毛，高20～40厘米。叶通常4叶轮生，羽状全裂。花单性，雌雄同株或杂性，单生于水上叶的叶腋内；花瓣极小，早落；雄花花萼裂片三角形；花瓣椭圆形，花药椭圆形，花丝丝状，开花后伸出花冠外，子房下位，羽毛状，向外反卷。果实卵球形。

生境：水生植物。生于池沼。

分布：内蒙古各州。

轮叶狐尾藻（徐杰摄于呼和浩特市）

# 杉叶藻科
## Hippuridaceae

### 杉叶藻属 *Hippuris* L.

#### 杉叶藻 *Hippuris vulgaris* L.

**鉴别特征**：多年生草本，生于水中，全株光滑无毛。根茎匍匐，生于泥中。茎圆柱形，直立，不分枝，高 20～60 厘米，有节。叶轮生。花小，两性，稀单性，无梗，单生于叶腋；无花瓣；花药椭圆形，子房下位，椭圆形，长不到 1 毫米。花柱丝状，稍长于花丝。核果矩圆形。

**生境**：生于池塘浅水中或河岸边湿草地。

**分布**：内蒙古各州。

杉叶藻（徐杰、刘铁志、哈斯巴根摄于锡林郭勒盟阿巴嘎旗、呼伦贝尔市根河市和赤峰市阿鲁科尔沁国家级自然保护区）

# 锁阳科
## Cynomoriaceae

### 锁阳属 *Cynomorium* L.

#### 锁阳 *Cynomorium songaricum* Rupr.

**别名**：地毛球、羊锁不拉、铁棒锤、锈铁棒

**鉴别特征**：多年生肉质寄生草本，高 15～100 厘米。寄主根上着生大小不等的锁阳芽体。茎圆柱状，呈螺旋状排列。雄花、雌花和两性花相伴杂生，有香气；雌蕊情况同雌花。小坚果，近球形或椭圆形，顶端有宿存浅黄色花柱，果皮白色。种子近球形，深红色。

**生境**：多寄生在白刺属植物的根上。生于荒漠草原、草原化荒漠与荒漠地带。

锁阳（徐杰摄于阿拉善左旗）

**分布**：锡林郭勒、乌兰察布，鄂尔多斯、东阿拉善、西阿拉善、额济纳州。

# 五加科
## Araliaceae

## 楤木属 *Aralia* L.

### 东北土当归 *Aralia continentalis* Kitag.

**鉴别特征：** 多年生草本，高达 1.5 米。2～3 回羽状复叶；小叶椭圆状倒卵形或卵形，边缘有不整齐的锯齿。圆锥花序大，直径达 55 厘米，伞形花序直径 1.5～2 厘米；花多数，花萼无毛，边缘有 5 个三角形尖齿；花瓣 5，三角状卵形。浆果状核果球形。

**生境：** 生于林下、灌丛。

**分布：** 燕山北部州。

东北土当归（刘铁志采于赤峰市宁城县黑里河林场莲花山）

## 五加属 *Eleutherococcus* Maxim.

### 刺五加 *Eleutherococcus senticosus*（Rupr. et Maxim.）Maxim.

**别名：** 刺花棒

**鉴别特征：** 落叶灌木，高达 1～3（5）米，分枝多。树皮淡灰色，纵沟裂，具多刺。掌状复叶，互生，椭圆状倒卵形或矩圆形，边缘具不规则的锐重锯齿。伞形花序排列成球形，花瓣

5，紫黄色；花药白色。果为浆果状核果，近球形，黑色。

　　**生境**：中生灌木。性耐阴、耐寒。喜生于湿润或较肥沃土坡，散生或丛生于针阔混交林或杂木林内。

　　**分布**：燕山北部、辽河平原、兴安南部州。

刺五加（刘铁志摄于赤峰市喀喇沁旗旺业甸林场）

## 短梗五加 *Eleutherococcus sessiliflorus*（Rupr. et Maxim.）S. Y. Hu

　　**别名**：无梗五加、乌鸦子

　　**鉴别特征**：落叶灌木或小乔本，高达 1.5～3.0 米，少分枝。掌状复叶，小叶 3～5，长椭圆状倒卵形、倒卵形，边缘具不规则重锯齿。花序由数个球形头状花序组成的复伞形花序紧密，枝疏生短刺，不为细长针状；子房 2 室，花梗长 2.5 毫米，花瓣 5，暗紫色。卵果黑色，倒卵球形。

　　**生境**：弱阳性树种，稍耐荫，耐寒。生于湿润肥沃山坡、沟谷两旁及桦木林下。

分布：燕山北部、阴山州。

短梗五加（哈斯巴根摄于通辽市大青沟国家级自然保护区）

# 伞形科
## Apiaceae

## 柴胡属 *Bupleurum* L.

### 黑柴胡 *Bupleurum smithii* H. Wolff

鉴别特征：多年生草本，常丛生，高25～60厘米。根黑褐色。茎立或斜升，有显著的纵棱。中部的茎生叶狭矩圆形或倒披针形，卵形至卵圆形，黄绿色。复伞形花序；小伞形花序直径1～2厘米，花梗长1.5～2.5毫米；花瓣黄色，花柱干时紫褐色。双悬果棕色，卵形，每棱槽有油管3条。

生境：中生植物。生于山坡草地、山谷、山顶阴处。

分布：兴安北部、燕山北部、阴山州。

黑柴胡（徐杰摄于乌兰察布市凉城蛮汉山林场）

## 兴安柴胡 *Bupleurum sibiricum* Vest ex Sprengel

**鉴别特征：**植株高15～60厘米。根长圆锥形，黑褐色，有支根，根茎圆柱形，黑褐色，上部包被枯叶鞘与叶柄残留物，先端分出数茎。茎直立，略呈"之"字形弯曲。叶片条状倒披针形。复伞形花序顶生和腋生；小伞形花序；萼齿不明显；花瓣黄色。果椭圆形。

**生境：**中旱生植物。主要生于森林草原及山地草原，亦见于山地灌丛及林缘草甸。

**分布：**岭东、兴安南部、兴安北部、阴山州。

兴安柴胡（徐杰摄于呼和浩特市大青山）

## 大叶柴胡 *Bupleurum longiradiatum* Turcz.

**鉴别特征：**多年生草本，高50～150厘米。基生叶宽卵形、椭圆形或披针形，基部变窄成长柄；茎生叶短柄或无柄，卵形、狭卵形或广披针形，基部心形或具叶耳，抱茎。复伞形花序顶生或腋生，小总苞片小而狭；花黄色。双悬果矩圆状椭圆形。

**生境：**中生植物。生于山地林缘草甸和灌丛。

**分布：**兴安北部、岭东州。

大叶柴胡（刘铁志摄于呼伦贝尔市根河市）

锥叶柴胡（刘铁志摄于呼伦贝尔市新巴尔虎右旗贝尔）

## 锥叶柴胡 *Bupleurum bicaule* Helm

**鉴别特征：** 多年生草本，高 10～35 厘米。根茎常分枝，包被毛刷状叶鞘残留纤维。茎常多数丛生，稍呈"之"字形弯曲。叶狭条形，边缘常对折或内卷，基部半抱茎。复伞形花序顶生或腋生，小总苞片小而狭；花黄色。双悬果矩圆状椭圆形。

**生境：** 旱生植物。生于山地石质坡地。

**分布：** 岭西、呼伦贝尔、兴安南部、锡林郭勒、乌兰察布、阴山州。

## 短茎柴胡 *Bupleurum pusillum* Krylov

**鉴别特征：** 多年生矮小草本，高 2～10 厘米。茎丛生，分枝曲折。基生叶簇生。复伞形花序顶生和侧生；小伞形花序花 10～15；花黄色，花柱基深黄色。果卵圆状椭圆形。

**生境：** 旱生植物。生于干旱山坡草地、砾石坡地。

**分布：** 阴山、贺兰山州。

短茎柴胡（徐杰摄于阿拉善贺兰山）

## 红柴胡 *Bupleurum scorzonerifolium* Willd.

**别名：** 狭叶柴胡、软柴胡

**鉴别特征：** 植株高 10～60 厘米。主根长圆锥形，常红褐色。茎通常单一。基生叶与茎下部叶具长柄，叶片条形或披针状条形，宽 3～5 毫米。小总苞片通常 5，披针形；花瓣黄色。果近椭圆形。

**生境：** 旱生植物。草原群落的优势杂类草，亦为草甸草原、山地灌丛、沙地植被的常见伴生种。生于草原、丘陵坡地、固定沙丘。

**分布**：兴安北部、呼伦贝尔、锡林郭勒、科尔沁、鄂尔多斯、阴南丘陵、赤峰丘陵、岭东、岭西、辽河平原、乌兰察布、阴山州。

红柴胡（徐杰摄于赤峰市阿鲁科尔沁旗高格斯台罕山）

## 北柴胡 *Bupleurum chinense* DC.

**别名**：柴胡、竹叶柴胡

**鉴别特征**：植株高 15～17 厘米。主根圆柱形或长圆锥形，黑褐色或棕褐色，具支根；根茎圆柱形，黑褐色，具横皱纹，顶端生出数茎。茎直立，稍呈"之"字形弯曲。复伞形花序顶生和腋生；花瓣黄色。果椭圆形。

生境：旱生植物。生于山地草原、灌丛。

分布：兴安南部、燕山北部、阴山、阴南丘陵、赤峰丘陵州。

北柴胡（徐杰摄于呼和浩特市大青山）

## 泽芹属 *Sium* L.

### 泽芹 *Sium suave* Walt.

鉴别特征：多年生草本，高40～100厘米。根多数成束状。棕褐色，茎直立，具明显纵棱与宽且深的沟槽。叶片为1回单数羽状复叶，轮廓卵状披针形、卵形或矩圆形，边缘具尖锯齿。复伞形花序直径，边缘膜质；花瓣白色，花柱基厚垫状，边缘微波状。果近球形，具锐角状宽棱，木栓质。

生境：湿生植物。生于沼泽、池沼边、沼泽草甸。

分布：兴安北部、兴安南部、科尔沁、锡林郭勒、呼伦贝尔、辽河平原、燕山北部、鄂尔多斯州。

泽芹（徐杰摄于赤峰市阿鲁科尔沁旗高格斯台罕山）

## 毒芹属 *Cicuta* L.

### 毒芹 *Cicuta virosa* L.

别名：芹叶钩吻

鉴别特征：多年生草本，高 50～140 厘米。具多数肉质须根；根茎绿色。节间极短，节的横隔排列紧密，内部形成许多扁形腔室。茎直立，上部分枝，圆筒形，节间中空，具纵细棱。叶片 2～3 回羽状全裂，轮廓为三角形或卵状三角形。复伞形花；萼齿三角形；花瓣白色。

生境：湿中生植物。生于河边、沼泽、沼泽草甸和林缘草甸。

分布：兴安北部、兴安南部、锡林郭勒、科尔沁、辽河平原、阴南丘陵、鄂尔多斯州。

毒芹（徐杰、刘铁志摄于赤峰市阿鲁科尔沁旗罕山和赤峰市宁城县黑里河道须沟）

## 茴芹属 *Pimpinella* L.

### 羊洪膻 *Pimpinella thellungiana* H. Wolff

别名：缺刻叶茴芹、东北茴芹

鉴别特征：多年生或二年生草本，高 30～80 厘米。主根长圆锥形，直径 2～5 毫米。茎直立，上部稍分枝，下部密被稍倒向的短柔毛，具纵细棱，节间实心。叶片 1 回单数羽状复叶，轮廓矩圆形至卵形，矩圆状披针形、卵状披针形或卵形。复伞形花序。果卵形。

生境：中生植物。生于林缘草甸、沟谷及河边草甸。

分布：兴安北部、岭东、岭西、呼伦贝尔、兴安南部、锡林郭勒州。

羊洪膻（徐杰摄于赤峰市阿鲁科尔沁旗高格斯台罕山）

## 水芹属 *Oenanthe* L.

### 水芹 *Oenanthe javanica*（Blume）DC.

别名：野芹菜

鉴别特征：多年生草本，高30～70厘米，全株无毛。根状茎匍匐，中空。茎直立，圆柱形，有纵条纹，少分枝。叶片为1～2回羽状全裂，轮廓三角形或三角状卵形，边缘有疏牙齿状锯齿。复伞形花序顶生或腋生，花瓣白色，倒卵形，先端有反折小舌片，花柱基圆锥形。双悬果矩圆形或椭圆形果皮厚，木栓质。

生境：湿生植物。生于池沼边、水沟旁。

分布：科尔沁、辽河平原州。

水芹（哈斯巴根、刘铁志摄于通辽市大青沟国家级自然保护区和赤峰市喀喇沁旗马鞍山）

葛缕子（徐杰摄于乌兰察布市凉城县蛮汉山林场）

## 葛缕子属 *Carum* L.

### 葛缕子 *Carum carvi* L.

别名：黄蒿、野胡萝卜

鉴别特征：二年生或多年生草本，全株无毛，高25～70厘米。主根圆锥形、纺锤形或圆柱形，肉质，褐黄色，直径6～12毫米。茎直立，具纵细棱，上部分枝。叶片2～3回羽状全裂，轮廓条状矩圆形。复伞形花序；花瓣白色或粉红色，倒卵形。果椭圆形。

生境：中生植物。生于林缘草甸，盐化草甸及田边路旁。

分布：兴安北部、兴安南部、呼伦贝尔、锡林郭勒、岭东、燕山北部、贺兰山、阴山州。

葛缕子（徐杰摄于乌兰察布市凉城县蛮汉山林场）

## 田葛缕子 *Carum buriaticum* Turcz.

**鉴别特征：**二年生草本，高 25～80 厘米。基生叶和茎下部叶具长柄；叶 2～3 回羽状全裂，1 回羽片 5～7 对，远离，最终裂片狭条形；上部和中部茎生叶变小与简化，叶鞘具白色狭膜质边缘。复伞形花序顶生或腋生，小总苞片 8～12；花白色。双悬果椭圆形。

**生境：**旱中生植物。生于田边路旁、撂荒地、山地沟谷。

**分布：**兴安南部、呼伦贝尔、锡林郭勒、燕山北部、乌兰察布、阴山、阴南丘陵、鄂尔多斯州。

田葛缕子（刘铁志摄于赤峰市喀喇沁旗十家）

## 阿魏属 *Ferula* L.

### 沙茴香 *Ferula bungeana* Kitag.

**别名**：硬阿魏、牛叫磨

**鉴别特征**：多年生草木，高30～50厘米。直根圆柱形，直伸地下，直径4～8毫米，淡棕黄色。根状茎圆柱形，长或短，顶部包被淡褐棕色的纤维状老叶残基。叶3～4回羽状全裂，轮廓三角状卵形。复伞形花序多数，常成层轮状排列，花瓣黄色。果矩圆形，背腹压扁。

**生境**：嗜沙旱生植物。常生于典型草原和荒漠草原地带的沙地。

**分布**：辽河平原、科尔沁、锡林郭勒、乌兰察布、阴山、阴南丘陵、鄂尔多斯、东阿拉善、西阿拉善州。

沙茴香（徐杰摄于鄂尔多斯市准格尔旗库布其沙漠）

## 防风属 *Saposhnikovia* Schischk.

### 防风 *Saposhnikovia divaricata*（Turcz.）Schischk.

**别名**：关防风、北防风，旁风

**鉴别特征**：多年生草本，高30～70厘米。主根圆柱形，粗壮，直径约1厘米，外皮灰棕色；根状茎短圆柱形，外密被棕褐色纤维状老叶残基。茎直立，二歧式多分枝。叶片2～3回羽状深裂。复伞形花序多数；萼齿卵状三角形，花瓣白色；子房被小瘤状突起。

生境：旱生植物。分布广泛，常为草原植被伴生种，也见于丘陵坡地，固定沙丘。

分布：兴安北部、兴安南部、岭东、岭西、辽河平原、科尔沁、锡林郭勒、燕山北部，阴山、鄂尔多斯州。

防风（徐杰摄于赤峰市克什克腾旗）

## 蛇床属 *Cnidium* Cusson ex Juss.

### 碱蛇床 *Cnidium salinum* Turcz.

鉴别特征：二年生或多年生草本，高 20～50 厘米，茎基部常常带红紫色。叶少数，基生叶和茎下部叶具长柄与叶鞘；叶 2～3 回羽状全裂，1 回羽片 3～4 对，具柄，最终裂片条形；上部和中部茎生叶变小与简化，叶柄全部成叶鞘。复伞形花序顶生或腋生，总苞片通常不存在，稀具 1～2，条状锥形；小总苞片 7～9，花白色。双悬果近椭圆形。

生境：中生植物。生于河边和湖边碱性湿草甸。

分布：兴安北部、岭西、兴安南部、锡林郭勒、燕山北部、鄂尔多斯、贺兰山州。

碱蛇床（刘铁志摄于赤峰市克什克腾旗达里诺尔）

蛇床（刘铁志摄于赤峰市克什克腾旗达里诺尔）

## 蛇床 *Cnidium monnieri*（L.）Cuss.

**鉴别特征**：一年生草本，高 30～80 厘米，茎下部微被短硬毛。基生叶和茎下部叶具长柄与叶鞘；叶 2～3 回羽状全裂，1 回羽片 3～4 对，远离，具柄，最终裂片条形或条状披针形；上部和中部茎生叶变小与简化，叶柄全部成叶鞘。复伞形花序顶生或腋生，总苞片 7～13，条状锥形；小总苞片 9～11，花白色。双悬果宽椭圆形。

**生境**：中生植物。生于河边和湖边草甸、田边。

**分布**：兴安北部、呼伦贝尔、兴安南部、燕山北部州。

## 藁本属 *Ligusticum* L.

## 岩茴香 *Ligusticum tachiroei*（Franch. et Sav.）M. Hiroe et Constance

**别名**：细叶藁本、丝叶藁本

**鉴别特征**：多年生草本，高 15～50 厘米。基生叶具长柄与叶鞘；叶 3～4 回羽状全裂，1 回羽片 4～5 对，远离，具柄，最终裂片丝状条形；茎生叶变小与简化。复伞形花序顶生或腋生，总苞片数片，狭条形；小总苞片数片，条形，花两性或雌性，萼齿三角状披针形，花瓣白色。双悬果卵状长椭圆形，花柱下弯。

**生境**：中生植物。生于山地河边草甸、阴湿石缝。

**分布**：兴安南部、燕山北部、阴山、阴南丘陵州。

岩茴香（刘铁志摄于赤峰市喀喇沁旗旺业甸）

## 辽藁本 *Ligusticum jeholense*（Nakai et Kitag.）Nakai et Kitag.

**别名**：热河藁本

**鉴别特征**：多年生草本，高 30～70 厘米。根状茎短，节不膨大。基生叶具长柄与叶鞘；叶 2～3 回三出羽状全裂，1 回羽片 2～4 对，远离，具柄，最终裂片卵形，边缘常 3～5 浅裂；茎生叶变小与简化。复伞形花序，总苞片 2～6，早落，小总苞片 8～10，钻形，花瓣白色。果期花柱向下反曲，长不及果的 1/2。

**生境**：中生植物。生于山地和沟谷林下、溪边。

**分布**：兴安南部、燕山北部州。

辽藁本（刘铁志摄于赤峰市宁城县黑里河）

## 细叶藁本 *Ligusticum tenuissimum*（Nakai）Kitag.

**别名：** 火藁本、藁本

**鉴别特征：** 多年生草本，高 30～70 厘米。根状茎短，根分叉。基生叶具长柄与叶鞘；叶 3～4 回三出羽状全裂，1 回羽片 2～4 对，远离，具柄，最终裂片宽条形；茎生叶变小与简化。复伞形花序顶生或腋生，总苞片 1～2，早落，小总苞片 5～8，条状披针形，花瓣白色。果期花柱向下反曲。

**生境：** 中生植物。生于山地和沟谷林下、溪边。

**分布：** 燕山北部州。

细叶藁本（刘铁志摄于赤峰市宁城县黑里河）

## 独活属 *Heracleum* L.

### 短毛独活 *Heracleum moellendorffii* Hance

**别名**：短毛白芷、东北牛防风、兴安牛防风

**鉴别特征**：多年生草本，高80～200厘米，植株幼嫩时几乎全被绒毛，老时被短硬毛。主根圆锥形，多支根，淡黄棕色或褐棕色。1回羽状复叶或2回羽状分裂。复伞形花序顶生与腋生，小伞形花序具花10～20朵，小总苞片条状锥形，花瓣白色；花柱基短圆锥形。果宽椭圆形或倒卵形，背面上半部有4条油管。

**生境**：中生植物。生于山坡林下、林缘、山沟溪边。

**分布**：兴安北部、兴安南部、燕山北部、岭西、阴山、岭东州。

短毛独活（徐杰摄于乌兰察布市卓资山县黄花沟）

### 狭叶短毛独活 *Heracleum moellendorffii* Hance var. *subbipinnatum* （Franch.）Kitag.

**鉴别特征**：本变种与短毛独活区别在于叶2回羽状全裂，2回裂片卵状披针形。

**生境**：中生植物。生于山地林下和林缘。

**分布**：燕山北部州。

狭叶短毛独活（刘铁志摄于赤峰市宁城县黑里河）

狭叶短毛独活（刘铁志摄于赤峰市宁城县黑里河）

## 柳叶芹属 *Czernaevia* Turcz. ex Ledeb.

### 柳叶芹 *Czernaevia laevigata* Turcz.

**别名：**小叶独活

**鉴别特征：**二年生草本，高 40～100 厘米。基生叶花时常枯萎；茎生叶 3～5 片；下部叶具长柄，叶片 2 回羽状全裂；1 回羽片 2～3 对，具短柄；最终羽片披针形至矩圆状披针形，基部稍歪斜，边缘具锯齿或重锯齿。复伞形花序无总苞片，小总苞片 2～8，花瓣白色，外缘花具辐射瓣。果椭圆形，背棱和中棱狭翅状，侧棱为宽翅状。

**生境：**中生植物。生于河边沼泽草甸、山地灌丛、林下和林缘草甸。

**分布：**兴安北部、岭东、岭西、兴安南部、燕山北部、阴山州。

柳叶芹（刘铁志摄于赤峰市巴林右旗赛罕乌拉）

## 珊瑚菜属 *Glehnia* F. Schmidt ex Miq.

### 珊瑚菜 *Glehnia littoralis* F. Schmidt ex Miq.

别名：北沙参

鉴别特征：多年生草本，高5～25厘米。主根圆柱形。基生叶具长柄和宽叶鞘；叶三出式分裂或三出式2回羽状分裂，裂片卵圆形或椭圆形，边缘有粗锯齿，上面有光泽。复伞形花序顶生，密生白色或灰褐色绒毛；无总苞；小总苞片8～12；花白色。果圆球形或椭圆形，果棱木质化，翅状，有棕色毛。

生境：中生植物。生于河滨沙地。

分布：赤峰市喀喇沁旗大量栽培。

珊瑚菜（刘铁志摄于赤峰市喀喇沁旗牛营子）

## 前胡属 *Peucedanum* L.

### 石防风 *Peucedanum terebinthaceum*（Fisch. ex. Trev.）Ledeb.

鉴别特征：多年生草本，高35～100厘米。主根圆柱形，灰黄色，具支根，根状茎较主根细，包被棕黑色纤维状叶柄残基。茎直立，表面具细纵棱，节部膨大，无毛，具光泽。叶片2～3回羽状全裂，2回羽片卵形至披针形，无柄，羽状中裂至深裂，最终裂片卵状披针形至披针形。复伞形花序。果椭圆形或矩圆状椭圆形。

生境：中生植物。生于山地林缘、山坡草地。

分布：兴安北部、岭东、岭西、兴安南部、燕山北部、锡林郭勒州。

石防风（刘铁志摄于赤峰市巴林右旗赛罕乌拉）

## 山芹属 *Ostericum* Hoffm.

### 全叶山芹 *Ostericum maximowiczii* ( F. Schmidt ex Maxim. ) Kitag.

**鉴别特征：**多年生草本，高 40～80 厘米。茎下部叶具长柄和长叶鞘，上部叶短柄或无柄，但具长叶鞘；叶 3～4 回三出羽状全裂，最终裂片细长，条状披针形或条形，全缘。复伞形花序，总苞片 1，早落；小总苞片 5～9；花白色。果背棱隆起，侧棱翼状。

**生境：**湿中生植物。生于山地河谷草甸、林缘草甸或林下草甸。

**分布：**兴安北部、岭东、呼伦贝尔、锡林郭勒州。

全叶山芹（刘铁志摄于呼伦贝尔市阿荣旗）

### 绿花山芹 *Ostericum viridiflorum* ( Turcz. ) Kitag.

**别名：**绿花独活

**鉴别特征：**二年生或多年生草本，高 50～100 厘米。茎直立，上部或中部有分枝，中空，具纵行的粗锐棱。2 回三出羽状复叶，小叶卵形或披针状卵形。复伞形花序顶生或侧生，顶生者花序梗短；萼齿卵形，花瓣淡绿色或白色，椭圆状倒卵形。双悬果矩圆形。

**生境：**湿中生植物。生于河边湿草甸、沼泽草甸。

**分布：**兴安北部、呼伦贝尔、兴安南部州。

绿花山芹（徐杰摄于乌兰察布市凉城蛮汉山林场）

## 山芹 *Ostericum sieboldii* ( Miq. ) Nakai

别名：山芹独活、山芹当归、狭叶山芹

鉴别特征：多年生草本，高 40～120 厘米。直根圆锥形，具支根，褐色，根茎短，圆柱形，具横皱纹。叶鞘三角状卵形，其多数纵棱，抱茎，2 回羽状复叶，小叶卵形或狭卵形。复伞形花序顶生和腋生；小伞形花序，具花 20 余朵，花瓣白色，基部骤狭成短爪。果矩圆状椭圆形。

生境：中生植物。生于山坡林缘、林下、山沟溪边草甸。

分布：兴安北部、兴安南部、辽河平原、燕山北部、锡林郭勒、阴山州。

山芹（徐杰摄于赤峰市喀喇沁旗）

### 当归属 *Angelica* L.

## 白花下延当归 *Angelica decursiva* ( Miq. ) Franch. ex Sav. f. *albiflora* ( Maxim. ) Nakai

别名：鸭巴前朝、白花日本前胡

鉴别特征：多年生草本，高达 1 米，全株带芳香气。根粗壮，分歧。茎直立，单一，具纵细棱，有光泽。叶片 1～2 回三出羽状全裂，边缘及翅具锐尖牙齿，具白色软骨质狭边，总苞片卵形或椭圆形，具 1 片向下反折的总苞片。花瓣白色，椭圆状披针形。双悬果椭圆形，分生果背棱隆起。

生境：湿中生植物。生于林下溪边、林缘湿草甸。

分布：辽河平原州。

白花下延当归（哈斯巴根摄于通辽市大青沟国家级自然保护区）

## 当归 *Angelica sinensis*（Oliv.）Dies

别名：秦归

鉴别特征：多年生草本，高 30～100 厘米。主根粗短，肉质肥大，圆锥形，下部分生支根，黄棕色，具香气。茎直立，上部稍分枝，圆柱形，表面具纵细棱，无毛。叶片为 2～3 回羽状全裂，轮廓三角状卵形。复伞形花序顶生或腋生；花瓣白色或绿白色；花柱基垫状圆锥形，紫色。果矩圆形或椭圆形。

当归（徐杰摄于赤峰市宁城县）

生境：中生植物。栽培植物。

分布：燕山北部、阴山州有栽培。

## 兴安白芷 *Angelica dahurica*（Fisch. ex Hoffm.）Benth. et Hook. f. ex Franch. et Sav.

别名：大活（东北）、独活（辽宁）、走马芹（东北）

鉴别特征：多年生草本，高1～2米。直根圆柱形，粗大，分歧，直径3～6厘米，棕黄色，具香气。茎直立，上部分枝。叶片3回羽状全裂，轮廓三角形或卵状三角形。复伞形花序，无萼齿，花瓣白色。果实椭圆形，背腹压扁。

生境：中生植物。散见于针叶林硬落叶阔叶林区。生于山沟溪旁灌丛下，林缘草甸。

分布：兴安北部、兴安南部、岭西、辽河平原、燕山北部州。

兴安白芷（徐杰摄于赤峰市阿鲁科尔沁旗高格斯台罕山）

## 拐芹当归 *Angelica polymorpha* Maxim.

鉴别特征：多年生草本，高0.5～1.5米。根圆柱形。茎单一，中空，光滑或有稀疏短糙毛。叶2～3回三出式羽状分裂，叶轴及小叶柄膝曲或反卷。复伞形花序，总苞片1～3，小苞片7～10，狭线形，紫色，有缘毛；花有萼齿，花瓣白色无毛，顶端内曲；花柱短，常反卷。果实长圆形，背棱短翅状，侧棱膜质的翅与果体等宽，棱槽有1油管，合生面有2油管。

拐芹当归（刘铁志摄于赤峰市宁城县黑里河）

生境：山沟溪流旁，杂木林下、灌丛间。

分布：燕山北部州

## 迷果芹属 *Sphallerocarpus* Bess. ex DC.

### 迷果芹 *Sphallerocarpus gracilis*（Bess. ex Trev.）K.-Pol.

别名：东北迷果芹

鉴别特征：一年生或二年生草本，高 30～120 厘米。茎直立，多分枝，具纵细棱，被开展的或弯曲的长柔毛，毛长 0.5～3.0 毫米。叶片 3～4 回羽状分裂，三角状卵形。复伞形花序；花两性或单性；萼齿很小，三角形；花瓣白色。双悬果矩圆状椭圆形。

生境：中生植物。杂草。有时成为撂荒地植被的建群种。生于田边村旁，撂荒地及山地林缘草甸。

分布：兴安北部、岭东、岭西、呼伦贝尔、兴安南部、赤峰丘陵、锡林郭勒、乌兰察布、阴山、东阿拉善、贺兰山、龙首山州。

迷果芹（刘铁志摄于赤峰市新城区）

## 峨参属 *Anthriscus* Pres.

### 峨参 *Anthriscus sylvestris*（L.）Hoffm.

别名：山胡萝卜缨子

鉴别特征：多年生草本，高 50～150 厘米。主根圆柱状圆锥形，肉质，直径 1.0～1.5 厘米；黑褐色。根茎圆柱形，具横皱纹。茎直立，中空，具横纵棱，通常无毛或被稀疏短柔毛，上部分枝。叶片 2～3 回羽状全裂，轮廓三角形。复伞形花序疏松；花两性或单性；无萼齿；花瓣白色，倒卵形或狭倒卵形，先端凹缺，无小舌片。双悬果条状矩圆形。

生境：中生植物。主要分布于林区，少见于草原的山地、林缘草甸、山谷灌木林下。

分布：兴安南部、燕山北部、阴山州。

峨参（刘铁志摄于兴安盟阿尔山市白狼）

峨参（刘铁志摄于兴安盟阿尔山市白狼）

## 刺果峨参 *Anthriscus nemorosa*（ M. von Bieb.）Spreng.

别名：东北峨参

鉴别特征：多年生草本，高 50～100 厘米。基生叶与茎下部叶具长柄和长叶鞘，常被柔毛。叶 2～3 回羽状分裂，最终裂片披针形或矩圆状卵形；茎中、上部叶渐小并简化。复伞形花序顶生或腋生，总苞片无或 1；小总苞片 5；花白色。双悬果条状矩圆形，被向上弯曲的刺毛。

生境：中生植物。生于山地林下。

分布：兴安南部、辽河平原、燕山北部州。

刺果峨参（刘铁志摄于赤峰市阿鲁科尔沁旗高格斯台罕山）

## 棱子芹属 *Pleurospermum* Hoffm.

### 棱子芹 *Pleurospermum uralense* Hoffm.

**别名：**走马芹

**鉴别特征：**多年生草本，高70～150厘米。基生叶和茎下部叶具长柄，叶鞘边缘宽膜质；叶2～3羽状全裂，1回羽片2～3对，最终裂片边缘羽状缺刻或不规则尖齿。复伞形花序顶生或腋生；总苞片多数，向下反折，常羽状深裂；小总苞片10余片，向下反折；花瓣白色。果实椭圆形，被小瘤状突起。

**生境：**中生植物。生于山谷林下、林缘草甸和溪边。

**分布：**兴安南部和阴山州。

棱子芹（刘铁志摄于乌兰察布市凉城县蛮汉山林场）

## 羌活属 *Notopterygium* H. de Boiss.

### 宽叶羌活 *Notopterygium franchetii* H. de Boiss.

**别名：**龙牙香、福氏羌活

**鉴别特征：**多年生草本，高1～2米。基生叶和茎下部叶具长柄和抱茎的叶鞘；叶为三出式3回羽状复叶，小叶椭圆形、卵形或卵状披针形，边缘具粗锯齿；茎上部叶较小而简化。复伞形花序顶生或腋生；总苞片无，稀1～3，早落；小总苞片6～9；花瓣淡黄色。果实矩圆状椭圆形，黄色，有光泽，果棱均扩展成翅。

**生境：**中生植物。生于山地林下、林缘、灌丛和沟谷溪边。

**分布：**兴安南部、阴山州。

宽叶羌活（刘铁志摄于乌兰察布市凉城县蛮汉山林场）

## 变豆菜属 *Sanicula* L.

### 变豆菜 *Sanicula chinensis* Bunge

别名：鸭掌芹

鉴别特征：多年生草本，高 30～70 厘米。基生叶和茎下部叶具长柄，中、上部具短柄，基部抱茎；叶掌状 3 全裂，有时 5 裂，裂片楔状倒卵形或倒卵形，边缘具重锯齿，侧裂片下部常2 裂。花序 2～3 回叉状分枝；总苞片 2，对生，叶状；伞形花序 2～3 出，小总苞片 8～10；花瓣白色或绿白色。双悬果密被钩状皮刺。

生境：湿中生植物。生于沟边林下阴湿处。

分布：辽河平原州。

变豆菜（刘铁志摄于通辽市科尔沁左翼后旗）

## 窃衣属 *Torilis* Adans.

### 小窃衣 *Torilis japonica*（Houtt.）DC.

别名：破子草

鉴别特征：一年生草本，高20～80厘米，全株密生短硬毛。茎直立，圆柱形，有纵条纹，上部有分枝。叶片为1～2回羽状全裂，轮廓长卵形。复伞形花序顶生或腋生；伞幅条状锥形，小伞形花序；萼片三角状披针形；花瓣白色，倒圆卵形；花柱基圆锥形。双悬果卵形。

生境：中生植物。生于沟底杂木林下。

分布：辽河平原、燕山北部州。

小窃衣（徐杰摄于赤峰市喀喇沁旗）

## 岩风属 *Libanotis* Hiller ex Zinn

### 香芹 *Libanotis seseloides*（Fisch. et C.A. Mey.）Turcz.

别名：邪蒿

鉴别特征：多年生草本，高40～90厘米。茎直立，具纵向深槽和锐棱。基生叶和茎下部叶具长柄和叶鞘；叶3回羽状全裂，1回羽片5～7对，远离，无柄，最终裂片条形或条状披针形，边缘向下稍卷折；茎中、上部叶较小与简化。复伞形花序；总苞片无，稀1～5；小总苞片10余片；花瓣白色。双悬果卵形，果棱同形。

生境：中生植物。生于山地草甸、林缘。

分布：兴安北部、岭东、岭西、兴安南部州。

香芹（赵家明摄于呼伦贝尔市海拉尔区）

## 密花岩风 *Libanotis condensate*（**L.**）**Crantz**

别名：密花香芹

鉴别特征：多年生草本，高 30～80 厘米。茎直立，具不明显纵棱。基生叶和茎下部叶具长柄和叶鞘；叶 2～3 回羽状全裂，1 回羽片 4～7 对，远离，近无柄，最终裂片条形；茎中、上部叶较小与简化。复伞形花序；总苞片数片至多数，有时无，早落；小总苞片 8～14，狭条形，与花梗等长或稍长；花瓣白色。双悬果密被开展柔毛，果棱异形，侧棱翅状。

生境：中生植物。生于山地灌丛、林缘及河边草甸。

分布：兴安北部、兴安南部、燕山北部州。

密花岩风（刘铁志摄于赤峰市宁城县黑里河）

# 山茱萸科
Cornaceae

## 山茱萸属 *Cornus* **L.**

### 红瑞木 *Cornus alba* **L.**

别名：红瑞山茱萸

鉴别特征：落叶灌木，高达 2 米。小枝紫红色，光滑，幼时常被蜡状白粉，具柔毛。叶对生，卵状椭圆形或宽卵形，弧形，侧脉 5～6 对，下面粉白色，疏生长柔毛。顶生伞房状聚伞花序；花梗与花轴密被柔毛，萼筒杯形，齿三角形，与花盘几等长；花瓣 4，卵状舌形，白色；雄蕊 4 与花瓣互生；花盘垫状，黄色；子房位于花盘下方，柱头碟状。核果乳白色，矩圆形。

生境：生于河谷、溪流旁及杂木林中。

分布：兴安北部、岭东、岭西、兴安南部、燕山北部、阴山州。

红瑞木（徐杰摄于呼和浩特市大青山）

## 沙梾 *Cornus bretschneideri* L. Henry

**别名**：毛山茱萸

**鉴别特征**：落叶灌木，高达 2 米。小枝紫红色或暗紫色，被短柔毛。叶对生，椭圆形或卵形。顶生圆锥状聚伞花序，花轴和花梗疏生柔毛；萼筒球形，密被柔毛；花瓣 4，白色，具花盘；子房位于花盘下方，柱头头状。核果，球形，蓝黑色。

**生境**：生于海拔 1500～2300 米阴坡润湿的杂木林中或灌丛中。

**分布**：燕山北部、阴山州。

沙梾（徐杰摄于乌兰察布市凉城蛮汉山林场）

# 鹿蹄草科
## Pyrolaceae

### 鹿蹄草属 *Pyrola* L.

### 鹿蹄草 *Pyrola rotundifolia* L.

别名：鹿衔草、鹿含草、圆叶鹿蹄草

鉴别特征：多年生常绿草本，高 10～30 厘米，全株无毛。根状茎细长横走。叶于植株基部簇生，革质，卵形、宽卵形或近圆形。总状花序着生于花葶顶部；花萼 5 深裂，裂片披针形至三角状披针形，先端渐尖，常反折；花冠广展，白色或稍带蔷薇色，有香味，花药黄色。

生境：中生阴生植物。生于山地林下或灌丛中。

分布：兴安北部、岭东、兴安南部、燕山北部、阴山、贺兰山州。

鹿蹄草（徐建国摄于阿拉善贺兰山）

### 红花鹿蹄草 *Pyrola incarnata* Fisch. ex DC.

鉴别特征：多年生常绿草本，高 15～25 厘米。根茎细长，斜升。基部簇生叶 1～5 片，革质，近圆形或卵状椭圆形，先端和基部近圆形，近全缘，脉稍隆起，有长柄。花葶常带紫色，有 1～2 苞片；总状花序有 7～15 花，花稍下垂，花萼和花瓣粉红色至紫红色，雄蕊 10，花药粉红色至紫红色。蒴果扁球形。

生境：中生植物。生于山地针阔混交林、阔叶林及灌丛。

分布：兴安北部、岭东、岭西、兴安南部、燕山北部、阴山州。

红花鹿蹄草（刘铁志摄于赤峰市克什克腾旗乌兰布统）

## 单侧花属 *Orthilia* Raf.

### 钝叶单侧花 *Orthilia obtusata*（Turcz.）H. Hara

别名：团叶单侧花

鉴别特征：多年生常绿草本，高5～20厘米。叶近轮生于地上茎下部，薄革质，宽卵形或近圆形，先端钝或圆形，基部近圆形，边缘有圆齿。花葶上部有1～3枚鳞片状叶，卵状披针形。总状花序较短，有4～8花，偏向一侧，淡绿白色，花萼裂片5，花瓣5，雄蕊10，花柱直立，伸出花冠，柱头肥大，5浅裂。蒴果近扁球形。

生境：中生植物。生于落叶松林下。

分布：兴安北部、岭东、岭西、兴安南部、贺兰山州。

钝叶单侧花（赵家明摄于呼伦贝尔市额尔古纳市白鹿岛）

## 水晶兰属 *Monotropa* L.

### 松下兰 *Monotropa hypopitys* L.

鉴别特征：多年生腐生草本，肉质，白色或淡黄色，干后变黑，高17～20厘米。根多分枝，密集，外面包被一层菌根。茎直立，无毛或稍被毛。叶互生，鳞片状，近直立，贴向茎，上部的排列稀疏，下部的较紧密，卵状矩圆形，萼片4～5，鳞片状，狭倒卵形。花瓣4～5，淡黄色。蒴果椭圆状球形。

生境：中生植物。生于山地落叶松林下。

分布：兴安北部、岭东、燕山北部州。

松下兰（刘铁志摄于兴安盟阿尔山市白狼）

松下兰（刘铁志摄于兴安盟阿尔山市阿尔山市白狼）

# 杜鹃花科
## Ericaceae

### 杜香属 *Ledum* L.

狭叶杜香（赵家明、刘铁志摄于呼伦贝尔市额尔古纳市莫尔道嘎）

### 狭叶杜香 *Ledum palustre* L. var. *decumbens* Aiton

**鉴别特征：** 常绿小灌木，高50～100厘米，多分枝。叶互生或集生于枝顶，革质，椭圆形或卵状椭圆形，全缘，稍反卷，上下两面密被鳞斑。伞形花序，花梗短，具鳞斑；花冠辐状漏斗形，蔷薇色或紫蔷薇色；子房椭圆形，外被鳞斑。蒴果先端5瓣开裂，被鳞斑。

**生境：** 山地中生植物。生于山地或亚高山灌丛，矮桦林及石质坡地。

**分布：** 兴安北部州。

狭叶杜香（赵家明、刘铁志摄于呼伦贝尔市额尔古纳市莫尔道嘎）

## 杜鹃花属 *Rhododendron* L.

### 照山白 *Rhododendron micranthum* Turcz.

**别名**：照白杜鹃、小花杜鹃

**鉴别特征**：常绿灌木，高 1～2 米。叶多集生于枝端，长椭圆形或倒披针形，疏生鳞斑。多花组成顶生总状花序，被稀疏鳞斑；花小形；花萼 5 深裂，裂片三角状披针形；花冠钟状，白色。蒴果矩圆形。

**生境**：山地中生植物。生山地林缘及林间，为山地林缘灌丛的建群种，组成茂密的灌丛。

**分布**：兴安南部、辽河平原、燕山北部、赤峰丘陵州。

照山白（徐杰摄于通辽市大青沟国家级自然保护区）

### 迎红杜鹃 *Rhododendron mucronulatum* Turcz.

**别名**：迎山红、尖叶杜鹃

**鉴别特征**：落叶小灌木，多分枝，高 1～2 米。叶互生或集生于枝端，椭圆形或长椭圆状卵形，边缘有细密圆齿或近于全缘；叶柄具鳞斑。花单一或几朵花簇生于去年枝的上部；花冠较大，漏斗状，淡紫红色，宽卵形，边缘波状。蒴果矩圆形，暗褐色。

**生境**：中生植物。生山地灌丛。

**分布**：岭西、兴安南部、燕山北部州。

迎红杜鹃（徐杰摄于赤峰市喀喇沁旗旺业甸林场）

## 兴安杜鹃 *Rhododendron dauricum* L.

**别名：**达乌里杜鹃

**鉴别特征：**半常绿多分枝的灌木，高 0.5～1.5 米。叶近革质，椭圆形或卵状椭圆形，边缘具细钝齿或近全缘。1～4 花侧生枝端或近于顶生；花冠宽漏斗状，粉红色，长 1.5～1.8 厘米；花药紫红色，子房密生鳞斑，花柱紫红色，长约 2 厘米，宿存。蒴果长圆柱形，被鳞斑。

**生境：**山地中生植物。生山地落叶松林、桦木林下及林缘。

**分布：**兴安北部、岭东、岭西、兴安南部州。

兴安杜鹃（徐杰、刘铁志摄于赤峰市阿鲁科尔沁旗罕山和呼伦贝尔市阿荣旗）

## 天栌属 *Arctous*（A. Gray）Neid.

## 天栌 *Arctous ruber*（Rehd. et Wils.）Nakai

**别名：**红北极果、当年枯

**鉴别特征：**矮小落叶灌木，茎匍匐于地面，地上部分高不超过 10 厘米。叶簇生枝顶，倒披针形或狭倒卵状披针形；叶柄长 5～8 毫米。花 2～3 朵组成短总状花序或单一腋生；花冠坛状，淡黄绿色；花柱短于花冠，长于雄蕊。浆果鲜红色。

**生境：**耐寒中生植物。生高山冻原、高山灌丛中。

**分布：**贺兰山州。

天桲（苏云摄于阿拉善贺兰山）

## 越橘属 *Vaccinium* L.

### 越橘 *Vaccinium vitis-idaea* L.

**别名**：红豆、牙疙瘩

**鉴别特征**：常绿矮小灌木，地下茎匍匐。叶互生，革质，具散生腺点。花2～8朵组成短总状花序，生于去年枝顶，花轴及花梗上密被细毛；花萼短钟状，先端4裂；花冠钟状，白色或淡粉红色，花柱超出花冠之外。浆果球形，红色。

**生境**：阴性耐寒中生植物。生于寒温针叶林带，落叶松林、白桦林下，也见于亚高山带。

**分布**：兴安北部、岭东、岭西、贺兰山州。

越橘（赵家明、刘铁志摄于呼伦贝尔市根河市得耳布尔）

## 笃斯越橘 *Vaccinium uliginosum* L.

别名：笃斯、甸果

鉴别特征：灌木，高50～80厘米。老枝紫褐色，有光泽，丝状剥裂。叶互生，倒卵形、椭圆形或矩圆状卵形，全缘，短柄。1～3花生于去年枝先端，下垂；花萼4～5裂，花冠坛状或宽筒状，绿白色，先端4～5浅裂，雄蕊10，子房4～5室。浆果近球形，蓝紫色，具白粉。

生境：中生植物。生于山地林下、林缘及沼泽湿地。

分布：兴安北部、岭东、岭西州。

笃斯越橘（刘铁志摄于额尔古纳市莫尔道嘎）

# 报春花科
## Primulaceae

## 报春花属 *Primula* L.

### 粉报春 *Primula farinosa* L.

别名：黄报春、红花粉叶报春

鉴别特征：多年生草本。根状茎极短，须根多数。叶倒卵状矩圆形或矩圆状披针形，全缘或具稀疏钝齿；叶下面有或无白色或淡黄色粉状物。花葶高3.5～27.5厘米，花萼裂片通常绿色；苞片果期不反折；花冠淡紫红色，喉部黄色，高脚碟状。蒴果圆柱形，超出花萼，棕色。种子多数，褐色，多面体形，种皮有细小蜂窝状凹眼。

生境：草甸中生植物。生于低湿地草甸，沼泽化草甸、亚高山草甸及沟谷灌丛中，也可进入稀疏落叶松林下。

**分布**：兴安北部、岭东、岭西、兴安南部、辽河平原、赤峰丘陵、锡林郭勒、阴山、鄂尔多斯、贺兰山州。

粉报春（刘铁志摄于赤峰市巴林右旗赛罕乌拉）

## 箭报春　*Primula fistulosa* Turkev.

**鉴别特征**：多年生草本。叶矩圆形或矩圆状倒披针形，基部下延成宽翅状柄，边缘具不整齐浅齿。花葶粗壮，管状，高 10～17 厘米，果期可伸长达 30 厘米；花序有花 20 朵以上，密集呈球状伞形；苞片披针形，基部呈浅囊状；花冠蔷薇色或带红紫色，高脚碟状。蒴果近球形。

**生境**：中生植物。生于低湿地草甸及富含腐殖质的砂质草甸。

**分布**：兴安北部、岭东、兴安南部州。

箭报春（赵家明摄于兴安盟阿尔山市）

## 天山报春　*Primula nutans* Georgi

**鉴别特征**：多年生草本，全株不被粉状物，具多数须根。叶通常近圆形、圆状卵形至椭圆形，具明显叶柄。花葶高 10～23 厘米，花后伸长；伞形花序一轮，具 2～6 朵花；苞片基部有耳状附属物。花冠淡紫红色，高脚碟状；花冠筒细长，喉部具小舌状突起，花冠裂片倒心形，顶端深 2 裂；子房椭圆形。蒴果圆柱形。

生境：中生植物。生于河谷草甸、碱化草甸、山地草甸。

分布：兴安北部、呼伦贝尔、兴安南部、科尔沁、锡林郭勒、阴山州。

**天山报春**（徐杰摄于赤峰市克什克腾旗）

## 翠南报春 *Primula sieboldii* E. Morren

别名：樱草

鉴别特征：多年生草本。植株通常被毛或被粉状物。叶缘浅裂；叶片卵形至矩圆形，基部心形或圆形。花葶高 15～34 厘米，疏被柔毛；伞形花序 1 轮，有花 2～9 朵；苞片基部无浅囊或耳状附属物；花冠紫红色至淡红色，花冠裂片通常倒心形，顶端 2 裂，平展。

生境：多年生湿中生草本。生于森林带的山地林下、草甸、草甸化沼泽。

分布：兴安北部、岭东、兴安南部、辽河平原、贺兰山。

**翠南报春**（苏云摄于阿拉善贺兰山）

## 段报春 *Primula maximowiczii* Regel

别名：胭脂花、胭脂报春

鉴别特征：多年生草本，高 25～50 厘米。叶基生，呈莲座状，矩圆状倒披针形、倒卵状披针形或椭圆形，连叶柄长可达30厘米，基部渐狭下延成宽翅状柄，或近无柄，边缘具细牙齿。花葶直立，层叠式伞形花序，1～3轮；花萼5裂，花冠暗红紫色，5裂，雄蕊5，子房矩圆形。蒴果圆柱形。

生境：中生植物。生于山地林下、林缘及山地草甸。

分布：兴安北部、岭东、兴安南部、燕山北部、锡林郭勒州。

段报春（刘铁志摄于赤峰市宁城县黑里河道须沟、大坝沟）

## 点地梅属 *Androsace* L.

### 点地梅 *Androsace umbellata*（Lour.）Merr.

点地梅（刘铁志摄于赤峰市新城区锡伯河）

别名：喉咙花、铜钱草

鉴别特征：一年生草本，高5～15厘米，全株被长柔毛。叶基生，近圆形或卵圆形，顶端钝圆，基部微凹，叶缘有三角状钝牙齿，叶质稍厚，叶柄长1～2厘米。花葶数条从基部伸出，伞形花序，花萼深裂几达基部，果期萼裂片呈星状水平开展，花冠白色或淡黄色，喉部黄色。蒴果球形。

生境：中生植物。生于山地林下、林缘、灌丛及草甸。

分布：岭东、兴安南部、辽河平原、赤峰丘陵州。

## 东北点地梅 *Androsace filiformis* Retz.

别名：丝点地梅

鉴别特征：一年生草本，高 8～20 厘米。须根多数，丛生。叶基生，矩圆形、矩圆状卵形或倒披针形，基部下延成狭翅状柄，连柄长 2～5 厘米，下部全缘，上部具浅缺刻状牙齿。花葶数条从基部伸出，伞形花序，苞片长 2～4 毫米，花梗长达 2.5 厘米，花萼杯状，花冠白色。蒴果近球形。

生境：中生植物。生于低湿草甸、沼泽草甸、山地、林缘及沟谷。

分布：兴安北部、岭西、兴安南部、燕山北部、锡林郭勒州。

东北点地梅（刘铁志摄于呼伦贝尔市根河市得耳布尔）

白花点地梅（徐杰摄于呼和浩特市大青山）

## 白花点地梅 *Androsace incana* Lam.

鉴别特征：多年生银灰绿色丛生矮小草本，全株密被绢毛。匍匐茎。叶束生成半球形或卵形的小莲座丛，叶片被绢毛，叶缘非软骨质，全缘。花葶通常 1 枚，长 1.2～3.0 厘米；伞形花序有 1～3（4）朵花；花冠白色、淡黄白色或淡红色；花冠筒喉部紧缩，花冠裂片楔状倒卵形；花药卵形，子房倒圆锥形，花柱柱头略膨大。蒴果矩圆形，超出宿存花萼，顶端 5 瓣裂。种子 2 粒，卵圆形，种皮密被蜂窝状凹眼。

生境：砾石生草原旱生植物，生于山地草原，成为伴生种，也常在石质丘陵顶部及石质山坡上聚生成丛。

分布：岭西、兴安南部、赤峰丘陵、锡林郭勒、乌兰察布、阴山州。

白花点地梅（徐杰摄于呼和浩特市大青山）

## 北点地梅 *Androsace septentrionalis* L.

**别名**：雪山点地梅

**鉴别特征**：一年生草本，植株被分叉毛，直根系。叶倒披针形、条状倒披针形至狭菱形，无柄或下延呈宽翅状柄。花葶1至多数，直立，高7～30厘米，黄绿色，下部略呈紫红色，花葶与花梗都被2～4分叉毛和短腺毛；伞形花序具多数花；花萼钟状，中脉隆起；花冠白色，坛状；子房倒圆锥形，柱头头状。蒴果倒卵状球形。

**生境**：旱中生植物。散生于草甸草原、砾石质草原、山地草甸、林缘及沟谷中。

**分布**：兴安北部、岭东、岭西、兴安南部、科尔沁、燕山北部、锡林郭勒、阴山、阴南丘陵、鄂尔多斯、贺兰山、龙首山州。

北点地梅（徐杰、刘铁志摄于呼和浩特市大青山和赤峰市克什克腾旗乌兰布统）

## 大苞点地梅 *Androsace maxima* L.

**鉴别特征：**二年生草本，高 1.2～8.0 厘米，全株被糙伏毛及腺毛。叶基生，倒披针形、矩圆状披针形或椭圆形，基部下延呈宽柄状，中上部边缘有小牙齿，质地较厚。花葶数条从基部伸出，常带红褐色，伞形花序，苞片长 3～6 毫米，花梗长 5～12 毫米，花萼漏斗状，花冠白色或淡粉红色，喉部有坏状凸起。蒴果近球形。

**生境：**旱中生植物。生于山地砾石质坡地、固定山地、丘间低地及撂荒地。

**分布：**呼伦贝尔、锡林郭勒、阴山、阴南丘陵、鄂尔多斯、贺兰山、龙首山州。

大苞点地梅（赵家明摄于呼伦贝尔市根河）

## 西藏点地梅 *Androsace mariae* Kanitz.

**鉴别特征：**多年生草本。主根暗褐色，具多数纤细支根。匍匐茎纵横蔓延，暗褐色，莲座丛常集生成疏丛或密丛。叶具明显缘毛，全缘。花葶明显，高约 2～12 厘米；伞形花序有花 4～10 朵；花冠淡紫红色，喉部黄色，有绛红色环状凸起，花冠裂片宽倒卵形，边缘微波状；子房倒圆锥形，柱头稍膨大。蒴果倒卵形，顶端 5～7 裂，稍超出花萼。种子近矩圆形。

**生境：**耐寒旱中生植物。生于海拔 1600～2900 米的山地草甸及亚高山草甸，适应于砂砾质土壤。

**分布：**锡林郭勒、乌兰察布、阴山、贺兰山、龙首山州。

西藏点地梅（徐杰摄于阿拉善贺兰山）

## 长叶点地梅 *Androsace longifolia* Turcz.

**别名**：矮葶点地梅

**鉴别特征**：多年生矮小草本，植株高 1.5～5.5 厘米。叶、苞片及萼裂片边缘都具软骨质与缘毛。叶灰蓝绿色，条形或条状披针形。花葶不明显，高仅 2～10 毫米，藏于叶丛中，花白色或带粉红色。蒴果倒卵圆形。

**生境**：草原旱生植物。生于砾石质草原、山地砾石质坡地及石质丘陵岗顶。

**分布**：兴安南部、锡林郭勒。

长叶点地梅（徐杰摄于赤峰市阿鲁科尔沁旗高格斯台罕山）

## 阿拉善点地梅 *Androsace alashanica* Maxim.

**鉴别特征**：多年生垫状植物，呈小半灌木状。垫状植物。主根及地上分枝的下部木质化。叶片通常光滑或稀有短柔毛；叶缘或仅上部边缘为软骨质。每一莲座丛有一花葶，花葶极短，伞形花序含花 1～2 朵；花冠白色，筒部与花萼近等长，喉部有短管状凸起，裂片倒卵形，全缘，先端微波状；花药卵形；子房卵圆形，柱头稍膨大，胚珠少数。蒴果倒卵圆形。

**生境**：旱生植物。生于山地草原、山地石质坡地及干旱沙地上。

**分布**：乌兰察布、东阿拉善、贺兰山州。

阿拉善点地梅（徐杰摄于包头市达茂旗）

## 假报春属 *Cortusa* L.

河北假报春 *Cortusa matthioli* L. subsp. *pekinensis*（V. Richt.）Kitag.

**别名**：假报春、京报春

**鉴别特征**：多年生草本，全株被淡棕色棉毛。叶质薄，心状圆形，基部深心形，掌状深裂，叶片裂达叶长的 1/3，裂片具有不整齐而较尖的牙齿裂片。花葶高 24～30 厘米，伞形花序具花 6～11 朵。花萼钟状，5 深裂，裂片披针形，花冠漏斗状钟形，紫红色，径约 1 厘米，矩圆形；子房卵形，花柱伸出于花冠。蒴果椭圆形，表面具点状皱纹。

**生境**：中生植物。生于山地林下及阴湿生境中。

**分布**：兴安北部、燕山北部、阴山州。

河北假报春（徐杰摄于呼和浩特市大青山）

## 海乳草属 *Glaux* L.

### 海乳草 *Glaux maritima* L.

鉴别特征：多年生小草本，高4～25厘米。叶全部茎生，叶肉质。花组成总状花序、圆锥花序或单生于叶腋；花冠裂片在花蕾中旋转状排列，或无花冠。花单生于叶腋；花冠不存在；花萼宽钟状，粉白色至蔷薇色，5中裂，雄蕊5。蒴果近球形，顶端5瓣裂。种子近椭圆形，种皮具网纹。

生境：耐盐中生植物。生于低湿地矮草草甸、轻度盐化草甸，可成为草甸优势成分之一。

分布：内蒙古各州。

海乳草（徐杰摄于乌兰察布市四子王旗和鄂尔多斯市达拉特旗）

## 珍珠菜属 *Lysimachia* L.

### 黄莲花 *Lysimachia davurica* Ledeb.

鉴别特征：多年生草本。根较粗，根状茎横走。茎直立，节上具对生红棕色鳞片状叶。叶对生或3～4叶轮生，叶片条状披针形、披针形至矩圆状卵形。顶生圆锥花序或复伞房状圆锥花序，花黄色，多数，花序轴及花梗均密被锈色腺毛；花冠黄色。蒴果球形。

生境：中生植物。生于草甸、灌丛、林缘及路旁。

分布：兴安北部、岭东、岭西、兴安南部、科尔沁、辽河平原、燕山北部、阴山州。

黄莲花（徐杰摄于赤峰市阿鲁科尔沁旗高格斯台罕山）

## 狼尾花 *Lysimachia barystachys* Bunge

**别名：**重穗珍珠菜

**鉴别特征：**多年生草本。根状茎横走，红棕色，节上有红棕色鳞片。叶互生，条状倒披针形、披针形至矩圆状披针形。总状花序顶生，花密集，常向一侧弯曲呈狼尾状；花冠白色。蒴果近球形。

**生境：**中生植物。生于草甸、砂地、山地灌丛及路旁。

**分布：**兴安北部、岭东、岭西、兴安南部、科尔沁、辽河平原、燕山北部、阴山州。

狼尾花（徐杰摄于赤峰市阿鲁科尔沁旗高格斯台罕山）

## 球尾花 *Lysimachia thyrsiflora* L.

鉴别特征：多年生草本。茎直立，高10～75厘米，节上着生宽卵形对生的鳞片状叶。叶交互对生，披针形至矩圆状披针形，边缘向外卷折，上面绿色，密生红黑色圆腺点，无叶柄。总状花序生于茎中部叶腋，花多数密集，花序短，被散生红褐色圆腺点；花冠淡黄色，6深裂，裂片条形；雄蕊通常6个，花丝伸长花冠外。蒴果广椭圆形，5瓣裂。

生境：多年生湿生草本。生于森林带和森林草原带的沼泽或沼泽化草甸。

分布：兴安北部、岭东、岭西、兴安南部、辽河平原、锡林郭勒州。

球尾花（哈斯巴根采于通辽市大青沟国家级自然保护区）

## 七瓣莲属 *Trientalis* L.

## 七瓣莲 *Trientalis europaea* L.

鉴别特征：多年生草本，高5～25厘米。根茎细长，横走。茎纤细，不分枝。茎下部叶1～4，较小而互生，上部叶5～8，较大，集生于茎顶呈轮生状，矩圆状披针形、矩圆形至狭倒卵形，全缘或有不明显的稀疏浅锯齿。花1～2朵生于茎顶叶腋；萼裂片7，花冠白色，7裂至基部，花药黄色，子房球形。蒴果球形。

生境：旱中生植物。生于山地阴湿的林下和较密的灌丛中。

分布：兴安北部、岭东、岭西、兴安南部、燕山北部、阴山州。

七瓣莲（刘铁志摄于赤峰市宁城县黑里河）

# 白花丹科
## Plumbaginaceae

**驼舌草属 *Goniolimon* Boiss.**

### 驼舌草 *Goniolimon speciosum*（L.）Boiss.

**别名：**棱枝草，刺叶矾松

**鉴别特征：**多年生草本，高 16～30 厘米。木质根颈常具 2～4 个极短的粗分枝，枝端有基生叶组成的莲座叶丛。叶倒卵形、矩圆状倒卵形至披针形。多数穗状花序再组成伞房状或圆锥状复花序；柱头扁头状；外苞片常长于第一内苞片，顶端有草质硬尖花萼漏斗状，花冠淡紫红色。

**生境：**砾石质草原伴生的中旱生植物。生于草原带及森林草原带的石质丘陵山坡或平原。

**分布：**呼伦贝尔、锡林郭勒州。

驼舌草（赵家明摄于呼伦贝尔市新巴尔虎右旗）

## 补血草属 *Limonium* Mill.

### 黄花补血草 *Limonium aureum*（L.）Hill.

**别名**：黄花苍蝇架、金匙叶草、金色补血草

**鉴别特征**：多年生草本，高 9～30 厘米，全株除萼外均无毛。根茎逐年增大而木质化并变为多头，常被有残存叶柄和红褐色芽鳞。叶灰绿色，矩圆状匙形至倒披针形。花序为伞房状圆锥花序；穗状花序位于上部分枝顶端；花冠、花萼橙黄色。

**生境**：多年生耐盐旱生草本。散生于草原带和荒漠草原带的盐化低地上，适应于轻度盐化的土壤，及砂砾质、砂质土壤，常见于芨芨草草甸群落，芨芨草加白刺群落。

**分布**：岭西、呼伦贝尔、科尔沁、锡林郭勒、乌兰察布、阴山、阴南丘陵、鄂尔多斯、东阿拉善、西阿拉善、额济纳州。

黄花补血草（徐杰、刘铁志摄于鄂尔多斯市鄂托克旗和呼伦贝尔市新巴尔虎右旗达来东）

### 细枝补血草 *Limonium tenellum*（Turcz.）Kuntze

**别名**：纤叶匙叶草，纤叶矶松

**鉴别特征**：多年生草本，高 9～30 厘米，全株除萼及第一内苞片外均无毛。根茎上有许多白色膜质鳞片，根皮破裂成棕色纤维。叶窄小；萼淡紫色。花序伞房状，花序轴直立，自下部作数回分枝，呈"之"字形曲折；花冠淡紫红色。

**生境**：旱生植物。生于荒漠草原带及荒漠带的干燥石质山坡，石质丘陵坡地及丘顶。

**分布**：乌兰察布、东阿拉善、西阿拉善、额济纳州。

细枝补血草（徐杰、哈斯巴根摄于阿拉善左旗和乌海市）

## 二色补血草 *Limonium bicolor*（Bunge）Kuntze

**别名：** 苍蝇架、落蝇子花

**鉴别特征：** 多年生草本，高 10～50 厘米，根颈无白色膜质鳞片。叶较宽大；根皮不破裂成棕色纤维。穗状花序排列在小枝的上部至顶端，彼此多少离开或靠近，不在每一枝端集成近球形的复花序；花序轴通常无叶，偶可在 1～3 节上有叶；花冠黄色。

**生境：** 多年生旱生草本。散生于草原、草甸草原及山地，能适应于沙质土、沙砾质土及轻度盐化土壤，也偶见于旱化的草甸群落中。

**分布：** 呼伦贝尔、兴安南部、科尔沁、辽河平原、赤峰丘陵、锡林郭勒、乌兰察布、阴山、阴南丘陵、鄂尔多斯、东阿拉善、贺兰山、额济纳州。

二色补血草（徐杰摄于通辽市扎鲁特旗）

二色补血草（徐杰摄于通辽市扎鲁特旗）

## 鸡娃草属 *Plumbagella* Spach

### 鸡娃草 *Plumbagella micrantha*（Ledeb.）Spach

**别名：** 小蓝雪花

**鉴别特征：** 一年生草本，高 10～30 厘米。茎直立，沿棱有小皮刺。叶披针形、倒卵状披针形、卵状披针形或狭披针形，基部有耳抱茎而沿棱下延，边缘有细小皮刺；穗轴密被褐色多细胞腺毛。花萼边缘有具柄的腺；花冠淡蓝紫色，狭钟状。

**生境：** 中生植物。生于海拔 2000～2800 米山谷的河沟。

**分布：** 贺兰山州。

鸡娃草（苏云摄于阿拉善贺兰山）

# 木犀科
## Oleaceae

### 白蜡树属 *Fraxinus* L.

### 花曲柳 *Fraxinus rhynchophylla* Hance

**别名：**大叶白蜡树、大叶榕、苦枥白蜡树

**鉴别特征：**乔木，高可达 10 余米。树皮深灰色或灰褐色，光滑，老时浅裂。单数羽状复叶，对生，宽卵形、卵形或倒卵形。圆锥花序顶生于当年枝顶或叶腋，花单性，雌雄异株；花萼钟状，4 裂或先端近截形；无花冠。翅果倒披针形或倒披针状条形。

**生境：**中生植物。为山地阔叶林的混生树种，稍耐阴。

**分布：**兴安南部、科尔沁、辽河平原、燕山北部州。

花曲柳（徐杰摄于赤峰市宁城县）

### 洋白蜡 *Fraxinus pennsylvanica* Marsh.

**鉴别特征：**乔木，高可达 20 米。枝细长开展，淡黄褐色，散生点状皮孔。单数羽状复叶，小叶 5～9，通常 7，披针形、矩圆状披针形或椭圆形，小叶柄基部不密生黄褐色绒毛。圆锥花序自去年枝上，先叶开放。果体近圆柱形。

**生境：**中生植物。栽培树木。

**分布：**原产北美。本区呼和浩特市及包头市等地有栽培。

洋白蜡（徐杰摄于呼和浩特市）

## 水曲柳 *Fraxinus mandschurica* Rupr.

**鉴别特征**：乔木，高达 30 米。树干通直，树皮灰褐色，浅纵裂。单数羽状复叶，小叶通常为 7~11，长椭圆形，先端长渐尖，基部楔形，小叶近无柄，基部常具密的黄褐色绒毛围绕叶轴。圆锥花序，花单性，雌雄异株，无花被，雄花具 2 雄蕊；雌花子房上位，柱头 2 裂。翅果常扭曲，果体扁平，先端的翅下延到果体的下部，翅顶部钝圆或微凹。

**生境**：喜光、耐寒的中生植物。常生于海拔不高的山地沟谷和坡地。

**分布**：辽河平原州。

水曲柳（徐杰、哈斯巴根摄于通辽市大青沟国家级自然保护区）

## 连翘属 *Forsythia* Vahl.

### 连翘 *Forsythia suspensa*（Thunb.）Vahl.

别名：黄绶丹

鉴别特征：灌木，高1~2米，最高可达4米，直立。枝中空，开展或卜垂。单叶或3出复叶（有时为3深裂），卵形或卵状椭圆形，叶缘常有齿；叶柄长。花1~3（~6）朵，腋生，先叶开放；花冠黄色，花冠筒内侧有橘红色条纹裂片椭圆形或倒卵状椭圆形。蒴果卵圆形。

生境：中生植物。栽培观赏灌木。

分布：内蒙古呼和浩特市、包头市、赤峰市有少量栽培。

连翘（徐杰摄于呼和浩特市）

## 丁香属 *Syringa* L.

### 红丁香 *Syringa villosa* Vahl.

鉴别特征：灌木，高1.5~3.0米。枝丛生，光滑无毛或疏生短柔毛，散生皮孔。单叶对生，椭圆形或椭圆状卵形。圆锥花序顶生，花密集；花萼钟状，先端4齿裂；花冠高脚碟状，紫色或白色，裂片矩圆形，长3毫米左右，开展；雄蕊2，不伸出花冠筒外。蒴果矩圆形。

生境：中生植物。栽培灌木。

分布：内蒙古呼和浩特市及包头市有栽培。

红丁香（刘铁志摄于呼和浩特市）

## 紫丁香 *Syringa oblata* Lindl.

**别名**：丁香、华北紫丁香

**鉴别特征**：灌木或小乔木，高可达4米。单叶对生，宽卵形或肾形，两面无毛。圆锥花序出自枝条先端的侧芽；花冠紫红色，高脚碟状，矩圆形；雄蕊2，着生于花冠筒的中部或中上部。蒴果矩圆形，稍扁。

**生境**：稍耐阴的中生灌木。生于山地阴坡山麓。

**分布**：燕山北部、贺兰山州。

紫丁香（徐杰摄于呼和浩特市）

## 暴马丁香 *Syringa reticulata*（Blume）Hara subsp. *amurensis*（Rupr.）P. S. Green et M. C. Chang

别名：暴马子

鉴别特征：灌木或小乔木，高达6米。单叶，叶卵形或卵圆形，两面光滑无毛。圆锥花序，花冠筒与花萼几等长，雄蕊花丝细长，伸出花冠，花白色。蒴果矩圆形，果皮光滑或有小瘤。

生境：中生灌木。生山地河岸及河谷灌丛中。

分布：燕山北部、阴南丘陵州。

暴马丁香（徐杰摄于呼和浩特市）

## 贺兰山丁香 *Syringa pinnatifolia* Hemsl.var. *alashanensis* Y. C. Ma et S. Q. Zhou

鉴别特征：落叶灌木，高可达3米。树皮薄纸质片状剥裂，内皮紫褐色，老枝黑褐色。单数羽状复叶，矩圆形或矩圆状卵形，稀倒卵形或狭卵形，先端通常钝圆，稀渐尖，基部多偏斜，一侧下延，全缘，两面光滑无毛；近无柄。花序侧生，光滑无毛。蒴果披针状矩圆形。

生境：喜暖中生灌木。生山地杂木林及灌丛中。

分布：贺兰山州。

贺兰山丁香（徐建国摄于阿拉善贺兰山）

## 女贞属 *Ligustrum* L.

### 小叶女贞 *Ligustrum quihoui* Carr.

别名：小叶水蜡树

小叶女贞（徐杰摄于呼和浩特市）

　　鉴别特征：落叶或半常绿小灌木，高 2～3 米。枝条密被短柔毛，黄褐色，散生皮孔。叶矩圆形或卵状矩圆形，单叶，全缘。圆锥花序生于侧枝的顶端；花冠白色，筒部与裂片几相等。核果球形，黑色，有白粉。

　　生境：中生植物。栽培灌木。

　　分布：内蒙古呼和浩特市、包头市、赤峰市有栽培。

# 马钱科
## Loganiaceae

**醉鱼草属 Buddleja L.**

## 互叶醉鱼草 *Buddleja alternifolia* Maxim.

　　别名；白箕稍

　　鉴别特征：小灌木，最高可达 3 米，多分枝。枝幼时灰绿色，被较密的星状毛，后渐脱落，老枝灰黄色。单叶互生，披针形或条状披针形，上面暗绿色，具稀疏的星状毛，下面密被灰白色柔毛及星状毛。花多出自去年生枝上，数花簇生或形成圆锥状花序；花冠紫堇色。

　　生境：旱中生植物。生干旱山坡。

　　分布：鄂尔多斯、东阿拉善、贺兰山州。

互叶醉鱼草（徐杰摄于阿拉善贺兰山）

# 龙胆科
## Gentianaceae

### 翼萼蔓属 *Pterygocalyx* Maxim.

**翼萼蔓** *Pterygocalyx volubilis* Maxim.

**别名**：翼萼蔓龙胆

**鉴别特征**：一年生草本。茎缠绕，具纵条棱。叶质薄，披针形或条状披针形，全缘，三出脉。花序顶生或腋生；花萼钟形，膜质，具4条翼状突起，花冠蓝色，具4裂片，雄蕊4，子房狭椭圆形，具柄，柱头2裂。蒴果椭圆形，压扁，包藏在宿存花冠内。

**生境**：中生植物。生于山地林下。

**分布**：燕山北部、阴山、贺兰山州。

翼萼蔓（刘铁志摄于赤峰市宁城县黑里河道须沟）

### 龙胆属 *Gentiana* L.

**鳞叶龙胆** *Gentiana squarrosa* Ledeb.

**别名**：小龙胆、石龙胆

鉴别特征：一年生草本，高2～7厘米。茎纤细，密被短腺毛。叶边缘软骨质，稍粗糙或被短腺毛，先端反卷，具芒刺；基生叶较大，卵圆形或倒卵状椭圆形。花单顶生；花萼管状钟形，先端反折，具芒刺，边缘软骨质，粗糙；花冠管状钟形。蒴果倒卵形或短圆状倒卵形。

生境：中生植物。散生于山地草甸、旱化草甸及草甸草原。

分布：内蒙古各州。

鳞叶龙胆（徐杰摄于乌兰察布市凉城蛮汉山林场）

## 假水生龙胆 *Gentiana pseudoaquatica* Kusnez.

鉴别特征：一年生草本，高2～6厘米。茎纤细，近四棱形，分枝或不分枝，被微短腺毛。叶边缘软骨质，先端稍反卷，具芒刺，下面中脉软骨质。花单生枝顶；花萼具5条软骨质凸起，管状钟形；花冠管状钟形，蓝色，卵圆形，褶近三角形。蒴果倒卵形或椭圆状倒卵形。

生境：中生植物。生于山地灌丛、草甸、沟谷。

分布：岭东、兴安南部、辽河平原、锡林郭勒、阴山、阴南丘陵、鄂尔多斯、贺兰山州。

假水生龙胆（徐杰摄于赤峰市克什克腾旗和阿拉善左旗贺兰山）

## 达乌里龙胆 *Gentiana dahurica* Fisch.

别名：小秦艽、达乌里秦艽

鉴别特征：多年生草本，高10～30厘米。茎斜升，基部为纤维状的残叶基所包围。基生叶较大，条状披针形，五出脉，主脉在下面明显凸起；聚伞花序顶生或腋生；花萼管状钟形，管部膜质，有时1侧纵裂，具5裂片，裂片狭条形，不等长；花冠管状钟形。

生境：中旱生植物，也是草甸草原的常见伴生种。生于草原、草甸草原、山地草甸、灌丛。

分布：内蒙古各州。

达乌里龙胆（刘铁志摄于乌兰察布市兴和县大同窑）

## 秦艽 *Gentiana macrophylla* Pall.

别名：大叶龙胆、萝卜、艽、西秦艽

鉴别特征：多年生草本，高30～60厘米。根粗壮，稍呈圆锥形，黄棕色。茎单一斜升或直立，圆柱形，基部被纤维状残叶基所包围。聚伞花序由数朵至多数花簇生枝顶成头状或腋生作轮状；花冠管状钟形，蓝色或蓝紫色，卵圆形；褶常三角形。蒴果长椭圆形

生境：中生植物。生于山地草甸、林缘、灌丛与沟谷。

分布：兴安北部、岭东、岭西、兴安南部、科尔沁、燕山北部、锡林郭勒、阴山、贺兰山州。

秦艽（刘铁志、徐杰摄于呼伦贝尔市鄂伦春自治旗大杨树和乌兰察布市凉城县蛮汉山林场）

秦艽（刘铁志、徐杰摄于呼伦贝尔市鄂伦春自治旗大杨树和乌兰察布市凉城县蛮汉山林场）

### 龙胆 *Gentiana scabra* Bunge

别名：龙胆草、胆草、粗糙龙胆

鉴别特征：多年生草本，高 30～60 厘米。根状茎短，簇生多数细长的绳索状根。叶卵形或卵状披针形，全缘，叶缘及下面主脉粗糙；茎基部叶 2～3 对，较小或呈鳞片状。花 1 至数朵簇生枝顶或上部叶腋；花冠蓝色。蒴果狭椭圆形。

生境：中生植物。生于山地林缘、灌丛、草甸。

分布：兴安北部、岭东州。

龙胆（赵家明摄于呼伦贝尔市鄂伦春自治旗）

### 三花龙胆 *Gentiana triflora* Pall.

鉴别特征：多年生草本，高 30～60 厘米。根状茎短，簇生多数绳索状根，根淡棕黄色。茎直立，单一，光滑无毛。叶条状披针形，稀披针形。茎下部叶较小，鳞片状。花萼管状钟形；花冠管状钟形，蓝色；褶极短，宽三角形或平截。蒴果矩圆形。

生境：中生植物。生于山地林缘、灌丛、草甸。

分布：兴安北部、兴安南部、燕山北部州。

三花龙胆（刘铁志摄于赤峰市巴林右旗赛罕乌拉）

### 条叶龙胆 *Gentiana manshurica* Kitag.

别名：东北龙胆

鉴别特征：多年生草本，高 30～60 厘米。根状茎短，簇生数条至多条绳索状长根，淡棕黄色。茎直立，常单一，不分枝，有时 2～3 枝自根状茎生出。叶条形或条状披针形，三出脉。花无梗或梗极短；花萼管状钟形，蓝色或蓝紫色。蒴果狭矩圆形，两端具翅，淡棕褐色。

生境：中生植物。生于山地林缘、灌丛、草甸。

分布：兴安北部、岭东、岭西、兴安南部、科尔沁州。

条叶龙胆（刘铁志摄于兴安盟阿尔山市白狼）

## 扁蕾属 *Gentianopsis* Y. C. Ma

### 扁蕾 *Gentianopsis barbata*（Froel.）Y. C. Ma

别名：剪割龙胆

鉴别特征：一年生直立草本，高 20～50 厘米。叶对生，条形；基生叶匙形或条状倒披针形。单花生于分枝的顶端；花萼管状钟形；花冠管状钟形，蓝色或蓝紫色，两旁边缘剪割状，无褶；蜜腺 4，着生于花冠管近基部，近球形而下垂。蒴果狭矩圆形。

生境：中生植物。生于山坡林缘、灌丛、低湿草甸、沟谷及河滩砾石层中。

分布：兴安北部、岭东、岭西、兴安南部、燕山北部、锡林郭勒、阴山、贺兰山州。

扁蕾（徐杰摄于赤峰市克什克腾旗）

## 假龙胆属 *Gentianella* Moench

### 尖叶假龙胆 *Gentianella acuta*（Michx.）Hultén

别名：苦龙胆

鉴别特征：一年生草本，高 10～30 厘米。茎直立，四棱形，多分枝。叶对生，披针形，全缘，基部近圆形，稍抱茎，3～5 出脉，无柄。聚伞花序顶生或腋生；花 4 或 5 数，花冠管状钟形，蓝色或蓝紫色，裂片喉部有流苏状鳞片。蒴果长矩圆形。

生境：中生植物。生于山地林下、灌丛及低湿草甸。

分布：兴安北部、兴安南部、阴山、贺兰山州。

尖叶假龙胆（刘铁志摄于阿拉善盟阿拉善左旗贺兰山）

## 喉毛花属 *Comastoma* Toyokuni

### 镰萼喉毛花 *Comastoma falcatum* ( Turcz. ex Kar. et Kir. ) Toyokuni

**别名：**镰萼龙胆、镰萼假龙胆

**鉴别特征：**一年生草本，高5～25厘米。茎斜升，近四棱形，自基部多分枝，常紫色。基生叶莲座状，矩圆状倒披针形，全缘；茎生叶通常1对，少2对，矩圆形或倒披针形，基部稍合生而抱茎。单花生于枝顶；萼片5，不等形，花冠管状钟形，淡蓝色或蓝紫色，裂片喉部有10个流苏状鳞片。蒴果狭矩圆形。

**生境：**中生植物。生于亚高山或高山草甸。

**分布：**贺兰山州。

镰萼喉毛花（刘铁志摄于阿拉善盟阿拉善左旗贺兰山）

### 柔弱喉毛花 *Comastoma tenellum* ( Rottb. ) Toyokuni

**鉴别特征：**一年生草本。高5～10厘米。主根纤细。茎从基部多分枝。基生叶少，茎生叶无柄、矩圆形或卵状形，全缘。花冠深裂，花萼裂片不等长。蒴果略长于花冠，种子球形。

**生境：**耐寒中生植物。海拔2500～3500米亚高山、高山灌丛、草甸。见于主峰附近，西坡哈

柔弱喉毛花（徐杰摄于阿拉善贺兰山哈拉乌沟）

拉乌沟、南寺冰沟、高山气象站等。

分布：贺兰山州。

## 肋柱花属 *Lomatogonium* A. Br.

### 肋柱花 *Lomatogonium carinthiacum*（Wulf.）Reich.

别名：加地侧蕊、加地肋柱花

鉴别特征：一年生草本，高 6～16 厘米，全株无毛。茎直立，近四棱形，多分枝。叶卵状披针形或椭圆形。花序生于分枝顶端；花冠淡蓝色，有脉纹，蓝色；子房狭矩圆形，枯黄色。蒴果棕褐色。

生境：中生植物。生于高山草甸。

分布：兴安南部、阴山州。

肋柱花（徐杰摄于赤峰市克什克腾旗）

### 辐状肋柱花 *Lomatogonium rotatum*（L.）Fries ex Nyman

别名：辐花侧蕊、肋柱花

鉴别特征：一年生草本，高 5～30 厘米，全株无毛。茎直立，近四棱形，有分枝。叶条形或条状披针形，先端尖，全缘，基部分离，具 1 脉。花序顶生或腋生由聚伞花序组成复总状；花冠淡蓝紫色；囊状腺洼白色，其边缘具白色不整齐的流苏；花药狭矩圆形，蓝色。蒴果条形。

生境：中生植物。生于林缘草甸、沟谷溪边、低湿草甸。

分布：兴安北部、兴安南部、锡林郭勒、阴山州。

辐状肋柱花（刘铁志、徐杰摄于赤峰市克什克腾旗达里诺尔和呼和浩特市大青山）

## 腺鳞草属 *Anagallidium* Griseb.

### 腺鳞草 *Anagallidium dochotomum*（L.）Griseb.

**别名：**歧伞獐牙菜，歧伞当药

**鉴别特征：**一年生草本，高5～20厘米，全株无毛。茎纤弱，斜升，四棱形，沿棱具狭翅，自基部多分枝，上部两歧式分枝。叶卵形成卵状披针形，顶生或腋生。花冠白色或淡绿色，花药蓝绿色。蒴果卵圆形，淡黄褐色。

**生境：**中生植物。生于河谷草甸。

**分布：**呼伦贝尔、兴安南部、锡林郭勒、阴山、贺兰山州。

腺鳞草（徐杰摄于呼和浩特市大青山小井沟）

## 獐牙菜属 *Swertia* L.

### 红直獐牙菜 *Swertia erythrosticta* Maxim.

别名：红直当药

鉴别特征：多年生草本，高20~70厘米。茎常带紫色，不分枝。基生叶在花期枯萎，茎生叶对生，矩圆形、椭圆形至卵形，基部渐狭成柄，下部连合成筒状抱茎。圆锥状复聚伞花序具多花；花梗常弯垂，花5数，花冠黄绿色，具红褐色斑点，裂片基部具1个褐色腺窝，边缘具柔毛状流苏。蒴果卵状椭圆形。

生境：湿中生植物。生于山地草甸和溪边。

分布：兴安南部、燕山北部、阴山州。

**红直獐牙菜（刘铁志摄于乌兰察布市兴和县苏木山）**

### 獐牙菜 *Swertia bimaculata*（Sieb. et Zucc.）J. D. Hook. et Thoms ex C. B. Clarke

鉴别特征：一年生草本，高30~80厘米。茎直立，多分枝，带四棱。叶对生，椭圆状披针形。聚伞花序顶生或腋生；花冠幅状，浅黄绿色，上半部有紫色小斑点，中部有2个黏性的、稍凹陷的圆形大斑点，基部无蜜腺洼。蒴果卵形或矩圆形。

**獐牙菜（徐杰摄于鄂尔多斯市准格尔旗马栅）**

生境：中生植物。生于山坡林下、林缘。

分布：阴南丘陵州。

## 北方獐牙菜 *Swertia diluta*（Turcz.）Benth. et J. D. Hook.

别名：当药、淡味獐牙菜

鉴别特征：一年生草本，高20～40厘米。茎直立，多分枝，近四棱形。叶对生，条状披针形或披针形，具1脉，全缘，无柄。聚伞花序顶生或腋生；花5数，花冠淡紫白色，裂片基部具2条状矩圆形腺洼，边缘具白色流苏状毛，毛表面光滑。蒴果卵状椭圆形。

生境：中生植物。生于山地沟谷草甸和低湿草甸。

分布：岭西、兴安南部、辽河平原、赤峰丘陵、燕山北部、锡林郭勒、阴山、阴南丘陵、鄂尔多斯州。

北方獐牙菜（刘铁志摄于赤峰市喀喇沁旗马鞍山）

## 瘤毛獐牙菜 *Swertia pseudochinensis* H. Hara

别名：紫花当药

鉴别特征：一年生草本，高15～30厘米。根通常黄色，主根细瘦，有少数支根，味苦。茎直立，四棱形。叶对生，条状披针形或条形；无基生莲座状叶。聚伞花序通常具3花，顶生或腋生；花冠淡蓝紫色，辐状，基部具2囊状淡黄色腺洼，其边缘具白色流苏状长毛；花药狭矩圆形，蓝色；子房椭圆状披针形，枯黄色或淡紫色。蒴果矩圆形。

生境：中生植物。生于山坡林缘、草甸。

分布：兴安北部、岭东、岭西、兴安南部、燕山北部、锡林郭勒、鄂尔多斯州。

瘤毛獐牙菜（徐杰摄于赤峰市宁城县）

## 花锚属 *Halenia* Borkh.

### 花锚 *Halenia corniculata*（L.）Cornaz

别名：西伯利亚花锚

鉴别特征：一年生草本，高 15～45 厘米。茎直立，近四棱形，具分枝，节间比叶长。叶对生，椭圆状披针形。聚伞花序顶生或腋生；花冠黄白色或淡绿色，钟状，4 裂达三分之二处，裂片卵形或椭圆状卵形，花冠基部具 4 个斜向的长矩，子房近披针形。蒴果矩圆状披针形。

生境：中生植物。生于山地林缘及低湿草甸。

分布：兴安北部、岭东、岭西、兴安南部、辽河平原、燕山北部、锡林郭勒、阴山州。

花锚（徐杰摄于赤峰市阿鲁科尔沁旗高格斯台罕山）

### 椭圆叶花锚 *Halenia elliptica* D. Don

别名：椭叶花锚、黑及草、卵萼花锚

鉴别特征：一年生草本，高 15～30 厘米。茎直立，近四棱形，沿棱具狭翅，分枝，节间比叶长数倍。叶对生，椭圆形或卵形。聚伞花序顶生或腋生；花冠蓝色或蓝紫色，钟状，4 裂，裂片达 2/3 处，裂片椭圆形。蒴果卵形，淡棕褐色。种子矩圆形，棕色，近平滑或细网状。

生境：中生植物。生于山地阔叶林下及灌丛中。

分布：阴山、阴南丘陵州。

椭圆叶花锚（徐杰摄于呼和浩特市大青山）

# 睡菜科

Menyanthaceae

## 睡菜属 *Menyanthes* L.

### 睡菜 *Menyanthes trifoliata* L.

**鉴别特征**：多年生草本，高 15～35 厘米。根状茎匍匐，粗而长，节部生不定根和枯叶鞘。三出复叶，基生，具长柄，下部鞘状；小叶椭圆形或矩圆状倒卵形，边缘微波状。总状花序具多花；苞片近卵形，花萼钟状，5 深裂，花冠白色或淡红紫色，5 中裂，里面被白色流苏状毛。蒴果近球形。

**生境**：水生植物。生于河滩草甸、湖泊边缘和山地藓类沼泽。

**分布**：兴安北部、岭西、兴安南部、辽河平原、赤峰丘陵州。

睡菜（赵家明摄于呼伦贝尔市鄂伦春自治旗）

睡菜（赵家明摄于呼伦贝尔市鄂伦春自治旗）

## 荇菜属 *Nymphoides* Seguier

### 荇菜 *Nymphoides peltata*（S. G. Gmel.）Kuntze

别名：莲叶荇菜、水葵、莕菜

鉴别特征：多年生水生植物。地下茎生于水底泥中，横走匍匐状。茎圆柱形，多分枝，生水中，节部有时具不定根。叶漂浮水面，对生或互生，近革质，叶片圆形或宽椭圆形。花序伞形状簇生叶腋；花冠黄色，先端凹缺，边缘具齿状毛。蒴果卵形。

生境：水生植物。生于池塘或湖泊中。

分布：内蒙古各州。

荇菜（刘铁志、徐杰摄于赤峰市克什克腾旗达里诺尔和呼和浩特市土默特左旗哈素海）

# 夹竹桃科
Apocynaceae

## 罗布麻属 *Apocynum* L.

### 罗布麻 *Apocynum vernetum* L.

**别名：** 茶叶花、野麻

**鉴别特征：** 直立半灌木或草本，高 1～3 米，具乳汁。枝条圆筒形，对生或互生，光滑无毛，紫红色或淡红色。单叶对生，分枝处的叶常为互生，椭圆状披针形至矩圆状卵形。聚伞花序多生于枝顶；花冠紫红色或粉红色，钟形，花药箭头形。种子多数，卵状矩圆形。

**生境：** 耐盐中生植物。生于沙漠边缘、河漫滩、湖泊周围、盐碱地、沟谷及河岸沙地等。

**分布：** 科尔沁、辽河平原、鄂尔多斯、东阿拉善、西阿拉善、龙首山、额济纳州。

罗布麻（徐杰摄于鄂尔多斯市准格尔旗）

## 夹竹桃属 *Nerium* L.

### 欧洲夹竹桃 *Nerium oleander* L.

**别名：** 柳叶桃

**鉴别特征：** 常绿灌木，高 1～2 米，体内含水液。叶常 3 枚轮生，革质，条状披针形，边缘全缘，微反卷。聚伞花序顶生；花冠单瓣或重瓣，深红色或粉红色，栽培品种中有为白色及黄色的，花冠裂片倒卵形，花冠喉部或花冠裂片基部具鳞片状的副花冠，花药箭头状；雄蕊着生于花冠筒中部以上，花丝短，花药箭头状，与柱头连生；心皮 2，离生。蓇葖 2，平行或并连，矩圆形。

**生境：** 中生植物。内蒙古常盆栽。

分布：内蒙古南部有栽培，需温室越冬。

欧洲夹竹桃（徐杰摄于呼和浩特市）

# 萝藦科
## Asclepiadaceae

### 杠柳属 *Periploca* L.

### 杠柳 *Periploca sepium* Bunge

杠柳（徐杰、刘铁志摄于呼和浩特市和乌海市海勃湾）

**别名：**北五加皮、羊奶子、羊奶条

**鉴别特征：**蔓型灌木，长达 1 米左右，除花外全株无毛。小枝对生，黄褐色。叶革质，披针形或矩圆状披针形。二歧聚伞花序腋生或顶生，着花数朵，总花梗与花梗纤细；花萼裂片卵圆形，里面基部具 5～10 小腺体；花冠辐状，紫红色；副花冠环状，花药粘连包围柱头。

**生境：**中生植物。生于黄土丘陵、固定或半固定沙丘及其他沙质地。

**分布：**辽河平原、科尔沁、阴南丘陵、鄂尔多斯、东阿拉善州。

杠柳（徐杰、刘铁志摄于呼和浩特市和乌海市海勃湾）

## 鹅绒藤属 *Cynanchum* L.

### 白薇 *Cynanchum atratum* Bunge

**别名**：白前、老君须

**鉴别特征**：多年生草本，高 40～60 厘米，根须状，有香气。叶卵形或卵状矩圆形，基部圆形、截形或近心形，全缘或浅波状，两面均被有白色绒毛。伞形聚伞花序；花深紫红色，花萼外面有绒毛，花冠辐状，副花冠 5 裂，裂片盾状，与合蕊柱等长。蓇葖果单生，披针状纺锤形。

**生境**：中生植物。生于山坡草甸、林缘、河边。

**分布**：岭东、兴安南部州。

白薇（刘铁志摄于呼伦贝尔市阿荣旗）

华北白前（刘铁志摄于赤峰
市宁城县黑里河大坝沟）

## 华北白前 *Cynanchum hancockianum*（Maxim.）Iljinski

别名：白前、老君须

鉴别特征：多年生草本，高 30～50 厘米，根须状。茎直立，自基部丛生。叶卵形披针形或披针形，基部宽楔形，全缘，下面淡绿色。伞形聚伞花序腋生；花萼无毛，花冠紫色，辐状，副花冠肉质，5 深裂，与合蕊柱等长。蓇葖果单生或双生，条状披针形。

生境：旱中生植物。生于山地草甸、沟谷和路边。

分布：燕山北部、阴山州。

## 牛心朴子 *Cynanchum mongolicum*（Maxim.）Hemsl.

别名：黑心朴子、黑老鸦脖子、芦芯草、老瓜头

鉴别特征：多年生草本，高 30～50 厘米。根丛须状，黄色。叶带革质，无毛，对生，狭尖椭圆形。伞状聚伞花序腋生，着花 10 余朵；花冠黑紫色或红紫色，辐状；副花冠黑紫色，肉质。蓇葖单生，纺锤状，向先端喙状渐尖。

生境：旱生沙生植物。生于荒漠草原带及荒漠带的半固定沙丘、沙质平原、干河床。

分布：阴南丘陵、鄂尔多斯、东阿拉善。

牛心朴子（徐杰摄于鄂尔多斯市准格尔旗）

## 徐长卿 *Cynanchum paniculatum*（Bunge）Kitag. ex H. Hara

别名：了刁竹、土细辛

鉴别特征：多年生草本，高 40～60 厘米，根须状。茎直立，不分枝，有时自基部丛生数条。条状披针形至条形，基部楔形，边缘向下反卷，下面淡绿色。伞形聚伞花序生于茎顶部叶

腋；花萼被微柔毛，花冠黄绿色，辐状，副花冠肉质，裂片 5，与合蕊柱等长。蓇葖果单生，披针形或狭披针形。

　　**生境**：旱中生植物。生于石质山地、丘陵阳坡、草甸草原及灌丛。

　　**分布**：兴安北部、岭东、岭西、兴安南部、科尔沁、辽河平原、燕山北部、锡林郭勒州。

徐长卿（刘铁志摄于赤峰市宁城县黑里河西泉）

## 紫花杯冠藤 *Cynanchum purpureum* ( Pall. ) K. Schum.

　　**别名**：紫花白前、紫花牛皮消

　　**鉴别特征**：多年生草本，高 20～40 厘米。根茎部粗大；根木质，暗棕褐色，垂直生长的粗根直径 5～10 毫米，有时具水平方向的粗根。聚伞花序伞状，腋生或顶生，呈半球形；花冠紫色，裂片条状矩圆形；副花冠黄色，圆筒形。蓇葖果纺锤形。

　　**生境**：旱中生植物。生于石质山地及丘陵阳坡、山地灌丛、林缘草甸、草甸草原中。

　　**分布**：兴安北部、呼伦贝尔、兴安南部、燕山北部、锡林郭勒、阴山州。

紫花杯冠藤（徐杰摄于赤峰市阿鲁科尔沁旗高格斯台罕山）

## 地梢瓜 *Cynanchum thesioides*（Freyn）K. Schum.

**别名**：沙奶草、地瓜瓢、沙奶奶、老瓜瓢

**鉴别特征**：多年生草本，高 15～30 厘米。根细长，褐色，具横行绳状的支根。叶对生，条形。伞状聚伞花序腋生；花冠白色，辐状；副花冠杯状，5 深裂，裂片三角形，与合蕊柱近等长；花粉块每药室 1 个，矩圆形，下垂。蓇葖果单生，纺锤形，表面具纵细纹。种子近矩圆形，扁平，棕色，顶端种缨白色。

**生境**：旱生植物。生于干草原、丘陵坡地、沙丘、撂荒地、田埂。

**分布**：内蒙古各州。

地梢瓜（徐杰摄于鄂尔多斯市准格尔旗）

## 雀瓢 *Cynanchum thesioides*（Freyn）K. Schum. var. *australe*（Maxim.）Tsiang et P. T. Li

**鉴别特征**：本变种与地梢瓜的区别在于：茎缠绕。

**生境**：旱生植物。生于干草原、丘陵坡地、沙丘、撂荒地、田埂。

**分布**：内蒙古各州。

雀瓢（徐杰摄于鄂尔多斯市准格尔旗）

## 鹅绒藤 *Cynanchum chinense* R. Br.

别名：祖子花

鉴别特征：多年生草本。茎缠绕，多分枝，稍具纵棱，被短柔毛。叶对生，薄纸质，宽三角状心形。伞状二歧聚伞花序腋生；花冠辐状，白色，裂片条状披针形；副花冠杯状，外轮顶端5浅裂，裂片三角形，内轮具5条较短的丝状体，外轮丝状体与花冠近等长；柱头近五角形，顶端2裂。蓇葖果圆柱形，平滑无毛。种子矩圆形，压扁。

生境：中生植物。生于沙地、河滩地、田埂。

分布：科尔沁、乌兰察布、阴山、阴南丘陵、鄂尔多斯、东阿拉善州。

鹅绒藤（徐杰摄于乌海市和鄂尔多斯市准格尔旗）

## 白首乌 *Cynanchum bungei* Decne.

别名：何首乌、柏氏白前、野山药

鉴别特征：多年生草本。块根肉质肥厚，圆柱形或近球形，直径10～15毫米，褐色。茎缠

白首乌（徐杰摄于赤峰市喀喇沁旗）

绕，纤细而韧，无毛。叶对生，薄纸质，戟形或矩圆状戟形。聚伞花序伞状，腋生；花萼裂片卵形或披针形；副花冠淡黄色，肉质。蓇葖单生或双生，狭披针形，顶部长渐尖。

生境：中生植物。生于山地灌丛、林缘草甸、沟谷，也见于田间及撂荒地。

分布：兴安南部、燕山北部、阴山、贺兰山州。

## 萝藦属 *Metaplexis* R. Br.

### 萝藦 *Metaplexis japonica*（Thunb.）Makino

别名：赖瓜瓢、婆婆针线包

鉴别特征：多年生草质藤本，具乳汁。茎缠绕，圆柱形，具纵棱，被短柔毛。叶卵状心形，少披针状心形。花序腋生；花蕾圆锥形，顶端锐尖；萼裂片条状披针形，被短柔毛；花冠白色，近幅状，条状披针形，张开，里面被柔毛。蓇葖叉生，纺锤形。

生境：中生植物。生于河边沙质坡地。

分布：兴安南部、辽河平原、赤峰丘陵州。

萝藦（刘铁志摄于赤峰市红山区）

# 旋花科
## Convolvulaceae

## 打碗花属 *Calystegia* R. Br.

### 打碗花 *Calystegia hederacea* Wall. ex Roxb.

**别名：**小旋花

**鉴别特征：**一年生缠绕或平卧草本，全体无毛。茎具细棱，通常由基部分枝。叶片三角状卵形、戟形或箭形。花单生叶腋，花梗长于叶柄，有细棱；苞片宽卵形，长 7～16 毫米。蒴果卵圆形，微尖，光滑无毛。

**生境：**常见的中生杂草。生于耕地、撂荒地和路旁，在溪边或潮湿生境中生长最好。并可聚生成丛。

**分布：**内蒙古各州。

打碗花（徐杰摄于呼和浩特市）

### 宽叶打碗花 *Calystegia silvatica* ( Kitaib. ) Griseb. subsp. *orientalis* Brummit

**别名：**篱天剑、旋花。

**鉴别特征：**多年生草本，全株不被毛。茎缠绕或平卧，伸长，有细棱，具分枝。叶三角状卵形或宽卵形，基部心形、箭形或戟形，二侧具浅裂或全缘。花单生叶腋；花冠白色或有时粉红色。蒴果球形。

　　**生境：** 草甸中生杂类草。生于撂荒地、农田、路旁、溪边草丛或山地林缘草甸中。

　　**分布：** 兴安北部、岭东、岭西、呼伦贝尔、兴安南部、燕山北部州。

宽叶打碗花（刘铁志摄于赤峰市宁城县黑里河大坝沟）

## 藤长苗 *Calystegia pellita* ( Ledeb. ) G. Don

　　**别名：** 缠绕天剑

　　**鉴别特征：** 多年生草本。茎缠绕，圆柱形，少分枝，密被柔毛。叶互生，矩圆形或矩圆状条形。花单生叶腋；萼片矩圆状卵形；花冠粉红色，光滑；雄蕊长为花冠的一半，花丝基部扩大，被小鳞毛。子房无毛，2室，柱头2裂，裂片长圆形，扁平。蒴果球形。

　　**生境：** 中生植物。生于耕地或撂荒地、路边及山地草甸。

　　**分布：** 兴安北部、岭东、岭西、呼伦贝尔、兴安南部、科尔沁、辽河平原、赤峰丘陵、燕山北部、阴南丘陵州。

藤长苗（刘铁志摄于赤峰市红山区）

## 旋花属 *Convolvulus* L.

### 田旋花　*Convolvulus arvensis* L.

**别名：** 箭叶旋花、中国旋花

**鉴别特征：** 细弱蔓生或微缠绕的多年生草本，常形成缠结的密丛。茎有条纹及棱角，无毛或上部被疏柔毛。花冠长 15～20 毫米。叶形变化很大，三角状卵形至卵状矩圆形，心形或箭簇形。蒴果卵状球形或圆锥形，无毛。

**生境：** 中生农田杂草。生于田间、撂荒地、村舍与路旁，并可见于轻度盐化的草甸中。

**分布：** 内蒙古各州。

田旋花（徐杰摄于呼和浩特市）

### 银灰旋花　*Convolvulus ammannii* Desr.

**别名：** 阿氏旋花

**鉴别特征：** 多年生矮小草本植物，全株密生银灰色绢毛。茎少数或多数，平卧或上升，高 2.0～11.5 厘米。叶互生，条形或狭披针形，无柄。花冠小，白色、淡玫瑰色或白色带紫红色条纹，外被毛。蒴果球形，2 裂。种子卵圆形，淡

银灰旋花（徐杰摄于乌兰察布市四子王旗）

褐红色，光滑。

生境：典型旱生植物，是荒漠草原和典型草原群落的常见伴生植物。在荒漠草原中是植被放牧退化演替的指示种，常形成银灰旋花占优势的次生群落。也散见于山地阳坡及石质丘陵等干旱生境。

分布：内蒙古各州。

## 刺旋花 *Convolvulus tragacanthoides* Turcz.

别名：木旋花

鉴别特征：半灌木，高5～15厘米。茎密集分枝，分枝斜上不成直角开展。叶互生，狭倒披针状条形。花2～5朵密集生于枝端，花枝伸长而无刺；外萼片与内萼片近于等大，花蒴果近球形，有毛；种子卵圆形。

生境：旱生植物。主要见于内蒙古半荒漠地带，常在干沟、干河床及砾石质丘陵坡地上形成小片的荒漠群落，或散生于山坡石隙间。

分布：乌兰察布、阴山、东阿拉善、贺兰山州。

刺旋花（徐杰摄于阿拉善左旗）

## 鹰爪柴 *Convolvulus gortschakovii* Schrenk

别名：郭氏木旋花

鉴别特征：半灌木或近于垫状小灌木，高10～30厘米，分枝多少成直角开展。叶倒披针形或条状披针形。花单生于短的侧枝上，侧枝末端常具两个小刺；萼片不等大，2个外萼片宽卵形；花冠玫瑰色，长1.3～2.0厘米；雄蕊稍不等长，短于花冠；雌蕊稍长过雄蕊；花盘环状；子房被长毛。蒴果宽椭圆形。

生境：强旱生半灌木。分布于半荒漠地带，可成为荒漠建群植物，多在砾石性基质上组成小片荒漠群落，也是半日花荒漠群落的优势种。

分布：东阿拉善、西阿拉善、贺兰山、龙首山州。

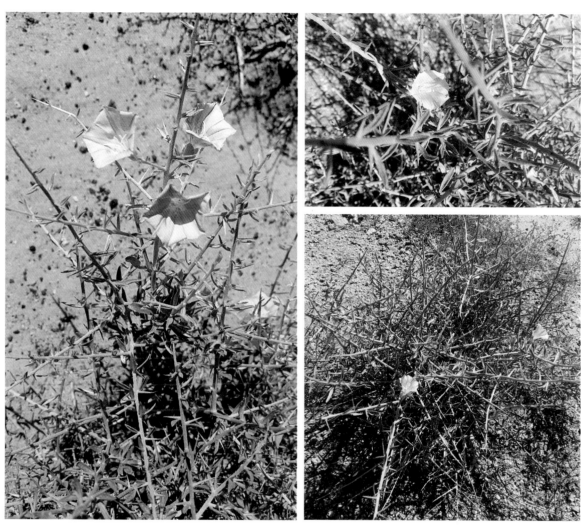

鹰爪柴（刘铁志、徐杰摄于阿拉善盟阿拉善左旗贺兰山北寺和阿拉善右旗龙首山）

## 牵牛属 *Pharbitis* Choisy

### 圆叶牵牛 *Pharbitis purpurea*（L.）Voigt

别名：紫牵牛、毛牵牛、喇叭花

圆叶牵牛（刘铁志、徐杰摄于赤峰市红山区和呼和浩特市）

鉴别特征：一年生草本，全株被粗硬毛，茎缠绕，多分枝。叶互生，圆心形或宽卵状心形，具掌状脉，全缘，先端尖，基部心形；伞形聚伞花序；花冠漏斗状，紫色、淡红色或白色；花盘环状。蒴果球形。

生境：中生植物。庭院栽培花卉。

分布：内蒙古各州常见栽培。

## 鱼黄草属 *Merremia* Dennst. ex Endlicher

### 北鱼黄草 *Merremia sibirica* ( L. ) H. Hall.

别名：囊毛鱼黄草

鉴别特征：一年生缠绕草本，全株无毛。茎多分枝，具细棱。叶狭卵状心形，顶端尾状长渐尖，基部心形，边缘稍波状。花序腋生，1～2 至数朵形成聚伞花序，总梗通常短于叶柄，明显具棱；花冠小，漏斗状，淡红色。蒴果圆锥状卵形。种子黑色，密被囊状毛。

生境：中生植物。生于路边、田边、山地草丛或山坡灌丛。

分布：兴安北部、兴安南部、科尔沁、赤峰丘陵、阴南丘陵、鄂尔多斯、东阿拉善州。

北鱼黄草（徐杰摄于兴安盟扎赛特旗）

## 番薯属 *Ipomoea* L.

### 番薯 *Ipomoea batatas*（L.）Lam.

**别名：**红薯、白薯、地瓜。

**鉴别特征：**一年生草本，地下具圆形、椭圆形或纺锤形的块根（形状常因品种而有差异）。茎平卧或上升，偶有缠绕，被柔毛或无毛，茎节易生不定根。叶片通常广卵形至三角状卵形。聚伞花序；花冠白色、粉红色、淡紫色或紫红。

**生境：**中生植物。栽培薯类作物。

**分布：**原产南美洲及大、小安的列斯群岛。内蒙古南部地区有少量栽培。

番薯（刘铁志摄于赤峰市红山区）

# 菀丝子科

Cuscutaceae

## 菀丝子属 *Cuscuta* L.

### 日本菀丝子 *Cuscuta japonica* Choisy

**别名：**金灯藤

**鉴别特征：**一年生寄生草本。茎较粗壮，径 1～2 毫米，黄色，常带紫红色疣状斑点，多分枝，无叶。花序穗状，或穗状总状花序；花萼碗状，常有紫红色疣状突起；花冠白色或绿白色或淡红色，钟状。蒴果卵圆形。

**生境：**寄生于草本植物体上，常见寄生于草原植物及草甸植物。

**分布：**兴安北部、岭东、岭西、呼伦贝尔、兴安南部、科尔沁、赤峰丘陵、燕山北部、阴山、阴南丘陵州。

日本菀丝子（刘铁志摄于赤峰市宁城县黑里河三道）

## 菟丝子 *Cuscuta chinensis* Lam.

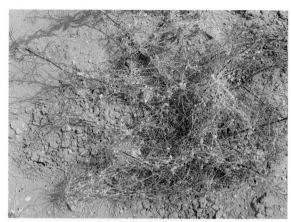

别名：豆寄生、无根草、金丝藤

鉴别特征：一年生草本，茎细，缠绕，黄色，无叶。花多数，簇生状；苞片与小苞片均呈鳞片状；花萼杯状，先端5裂，花冠白色，先端5裂，雄蕊5，花丝短，子房近球形，花柱2，柱头头状。蒴果近球形，成熟时被宿存花冠全部包围。

生境：寄生植物。生于豆科、马铃薯、胡麻和蒿属等许多草本植物上。

分布：内蒙古各州（荒漠区除外）。

菟丝子（刘铁志、徐杰摄于鄂尔多斯市准格尔旗十二连城和呼和浩特市清水河县）

## 大菟丝子 *Cuscuta europaea* L.

别名：欧洲菟丝子

鉴别特征：一年生寄生草本。茎纤细，淡黄色或淡红色，缠绕，无叶。花序球状或头状，花梗无或几乎无；苞片矩圆形，顶端尖，花萼杯状；花冠淡红色，壶形，裂片矩圆状披针形或三角状卵形，通常向外反折，宿存；鳞片倒卵圆形，边缘细齿状或流苏状。蒴果球形。

生境：寄生于多种草本植物上，尤以豆科、菊科、藜科为甚。

分布：兴安北部、兴安南部、燕山北部、阴山、鄂尔多斯、贺兰山州。

大菟丝子（徐杰摄于阿拉善贺兰山）

# 花葱科
Polemoniaceae

## 花葱属 *Polemonium* L.

### 花葱 *Polemonium caeruleum* L.

鉴别特征：多年生草本，高 40～80 厘米。具根状茎和多数纤维状须根。茎单一，不分枝，上部被腺毛，中部以下无毛。奇数羽状复叶。聚伞圆锥花序顶生或上部叶腋生，疏生多花；总花梗、花梗和花萼均被腺毛；花萼钟状；花冠蓝紫色，钟状，边缘无睫毛或偶有极稀的睫毛。蒴果卵球形。

生境：中生植物。生于山地林下草甸或沟谷湿地。

分布：兴安北部、岭东、岭西、兴安南部、辽河平原、赤峰丘陵、燕山北部、阴山州。

花葱（徐杰、刘铁志摄于呼和浩特市和林县南天门林场和兴安盟阿尔山市白狼）

# 紫草科
## Boraginaceae

## 紫丹属（砂引草属）Tournefortia L.

### 砂引草 *Tournefortia sibirica* L.

别名：紫丹草、挠挠糖

鉴别特征：多年生草本，具细长的根状茎。茎高 8～25 厘米，密被长柔毛，常自基部分枝。叶披针形或条状倒披针形。伞房状聚伞花序顶生。花萼密被白柔毛；花冠白色，漏斗状；花药箭形，基部 2 裂。果矩圆状球形，先端平截，具纵棱，被密短柔毛。

生境：中旱生植物。生于沙地、沙漠边缘、盐生草甸、干河沟边。

分布：赤峰丘陵、东阿拉善州。

砂引草（刘铁志、徐杰摄于赤峰市红山区和阿拉善左旗）

### 细叶砂引草 *Tournefortia sibirica* L .var. *angustior*（DC.）G. L. Chu et M. G. Gilbert

鉴别特征：与砂引草主要区别在于叶条形或条状披针形。

生境：生于沙地、沙漠边缘、盐生草甸、河沟边。

分布：呼伦贝尔、兴安南部、科尔沁、辽河平原、赤峰丘陵、锡林郭勒、乌兰察布、阴山、阴南丘陵、鄂尔多斯、东阿拉善、西阿拉善州。

细叶砂引草（徐杰摄于鄂尔多斯市达拉特旗）

## 琉璃苣属 *Borago* L.

### 琉璃苣 *Borago officinalis* L.

鉴别特征：一年生草本，高 15～70 厘米，全株被糙硬毛，稍具黄瓜香味。基生叶卵形或披针形，全缘，具柄；茎生叶较小且无柄，抱茎。花序松散，花下垂；花梗通常淡红色，花星状，花瓣鲜蓝色，有时白色或玫瑰色，雄蕊 5，鲜黄色。小坚果 4，位于宿萼基部。

生境：旱生植物。生于路旁和沟渠边。

分布：乌兰察布、东阿拉善、西阿拉善州。

琉璃苣（王长荣摄于锡林郭勒盟苏尼特左旗）

## 紫筒草属 *Stenosolenium* Turcz.

### 紫筒草 *Stenosolenium saxatile*（Pall.）Turcz.

**别名**：紫根根

**鉴别特征**：多年生卓本，高6～20厘米，密被粗硬毛并混生短柔毛。基生叶和下部叶倒披针状条形，上部叶披针状条形，全缘；总状花序顶生，苞叶叶状；花冠筒细长，高脚碟状，紫色、青紫色或白色，裂片5，雄蕊5，生于花冠筒中上部，柱头2，头状。小坚果4，三角状卵形。

生境：旱生植物。生于干草原、沙地、低山丘陵的石质坡地和路旁。

分布：兴安南部、科尔沁、辽河平原、赤峰丘陵、锡林郭勒、乌兰察布、阴山、阴南丘陵、鄂尔多斯、东阿拉善州。

紫筒草（刘铁志摄于赤峰市红山区）

## 肺草属 *Pulmonaria* L.

### 肺草 *Pulmonaria mollissima* A. Kern.

**别名**：腺毛肺草

**鉴别特征**：多年生草本。根绳索状。茎高20～55厘米，被密短硬毛混生短腺毛，上部少分枝或不分枝。基生叶数片，矩圆形或倒披针形。花萼钟状；花冠紫蓝色，稀白色，筒状，无附属物；花柱圆柱状，柱头球状。小坚果，黑色，卵形。

生境：中生植物。生于山地杂木林下、林缘草地及沟谷溪水边。

分布：阴山州。

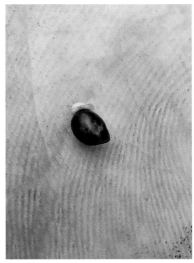

肺草（徐杰、邓峰摄于呼和浩特市大青山小井沟）

## 软紫草属 *Arnebia* Forsk.

### 黄花软紫草 *Arnebia guttata* Bunge

**别名：**假紫草

**鉴别特征：**多年生草本。茎高 8～12 厘米，从基部分枝，被有开展的刚毛混生短柔毛。叶窄倒披针形或长匙形、条状披针形。苞片与花萼都被密硬毛；苞片条状披针形；花冠黄色，被短密柔毛，筒细。小坚果 4，卵形。

**生境：**旱生植物。生于荒漠化小针茅草原及猪毛菜类荒漠中。喜生沙砾质及砾石质土壤。

**分布：**东阿拉善、西阿拉善、贺兰山、额济纳州。

黄花软紫草（徐杰摄于阿拉善盟阿左旗巴音毛道）

## 疏花软紫草 *Arnebia szechenyi* Kanitz

**别名**：疏花假紫草

**鉴别特征**：多年生草本。茎高 8～15 厘米，分枝，密被开展的刚毛，混生少数糙色。上部叶为矩圆形，下部叶较窄。总花梗、苞片和花萼被密硬毛与短硬毛，苞片窄椭圆形；花冠黄色，喉部具紫红色斑纹，带紫色斑纹。小坚果 1，卵形，长 2.5 毫米，有小瘤状凸起。

**生境**：砾石生旱生植物。生于石质山坡及山沟坡地。

**分布**：东阿拉善、西阿拉善、贺兰山州。

疏花软紫草（徐杰摄于阿拉善贺兰山）

## 紫草属 *Lithospermum* L.

## 紫草 *Lithospermum erythrorhizon* Sieb. et Zucc.

**别名**：紫丹、地血

**鉴别特征**：多年生草本。根含紫色物质。茎高 20～50 厘米，被开展的刚毛，混杂有弯曲的细硬毛，常在上部分枝。叶披针形或矩圆状披针形。花冠白色，筒长约 3 毫米，基部有环状附属物，5 裂，裂片宽椭圆形。小坚果。

紫草（徐杰摄于赤峰市阿鲁科尔沁旗高格斯台罕山）

生境：中生植物。生于山地林缘、灌丛中，也见于路边散生。

分布：兴安北部、岭东、兴安南部、燕山北部、阴山州。

## 琉璃草属 *Cynoglossum* L.

### 大果琉璃草 *Cynoglossum divaricatum* Steph. ex Lehm.

别名：大赖鸡毛子、展枝倒提壶、粘染子

鉴别特征：二年生或多年生草本。根垂直，单一或稍分枝。茎高30～65厘米，密被贴伏的
短硬毛，上部多分枝。叶矩圆状披针形或披针
形。花序有稀疏的花；具苞片，狭披针形或条
形；花萼果期向外反折；花冠蓝色、红紫色，
具5个梯形附属物，位于喉部以下。小坚果4，
扁卵形，密生锚状刺。

生境：旱中生植物。生于沙地、干河谷的
沙砾质冲积物上以及田边、路边及村旁，为常
见的农田杂草。

分布：岭西、兴安南部、科尔沁、辽河平
原、赤峰丘陵、锡林郭勒、乌兰察布、阴山、
阴南丘陵、鄂尔多斯、东阿拉善州。

大果琉璃草（徐杰摄于乌兰察布市凉城县蛮汉山林场）

## 鹤虱属 *Lappula* Moench

### 蒙古鹤虱 *Lappula intermedia*（Ledeb.）Popov

别名：小粘染子、卵盘鹤虱

鉴别特征：一年生草本。茎高10～30厘米，常单生，直立，中部以上分枝，全株（茎、
叶、苞片、花梗，花萼）均密被白色细刚毛。茎下部叶条状倒披针形。花序顶生；花冠蓝色，
漏斗状；花药矩圆形。

生境：中旱生植物。生于山麓砾石质坡地，河岸及湖边砂地，也常生于村旁路边。

分布：兴安北部、岭东、岭西、兴安南部、辽河平原、赤峰丘陵、锡林郭勒、阴山、阴南丘陵、西阿拉善、龙首山州。

蒙古鹤虱（徐杰摄于乌兰察布市四子王旗）

## 劲直鹤虱 *Lappula stricta*（Ledeb.）Gürke

别名：小粘染子

鉴别特征：一年生草本，不呈密丛状。茎高 25～40 厘米。叶狭倒披针形、披针状条形。由多数花序组成圆锥花序，花序长达 18 厘米；花冠蓝色。小坚果 4，球状卵形或卵形，自其内生单行锚状刺，小坚果长 3 毫米，背面棱缘每侧具 4～7 个刺，基部 3～4 对刺，长约 2 毫米。

生境：旱中生植物。生于山地草甸及沟谷。

分布：锡林郭勒、阴山、东阿拉善、西阿拉善州。

劲直鹤虱（徐杰摄于乌审旗）

## 异刺鹤虱 *Lappula heteracantha*（Ledeb.）Gürke

**别名**：小粘染子

**鉴别特征**：一年生或二年生草本，高20～50厘米，全株均被刚毛。基生叶莲座状，条状倒披针形或倒披针形，具柄；茎生叶条形或狭倒披针形，先端弯尖，无柄。花序稀疏；花冠淡蓝色，有时稍带白色或淡黄色斑。小坚果4，长卵形，边缘具2行锚状刺，内行每侧6～7个，外行刺极短。

**生境**：旱中生植物。生于山地、沟谷草甸、田野、村旁和路边。

**分布**：辽河平原、赤峰丘陵、锡林郭勒、乌兰察布、阴南丘陵、鄂尔多斯、西阿拉善州。

异刺鹤虱（刘铁志摄于赤峰市红山区）

## 蓝刺鹤虱 *Lappula consanguinea*（Fisch. et C.A. Mey.）Gürke

**别名**：小粘染子

**鉴别特征**：一年生或二年生草本，高20～60厘米，全株均被刚毛。基生叶条状披针形，具长柄；茎生叶披针形或条状披针形，无柄；花序稀疏；花冠蓝色，稍带白色。小坚果4，卵形，边缘具2行锚状刺，内行每侧8～10个，外行刺极短。

**生境**：中旱生植物。生于山地灌丛、草原及田野。

**分布**：兴安北部、赤峰丘陵、燕山北部、阴山州。

蓝刺鹤虱（刘铁志摄于赤峰市红山区）

## 齿缘草属 *Eritrichium* Schrad.

### 少花齿缘草 *Eritrichium pauciflorum*（Ledeb.）DC.

**别名**：蓝梅、石生齿缘草

**鉴别特征**：多年生草本，高 10～25 厘米，全株（茎、叶、苞片、花梗、花萼）密被绢状细刚毛呈灰白色。茎数条丛生，常簇生，较密。叶狭匙形或狭匙状倒披针形、条形，无柄。花序顶生；花冠蓝色，辐状。小坚果陀螺形，背面平或微凸。

**生境**：中旱生植物。生于山地草原、羊茅草原、砾石质草原，山地砾石质坡地，也可进入亚高山带。

**分布**：兴安南部、锡林郭勒、乌兰察布、阴山、阴南丘陵、东阿拉善、贺兰山、龙首山州。

少花齿缘草（徐杰摄于阿拉善贺兰山）

### 东北齿缘草 *Eritrichium mandshuricum* Popov

**别名**：细叶蓝梅

**鉴别特征**：多年生草本，高 9～20 厘米，基部分枝短而密，成丛簇状。基生叶和茎生叶均为条形，基部渐狭，无柄。花序顶生；花冠淡蓝色。小坚果背面长卵形，微凸，光滑无毛，具皱棱及小瘤状凸起，边缘无锚状刺，稀有少数小齿状微凸起。

**生境**：中旱生植物。生于山地草原和村旁路边。

**分布**：兴安北部、岭东、兴安南部、锡林郭勒州。

东北齿缘草（刘铁志摄于兴安盟科尔沁右翼前旗索伦）

## 反折假鹤虱 *Eritrichium deflexum* （ Wahlenb. ）Y. S. Lian et J. Q. Wang

　　**鉴别特征：**一年生草本，高 20～60 厘米，密被弯曲长柔毛。基生叶匙形、倒卵状披针形，基部渐狭成长柄；茎上部叶条状披针形、狭倒披针形或狭披针形，基部渐狭，无柄；两面均被细刚毛。花序顶生，花偏一侧；花冠蓝色。小坚果长约 2 毫米，边缘锚状刺长 0.9 毫米，基部分生。

　　**生境：**中旱生植物。生于山地林缘、沙丘阴坡、沙地。

　　**分布：**兴安北部、岭东、岭西、锡林郭勒、阴山、龙首山州。

反折假鹤虱（刘铁志摄于兴安盟阿尔山市白狼）

## 滨紫草属 *Mertensia* Roth

## 滨紫草 *Mertensia davurica*（ Sims ）G. Don

　　**鉴别特征：**多年生草本。茎高 20～50 厘米，上部被细硬毛，下部叶匙形或条状披针形。茎上部叶披针状条形，矩圆状披针形或倒披针形。花冠蓝紫色，裂片钝圆，花冠管下部圆柱状，上部多少钟状，与花萼等长或比其长多倍，喉部有或无附属物，裂片 5，在芽内呈覆瓦状排列。小坚果卵圆形，被短毛。

　　**生境：**山地旱中生植物。生于山地草甸及林缘。

　　**分布：**兴安北部、兴安南部州。

滨紫草（徐杰摄于赤峰市克什克腾旗黄岗梁）

## 斑种草属 *Bothriospermum* Bunge

### 狭苞斑种草 *Bothriospermum kusnezowii* Bunge

别名：细叠子草

鉴别特征：一年生草本，全株（茎、叶、苞片、花萼等）均密被刚毛。茎高 13～35 厘米，斜升，自基部分枝，茎数条。叶倒披针形，稀匙形或条形。叶状苞片，条形或披针状条形。花冠蓝色，花冠筒短，喉部具 5 附属物，裂片 5，钝，开展。小坚果肾形，密被小瘤状凸起，腹面有纵椭圆形凹陷。

生境：旱中生植物。生于山地草甸、河谷、草甸及路边。

分布：科尔沁、乌兰察布、阴山、阴南丘陵、鄂尔多斯、贺兰山州。

狭苞斑种草（刘铁志、徐杰摄于赤峰市红山区和兴安盟科右前旗和呼和浩特市）

## 附地菜属 *Trigonotis* Stev.

### 附地菜 *Trigonotis peduncularis*（ Triranus ）Bentham ex Baker & S. Moore

鉴别特征：一年生草本。茎 1 至数条，高 8～18 厘米，被伏短硬毛。基生叶倒卵状椭圆形、椭圆形或匙形，茎下部叶与基生叶相似，茎上部叶椭圆状披针形。花萼裂片椭圆状披针形，花冠蓝色，裂片顿，开展，喉部黄色，具 5 附属物。小坚果四面体形。

生境：旱中生植物。生于山地林缘、草甸及沙地。

分布：兴安北部、岭东、岭西、兴安南部、辽河平原、燕山北部、锡林郭勒、阴山、鄂尔多斯、贺兰山州。

附地菜（徐杰摄于呼和浩特市）

## 勿忘草属 *Myosotis* L.

### 湿地勿忘草 *Myosotis caespitosa* Schultz

**别名：**沼泽勿忘草

**鉴别特征：**二年生或多年生草本，高 20～30 厘米，全株均被糙伏毛。茎下部叶近圆形或倒卵状近圆形，基部渐狭成长柄，茎上部叶倒披针形或条状倒披针形，基部楔形，无柄。花序顶

湿地勿忘草（刘铁志摄于兴安盟阿尔山市白狼）

生；花萼裂片三角形，花冠淡蓝色，喉部黄色。小坚果宽卵形，扁，光滑。

生境：湿中生植物。生于河滩沼泽草甸及低湿沙地。

分布：兴安北部、岭东、岭西、兴安南部、燕山北部、锡林郭勒、鄂尔多斯州。

# 勿忘草 *Myosotis alpestris* F. W. Schmidt

别名：林勿忘草

鉴别特征：多年生草本。茎直立，密被弯曲长柔毛。叶条状披针形或倒披针形、矩圆状披针形或长椭圆形。花萼裂片卵状披针形，长1.5毫米，萼筒长0.8毫米，被短伏毛；花冠蓝色，5附属物，每附属物上具长柔毛2。小坚果宽卵状圆形（凸透镜状），长约1.5毫米，稍扁，光亮，黑色，种子栗褐色。

生境：中生植物。生于山地落叶松林、桦木林下及山地灌丛、山地草甸中，并可进入亚高山地带。

分布：兴安北部、岭东、岭西、呼伦贝尔、兴安南部、燕山北部、阴山州。

勿忘草（徐杰摄于赤峰市克什克腾旗）

# 马鞭草科
Verbenaceae

## 马鞭草属 *Verbena* L.

### 美女樱 *Verbena phlogiflora* Cham.

**别名：** 对叶梅

**鉴别特征：** 多年生草本，高 30 厘米左右。茎稍呈四棱形，全株被柔毛。单叶对生，矩圆形或矩圆状披针形，边缘有粗锯齿；具短柄。穗状花序顶生；苞片条状披针形；萼管状，被腺毛；花冠白色；粉红、深红及紫红色，花冠管细，长于花萼，先端 5 裂，裂片顶端凹入。

**生境：** 中生植物。栽培植物。

**分布：** 内蒙古南部作庭院栽培的花卉，一些公园常用来布置花坛。

美女樱（刘铁志摄于赤峰市红山区）

### 细叶美女樱 *Verbena tenera* Spreng.

**鉴别特征：** 多年生草本，高 20～30 厘米，枝条细长四棱，微生毛。叶对生，三深裂，每个裂片再次羽状分裂，小裂片条状，全缘，叶有短柄。穗状花序顶生，花冠玫瑰紫色。

**生境：** 中生植物。栽培植物，栽培于庭院和花坛。

**分布：** 内蒙古多地有栽培。

细叶美女樱（刘铁志摄于赤峰市红山区）

## 莸属 *Caryopteris* Bunge

### 蒙古莸 *Caryopteris mongholica* Bunge

别名：白蒿

鉴别特征：小灌木，高 15～40 厘米。单叶对生，披针形、条状披针形或条形。聚伞花序顶生或腋生；花萼钟状，先端 5 裂，宿存；花冠蓝紫色，筒状，外被短柔毛；雄蕊 4，二强，长约为花冠的 2 倍；花柱细长，柱头 2 裂。果实球形，小坚果矩圆状扁三棱形，边缘具窄翅。

生境：旱生植物。生于草原带的石质山坡、沙地、干河床及沟谷等地。

分布：呼伦贝尔、锡林郭勒、乌兰察布、阴山、阴南丘陵、鄂尔多斯、东阿拉善、西阿拉善、贺兰山、龙首山、额济纳州。

蒙古莸（徐杰摄于包头市达茂旗）

## 牡荆属 *Vitex* L.

### 荆条 *Vitex negundo* L. var. *heterophylla*（Franch.）Rehd.

鉴别特征：灌木，高 1～2 米。幼枝四方形，老枝圆筒形，幼时有微柔毛。掌状复叶，具小叶 5，有时 3，矩圆状卵形至披针形，边缘有缺刻状锯齿，浅裂以至羽状深裂。顶生圆锥花序，花小，蓝紫色，具短梗；花冠二唇形；花萼钟状。核果。

生境：中生植物。为华北山地中生灌丛的建群种或优势种，多生于山地阳坡及林缘。

分布：科尔沁、燕山北部、阴南丘陵、鄂尔多斯州。

荆条（刘铁志摄于赤峰市喀喇沁旗十家）

# 唇形科
## Lamiaceae

## 水棘针属 *Amethystea* L.

### 水棘针 *Amethystea caerulea* L.

**鉴别特征**：一年生草本。高 15～40 厘米。茎被疏柔毛或微柔毛。叶纸质，轮廓三角形或近卵形，3 全裂，边缘具粗锯齿或重锯齿。花序为由松散具长梗的聚伞花序所组成的圆锥花序。花萼钟状，外面被乳头状突起及腺毛，花冠略长于花萼，蓝色或蓝紫色，冠檐二唇形。

**生境**：中生植物。生于河滩沙地、田边路旁、溪旁、居民点附近，散生或形成小群聚。

**分布**：兴安北部、岭东、岭西、呼伦贝尔、兴安南部、科尔沁、辽河平原、赤峰丘陵、燕山北部、锡林郭勒、阴山、阴南丘陵、鄂尔多斯州。

水棘针（徐杰摄于赤峰市阿鲁科尔沁旗高格斯台罕山）

## 黄芩属 *Scutellaria* L.

黄芩 *Scutellaria baicalensis* Georgi

别名：黄芩茶

黄芩（徐杰摄于呼和浩特市大青山、刘铁志摄于赤峰市宁城县黑里河）

**鉴别特征：**多年生草本，高20～35厘米。主根粗壮，圆锥形。叶披针形或条状披针形。花序顶生，总状，常偏一侧；花冠紫色、紫红色或蓝色，外面被具腺短柔毛，冠筒基部膝曲；雄蕊稍伸出花冠；花盘环状。小坚果卵圆形。

**生境：**中旱生植物。多生于山地、丘陵的砾石坡地及沙质土上，为草甸草原及山地草原的常见种，在线叶菊草原中可成为优势植物之一。

**分布：**兴安北部、岭东、岭西、呼伦贝尔、兴安南部、科尔沁、赤峰丘陵、燕山北部、锡林郭勒、阴山、阴南丘陵、鄂尔多斯、贺兰山州。

## 甘肃黄芩 *Scutellaria rehderiana* Diels

**别名：**阿拉善黄芩

**鉴别特征：**多年生草本，高12～30厘米。主根木质，圆柱形，直径达2厘米。茎弧曲上升，被下向的疏或密的短柔毛，有时混生腺毛。叶片草质，卵形、卵状披针形或披针形。花序总状，顶生；花冠粉红、淡紫至紫蓝色；花丝中部以下被疏柔毛；子房4裂，表面瘤状突起；花盘肥厚，平顶。

**生境：**生于山地阳坡的旱中生植物。

**分布：**乌兰察布、东阿拉善、贺兰山州。

甘肃黄芩（苏云摄于阿拉善贺兰山）

## 粘毛黄芩 *Scutellaria viscidula* Bunge

**别名：**黄花黄芩、腺毛黄芩

**鉴别特征：**多年生草本，高7～20厘米。叶条状披针形、披针形或条形，几无柄或具短柄，质厚。花序顶生，总状；花冠黄色，外面被腺毛，里面被长柔毛，冠筒基部明显膝曲，上唇盔状，先端微缺，下唇中裂片宽大，近圆形，两侧裂片靠拢上唇，卵圆形。

**生境：**中旱生植物。生于干旱草原的伴生植物，也见于荒漠草原带的沙质土上，在农田、撂荒地及路旁可聚生成丛。

**分布：**兴安南部、科尔沁、赤峰丘陵、锡林郭勒、乌兰察布、阴山、阴南丘陵、鄂尔多斯州。

粘毛黄芩（徐杰摄于乌兰察布市四子王旗、刘铁志摄于赤峰市红山区）

# 黑龙江黄芩 *Scutellaria pekinensis* Maxim. var. *ussuriensis*（Regel）Hand.-Mazz.

别名：乌苏里黄芩

鉴别特征：一年生草本，高 15～35 厘米。根茎细长。茎直立，疏被短柔毛。叶卵形，基部宽楔形或截形，边缘有钝的粗牙齿，具细长柄。花组成顶生间有腋生背腹向的总状花序；花冠蓝紫色，外面被腺毛。

生境：中生植物。生于山地林下、林缘、林间草甸与低湿地。

分布：兴安北部、辽河平原、燕山北部州。

黑龙江黄芩（刘铁志摄于赤峰市宁城县黑里河）

## 纤弱黄芩 *Scutellaria dependens* Maxim.

**鉴别特征**：多年生草本，高5～35厘米。根茎细长。茎纤细，直立，沿棱被极疏短柔毛。叶膜质，三角状卵形或卵形，基部心形或浅心形，全缘，有短柄。花单生于叶腋；花冠白色或淡蓝紫色，外面被微柔毛。

**生境**：中生植物。生于山地林下、林间草甸及沟谷。

**分布**：兴安北部、岭东、岭西、兴安南部、辽河平原、锡林郭勒、燕山北部州。

纤弱黄芩（刘铁志摄于呼伦贝尔市扎兰屯市秀水山庄）

## 狭叶黄芩 *Scutellaria regeliana* Nakai

**别名**：塔头黄芩

**鉴别特征**：多年生草本，高15～30厘米。根茎细长。茎直立，被疏柔毛。叶披针形、条状披针形或条形，基部浅心形至截形，全缘，边缘向下反卷，有短柄或近无柄。花单生于中部以上的叶腋；花冠蓝紫色，外面被短柔毛。

**生境**：中生植物。生于河滩草甸和沼泽化草甸。

**分布**：兴安北部、岭东、岭西、兴安南部、锡林郭勒、燕山北部州、阴山州。

狭叶黄芩（刘铁志摄于呼伦贝尔市新巴尔虎右旗达来东）

## 并头黄芩 *Scutellaria scordifolia* Fisch. ex Schrank

**别名**：头巾草

**鉴别特征**：多年生草本，高10～30厘米。茎沿棱疏被微柔毛或近几无毛。叶三角状披针形、条状披针形或披针形，边缘具疏锯齿或全缘，下面具多数凹腺点；具短叶柄或几无柄。花单生于茎上部叶腋内；花冠蓝色或蓝紫色。

**生境**：生于河滩草甸、山地草甸、山地林缘、林下以及撂荒地、路旁、村舍附近，为中生略耐旱的植物，其生境较为广泛。

　　**分布：**兴安北部、岭东、岭西、呼伦贝尔、兴安南部、辽河平原、赤峰丘陵、燕山北部、锡林郭勒、乌兰察布、阴山、阴南丘陵、鄂尔多斯州。

并头黄芩（徐杰摄于呼和浩特市大青山）

盔状黄芩（赵家明摄于呼伦贝尔市根河市）

### 盔状黄芩 *Scutellaria galericulata* L.

　　**鉴别特征：**多年生草本，高 10～30 厘米。根茎细长。茎直立，被短柔毛。叶矩圆状披针形，基部浅心形，边缘具疏锯齿，两面被短柔毛，有短柄。花单生于中部以上的叶腋；花冠紫色、紫蓝色至蓝色，外面密被短柔毛混生腺毛。

　　**生境：**中生植物。生于河滩草甸和沟谷湿地。

　　**分布：**兴安北部、岭西、兴安南部、锡林郭勒州。

## 夏至草属 *Lagopsis*（Bunge ex Benth.）Bunge

### 夏至草 *Lagopsis supina*（Steph. ex Willd.）Ik.-Gal. ex Knorr.

　　**鉴别特征：**多年生草本，高 15～30 厘米。茎密被微柔毛，分枝。叶轮廓为半圆形、圆形或倒卵形，裂片有疏圆齿，两面密被微柔毛；轮伞花序具疏花；花萼管状钟形，外面密被微柔毛，先端具浅黄色刺尖；花冠白色。

　　**生境：**旱中生植物。多生于田野、撂荒地及路旁，为农田杂草，常在撂荒地上形成小群聚。

　　**分布：**兴安南部、科尔沁、赤峰丘陵、燕山北部、呼锡高原、阴山、阴南丘陵、乌兰察布、东阿拉善、贺兰山州。

夏至草（徐杰摄于呼和浩特市）

## 扭藿香属 *Lophanthus* Adans.

### 扭藿香 *Lophanthus chinensis* Benth.

**鉴别特征：**多年生草本，高35～55厘米。叶宽卵形、三角状卵形或矩圆状卵形，边缘具圆齿，具柄。聚伞花序腋生；萼2唇形，5齿；花冠蓝色，2唇形，冠筒扭转90°～180°，上唇（转至下面）3裂，中裂片先端浅2裂，下唇2深裂；雄蕊4，前对外伸；花柱外伸，柱头2裂。小坚果矩圆状卵形或矩圆形。

**生境：**中生植物。生于山坡和沟谷。

**分布：**兴安南部、阴山州。

扭藿香（刘铁志摄于赤峰市林西县富林林场）

## 藿香属 *Agastache* J. Clayton ex Gronovius

### 藿香 *Agastache rugosa*（Fisch. et C. A. Mey.）O. Kuntze

**鉴别特征：**多年生草本，高约1米。叶卵形至披针状卵形，上面被微毛，下面被微柔毛

及腺点。轮伞花序具多花；花萼管状钟形，被微柔毛及黄色小腺体，多少染成浅紫色，萼齿三角状披针形，花冠浅紫蓝色；雄蕊伸出花冠。花柱与雄蕊近等长，先端 2 裂相等。小坚果卵状矩圆形，腹面具棱，先端具短硬毛，褐色。

　　生境：中生植物。生于林下、林缘。

　　分布：兴安南部、燕北北部州。

藿香（徐杰摄于赤峰市阿鲁科尔沁旗高格斯台罕山）

## 裂叶荆芥属 *Schizonepeta* Briq.

### 多裂叶荆芥 *Schizonepeta multifida*（L.）Briq.

　　别名：东北裂叶荆芥

　　鉴别特征：多年生草本，高 30～40 厘米。主根粗壮，暗褐色。叶轮廓为卵形，羽状深裂或全裂，有时浅裂至全缘，具腺点。花序为由多数轮伞花序组成的顶生穗状花序，花冠蓝紫色，冠檐外面被长柔毛，肾形；花药褐色。小坚果扁，倒卵状矩圆形，腹面略具棱。

　　生境：中旱生植物。草甸草原和典型草原的常见伴生种，也见于林缘及灌丛中。生于沙质平原、丘陵坡地及石质山坡等生境的草原中。

　　分布：兴安北部、岭西、呼伦贝尔、兴安南部、科尔沁、燕山北部、锡林郭勒、乌兰察布、阴山、贺兰山州。

多裂叶荆芥（徐杰摄于赤峰市阿鲁科尔沁旗高格斯台罕山）

## 青兰属 *Dracocephalum* L.

### 光萼青兰 *Dracocephalum argunense* Fisch. ex Link

**鉴别特征：**多年生草本，高 35～50 厘米。数茎自根茎生出，近四棱形，疏被倒向微柔毛。叶条状披针形或条形；无叶柄或具短柄。轮伞花序生于茎顶 2～4 节上；苞片椭圆形，边缘被睫毛；花冠蓝紫色，长 3～4 厘米，外面被长柔毛；花药密被柔毛，花丝疏被毛。

**生境：**中生植物。生于森林区和森林草原带的山地草甸、山地草原、林缘灌丛，也散见于沟谷及河滩沙地。

**分布：**兴安北部、岭东、岭西、兴安南部、燕山北部州。

光萼青兰（刘铁志摄于赤峰市宁城县黑里河）

## 香青兰 *Dracocephalum moldavica* L.

别名：山薄荷

鉴别特征：一年生草本，高 15～40 厘米。叶披针形至披针状条形，边缘具疏犬牙齿，有时基部的牙齿齿尖常具长刺，两面均被微毛及黄色小腺点。轮伞花序生于茎或分枝上部；花萼长具金黄色腺点，密被微柔毛，常带紫色；花冠淡蓝紫色至蓝紫色。小坚果长矩圆形，顶端平截。

生境：中生植物。生于山坡、沟谷、河谷砾石滩地。

分布：内蒙古各州

香青兰（徐杰摄于呼和浩特市大青山）

## 白花枝子花 *Dracocephalum heterophyllum* Benth.

别名：异叶青兰

鉴别特征：多年生草本，高 10～25 厘米。茎下部叶宽卵形至长卵形。轮伞花序生于茎上部叶腋；苞片倒卵形或倒披针形，被短柔毛，边缘具小齿，齿尖具 2～4 毫米的长刺，刺的边缘具

白花枝子花（徐杰摄于乌兰察布市四子王旗葛根塔拉）

短睫毛；花具短梗。花萼明显呈二唇形；花冠淡黄色或白色。

　　生境：中旱生植物。生于石质山坡及草原地带的石质丘陵坡地上，常为砾石质草原群落的伴生成分。

　　分布：锡林郭勒、乌兰察布、阴山、贺兰山、龙首山州。

## 毛建草 *Dracocephalum rupestre* Hance

　　别名：岩青兰

　　鉴别特征：多年生草本，高 15～30 厘米。叶片三角状卵形，长 15～55 毫米，边缘具圆齿。轮伞花序密集，常成头状，稀成穗状；萼上唇中齿较侧齿宽 2 倍以上；花较大，长 3.5～4.0 厘米；花冠紫蓝色，花丝疏被柔毛，顶端具尖的突起。

　　生境：中生植物。生于森林区、森林草原带及草原带山地的草甸、疏林或山地草原中。

　　分布：燕山北部、阴山、东阿拉善州。

毛建草（徐杰摄于包头市九峰山）

## 灌木青兰 *Dracocephalum fruticulosum* Steph. ex Willd.

　　别名：沙地青兰

　　鉴别特征：小半灌木，高约 20 厘米。小枝密被倒向白色短毛。叶片椭圆形或矩圆形，全缘

灌木青兰（徐杰摄于阿拉善贺兰山）

或具1～3齿，两面密被短毛及腺点。轮伞花序生于茎顶；苞片长椭圆形，边缘每侧有具长刺的小齿，密被微毛及腺点，边缘具短睫毛；萼钟状管形，花冠淡紫色，外面密被短柔毛，冠筒里面中下部具2行白色短柔毛，冠檐二唇形；雄蕊稍伸出，花丝被疏毛，花药深紫色。

生境：旱生植物。生于干旱石质山坡。

分布：东阿拉善、贺兰山州。

## 荆芥属 *Nepeta* L.

### 大花荆芥 *Nepeta sibirica* L.

鉴别特征：多年生草本，高20～70厘米。茎多数，直立或斜升，被微柔毛，老时脱落。叶披针形、矩圆状披针形或三角状披针形，边缘具锯齿。轮伞花序疏松排列于茎顶部；花冠蓝色。冠筒直立，冠檐二唇形，上唇二裂，裂片椭圆形，下唇3裂，中裂片肾形，先端具弯缺，侧裂片矩圆形；雄蕊后对略长于上唇。小坚果倒卵形，腹部略具棱，光滑，褐色。

生境：山地中生植物。生于山地林缘，沟谷草甸中。

分布：阴山、阴南丘陵、贺兰山州。

大花荆芥（徐杰摄于阿拉善贺兰山）

## 康藏荆芥 *Nepeta prattii* H. Lévl.

**鉴别特征**：多年生草本，高30～50厘米。叶卵圆状披针形、宽披针形至披针形，基部浅心形，边缘具密锯齿，下面密被黄色腺点和微柔毛；茎下部叶具短柄，中部以上叶无柄。轮伞花序排列于茎顶部；萼2唇形，5齿；花冠蓝色或淡紫色，上唇2裂，下唇3裂；后对雄蕊略伸出。小坚果倒卵状矩圆形。

**生境**：中生植物。生于山地林缘和沟谷草甸。

**分布**：燕山北部州。

康藏荆芥（刘铁志摄于赤峰市喀喇沁旗旺业甸）

## 糙苏属 *Phlomis* L.

## 尖齿糙苏 *Phlomis dentosa* Franch.

**鉴别特征**：多年生草本，高20～40厘米。茎多分枝，少单生。植株有基生叶。轮伞花序，花冠粉红色，长约1.6厘米；苞片针刺状，略坚硬，密被星状柔毛及星状毛；后对雄蕊具距状附属器。小坚果顶端无毛。

**生境**：草甸旱中生杂类草。生于山地草甸，沟谷草甸中，也见于草甸化草原。

**分布**：科尔沁、燕山北部、锡林郭勒、阴山、阴南丘陵、贺兰山、龙首山州。

尖齿糙苏（徐杰摄于赤峰市克什克腾旗）

## 糙苏 *Phlomis umbrosa* Turcz.

**鉴别特征**：多年生草本，高60～110厘米。叶近圆形，卵形至卵状长圆形；无基生叶。轮伞花序，具花4～8朵，腋生；花萼筒状，外面近无毛或被极疏的柔毛及具节刚毛，小刺尖短；花冠通常粉红色；雄蕊4，内藏，花丝无毛，无附属器。小坚果无毛。

**生境**：中生植物。生于阔叶林下及山地草甸。

**分布**：兴安南部、赤峰丘陵、燕山北部、阴山州。

糙苏（徐杰摄于呼和浩特市大青山）

## 串铃草 *Phlomis mongolica* Turcz.

**别名**：毛尖茶、野洋芋

**鉴别特征**：多年生草本，高30～60厘米。茎被刚毛及星状微柔毛，棱上被毛尤密。叶片上面被星状毛及单毛，或疏被刚毛，稀近无毛，下面密被星状毛或刚毛。花冠紫色（偶有白色），花萼管形，长约 10～14 毫米；雄蕊 4，内藏，花丝下部被毛，后对花丝基部在毛环稍上处具反折的短距状附属器；花柱先端为不等的 2 裂。小坚果顶端密被柔毛。

生境：旱中生植物。生于草原地带的草甸、草甸化草原、山地沟谷、撂荒地及路边，也见于荒漠区的山地。

分布：兴安南部、岭西、呼锡高原、阴山、阴南丘陵、乌兰察布、鄂尔多斯州。

串铃草（徐杰摄于呼和浩特市大青山）

## 鼬瓣花属 *Galeopsis* L.

### 鼬瓣花 *Galeopsis bifida* Boenn.

鉴别特征：一年生草本，高 20～60 厘米，有时高达 1 米。茎直立，密被具节刚毛及腺毛，上部分枝。叶卵状披针形或披针形，边缘具整齐的圆齿状锯齿。轮伞花序，腋生，多花密集；花冠紫红色，外面密被刚毛，二唇形，花药卵圆形；子房无毛，褐色。小坚果倒卵状三棱形。

生境：山地中生植物。散生于山地针叶林区和森林草原带的林缘、草甸、田边及路旁。

分布：兴安北部、岭东、岭西、燕山北部、阴山州。

鼬瓣花（苏亚拉图摄于赤峰市阿鲁科尔沁旗高格斯台罕山，刘铁志摄于兴安盟阿尔山白狼）

## 野芝麻属 *Lamium* L.

### 短柄野芝麻 *Lamium album* L.

**鉴别特征**：多年生草本，高 30～60 厘米。茎直立，单生，四棱形，中空，被柔毛或近无毛。叶卵形或卵状披针形，茎部心形。轮伞花序具 8～9 花，腋生；花冠浅黄色或污白色，中裂片倒肾形；花丝上部被柔毛，花药黑紫色，上被柔毛。小坚果长卵圆形，几呈三棱状。

**生境**：中生植物，为森林草甸种。生于山地林缘草甸。

**分布**：兴安北部、岭东、岭西、兴安南部、燕山北部州。

短柄野芝麻（刘铁志摄于兴安盟阿尔山市白狼）

## 益母草属 *Leonurus* L.

### 大花益母草 *Leonurus macranthus* Maxim.

**别名**：錾菜

**鉴别特征**：多年生草本，高 60～100 厘米。茎直立，钝四棱形，具槽，有贴生短而硬的倒向糙伏毛。叶形变化很大，茎下部叶轮廓为心状圆形；茎上部叶近无柄，披针形或卵状披针形。轮伞花序腋生，多数远离而组成长穗状；花萼管状钟形；花冠粉红色至淡紫色，冠檐二唇形。

大花益母草（刘铁志摄于赤峰市喀喇沁旗旺业甸）

生境：中生杂草。于山坡灌丛间、林下、林缘及山坡草地。

分布：燕山北部州。

## 錾菜 *Leonurus pseudomacranthus* Kitag.

别名：假大花益母草

鉴别特征：多年生草本，高 60～120 厘米。茎下部叶卵圆形，3 裂或羽状缺刻，有长柄，中部叶通常不裂，矩圆形，边缘有齿，柄短，花序上的叶披针形，具齿或全缘。轮伞花序，小苞片刺状；萼 5 齿；花冠白色或粉白色，常带紫纹，上唇全缘，下唇 3 裂；前对雄蕊较长。小坚果矩圆状三棱形。

生境：中生植物。生于林缘、丘陵坡地及沟边。

分布：燕山北部州。

錾菜（刘铁志采集于赤峰市喀喇沁旗十家）

## 兴安益母草 *Leonurus deminutus* V. Krecz. et Kuprian.

鉴别特征：二年生或多年生草本，高约 50 厘米。茎直立，钝四棱形，被贴生短柔毛，茎最上部及花序上的叶轮廓为菱形，深裂成 3 个全缘或略有缺刻的条形裂片。轮伞花序腋生，且小，轮廓圆球形，在茎上部排列成间断的穗状花序；小苞片刺状；花萼倒圆锥形。

生境：中生植物。生于山地针叶林和桦杨林下、林缘及灌丛中。

分布：兴安北部、燕山北部州。

兴安益母草（刘铁志摄于赤峰市宁城县黑里河）

## 益母草 *Leonurus japonicus* Houtt.

别名：益母蒿、坤草、龙昌昌

**鉴别特征：**一年生或二年生草本，高30～80厘米。茎下部、节、花序轴以及花萼上无贴生短柔毛及近开展的白色长柔毛。叶裂片较宽，通常宽在3毫米以上；萼筒长6～9毫米；花冠粉红至淡紫红色，长1～1.2厘米，下唇与上唇等长；花丝丝状；花柱丝状，无毛。小坚果矩圆状三棱形。

**生境：**中生植物。生于田野、沙地、灌丛、疏林、草甸草原及山地草甸等多种生境。

**分布：**岭西、兴安南部、燕山北部、阴南丘陵州。

益母草（徐杰赤峰市喀喇沁旗）

## 细叶益母草 *Leonurus sibiricus* L.

别名：益母蒿、龙昌菜

**鉴别特征：**一年生或二年生草本，高30～75厘米。茎钝四棱形，有短而贴生的糙伏毛。叶形从下到上变化较大，下部叶早落，中部叶轮廓为卵形，叶裂片狭窄，宽1～3毫米。花冠粉红色，长1.8～2.0厘米，下唇比上唇短1/4；雄蕊4，前对较长，花丝丝状；花柱丝状，先端2浅裂。小坚果矩圆状三棱形，长2.5毫米，褐色。

**生境：**旱中生植物。散生于石质丘陵、砂质草原、杂木林、灌丛、山地草甸等生境中；也见于农田及村旁、路边。

**分布：**岭西、呼伦贝尔、兴安南部、科尔沁、辽河平原、赤峰丘陵、锡林郭勒、乌兰察布、阴山、阴南丘陵、鄂尔多斯、东阿拉善、贺兰山、龙首山州。

细叶益母草（徐杰摄于呼和浩特市大青山）

细叶益母草（徐杰摄于呼和浩特市大青山）

## 脓疮草属 *Panzerina* Soják

### 脓疮草 *Panzerina lanata*（ L. ）Soják

**别名：**白龙昌菜

**鉴别特征：**多年生草本，高15～35厘米。茎密被白色短绒毛。叶片轮廓为宽卵形，茎生叶掌状（3）5深裂，被绒毛。轮伞花序，具多数花，组成密集的穗状花序；花萼管状钟形；花冠淡黄色或白色，外面被丝状长柔毛，里面无毛；花盘平顶。

**生境：**旱生植物。生于荒漠草原带的沙地、沙砾质平原或丘陵坡地，也见于荒漠区的山麓、沟谷及干河床。

**分布：**乌兰察布、阴山、阴南丘陵、鄂尔多斯、东阿拉善、贺兰山州。

脓疮草（徐杰摄于阿拉善左旗）

脓疮草（徐杰摄于阿拉善左旗）

## 兔唇花属 *Lagochilus* Bunge

### 冬青叶兔唇花 *Lagochilus ilicifolius* Bunge ex Beth.

**鉴别特征：**多年生植物，高 7～13 厘米。叶楔状菱形，革质，先端具 5～8 齿裂，齿端具短芒状刺尖，两面无毛，无柄。轮伞花序具 2～4 花，着生在茎上部叶腋内；花萼管状钟形，革质，无毛；花冠淡黄色，外面密被短柔毛，里面无毛；雄蕊着生于冠筒，前对长，花丝扁平；花柱近方柱形。小坚果狭三角形，长约 5 毫米，顶端截平。

**生境：**旱生植物。广泛分布在荒漠草原和荒漠地带，是小针茅荒漠草原植被的重要特征种，尤其喜生于砾石性土壤和沙砾质土壤上。

**分布：**锡林郭勒、乌兰察布、鄂尔多斯、东阿拉善州。

冬青叶兔唇花（徐杰摄于乌兰察布市四子王旗）

冬青叶兔唇花（徐杰摄于乌兰察布市四子王旗）

## 水苏属 *Stachys* L.

### 毛水苏 *Stachys riederi* Chamisso ex Beth.

**别名：**华水苏、水苏

**鉴别特征：**多年生草本，高 20～50 厘米。根茎伸长，节上生须根。茎直立，单一或分枝，沿棱及节具伸展的刚毛或倒生小刚毛或疏被刚毛。叶矩圆状披针形、披针形或披针状条形，叶两面被贴生的刚毛。轮伞花序组成顶生穗状花序；花冠淡紫至紫色。小坚果棕褐色。

**生境：**湿中生植物。生于山地森林区、森林草原带的低湿草甸、河岸沼泽草甸及沟谷中。

**分布：**兴安北部、岭东、岭西、呼伦贝尔、兴安南部、科尔沁、燕山北部、锡林郭勒、阴山、阴南丘陵、鄂尔多斯州。

毛水苏（徐杰摄于赤峰市阿鲁科尔沁旗高格斯台罕山）

### 甘露子 *Stachys sieboldii* Miq.

**别名：**宝塔菜、地蚕、螺丝菜、小地梨、地环儿

**鉴别特征：**多年生草本，高 15～50 厘米。根茎顶端有螺蛳状肉质块茎。叶卵形或长椭圆状

卵形，边缘具圆齿状锯齿，有柄。轮伞花序组成顶生穗状花序；花冠粉红色至紫红色，下唇有斑纹，上唇全缘，下唇3裂；前对雄蕊略长。小坚果表面具小瘤。

　　生境：中生植物。生于河谷及低湿草甸。内蒙古多栽培于低湿的农田。

　　分布：乌兰察布、阴山、阴南丘陵、赤峰丘陵、燕山北部州。

甘露子（刘铁志摄于赤峰市喀喇沁旗十家）

## 百里香属 *Thymus* L.

### 百里香 *Thymus serpyllum* L.

　　鉴别特征：小半灌木，高5～15厘米。茎多分枝，匍匐，垫状。叶条状披针形至椭圆形，长先端钝，全缘。轮伞花序紧密排成头状；花梗长密被微柔毛；花萼狭钟形，具10～11脉，上唇与下唇通常近相等，上唇有3齿，齿三角形；具睫毛或近无毛，下唇2裂片钻形，被硬睫毛；花冠紫红色、紫色、粉红色或白色，被短疏柔毛。小坚果近网形，光滑。

百里香（徐杰摄于呼和浩特市大青山）

　　生境：中旱生植物。生于草原带的砂砾质平原、石质丘陵及山地田坡，也见于荒漠区的山地砾石质坡地。一般多散生于草原群落中，常聚生成小片群落，成为其中的优势种。

　　分布：岭东、兴安南部、辽河平原、燕山北部、锡林郭勒、乌兰察布、阴山、阴南丘陵、鄂尔多斯、贺兰山州。

百里香（徐杰摄于呼和浩特市大青山）

## 风轮菜属 *Clinopodium* L.

麻叶风轮菜 *Clinopodium urticifolium*（Hance）C. Y. Wu et Hsuan ex H. W. Li

鉴别特征：多年生草本，高 30～80 厘米。叶卵形，先端钝尖，边缘具锯齿。轮伞花序；花萼管状，萼齿 5，二唇形。花冠二唇形，紫红色，上唇直伸，下唇平展；雄蕊 4。小坚果倒卵球形。

生境：山地林下、灌丛、沟谷、草甸及路旁。

分布：兴安南部、辽河平原、燕山北部、阴山州。

麻叶风轮菜（刘铁志摄于赤峰市宁城县黑里河林场）

麻叶风轮菜（刘铁志摄于赤峰市宁城县黑里河林场）

## 薄荷属 *Mentha* L.

### 薄荷 *Mentha canadensis* L.

**鉴别特征：** 多年生草本，高 30～60 厘米。叶矩圆状披针形、椭圆形、椭圆状披针形或卵状披针形。轮伞花序，腋生，花无梗或近无梗；花冠淡紫或淡红紫色。萼齿锐尖，被毛，雄蕊及花柱通常伸出花冠。小坚果卵球形，黄褐色。

**生境：** 湿中生植物。生于水旁低湿地，如湖滨草甸、河滩沼泽草甸。

**分布：** 兴安北部、岭东、岭西、兴安南部、科尔沁、赤峰丘陵、辽河平原、燕山北部、锡林郭勒、阴山、阴南丘陵、鄂尔多斯、东阿拉善州。

薄荷（徐杰摄于赤峰市克什克腾旗）

## 地笋属 *Lycopus* L.

### 地笋 *Lycopus lucidus* Turcz. ex Beth.

**别名**：地瓜苗、泽兰

**鉴别特征**：多年生草本，高 40～100 厘米，根状茎横走，先端肥大呈圆柱状。叶革质，椭圆状披针形至条状披针形，边缘具锐尖粗牙齿状锯齿。轮伞花序，多花密集成半球形；花冠白色，冠檐不明显的二唇形，花药卵圆形；花盘平顶。小坚果卵状三棱形，具腺点。

**生境**：湿中生植物。生于森林区、森林草原带的河滩草甸、沼泽化草甸及其他低湿地生境中。

**分布**：岭西、兴安南部、燕山北部、锡林郭勒、鄂尔多斯州。

地笋（刘铁志摄于呼伦贝尔市扎兰屯）

## 香薷属 *Elsholtzia* Willd.

### 木香薷 *Elsholtzia stauntoni* Benth.

**别名**：柴荆芥

**鉴别特征**：半灌木，高 20～50 厘米。茎紫红色。叶披针形至椭圆状披针形，基部渐狭，边缘具粗锯齿，下面密布凹腺点，具柄。轮伞花序组成顶生穗状花序，近偏向一侧；苞片披针形或条状披针形；萼齿 5，花冠淡红紫色，上唇先端微缺，下唇 3 裂；前对雄蕊较长。小坚果椭圆形，光滑。

**生境**：旱中生植物。生于石质山坡、山地林缘、灌丛和沟谷。

**分布**：燕山北部、阴山州。

木香薷（刘铁志摄于赤峰市松山区）

## 香薷 *Elsholtzia ciliata* ( Thunb. ) Hyland.

**别名：**山苏子

**鉴别特征：**多年生草本。叶卵形或椭圆状披针形，边缘具锯齿。轮伞花序，具多数花，并组成偏向一侧的穗状花序；苞片卵圆形，先端具芒状突尖，具缘毛；花萼长约 1.5 毫米，萼齿不等长，前 2 齿较长。花冠淡紫色，雄蕊 4，前对较后对长 1 倍，外伸，花丝无毛，花药黑紫色；子房全 4 裂，花柱内藏，先端 2 裂，近等长。小坚果矩圆形，棕黄色，光滑。

**生境：**中生植物。生于山地阔叶林林下、林缘、灌丛及山地草甸，也见于湿润的田野及路边。

**分布：**兴安北部、岭东、兴安南部、赤峰丘陵、燕山北部、阴山。

香薷（徐杰摄于呼和浩特市大青山）

## 密花香薷 *Elsholtzia densa* Benth.

**鉴别特征：**一年生草本，高 20～80 厘米。侧根密集。茎直立，自基部多分枝，被短柔毛。叶条状披针形或披针形。轮伞花序，具多数花，并密集成穗状花序，密被紫色串珠状长柔毛；苞片倒卵形，顶端钝，边缘被串珠状疏柔毛；花萼宽钟状；花冠淡紫色，二唇形；雄蕊 4，前对较长，微露出，花药近圆形；花柱微伸出。小坚果卵球形，暗褐色，被极细微柔毛。

**生境：**中生植物。生于山地林缘、草甸、沟谷及撂荒地，也生于沙地。

**分布：**兴安北部、岭东、岭西、兴安南部、燕山北部、锡林郭勒、乌兰察布、阴山、贺兰山州。

密花香薷（徐杰摄于呼和浩特市大青山）

## 香茶菜属 *Isodon*（Schrad. ex Benth.）Spach.

### 蓝萼香茶菜 *Isodon japonicus*（Burm. f.）H. Hara var. *glaucocalyx*（Maxim.）H. W. Li

**别名：** 山苏子

**鉴别特征：** 多年生草本，高 50～150 厘米，根茎木质，粗大。叶卵形或宽卵形，边缘有粗大的钝锯齿。圆锥花序顶生，由多数具（3）5～7 花的聚伞花序组成；花萼钟状，常常蓝色，外面密被贴生微柔毛，花冠淡紫色或紫蓝色，冠檐二唇形；花盘环状。小坚果宽倒卵形。

**生境：** 中生植物。生于山地阔叶林林下、林缘与灌丛中，也见于山地沟谷及较湿润的撂荒地。

**分布：** 兴安北部、兴安南部、赤峰丘陵、燕山北部、阴山州。

蓝萼香茶菜（徐杰摄于赤峰市阿鲁科尔沁旗高格斯台罕山）

# 茄　科
## Solanaceae

## 枸杞属 *Lycium* L.

### 宁夏枸杞 *Lycium barbarum* L.

**别名：** 山枸杞、白疙针

**鉴别特征：** 粗壮灌木，高可达 2.5～3.0 米。单叶互生，长椭圆状披针形、卵状矩圆形或披针形。花萼通常 2 中裂，或有时其中 1 裂片再微 2 齿裂；花冠裂片边缘无缘毛，筒部明显长于裂片。浆果宽椭圆形，红色。

**生境：** 中生灌木。生于河岸、山地、灌溉农田的地埂或水渠旁。内蒙古西部地区已广为栽培，品质优良。

**分布：** 乌兰察布、阴南丘陵、鄂尔多斯、东阿拉善、西阿拉善、贺兰山、额济纳州。

宁夏枸杞（刘铁志摄于赤峰市红山区）

### 黑果枸杞 *Lycium ruthenicum* Murr.

**别名：** 苏枸杞、黑枸杞

**鉴别特征：** 多棘刺灌木，高 20～60 厘米。多分枝，分枝斜升或横卧于地面，常成之字形曲折，有不规则的纵条纹，小枝顶端渐尖成棘刺状，节间短，每节有短棘刺。叶肥厚肉质，条形或条状倒披针形。花萼狭钟状，不规则 2～4 浅裂，裂片膜质，边缘有稀疏缘毛；花冠漏斗状，浅紫色，花冠内壁与之等高处亦有稀疏绒毛。浆果紫黑色，球形。

**生境：** 耐盐中生灌木。常生于盐化低地、沙地。

**分布：** 东阿拉善、西阿拉善、额济纳州。

黑果枸杞（徐杰摄于阿拉善右旗雅不赖山）

## 截萼枸杞 *Lycium truncatum* Y. C. Wang

**鉴别特征：**少棘刺灌木，高1.0～1.5米，分枝圆柱状，灰白色或灰黄色。单叶互生，或在短枝上数枚簇生，条状披针形、披针形、椭圆状披针形或倒披针形，花1～3（4）朵生于短枝上同叶簇生；花萼钟状；花冠漏斗状。浆果矩圆状或卵状矩圆形。

**生境：**旱中生植物。生于山地、丘陵坡地、路旁及田边。

**分布：**锡林郭勒、乌兰察布、阴山、阴南丘陵、东阿拉善、西阿拉善州。

截萼枸杞（徐杰摄于呼和浩特市）

## 酸浆属 *Physalis* L.

## 酸浆 *Physalis alkekengi* L. var. *francheti* (Mast.) Makino

**别名：**红姑娘、锦灯笼

**鉴别特征：**多年生草本，高（20）40～60（90）厘米，具长而横行的地下茎。茎直立，节稍膨大。单叶互生，在上部者成假对生，叶片卵形，宽楔形或近圆形。花单生于叶腋。花冠白色或黄白色。浆果球形，橙红色。

　　生境：中生杂类草。生于山地林缘、溪边、田野及宅旁。

　　分布：内蒙古各州有栽培。

酸浆（刘铁志摄于赤峰市红山区）

## 小酸浆 *Physalis minima* L.

　　别名：酸浆、灯笼

　　鉴别特征：一年生草本，高 10～20 厘米，主轴短缩，顶端二歧分枝，被短柔毛。叶卵形至卵状披针形，基部歪斜楔形，全缘而波状或有少数粗齿，两面脉上有柔毛，柄细弱。花单生于叶腋；花冠黄色或黄白色。浆果球形，包藏于宿萼之内，宿萼膀胱状，绿色，具棱。

　　生境：中生植物。生于路边草坪。

　　分布：赤峰丘陵州。

小酸浆（刘铁志摄于赤峰市新城区）

## 假酸浆属 *Nicandra* Adans.

### 假酸浆 *Nicandra physalodes* (L.) Gaertn.

鉴别特征：一年生草本，高40～100厘米，叶互生，卵形，边缘具不规则的粗齿或浅裂。花单生于枝腋而与叶对生，花萼5深裂，裂片先端尖锐，基部心状箭形；花冠钟状，浅蓝色。浆果球形黄色。

生境：生于荒地。宅旁。

分布：兴安北部（根河市阿龙山）、赤峰丘陵、燕山北部、阴南丘陵（呼和浩特市）有逸生。

假酸浆（徐杰摄于赤峰市克什克腾旗）

## 辣椒属 *Capsicum* L.

### 辣椒 *Capsicum annuum* L.

鉴别特征：一年生草本，高40～80厘米。单叶互生，卵形，矩圆状卵形或卵状披针形。花单生于叶腋，花梗俯垂；花萼杯状；花冠白色。花药灰紫色，纵裂。果梗较粗壮，俯垂；果实长指状，先端渐尖且常弯曲（形状常因栽培品种不同而变异甚大），未熟时绿色。

生境：中生植物。栽培植物。

分布：内蒙古各州有栽培。

辣椒（徐杰摄于呼和浩特市，刘铁志摄于赤峰市红山区）

## 茄属 *Solanum* L.

### 茄 *Solanum melongena* L.

**鉴别特征：** 一年生草本，高 60～90 厘米，小枝多为紫色，幼枝、叶、花梗及花萼均被星状绒毛，渐老则毛逐渐脱落。叶卵形至矩圆状卵形，边缘浅波状或深波状圆裂。能孕花单生；不孕花生于蝎尾状花序上与能孕花并出；花萼近钟形，有小皮刺；花冠紫色，子房圆形。浆果较大，圆形或圆柱形。

**生境：** 中生植物。栽培植物。

**分布：** 原产亚洲热带，内蒙古各州均有栽培。

茄（徐杰摄于呼和浩特市）

### 青杞 *Solanum septemlobum* Bunge

**别名：** 草枸杞、野枸杞、红葵

**鉴别特征：** 多年生草本，高 20～50 厘米。茎有棱，直立，多分枝，被白色弯曲的短柔至近无毛。叶卵形，通常不整齐羽状 7 深裂，裂片宽条形或披针形，先端尖，两面均疏被短柔毛，叶脉及边缘毛较密。二歧聚伞花序顶生或腋生，花冠蓝紫色；子房卵形。浆果近球状。

**生境：** 中生杂类草。生于路旁，林下及水边。

**分布：** 内蒙古各州。

青杞（徐杰摄于呼和浩特市）

## 龙葵 *Solanum nigrum* L.

**别名**：天茄子

**鉴别特征**：一年生草本，高 0.2～1.0 米。叶卵形，有不规则的波状粗齿或全缘。花序短蝎尾状，腋外生，下垂，有花 4～10 朵。总花梗长 1.0～2.5 厘米；花梗长约 5 毫米；花萼杯状；花冠白色，辐状，裂片卵状三角形；子房卵形，花柱中部以下有白色绒毛。浆果球形，直径约 8 毫米，熟时黑色，种子近卵形，压扁状。

**生境**：中生杂草。生于路旁、村边、水沟边。

**分布**：科尔沁、赤峰丘陵、燕山北部、乌兰察布、阴山、阴南丘陵、鄂尔多斯、东阿拉善、西阿拉善州。

龙葵（刘铁志摄于赤峰市新城区）

## 黄花刺茄 *Solanum rostratum* Dunal.

**鉴别特征**：一年生草本，高 30～70 厘米。茎直立，密被长短不等黄色的刺和带柄的星状毛。叶互生，密被刺及星状毛；叶片卵形或椭圆形，不规则羽状深裂，表面疏被 5～7 分叉星状毛，两面脉上疏具刺。聚伞花序腋外生，3～10 花；萼筒钟状，密被刺及星状毛，花冠黄色，5

黄花刺茄（徐杰摄于赤峰市阿鲁科尔沁旗）

裂，瓣间膜伸展，花瓣密被星状毛。浆果球形，被增大的带刺及星状毛硬萼包被。

　　生境：生于河边、路旁。

　　分布：科尔沁、阴南丘陵（呼和浩特市）有逸生。

黄花刺茄（徐杰摄于赤峰市阿鲁科尔沁旗）

## 马铃薯 *Solanum tuberosum* L.

　　别名：土豆、山药蛋、洋芋。

　　鉴别特征：栽培一年生草本，高 60～90 厘米，无毛或有疏柔毛。地下茎块状，扁球形或矩圆状。单数羽状复叶，卵形或矩圆形，两面有疏柔毛。伞房花序顶生；花萼直径约 1 厘米，外面有疏柔毛；花冠白色或带蓝紫色，5 浅裂；子房卵圆形。浆果圆球形，绿色，光滑。

　　生境：中生植物。大田栽培作物。

　　分布：内蒙古各州。

马铃薯（徐杰、刘铁志摄于呼和浩特市和赤峰市宁城县黑里河）

## 番茄属 *Lycopersicon* Mill.

### 番茄 *Lycopersicon esculentum* Mill.

别名：西红柿、洋柿子

鉴别特征：栽培一年生草本，高 0.6～1.5 米，茎成长后不能直立，易倒伏（栽培时需搭架），全体被柔毛和黏质腺毛，有强烈气味。叶为羽状复叶，小叶卵形或矩圆形，基部两侧不对称。花 3～7 朵成聚伞花序，腋外生；花萼裂片条状披针形；花冠黄色，5～7 深裂；花药聚合成长圆锥状。浆果近球形，肉质而多汁液，成熟后红色或黄色。

生境：中生植物。内蒙古各地广为栽培。

分布：内蒙古各州。

番茄（刘铁志摄于赤峰市红山区）

## 泡囊草属 *Physochlaina* G. Don

### 泡囊草 *Physochlaina physaloides* (L.) G. Don

鉴别特征：多年生草本。高 10～20（40）厘米，根肉质肥厚。茎直立，1 至数条自基部生出，被蛛丝状毛。叶卵形、椭圆状卵形或三角状宽卵形。花顶生，成伞房式状聚伞花序；花萼狭钟形；花冠漏斗状。蒴果近球形，包藏在增大成宽卵形或近球形的宿萼内。种子扁肾形。

生境：旱中生杂类草。生于草原区的山地、沟谷。

分布：呼伦贝尔、锡林郭勒、乌兰察布、阴山州。

泡囊草（徐杰摄于锡林郭勒盟阿巴嘎旗）

## 天仙子属 *Hyoscyamus* L.

### 天仙子 *Hyoscyamus niger* L.

别名：山烟子、薰牙子

鉴别特征：一或二年生草本，高 30～80 厘米。叶在茎基部丛生呈莲座状。花在茎顶聚集成蝎尾式总状花序，偏于一侧；花萼筒状钟形，密被细腺毛及长柔毛，果时增大成壶状，基部圆形与果贴近。蒴果卵球状，中部稍上处盖裂，藏于宿萼内。

　　生境：中生杂草。生于村舍、路边及田野。

　　分布：内蒙古各州。

天仙子（徐杰摄于呼和浩特市大青山）

## 曼陀罗属 *Datura* L.

### 曼陀罗 *Datura stramonium* L.

　　别名：耗子阎王

　　鉴别特征：多年生草本。茎粗壮，平滑。单叶互生，宽卵形，长边缘有不规则波状浅裂，两面脉上及边缘均有疏生短柔毛。果实卵状，果梗直立，成熟时由顶端向下作规则的4瓣裂，通常果实上部的刺较长，下部者较短。蒴果直立，卵形。

　　生境：中生植物。野生于路旁、住宅旁以及撂荒地上。

　　分布：兴安南部、赤峰丘陵、科尔沁、阴南丘陵、鄂尔多斯、东阿拉善、西阿拉善州。

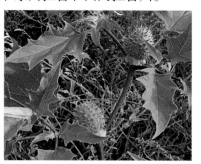

曼陀罗（徐杰、刘铁志摄于赤峰市阿鲁科尔沁旗和赤峰市新城区）

## 烟草属 *Nicotiana* L.

### 烟草 *Nicotiana tabacum* L.

　　鉴别特征：一年生草本，高 0.7～1.5 米。茎直立，粗壮，有腺毛。叶互生；叶片大，矩圆形，顶端渐尖，基部渐狭而半抱茎，稍呈耳状，全缘或微波状，柄不明显或成翅状柄。圆锥花序顶生；花萼坛状，5 裂；花冠长管状漏斗形，较萼长 1.5～3 倍，裂片短尖，粉红色；雄蕊 5。蒴果卵球形，与宿萼近等长，熟后 2 瓣裂。

　　**生境**：中生草本。栽培植物。

　　**分布**：呼伦贝尔市、赤峰市有栽培。

烟草（刘铁志摄于赤峰市红山区）

## 碧冬茄属 *Petunia* Juss.

### 碧冬茄 *Petunia hybrida* (J. D. Hooker) Vilmorin

　　**鉴别特征**：一年生或多年生草本，高 50～60 厘米，全体有腺毛。茎圆柱形，直立或倾立。叶卵形，近无柄，全缘。花单生；花萼深 5 裂，裂片披针形；花冠漏斗状，顶端 5 钝裂，花瓣单瓣或重瓣，边缘皱纹状或有不规则锯齿，颜色有白色、堇色、深紫色等；雄蕊 4 枚，两两成对，第 5 枚小而退化。蒴果，2 瓣裂。

　　**生境**：中生植物。栽培观赏花卉。

　　**分布**：内蒙古各州有栽培。

碧冬茄（刘铁志摄于赤峰市红山区）

# 玄参科
## Scrophulariaceae

## 柳穿鱼属 *Linaria* Mill.

### 多枝柳穿鱼 *Linaria buriatica* Turcz.

**别名：**矮柳穿鱼

**鉴别特征：**多年生草本，茎自基部多分枝，高 10～20 厘米。叶互生，狭条形至条形，先端渐尖，全缘，无毛。总状花序顶生，花序轴、花梗、花萼密被腺毛；萼裂片条状披针形，花冠黄色。蒴果卵球形。

**生境：**中旱生植物。生于草原及固定沙地。

**分布：**呼伦贝尔、锡林郭勒州。

多枝柳穿鱼（赵家明摄于新巴尔虎右旗）

### 柳穿鱼 *Linaria vulgaris* Mill. subsp. *cinensis* (Bunge ex Debeaux) D. Y. Hong

**鉴别特征：**多年生草本。主根细长，黄白色。茎直立，单一或有分枝。叶条形至披针状条形，具 1 条脉，极少 3 脉。花萼裂片 5，披针形，少卵状披针形；冠黄色，距向外方略上弯呈弧曲状，末端细尖。蒴果卵球形。种子黑色，圆盘状，具膜质翅，中央具瘤状凸起。

**生境：**旱中生植物。生于山地草甸、沙地及路边。

**分布：**兴安北部、岭西、兴安南部、科尔沁、赤峰丘陵、燕山北部、锡林郭勒、阴山、阴南丘陵、鄂尔多斯州。

柳穿鱼（徐杰摄于赤峰市阿鲁科尔沁旗高格斯台罕山）

## 水茫草属 *Limosella* L.

### 水茫草 *Limosella aquatica* L.

**别名：**伏水茫草

**鉴别特征：**一年生草本，高 2～5 厘米。具细而短的匍匐茎。叶簇生成莲座状，狭匙形或宽条形，基部楔形，全缘，具长柄。花单生于叶腋，自叶丛中生出；萼齿 5，三角形，花冠白色或粉红色，5 裂，雄蕊 4。蒴果卵形或圆球形。

**生境：**湿生植物。生于河岸、湖边。

**分布：**兴安北部、岭西、呼伦贝尔、兴安南部、燕山北部、科尔沁、赤峰丘陵、锡林郭勒州。

水茫草（刘铁志摄于呼伦贝尔市额尔古纳市莫尔道嘎和赤峰市喀喇沁旗旺业甸）

## 玄参属 *Scrophularia* L.

### 贺兰玄参 *Scrophularia alaschanica* Batal.

**鉴别特征：** 多年生草本，全体被极短的腺毛。根不膨大，细长，灰褐色。茎直立，高20～60厘米。叶对生，叶片质薄，椭圆状卵形或卵形。花萼5深裂，裂片宽矩圆形，膜质边缘不明显；花冠黄色，侧裂片大，宽圆形、边缘波状。蒴果卵形。种子多数，卵形，黑褐色。

**生境：** 中生植物。生于荒漠带及荒漠草原带的山地沟谷溪水边。

**分布：** 阴山（乌拉山）、贺兰山州。

贺兰玄参（苏云、刘铁志摄于阿拉善盟阿拉善左旗贺兰山）

## 地黄属 *Rehmannia* Libosch. ex Fisch. et C. A. Mey.

### 地黄 *Rehmannia glutinosa* (Gaert.) Libosch. ex Fisch. et C. A. Mey.

**鉴别特征：** 多年生草本，全株密被白色或淡紫褐色长柔毛及腺毛。叶通常基生，呈莲座状，

地黄（刘铁志摄于赤峰市新城区）

倒卵形至长椭圆形。总状花序顶生；花萼钟状或坛状，花冠筒状而微弯。蒴果卵形，表面具蜂窝状膜质网眼。

**生境：**旱中生杂类草。生于山地坡麓及路边。

**分布：**燕山北部、赤峰丘陵、阴山、阴南丘陵、东阿拉善、贺兰山、龙首山州。

## 沟酸浆属 *Mimulus* L.

### 沟酸浆 *Mimulus tenellus* Bunge

**鉴别特征：**一年生铺散草本，全株无毛。茎长达10厘米，多分枝，下部匍匐生根，四方形，棱上具窄翅。叶对生，卵形或三角状卵形。花单生于叶腋；花萼筒状钟形；花冠黄色，长为萼片的1.5倍，漏斗状，喉部有红色斑点，密被髯毛；雄蕊和花柱均无毛，内藏。蒴果椭圆形。

**生境：**湿中生植物。生于沟谷溪边、林下湿地。

**分布：**辽河平原、燕山北部州。

沟酸浆（刘铁志摄于赤峰市克什克腾旗热水）

## 野胡麻属 *Dodartia* L.

### 野胡麻 *Dodartia orientalis* L.

**别名：**多德草、紫花草、紫花秧

**鉴别特征：**多年生草本，高15～40厘米，整株呈扫帚状。叶疏生，茎下部叶对生或近对生，上部的常互生，条形或宽条形，全缘或有疏齿，无柄。总状花序；花萼宿存，萼齿5，花冠暗紫色或暗紫红色，2唇形，雄蕊4，二强，柱头2裂。蒴果圆球形。

**生境：**旱生植物。生于石质山坡、沙地、盐渍地及田野。

分布：乌兰察布、鄂尔多斯、东阿拉善、额济纳州。

野胡麻（刘铁志摄于巴彦淖尔市临河区）

## 通泉草属 *Mazus* Lour.

### 弹刀子菜 *Mazus stachydifolius* (Turcz.) Maxim.

**鉴别特征**：多年生草本，全体被多细胞白色长柔毛。根状茎短，具多数灰黑色绳状须根。茎直立，稀上升，有时基部多分枝。叶矩圆形、长椭圆形或倒披针形，边缘具不规则浅锯齿或近全缘。总状花序顶生；花萼漏斗状；花冠蓝紫色或淡紫色。蒴果卵球形。

**生境**：中生植物。生于林缘及湿润草甸。

**分布**：兴安北部，岭东、岭西、兴安南部、赤峰丘陵、燕山北部州。

弹刀子菜（刘铁志摄于赤峰市宁城县黑里河林场）

### 通泉草 *Mazus pumilus* (N. L. Burm.) Steenis

**别名**：脓泡药、汤湿草、猪胡椒、野田菜、鹅肠草、绿蓝花、五瓣梅、猫脚迹。

**鉴别特征**：一年生草本植物。高3～30厘米，无毛或疏生短柔毛。总状花序生于茎、枝顶端，常在近基部即生花，伸长或上部成束状，通常3～20朵，花疏稀；花萼钟状；花冠白色、紫色或蓝色。蒴果球形；种子小而多数。

**生境**：生于海拔2500米以下的湿润的草坡、沟边、路旁及林缘。

**分布**：赤峰丘陵州（赤峰市红山区）。

通泉草（刘铁志摄于赤峰市红山区锡伯河）

## 鼻花属 *Rhinanthus* L.

### 鼻花 *Rhinanthus glaber* Lam.

**鉴别特征**：一年生直立草本。茎高 30～65 厘米，具 4 棱，有 4 列柔毛或近无毛，分枝靠近主轴。叶对生，无柄，条状披针形。总状花序顶生；花萼侧扁，果期膨胀而呈蜓泡状；花冠黄色。蒴果扁圆形。

**生境**：中生植物。生于林缘草甸。

**分布**：兴安北部、锡林郭勒州。

鼻花（徐杰摄于通辽市扎鲁特旗）

## 山萝花属 *Melampyrum* L.

### 山萝花 *Melampyrum roseum* Maxim.

**鉴别特征**：一年生直立草本，全株被片状短毛。茎多分枝，高 30～50 厘米，略呈四棱形，干后黑蓝绿色。叶对生，卵状披针形至狭披针形。总状花序着生于分枝顶端；花萼钟状；花冠红色至紫红色。蒴果卵状长渐尖，略侧扁。

　　生境：中生植物。生于疏林林下、林缘；林间草甸及灌丛中。

　　分布：岭东、燕山北部州。

山萝花（刘铁志摄于赤峰市宁城县黑里河林场）

## 脐草属 *Omphalotrix* Maxim.

### 脐草 *Omphalotrix longipes* Maxim.

　　鉴别特征：一年生草本，茎紫黑色，高 20～50 厘米，被贴伏而倒生的白色柔毛。叶对生，条状椭圆形至披针形，边缘胼胝质增厚，具疏齿，无柄。圆锥花序顶生；花萼不等 4 裂，花冠白色，上唇 2 浅裂，下唇 3 裂，雄蕊 4，二强。蒴果矩圆形，侧扁，室背开裂。

　　生境：中生植物。生于丘间潮湿草甸。

　　分布：岭东、兴安南部、科尔沁、锡林郭勒、鄂尔多斯州。

脐草（刘铁志摄于赤峰市克什克腾旗达里诺尔）

## 小米草属 *Euphrasia* L.

### 小米草 *Euphrasia pectinata* Ten.

　　鉴别特征：一年生草本。茎直立，植株无腺毛，高 10～30 厘米，常单一，有时中下部分枝，暗紫色、褐色或绿色，被白色柔毛。叶对生，卵形或宽卵形。穗状花序顶生；苞叶叶状；花萼筒状；花冠 2 唇形，白色或淡紫色。蒴果扁，每侧面中央具 1 纵沟，长卵状矩圆形。

　　**生境**：中生植物。生于山地草甸、草甸草原以及林缘、灌丛。

　　**分布**：兴安北部、岭东、岭西、兴安南部、赤峰丘陵、燕山北部、锡林郭勒、乌兰察布、阴山、贺兰山、龙首山州。

小米草（徐杰摄于呼和浩特市和林县南天门林场）

## 东北小米草 *Euphrasia amurensis* Freyn

　　**鉴别特征**：一年生草本，高 15～25 厘米。茎多分枝。叶、苞叶及花萼被硬毛和多细胞长腺毛，腺毛的柄有（2）3 至多个细胞。花较多而密，花冠长约 10 毫米。蒴果，卵状矩圆形。

　　**生境**：中生植物。生于林下、林缘草甸及山坡。

　　**分布**：兴安北部、岭西、兴安南部州。

东北小米草（徐杰摄于赤峰市阿鲁科尔沁旗高格斯台罕山）

## 疗齿草属 *Odontites* Ludwig

### 疗齿草 *Odontites vulgaris* Moench

**别名**：齿叶草

**鉴别特征**：一年生草本，高 10～40 厘米，全株被贴伏而倒生的白色细硬毛。茎上部四棱形，常在中上部分枝。叶有时上部的互生，无柄，披针形至条状披针形，边缘疏生锯齿。雄蕊与上唇略等长。蒴果矩圆形略扁，顶端微凹，扁侧面各有 1 条纵沟，被细硬毛，背室开裂。种子多数，卵形，褐色，有数条纵的狭翅。

**生境**：广幅中生植物。生于低湿草甸及水边。

**分布**：兴安北部、岭西、呼伦贝尔、兴安南部、科尔沁、辽河平原、赤峰丘陵、燕山北部、锡林郭勒、阴山、阴南丘陵、鄂尔多斯、贺兰山州。

疗齿草（徐杰摄于赤峰市阿鲁科尔沁旗高格斯台罕山）

## 松蒿属 *Phtheirospermum* Bunge ex Fisch. et C. A. Mey.

### 松蒿 *Phtheirospermum japonicum* (Thunb.) Kanitz

**别名**：小盐灶草

**鉴别特征**：一年生草本，全体被多细胞腺毛。茎直立，上部分枝，高 20～50 厘米。叶对生，具柄，叶片轮廓长三角状卵形至卵状披针形。花生于上部叶腋；花萼钟状；花冠粉红色至紫红色。蒴果卵形。

**生境**：中生植物。生于山地灌丛及沟谷草甸。

分布：兴安南部、科尔沁、辽河平原、燕山北部、阴山、阴南丘陵州。

松蒿（徐杰摄于赤峰市宁城）

## 马先蒿属 *Pedicularis* L.

### 红色马先蒿 *Pedicularis rubens* Steph. ex Willd.

别名：山马先蒿

鉴别特征：多年生草本，干后不变黑或略变黑。根茎粗短，须根束生，粗细不等，细绳状。茎单一，直立，高10～30厘米。叶片轮廓狭矩圆形至矩圆状披针形，2～3回羽状全裂，第二回裂片细条形，具细齿。花序穗状；花冠红色、紫红色，稀变黄色。蒴果矩圆状歪卵形。

生境：中生植物。生于山地草甸或草甸草原。

分布：兴安北部、兴安南部，赤峰丘陵、燕山北部、锡林郭勒州。

红色马先蒿（徐杰摄于赤峰市克什克腾旗黄岗梁）

## 黄花马先蒿 *Pedicularis flava* Pall.

**鉴别特征**：多年生草本，干后不变黑。根茎粗壮，常多头，下连主根，高10～20厘米，具沟棱，被柔毛，基部有多数宿存的鳞片。叶片轮廓披针状矩圆形至条状矩圆形，裂片又羽状深裂，齿缘具白色胼胝质。花序穗状而紧密；花冠黄色。蒴果歪卵形，表面具蜂窝状孔纹。

**生境**：旱中生植物。生于典型草原的山坡或沟谷坡地。

**分布**：呼伦贝尔、兴安南部、锡林郭勒州。

黄花马先蒿（徐杰摄于赤峰市克什克腾旗黄岗梁）

## 卡氏沼生马先蒿 *Pedicularis palustris* L. subsp. *karoi* (Freyn) P. C. Tsoong

**别名**：沼地马先蒿

**鉴别特征**：一年生草本。主根粗短，侧根聚生于根颈周围。茎直立，高30～60厘米，黄褐色，无毛，多分枝，互生或有时对生。叶近无柄，互生或对生，三角状披针形，羽状全裂，缘具小缺刻或锯齿，齿有胼胝，常反卷。花序总状；花萼钟形；花冠紫红色。蒴果卵形。

卡氏沼生马先蒿（刘铁志摄于锡林郭勒盟正蓝旗和赤峰市克什克腾旗白音敖包）

生境：湿中生植物。生于湿草甸及沼泽草甸。

分布：兴安北部、岭西、兴安南部、锡林郭勒州。

## 红纹马先蒿 *Pedicularis striata* Pall.

别名：细叶马先蒿

鉴别特征：多年生草本。叶片轮廓披针形，羽状全裂或深裂。花序穗状，轴密被短毛；萼齿 5，侧生者两两结合成端有 2 裂的大齿，缘具卷毛；花冠黄色，具绛红色脉纹，盔镰状弯曲。蒴果卵圆形，具短凸尖。种子矩圆形，灰黑褐色。

生境：中生植物。生于山地草甸草原、林缘草甸或疏林中。

分布：兴安北部、岭东、岭西、呼伦贝尔、兴安南部、科尔沁、燕山北部、赤峰丘陵、锡林郭勒、阴山、阴南丘陵、贺兰山州。

红纹马先蒿（徐杰摄于呼和浩特市大青山）

## 中国马先蒿 *Pedicularis chinensis* Maxim.

鉴别特征：一年生草本，高 7～30 厘米。叶基生或互生，条状矩圆形，羽状浅裂至半裂，裂片矩圆状卵形，边缘具重锯齿，有柄。总状花序；萼齿 2，先端叶状，边缘有缺刻状重锯齿，花冠黄色，管长 3.0～4.5 厘米，喙长 9～10 毫米，半圆状而指向喉部。蒴果矩圆状披针形。

生境：中生植物。生于山地草甸。

分布：燕山北部州（兴和县苏木山）。

中国马先蒿（刘铁志摄于乌兰察布市兴和县苏木山）

## 藓生马先蒿 *Pedicularis muscicola* Maxim.

　　**鉴别特征**：多年生草本。直根，少有分枝。茎丛生，高达 25 厘米。叶互生，轮廓椭圆形至披针形，羽状全裂。花萼圆筒状，萼齿 5。花冠玫瑰色，管部细长，盔在基部即向左方扭折使其顶部向下。蒴果卵圆形。种子新月形或纺锤形，棕褐色。

　　**生境**：中生植物。生于海拔 2000～2800 米的云杉林下苔藓层及灌丛阴湿处。

　　**分布**：贺兰山州。

藓生马先蒿（徐建国摄于阿拉善贺兰山）

## 返顾马先蒿 *Pedicularis resupinata* L.

**鉴别特征：**多年生草本，高 30～70 厘米。须根多数，纤维状。茎中空具 4 棱。叶具短柄，互生，叶片披针形至狭卵形，边缘具缺刻状的重齿，齿上白色胼胝明显，两面无毛或疏被毛。总状花序，苞片叶状，花具短梗；花萼长卵圆形，萼齿 2；花冠管状，淡紫红色，先端成短喙，下唇稍长于盔，3 裂；花丝前面 1 对有毛；柱头伸出于喙端。蒴果矩圆状披针形。

**生境：**中生植物。生于山地林下、林缘草甸及沟谷草甸。

**分布：**兴安北部、岭西、兴安南部、燕山北部、阴山、阴南丘陵州。

返顾马先蒿（刘铁志摄于赤峰市克什克腾旗白音敖包和赤峰市宁城县黑里河）

## 三叶马先蒿 *Pedicularis ternata* Maxim.

**鉴别特征：**多年生草本。根肉质，有分枝。茎基部有多数鳞片脱落的疤痕及卵形至披针形的鳞片。叶片轮廓披针形，羽状全裂或深裂，叶轴具翅。花序顶生。花萼矩圆状筒形，萼齿 5。花冠深堇色至紫红色，盔平置而指向前方。蒴果扁卵形。种子卵形，种皮淡黄白色。

**生境：**中生植物。生于海拔 3000 米左右的云杉林下、林缘及灌丛中。

**分布：**贺兰山州。

三叶马先蒿（苏云摄于阿拉善贺兰山）

## 穗花马先蒿 *Pedicularis spicata* Pall.

**鉴别特征：** 一年生草本，干时不变黑或微变黑。根木质化，多分枝。茎有时单一，有时自基部抽出多条，有时在上部分枝，中空，被白色柔毛。叶片矩圆状披针形或条状披针。穗状花序顶生，花冠紫红色。蒴果狭卵形。

**生境：** 中生植物。生于林缘草甸、河滩草甸及灌丛中。

**分布：** 兴安北部、岭西、兴安南部、燕山北部、赤峰丘陵、阴山州。

穗花马先蒿（徐杰摄于赤峰市阿鲁科尔沁旗高格斯台罕山）

## 阿拉善马先蒿 *Pedicularis alaschanica* Maxim.

**鉴别特征：** 多年生草本。茎自基部多分枝，上部不分枝，斜升，高 6～20 厘米，中空，微有 4 棱，密被锈色绒毛。叶片披针状矩圆形至卵状矩圆形。穗状花序顶生；苞片叶状，边缘密生卷曲长柔毛；花冠黄色。蒴果卵形，长具蜂窝状孔纹，淡黄褐色。

**生境：** 中生植物。生于荒漠地带的海拔 2000～2400 米的山地云杉林林缘及沟谷草甸。

**分布：** 贺兰山、龙首山州。

阿拉善马先蒿（徐杰摄于阿拉善贺兰山）

## 弯管马先蒿 *Pedicularis curvituba* Maxim.

**鉴别特征**：一年生草本，高 20～50 厘米。叶茎生，4 叶轮生，矩圆状披针形，羽状全裂，裂片条状披针形，边缘羽裂或具缺刻状齿，具短柄。花序轮生于主茎顶端及分枝顶端；萼齿 5，不等大，羽状齿裂，花冠淡黄色，花冠管于萼前方开口处向前膝曲，盔顶弧形弓曲，盔端伸长为喙，花丝 2 对均有毛。蒴果歪卵形。

**生境**：中生植物。生于亚高山草甸。

**分布**：燕山北部州（兴和县苏木山）和阴山州（凉城县蛮汉山、卓资县）。

弯管马先蒿（刘铁志摄于乌兰察布市凉城县蛮汉山二龙什台和乌兰察布市卓资县巴音锡勒）

## 阴行草属 *Siphonostegia* Benth.

### 阴行草 *Siphonostegia chinensis* Benth.

**别名**：刘寄奴、金钟茵陈

**鉴别特征**：二年生草本，全体被粗糙短毛或混生腺毛。茎单一，高 20～40 厘米。叶对生，无柄或有短柄；叶片 2 回羽状全裂。花对生于茎顶叶腋，成疏总状花序；萼筒细筒状；花冠 2 唇形，上唇红紫色，下唇黄色。蒴果披针状矩圆形，与萼筒近等长。种子黑色，卵形。

**生境**：中生植物。生于山坡与草地上。

**分布**：岭东、岭西、兴安南部、辽河平原、科尔沁、赤峰丘陵、燕山北部、阴山州。

阴行草（徐杰摄于赤峰市阿鲁科尔沁旗高格斯台罕山）

## 芯芭属 *Cymbaria* L.

### 达乌里芯芭 *Cymbaria dahurica* L.

**别名：** 芯芭、大黄花、白蒿茶

**鉴别特征：** 多年生草本，高4～20厘米，全株密被白色棉毛而呈银灰白色。根茎垂直或稍倾斜向下。叶披针形、条状披针形或条形，白色棉毛尤以下面更密。花药长倒卵形，纵裂，长顶端钝圆，被长柔毛、子房卵形。蒴果革质，长卵圆形。种子卵形。

**生境：** 旱生植物。生于典型草原、荒漠草原及山地草原上。

**分布：** 兴安北部、岭西、呼伦贝尔、兴安南部、科尔沁、赤峰丘陵、燕山北部、锡林郭勒、乌兰察布、阴山、阴南丘陵、鄂尔多斯州。

达乌里芯芭（徐杰摄于乌兰察布市四子王旗格根塔拉）

## 蒙古芯芭 *Cymbaria mongolica* Maxim.

**别名**：光药大黄花

**鉴别特征**：多年生草本，高5～8厘米，全株密被短柔毛，有时毛稍长，带绿色，根茎垂直向下，顶端常多头。叶矩圆状披针形至条状披针形。花冠黄色，倒卵形。花药外露，通常顶部无毛或偶有少量长柔毛，倒卵形。蒴果革质，长卵圆形。种子长卵形，有密的小网眼。

**生境**：旱生植物。生于沙质或沙砾质荒漠草原和干草原上。

**分布**：阴南丘陵、鄂尔多斯、东阿拉善、贺兰山州。

蒙古芯芭（苏云摄于阿拉善左旗贺兰山）

## 腹水草属 *Veronicastrum* Heist. ex Farbic.

## 草本威灵仙 *Veronicastrum sibiricum* (L.) Pennell

**别名**：轮叶婆婆纳、斩龙剑

**鉴别特征**：多年生草本，全株疏被柔毛或近无毛。根状茎横走。茎直立，不分枝，高1米左右，圆柱形。叶（3）4～6（9）枚轮生，叶片矩圆状披针形至披针形或倒披针形，边缘具锐锯齿，无柄。花序顶生，呈长圆锥状。蒴果卵形，花柱宿存。种子矩圆形，棕褐色。

**生境**：中生植物。生于山地阔叶林林下，林缘、草甸及灌丛中。

**分布**：兴安北部、岭东、岭西、兴安南部、科尔沁、燕山北部、锡林郭勒、阴山州。

草本威灵仙（徐杰摄于呼伦贝尔市根河市阿龙山）

## 穗花属 *Pseudolysimachion* (W. D. J. Koch) Opiz

### 细叶穗花 *Pseudolysimachion linariifolium* (Pall. ex. Link) Holub

**鉴别特征：**多年生草本，高30～80厘米。下部叶常对生，中、上部叶互生，条形或倒披针状条形。总状花序细长尾状，先端细尖；花梗短，长2～4毫米，被短毛；苞片细条形，短于花，被短毛；花萼筒长1.5～2.0毫米，4深裂，裂片卵状披针形，有睫毛；花冠蓝色，4裂，喉部有毛，花柱细长，柱头头状。蒴果卵球形，花柱与花萼宿存；种子卵形，棕褐色。

**生境：**生于山坡、灌丛。

**分布：**兴安北部、岭东、岭西、呼伦贝尔、兴安南部、科尔沁、锡林郭勒、燕山北部、赤峰丘陵、阴山、阴南丘陵。

细叶穗花（徐杰摄于赤峰市阿鲁科尔沁旗高格斯台罕山）

## 白毛穗花 *Pseudolysimachion incanum* (L.) Holub

**鉴别特征：**多年生草本，高 10～40 厘米，植株密被白色毡状绵毛而呈灰白色。叶片宽条形或椭圆状披针形，全缘或微具圆齿。总状花序，单一，苞片条状披针形，短于花；花萼 4 深裂，裂片披针形；花冠蓝色，少白色，喉部有毛，雄蕊伸出花冠；花柱细长，柱头头状。蒴果卵球形，顶端凹，密被短毛，成熟果略长于花萼。种子卵圆形，扁平，棕褐色。

**生境：**生于山坡草地、沙丘。

**分布：**岭西、兴安南部、锡林郭勒、阴山州。

白毛穗花（徐杰摄于赤峰市克什克腾旗）

## 锡林穗花 *Pseudolysimachion xilinense* (Y. Z. Zhao) Y. Z. Zhao

**鉴别特征：**多年生草本。植株密被白色绵毛，非毡状而呈灰绿色。叶全部对生，明显具柄。下部叶不密集，叶片矩圆形、椭圆状卵形或卵形，边缘锯齿或圆齿。成熟果略短于花萼。

**生境：**中生植物。生于山坡草地、沙丘。

**分布：**呼伦贝尔、兴安南部、锡林郭勒州。

锡林穗花（徐杰摄于赤峰市阿鲁科尔沁旗高格斯台罕山）

## 大穗花 *Pseudolysimachion dahuricum* (Stev.) Holub

**鉴别特征：**多年生草本。叶三角状卵形至三角状披针形，有的下部羽裂，基部心形至截形，先端钝尖或锐尖，花白色。

**生境：**生于山坡、沟谷、岩隙、沙丘。

**分布：**兴安北部、岭西、呼伦贝尔、兴安南部、科尔沁、锡林郭勒、阴山州。

大穗花（徐杰摄于乌兰察布市卓资县大青山）

## 兔儿尾苗 *Pseudolysimachion longifolium* (L.) Opiz.

**别名：** 长尾婆婆纳

**鉴别特征：** 多年生草本。根状茎长而斜走，具多数须根。茎直立，高约达 1 米，被柔毛或近光滑，通常不分枝。叶对生，披针形，边缘具细尖锯齿。总状花序顶生，细长，单生或复出；花冠蓝色或蓝紫色，稍带白色。蒴果卵球形，稍扁，顶端凹，宿存花柱和花萼。

**生境：** 中生植物。生于林下、林缘草甸、沟谷及河滩草甸。

**分布：** 兴安北部、岭西、呼伦贝尔、兴安南部、燕山北部、锡林郭勒、阴山州。

兔儿尾苗（徐杰摄于赤峰市阿鲁科尔沁旗高格斯台罕山）

## 婆婆纳属 *Veronica* L.

### 婆婆纳 *Veronica polita* Fries

**鉴别特征：** 一年生小草本。茎铺散，多分枝，高 10～25 厘米，多少被长柔毛。叶对生，心形至卵形，先端钝圆，基部浅心形或截形，边缘具钝齿，两面被白色长柔毛。总状花序长；苞片互生；花冠淡紫色、蓝色或粉色。蒴果强烈侧扁，近于肾形，密被腺毛，略短于花萼。

**生境：** 中生杂草。生于庭院草丛中。

**分布：** 赤峰丘陵、鄂尔多斯、东阿拉善州。

婆婆纳（刘铁志摄于鄂尔多斯市伊金霍洛旗）

## 长果水苦荬 *Veronica anagalloides* Guss.

鉴别特征：多年生或一年生草本。根状茎斜走，节上有须根。茎直立或基部倾斜，高30～50厘米，单一或有分枝。叶对生，无柄，基部半抱茎，条状披针形，全缘或略有浅锯齿，两面无毛。总状花序腋生，除花冠外被相当密的腺毛；花冠浅蓝色或淡紫色。蒴果宽椭圆形。

生境：湿生植物。生于溪水边。

分布：岭东、辽河平原、阴山、东阿拉善州。

长果水苦荬（徐杰摄于呼和浩特市大青山）

## 北水苦荬 *Veronica anagallis-aquatica* L.

别名：水苦奖、珍珠草、秋麻子

鉴别特征：多年生草本，稀一年生，全体常无毛。根状茎斜走，节上有须根。茎直立或基部倾斜，高10～80厘米，单一或有分枝。叶椭圆形或长卵形。总状花序腋生；花冠浅蓝色、淡紫色或白色，花药为紫色；子房无毛。蒴果近圆形或卵圆形，顶端微凹。

生境：湿生植物。生于溪水边或沼泽地。

分布：岭东、岭西、呼伦贝尔、兴安南部、科尔沁、辽河平原、赤峰丘陵、燕山北部、锡林郭勒、乌兰察布、阴山、阴南丘陵、鄂尔多斯、西阿拉善、贺兰山等州。

北水苦荬（徐杰摄于呼和浩特市大青山）

### 水苦荬 *Veronica undulata* **Wallich ex Jack**

**鉴别特征：**多年生或一年生草本，通常在茎、花序轴、花梗、花萼和蒴果上多少被大头针状腺毛。根状茎斜走，节上生须根。茎直立或基部倾斜，高10～30厘米，单一。叶对生，无柄，狭椭圆形或条状披针形。总状花序腋生；花冠浅蓝色或淡紫色。蒴果近圆球形。

**生境：**湿生植物。生于水边或沼泽地。

**分布：**科尔沁、鄂尔多斯、西阿拉善州。

水苦荬（徐杰摄于鄂尔多斯市准格尔旗）

# 紫葳科
## Bignoniaceae

### 角蒿属 *Incarvillea* **Juss.**

### 角蒿 *Incarvillea sinensis* **Lam.**

**别名：**透骨草

**鉴别特征：**一年生草本，高30～80厘米。茎直立，具黄色细条纹，被微毛。叶互生轮廓为菱形或长椭圆形，2～3回羽状深裂或至全裂。花红色或紫红色，由4～18朵花组成顶生总状花序。蒴果长角状弯曲，熟时瓣裂。种子褐色，具翅，白色膜质。

**生境：**中生杂草。生于草原区的山地、沙地、河滩、河谷，也散生于田野、撂荒地及路边，农舍旁。

**分布：**兴安北部、岭西、兴安南部、呼伦贝尔、科尔沁、辽河平原、赤峰丘陵、燕山北部、锡林郭勒、阴山、阴南丘陵、鄂尔多斯、贺兰山州。

角蒿（徐杰摄于鄂尔多斯市准格尔旗）

角蒿（徐杰摄于鄂尔多斯市准格尔旗）

## 黄花角蒿 *Incarvillea sinensis* Lam. var. *przewalskii* (Batal.) C. Y. Wu et W. C. Yin

**鉴别特征**：本变型与角蒿的区别是花乳黄白色。

**生境**：中生植物。生于河岸石崖、撂荒地、固定沙丘。

**分布**：阴南丘陵州。

黄花角蒿（徐杰摄于鄂尔多斯市准格尔旗）

## 梓树属 *Catalpa* Scop.

### 梓树 *Catalpa ovata* G. Don

**别名**：臭梧桐、筷子树

**鉴别特征**：乔木，高可达 8 米。树皮暗灰色或灰褐色，平滑。枝开展，小枝密被腺毛，后则变稀疏；冬芽卵球形，具 4～5 对芽鳞，鳞片深褐色，边缘具睫毛。叶宽卵形或近圆形。顶生圆锥花序；花冠黄白色，具数条黄色线纹和紫色斑点。蒴果筷子状。

**生境**：中生植物。庭院栽培树种。

**分布**：在呼伦贝尔市、赤峰市、呼和浩特市、包头市、乌兰察布市南部地区有少量庭院栽培。

梓树（徐杰摄于呼和浩特市）

# 胡麻科
## Pedaliaceae

## 胡麻属 *Sesamum* L.

### 胡麻 *Sesamum indicum* L.

别名：芝麻、脂麻

鉴别特征：一年生草本，高达1米。茎直立，四棱形，具纵槽，不分枝，被短柔毛。叶对生或上部互生，卵形、矩圆形或披针形。花单生或2～3朵簇生于叶腋；萼稍合生，裂片披针形，长5～10毫米，被柔毛；花冠筒状，白色有紫色或黄色晕，裂片圆形。蒴果长椭圆形。

生境：中生植物。栽培植物。

分布：通辽市、赤峰市南部、鄂尔多斯市（准格尔旗）有栽培。

胡麻（刘铁志摄于赤峰市宁城县）

# 列当科
Orobanchaceae

## 列当属 *Orobanche* L.

### 列当 *Orobanche coerulescens* Steph.

**别名**：兔子拐棍、独根草

**鉴别特征**：二年生或多年生草本，高10～35厘米，全株被蛛丝状绵毛。叶鳞片状，卵状披针形，黄褐色。穗状花序顶生；花冠2唇形，蓝紫色或淡紫色，稀淡黄色；管部稍向前弯曲，上唇宽阔，顶部微凹，下唇3裂，中裂片较大；雄蕊着生于花冠管的中部，花药无毛。

**生境**：根寄生植物。寄生在蒿属植物的根上，生于固定或半固定沙丘、向阳山坡、山沟草地。

**分布**：内蒙古各州。

列当（徐杰摄于鄂尔多斯市达拉特旗响沙湾）

### 黄花列当 *Orobanche pycnostachya* Hance

**别名**：独根草

**鉴别特征**：二年生或多年生草本，高12～34厘米，全株密被腺毛。叶鳞片状，卵状披针形或条状披针形，长10～20毫米，黄褐色，先端尾尖。穗状花序顶生，具多数花；花冠2唇形，黄色，花冠筒中部稍弯曲，密被腺毛；雄蕊2强，花药被柔毛，花丝基部稍被腺毛。

**生境**：根寄生植物。寄主为蒿属植物。生于固定或半固定沙丘、山坡、草原。

**分布**：科尔沁、锡林郭勒、乌兰察布、阴山、阴南丘陵、鄂尔多斯州。

黄花列当（徐杰摄于呼和浩特市和林县南天门林场）

## 草苁蓉属 *Boschniakia* C. A. Mey.

### 草苁蓉 *Boschniakia rossica* (Cham. et Schlecht.) B. Fedtsch.

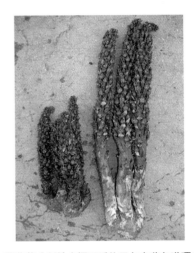

　　鉴别特征：多年生草本，高 15～35 厘米，全株近无毛。茎直立，圆柱形，带紫红色。叶鳞片状，宽卵形或三角形，长 5～10 毫米。穗状花序顶生，密生多数花，花冠暗紫色，矩圆形，近全缘。雄蕊二强。蒴果近球形。

　　生境：根寄生植物，寄生在桤木属植物的根上。生于山地林区的低湿地与河边。

　　分布：兴安北部州。

草苁蓉（刘铁志摄于呼伦贝尔市莫尔道嘎）

## 肉苁蓉属 *Cistanche* Hoffmg. et Link

### 肉苁蓉 *Cistanche deserticola* Y. C. Ma

　　别名：苁蓉、大芸

　　鉴别特征：多年生草本。茎肉质。鳞片状叶多数，淡黄白色。穗状花序。花萼钟状，5浅裂，裂片近圆形，被疏绵毛或无毛。花冠管状钟形，管内弯，管内面离轴方向有 2 条纵向的鲜黄色凸起；裂片 5，开展，近半圆形；花冠管淡黄白色，裂片颜色常有变异，淡黄白色、淡紫色或边缘淡紫色，干时常变棕褐色。

　　生境：根寄生植物，寄主梭梭。生于梭梭荒漠中。

　　分布：东阿拉善、西阿拉善、额济纳州。

肉苁蓉（徐杰摄于阿拉善左旗）

肉苁蓉（徐杰、刘铁志摄于阿拉善盟阿拉善左旗巴彦浩特）

# 狸藻科
## Lentibulariaceae

**狸藻属 *Utricularia* L.**

### 弯距狸藻 *Utricularia vulgaris* L. subsp. *macrorhiza* (Le Conte) R. T. Clausen

**别名：**狸藻

**鉴别特征：**水生多年生食虫草本，无根；茎柔软，多分枝，成较粗的绳索状，长40～60厘米，横生于水中。叶互生，紧密，叶片轮廓卵形、矩圆形或卵状椭圆形，具许多捕虫囊。花两性，两侧对称，在花葶上部有5～11朵花形成疏生总状花序；花冠唇形，黄色，假面状。

**生境：**水生植物。生于河岸沼泽、湖泊及浅水中。

**分布：**兴安北部、呼伦贝尔、兴安南部、科尔沁、辽河平原、锡林郭勒、赤峰丘陵、阴南丘陵、鄂尔多斯、东阿拉善州。

弯距狸藻（刘铁志摄于赤峰市克什克腾旗达里诺尔）

弯距狸藻（徐杰摄于呼和浩特市土默特左旗哈素海）

# 透骨草科
Phrymataceae

## 透骨草属 *Phryma* L.

### 透骨草 *Phryma leptostachya* L. var. *asiatica*（H. Hara）Kitamura

别名：霉蛆草

鉴别特征：多年生草本，高50～100厘米，茎直立，单一，不分枝，或具少数叉开的分枝，四棱形，被短柔毛。叶对生，质薄，卵形至卵状披针形。穗状花序顶生或腋生；花萼筒状；花冠淡红色、淡紫色或白色。瘦果狭椭圆形。

生境：生于溪边阔叶林下。

分布：辽河平原州（大青沟）。

透骨草（徐杰摄于通辽市大青沟国家级自然保护区）

# 车前科
Plantaginaceae

## 车前属 *Plantago* L.

### 条叶车前 *Plantago minuta* Pall.

**别名：** 来森车前、细叶车前

**鉴别特征：** 一年生草本，高4～19厘米，全株密被长柔毛。叶无柄；叶片条形或狭条形。穗状花序卵形或椭圆形，长6～15毫米，花密生；全株密被长柔毛；花冠裂片狭卵形，边缘有细锯齿。蒴果卵圆形或近球形，长3～4毫米，果皮膜质，盖裂。种子2，椭圆形或矩圆形，长1.5～3.0毫米，黑棕色。

**生境：** 旱生植物。常少量生于荒漠草原群落中，也见于草原化荒漠群落和草原带的山地、沟谷、丘陵坡地，并为较常见的田边杂草。

**分布：** 锡林郭勒、乌兰察布、阴南丘陵、鄂尔多斯、东阿拉善、西阿拉善州。

条叶车前（徐杰摄于呼和浩特市清水河县）

盐生车前（徐杰摄于鄂尔多斯市伊金霍洛旗）

### 盐生车前 *Plantago maritima* L. subsp. *ciliata* Printz.

**鉴别特征：** 多年生草本，全株非密被长柔毛，高5～30厘米。根粗壮。叶基生，多数，直立或平铺地面，条形或狭条形，基部具宽三角形叶鞘，黄褐色，有时被长柔毛，无叶柄。穗状花序圆柱形，长2～7厘米，上部花密生，下部花疏生；花药淡黄色。蒴果圆锥形。

**生境：** 耐盐中生植物。生于盐化草甸、盐湖边缘及盐化、碱化湿地。

**分布**：呼伦贝尔、科尔沁、锡林郭勒、阴南丘陵、鄂尔多斯州。

盐生车前（徐杰摄于鄂尔多斯市伊金霍洛旗）

## 平车前 *Plantago depressa* Willd.

**别名**：车前草、车轱辘菜、车串串

**鉴别特征**：一或二年生草本；叶基生，直立或平铺，椭圆形、椭圆状披针形或披针形，基部狭楔形且下延，弧形纵脉5～7条；叶柄基部具较长且宽的叶鞘。穗状花序圆柱形，苞片和萼裂片三角状卵形，背部具绿色龙骨状凸起，边缘膜质；花冠裂片卵形或三角形。蒴果圆锥形，褐黄色，成熟时在中下部盖裂。种子矩圆形，黑棕色，光滑。

**生境**：中生植物。生于草甸、轻度盐化草甸，也见于路旁、田野、居民点附近。

**分布**：内蒙古各州。

平车前（徐杰摄于呼和浩特市）

## 毛平车前 *Plantago depressa* Willd. subsp. *turczaninowii* （Ganeschin）Tzvelev

**鉴别特征**：本变种与平车前的区别在于：叶片、叶柄、花葶均密被柔毛。

**生境**：中生植物。生于草甸、沟谷、耕地、田野及路边。

**分布**：燕山北部、阴南丘陵州。

毛平车前（徐杰摄于呼和浩特市）

## 大车前 *Plantago major* L.

**鉴别特征**：多年生草本。根状茎短粗，具多数棕褐色或灰褐色须根。叶基生，宽卵形或宽椭圆形。穗状花序圆柱形，花无梗，苞片卵形；较萼片短或近于等长。蒴果圆锥形或卵形。种子8～30，长0.8～1.2毫米，浓褐色。

**生境**：中生植物。生于山谷、路旁、沟渠边、河边、田边潮湿处。

**分布**：兴安南部、锡林郭勒、阴南丘陵、鄂尔多斯州。

大车前（徐杰摄于呼和浩特市大青山）

## 车前 *Plantago asiatica* L.

**别名**：大车前、车轱辘菜、车串串

**鉴别特征**：多年生草本，具须根。叶基生，椭圆形、宽椭圆形、卵状椭圆形或宽卵形。穗状花序圆柱形；花具短梗，苞片宽三角形；反卷，淡绿色。蒴果椭圆形或卵形。种子5～8，长1.5～1.8毫米，黑褐色。

**生境**：中生植物。生于草甸、沟谷、耕地、田野及路边。

**分布**：内蒙古各州。

车前（徐杰摄于呼和浩特市大青山）

# 茜草科
## Rubiaceae

## 拉拉藤属 *Galium* L.

### 小叶猪殃殃 *Galium trifidum* L.

别名：三瓣猪殃殃

鉴别特征：多年生草本，纤弱丛生，高 10～45 厘米，茎四棱。叶 4（5）轮生，倒披针形或

小叶猪殃殃（刘铁志摄于赤峰市克什克腾旗岗更诺尔）

椭圆形，基部狭楔形，具 1 脉，近无柄。花小，单生或 2~3 朵成腋生或顶生的聚伞花序；萼筒光滑，花冠裂片 3，白色，雄蕊 3，花柱 2 裂，柱头头状。果实双球形。

**生境：**中生植物。生于河谷草甸、沼泽化草甸、水泡边及沙地。

**分布：**兴安北部、岭东、岭西、兴安南部、燕山北部、锡林郭勒州。

### 车叶草 *Galium maximowiczii* ( Kom. ) Pobed.

**别名：**异叶轮草

**鉴别特征：**多年生草本，茎直立或攀援状，高 30~45 厘米，具四棱。叶 4（5）轮生，长卵圆形或椭圆形，基部楔形，基出脉 3 条，下面和边缘密被刺毛，茎下部叶无柄，上部叶具短柄。聚伞圆锥花序；花小，花萼无毛，花冠白色。果实具小颗粒。

**生境：**中生植物。生于山坡、林下和林缘。

**分布：**燕山北部州。

车叶草（刘铁志摄于赤峰市宁城县黑里河）

### 北方拉拉藤 *Galium boreale* L.

**别名：**砧草

**鉴别特征：**多年生草本。茎直立，高 15~65 厘米，节部微被毛或近无毛。叶 4 片轮生，披针形或狭披针形。顶生聚伞圆锥花序；萼筒密被钩状毛；花冠长 2 毫米，4 裂，裂片椭圆状卵形、宽椭圆形或椭圆形，外被极疏的短柔毛。果小，扁球形，密被黄白色钩状毛。

**生境：**中生植物。生于山地林下、林缘、灌丛及草甸中，也有少量生于杂类草草甸草原。

**分布：**兴安北部、岭东、岭西、兴安南部、燕山北部、阴山、贺兰山州。

北方拉拉藤（徐杰摄于包头市九峰山）

# 蓬子菜 *Galium verum* L.

**别名：**松叶草

**鉴别特征：**多年生草本，基部稍木质。地下茎横走，暗棕色，被短柔毛。叶6～8（10）片轮生，两面均无毛。聚伞圆锥花序顶生或上部叶腋生；花小，黄色，具短梗，被疏短柔毛。果小，果片双生，近球形，无毛。

**生境：**中生植物。生于草甸草原、杂类草草甸、山地林缘及灌丛中，常成为草甸草原的优势植物之一。

**分布：**兴安北部、岭东、岭西、呼伦贝尔、兴安南部、科尔沁、辽河平原、燕山北部、锡林郭勒、乌兰察布、阴山、阴南丘陵、贺兰山、龙首山州。

蓬子菜（徐杰摄于呼和浩特市大青山）

## 拉拉藤　*Galium spurium* L.

别名：猪殃殃、爬拉殃

鉴别特征：一年生或二年生草本。茎长30～80厘米，具4棱，沿棱具倒向钩状刺毛，多分枝。叶6～8片轮生，线状倒披针形，边缘稍反卷，沿脉的背面及边缘具倒向刺毛，无柄。聚伞花序腋生或顶生；花小，黄绿色；花萼密被白色钩状刺毛；花冠裂片长圆形；雄蕊4，伸出花冠外。果具1或2个近球状的果爿，密被白色钩状刺毛，果梗直。

生境：中生植物。生于山地石缝、阴坡、山沟湿地，山坡灌丛下或路旁。

分布：兴安北部、岭西、兴安南部、辽河平原、燕山北部、锡林郭勒、阴山、龙首山州。

拉拉藤（徐杰摄于呼和浩特市和林县南天门林场）

## 中亚猪殃殃　*Galium rivale*（Sibth. et Smith）Griseb.

鉴别特征：多年生蔓生草本。茎通常单生，长40～80厘米，具4棱，棱上具倒向皮刺。叶6～8（10）枚轮生，倒披针形，边缘稍反卷，具倒向皮刺。聚伞圆锥花序顶生或腋生，总花梗细长；花小，白色。果实双球形，长约1毫米，表面密被小颗粒。

生境：中生植物。生于山坡、林缘及林下。

分布：燕山北部、阴山州。

中亚猪殃殃（徐杰摄于呼和浩特市大青山）

### 山猪殃殃　*Galium pseudoasprellum* Makino

别名：密花山猪殃殃

鉴别特征：多年生草本，茎细弱，攀援，15～40厘米，具倒向皮刺。叶6枚轮生，稀5或7，倒披针形，边缘具倒向皮刺，具1脉，两面均被倒向皮刺或仅背面具刺，无柄或近无柄。聚伞花序顶生或腋生；花小，淡绿色，花萼密被钩状毛。果实双球形，具开展的钩状毛。

生境：湿中生植物。生于山沟阴坡、岩石下阴湿处、石缝及林下。

分布：兴安南部、赤峰丘陵、贺兰山、龙首山州。

山猪殃殃（刘铁志摄于赤峰市松山区老府）

## 茜草属　*Rubia* L.

### 茜草　*Rubia cordifolia* L.

别名：红丝线、粘粘草

鉴别特征：多年生攀援草本。茎粗糙，基部稍木质化；小枝四棱形，棱上具倒生小刺。叶纸质，卵状披针形或卵形。聚伞花序顶生或腋生，通常组成大而疏松的圆锥花序。花小，黄白色，具短梗；花萼筒近球形，无毛；花冠辐状。果实近球形。

生境：中生植物。生于山地杂木林下，林缘、路旁草丛、沟谷草甸及河边。

分布：兴安北部、岭东、岭西、兴安南部、科尔沁、辽河平原、赤峰丘陵、燕山北部、锡林郭勒、乌兰察布、阴山、阴南丘陵、鄂尔多斯、东阿拉善、贺兰山、龙首山州。

茜草（徐杰、刘铁志摄于呼和浩特市大青山和赤峰市松山区五十家子）

## 黑果茜草 *Rubia cordifolia* L. var. *pratensis* Maxim.

别名：红丝线、粘粘草

鉴别特征：本变种与茜草主要区别在于果熟时为黑色或黑紫色。

生境：中生植物。生于山地林下、林缘、路旁、沟谷草甸及河边。

分布：兴安南部、燕山北部、锡林郭勒、鄂尔多斯、东阿拉善、贺兰山、龙首山州。

黑果茜草（刘铁志摄于赤峰市喀喇沁旗旺业甸）

## 野丁香属 *Leptodermis* Wall.

### 内蒙古野丁香 *Leptodermis ordosica* H. C. Fu et E. W. Ma

**鉴别特征：**小灌木。叶对生或假轮生，常反卷，近无毛；叶柄短，密被乳头状微毛。花近无梗，1 至 3 朵簇生于叶腋或枝顶；花冠长漏斗状，紫红色。蒴果椭圆形，黑褐色，有宿存。种子矩圆状倒卵形，黑色。

**生境：**旱生植物。生于山坡岩石裂缝间。

**分布：**东阿拉善、贺兰山州。

内蒙古野丁香（徐建国摄于阿拉善贺兰山）

# 忍冬科
Caprifoliaceae

## 北极花属 *Linnaea* L.

### 北极花 *Linnaea borealis* L.

**别名：**北极林奈草

**鉴别特征：**常绿匍匐小灌木，高 5～25 厘米。枝细长，紫褐色。叶近圆形，稀矩圆形或倒卵形，叶缘上半部具疏圆齿，边缘被睫毛，具柄。2 花生于细长的小枝顶端；花萼 5 裂，萼筒被密毛，花冠钟状，5 裂，粉白色，带有微青紫色条纹，雄蕊 4，柱头黄色。果实近球形，黄色。

**生境：**中生植物。生于山地林下较湿润的地上。

**分布：**兴安北部、岭西、岭东、兴安南部州。

北极花（刘铁志摄于兴安盟阿尔山市白狼）

## 忍冬属 *Lonicera* L.

### 小叶忍冬 *Lonicera microphylla* Willd. ex Schult.

别名：麻配

鉴别特征：灌木，高 1.0～1.5 米。叶小，长 0.8～1.5（2.2）厘米，倒卵形、椭圆形或矩圆形。总花梗单生叶腋，被疏毛。花黄白色，外被疏毛或光滑，内被柔毛，花冠二唇形。浆果橙红色。

生境：旱中生阳性灌木。喜生于草原区的山地、丘陵坡地，常见于疏林下、灌丛中，也可散生于石崖上。

分布：锡林郭勒、阴山、阴南丘陵、鄂尔多斯、东阿拉善、贺兰山州。

小叶忍冬（徐杰摄于包头市达茂旗百灵庙花果山）

## 华北忍冬 *Lonicera tatarinowii* Maxim.

别名：华北金银花、秦氏忍冬

鉴别特征：灌木，高达2米。冬芽具7～8对尖头的芽鳞。叶矩圆状披针形或长卵形，基部宽楔形或圆形，下面灰白色，密被短绒毛，有柄。花萼5裂，萼齿三角状披针形，花冠暗紫色，唇形，子房联合。浆果近球形，红色。

生境：中生植物。生于山地林下、林缘和沟谷。

分布：燕山北部州。

华北忍冬（刘铁志摄于赤峰市喀喇沁旗旺业甸）

## 紫花忍冬 *Lonicera maximowiczii*（Rupr.）Regel

别名：紫枝忍冬、紫枝金银花、黑花秸子

紫花忍冬（刘铁志摄于赤峰市新城区锡伯河）

　　**鉴别特征**：灌木，高达 2 米。冬芽具数枚芽鳞。叶椭圆形、卵状矩圆形至卵状披针形，基部宽楔形或圆形，全缘，有时为微波状，具长纤毛，下面淡绿色，被疏长毛，有柄。萼齿宽三角形，花冠紫红色，子房合生。浆果倒长卵形，红色，在中部以上结合。

　　**生境**：中生植物。生于山地疏林下或山坡。

　　**分布**：燕山北部州。

### 蓝锭果忍冬 *Lonicera caerulea* L.

　　**别名**：甘肃金银花

　　**鉴别特征**：灌木，高 1.0～1.5 米。叶矩圆状卵形或矩圆形，基部通常圆形。花腋生于短梗，苞片条形，小苞片合生成坛状壳斗。浆果球形或椭圆形，深蓝黑色。

　　**生境**：中生灌木。生于山地杂木林下或灌丛中，可成为山地灌丛的优势种之一。

　　**分布**：兴安北部、兴安南部、燕山北部、贺兰山州。

蓝锭果忍冬（刘铁志摄于乌兰察布市兴和县苏木山）

### 葱皮忍冬 *Lonicera ferdinandi* Franch.

　　**别名**：秦岭金银花

　　**鉴别特征**：灌木，高达 3 米。幼枝常具小刚毛，基部具鳞片状残留物。叶卵形至卵状披针形，先端尖或短渐尖，稀钝形。花冠黄色。浆果红色，被细柔毛，卵形。种子卵形被密蜂窝状小点。

　　**生境**：中生灌木。生于山地灌丛中。

　　**分布**：阴南丘陵、贺兰山州。

葱皮忍冬（苏云摄于阿拉善左旗贺兰山）

## 黄花忍冬 *Lonicera chrysantha* Turcz. ex Ledeb.

别名：黄金银花、金花忍冬

鉴别特征：灌木，高 1～2 米。叶菱状卵形至菱状披针形。花黄色。总梗被柔毛，长 12 毫米，花冠外被柔毛，花丝中部以下与花冠筒合生；花柱被短柔毛。浆果红色。种子多数。

生境：中生耐阴性植物。生于海拔 1200～1400 米的山地阴坡杂木林下或沟谷灌丛中。

分布：兴安北部、兴安南部、燕山北部、锡林郭勒、阴山、贺兰山州。

黄花忍冬（刘铁志、徐杰摄于赤峰市红山区和呼和浩特市和林县）

## 金银忍冬 *Lonicera maackii*（Rupr.）Maxim.

别名：小花金银花

鉴别特征：灌木，高达 3 米。小枝中空，灰褐色，密被短柔毛，老枝深灰色，被疏毛，仅在基部近节间处较密。冬芽卵球形，芽鳞淡黄褐色，密被柔毛。叶卵状椭圆形至卵状披针形，稀为菱状卵形。花初时白色，后变黄色，花药条形。浆果暗红色，球形。

生境：中生灌木。喜光，稍耐荫，耐寒性强。生于山地林下、林缘、沟谷溪流边。

分布：辽河平原、燕山北部州。

金银忍冬（刘铁志摄于赤峰市红山区）

## 忍冬 *Lonicera japonica* Thunb.

**别名**：金银花、双花

**鉴别特征**：半常绿缠绕灌木，小枝有密柔毛，褐色至赤褐色。叶卵形至矩圆状卵形，基部圆形至近心形，幼时两面有柔毛，有柄。总花梗单生叶腋，苞片叶状，花冠二唇形，初开花白色，后变黄色略带紫斑。浆果离生，球形，黑色。

**生境**：中生植物。栽培于庭院。

**分布**：呼和浩特、包头市和赤峰市等多地有栽培。

忍冬（徐杰摄于呼和浩特市）

## 猬实属 *Kolkwitzia* Graebn.

## 猬实 *Kolkwitzia amabilis* Graebn.

**鉴别特征**：直立灌木，高可达 3 米。叶椭圆形至卵状椭圆形，叶片上面深绿色，两面散生短毛。花梗几不存在；苞片披针形，花冠淡红色，花药宽椭圆形；花柱有软毛。果实黄色。

**生境**：山坡、路边和灌丛中。

**分布**：阴南丘陵州。

猬实（徐杰摄于呼和浩特市）

## 锦带花属 *Weigela* Thunb.

### 锦带花 *Weigela florida*（Bunge）A. DC.

**别名：** 连萼锦带花、海仙

**鉴别特征：** 灌木，高达3米。当年生枝绿色，被短柔毛，小枝紫红色，光滑，具微棱。冬芽5～7对芽鳞，鳞片边缘具睫毛。叶椭圆形至卵状矩圆形或倒卵形，边缘具浅锯齿，被毛。花冠漏斗状钟形，外面粉红色，里面灰白色，花丝帽状。

**生境：** 中生灌木。生于山地灌丛中或杂木林下，亦有庭园栽植。

**分布：** 兴安南部、燕山北部、赤峰丘陵州。

锦带花（刘铁志、徐杰摄于赤峰市红山区和赤峰市喀喇沁旗）

## 荚蒾属 *Viburnum* L.

### 鸡树条荚蒾 *Viburnum opulus* L. subsp. *calvescens*（Rehd.）Suginoto

**别名：** 天目琼花

**鉴别特征：** 灌木，高约2～3米。树皮灰褐色，纵条状开裂，有时具软木层。小枝黄褐色至淡褐色，有毛或无毛；皮孔黄褐色，圆形，凸起。冬芽卵形，无毛。叶轮廓为宽卵形至卵圆形。花由聚伞花序组成的顶生伞形花序，外围有不孕性的辐射花，孕性花在中央；花冠辐状，喉部具毛，乳白色；花药紫色。果近球形，红色。

**生境：** 性喜阳光的中生灌木。常生于山地林缘或杂木林中，也见于山地灌丛。

**分布：** 兴安北部、岭东、兴安南部、辽河平原、燕山北部、阴山州。

鸡树条荚蒾（徐杰摄于乌兰察布市凉城县蛮汉山林场）

鸡树条荚蒾（徐杰、刘铁志摄于乌兰察布市凉城县蛮汉山林场和赤峰市喀喇沁旗美林）

## 蒙古荚蒾 *Viburnum mongolicum*（Pall.）Rehd.

别名：白暖条

鉴别特征：多分枝灌木，高可达2米许。叶顶部不裂，宽卵形至长椭圆形。聚伞状伞形花序顶生，花轴、花梗均被星状毛；伞形花序有数花，外围无不孕；花柱无或极短。核果椭圆形，蓝黑色，无毛，背面具2条沟纹，腹面具3条沟纹。

生境：中生植物。生于山地林缘、杂木林中及灌丛中。

分布：兴安北部、岭东、岭西、兴安南部、科尔沁、燕山北部、赤峰丘陵、锡林郭勒、阴山、贺兰山州。

蒙古荚蒾（徐杰摄于克什克腾旗）

## 六道木属 *Abelia* R. Br.

## 六道木 *Abelia biflora* Turcz.

别名：二花六条木

鉴别特征：灌木，高达2米。树皮浅灰色。小枝对生，淡褐色或紫褐色，被疏毛，老枝灰色或灰褐色，无毛，具6条纵沟。单叶对生，卵状披针形或卵形。花两性，花淡黄色，花冠管状，淡黄色，被柔毛，5裂，雄蕊4，二强，花瓣片卵圆形，子房长圆形。蒴果顶端具宿存萼片。

生境：中生植物。喜生于山顶石磈子上。

分布：燕山北部州。

六道木（刘铁志摄于赤峰市宁城县黑里河林场）

## 接骨木属 *Sambucus* L.

### 接骨木 *Sambucus williamsii* Hance

**别名**：野杨树

**鉴别特征**：灌木，高约3米。树皮浅灰褐色。枝灰褐色，无毛，具纵条棱。冬芽卵圆形，淡褐色，具3~4对鳞片。单数羽状复叶，矩圆状卵形或矩圆形。圆锥花序，花带黄白色；花萼5裂，光滑；花期花冠裂片向外反折，裂片宽卵形，花药近球形，黄色。果为浆果状核果。

**生境**：生于山地灌丛、林缘及山麓，为中生灌木。

**分布**：兴安北部、岭西、兴安南部、辽河平原、赤峰丘陵、燕山北部州。

接骨木（徐杰、刘铁志摄于赤峰市阿鲁科尔沁旗高格斯台罕山和赤峰市红山区）

毛接骨木（徐杰摄于包头市九峰山）

## 毛接骨木 *Sambucus sibirica* Nakai

别名：公道老

鉴别特征：灌木至小乔木，高4～5米。小枝灰褐色至深褐色，被柔毛；髓心褐色。单数羽状复叶，小叶5，披针形，椭圆状披针形或倒卵状矩圆形，顶生聚伞花序组成的圆锥花序，花轴、花梗小花梗等均有毛；花暗黄色或淡绿白色，花冠裂片矩圆形。核果橙红色，无毛。

生境：中生灌木。喜生于山地阴坡与灌丛，也生于沙地灌丛中。

分布：兴安北部、岭东、岭西、兴安南部、科尔沁、辽河平原、阴山州。

# 五福花科
Adoxaceae

## 五福花属 *Adoxa* L.

### 五福花 *Adoxa moschatellina* L.

鉴别特征：多年生草本，有香味，高8～12厘米，茎单一，纤细。基生叶为1～2回三出复叶，小叶宽卵形，再3裂；茎生叶2，对生，三出复叶，3裂。头状聚伞花序顶生，花绿色或黄绿色，顶生花萼裂片2，花冠裂片4，雄蕊8，花柱4；侧生花萼裂片3，花冠裂片5，雄蕊10，花柱5。核果球形。

生境：中生植物。生于山地落叶松林下、桦木林下及林间草甸。

分布：兴安北部、兴安南部、辽河、燕山北部州。

五福花（刘铁志摄于赤峰市巴林右旗赛罕乌拉和宁城县黑里河）

五福花（刘铁志摄于赤峰市巴林右旗赛罕乌拉和宁城县黑里河）

# 败酱科
Valerianaceae

## 败酱属 *Patrinia* Juss.

### 败酱 *Patrinia scabiosaefolia* Link

别名：黄花龙芽、野黄花、野芹

败酱（刘铁志、徐杰摄于赤峰市宁城县黑里河和赤峰市阿鲁科尔沁旗高格斯台罕山）

**鉴别特征：**多年生草本，高 55～80（150）厘米，茎被脱落性白粗毛。茎和花序分枝往往只一侧有白毛，茎生叶对生，椭圆形或椭圆状披针形。聚伞圆锥花序在顶端常 5～9 序集成疏大伞房状。果无翅状苞片，仅由不发育 2 室扁展成窄边；瘦果长椭圆形。

**生境：**旱中生植物。生于森林草原带及山地的草甸草原、杂类草草甸及林缘。

**分布：**兴安北部、岭东、岭西、兴安南部，燕山北部、辽河平原、阴山州。

## 岩败酱 *Patrinia rupestris* ( Pall. ) Dufresne

**鉴别特征：**植株高（15）30～60 厘米。叶羽状深裂至全裂，条状披针形、披针形或倒披针形，侧裂片狭条形或条状倒披针形，全缘或再羽状齿裂，两面粗糙且被短硬毛。圆锥状聚伞花序；花黄色；花序最下分枝处总苞叶羽状全裂，具 3～5 对较窄的条形裂片。果苞长 5 毫米以下，网脉常具 3 条主脉。

**生境：**砾石生中旱生植物。多生于草原带、森林草原带的石质丘陵顶部及砾石质草原群落中，可成为丘顶砾石质草原群落的优势杂类草。

**分布：**兴安北部、岭东、岭西、兴安南部、燕山北部、锡林郭勒州。

岩败酱（徐杰摄于乌兰察布市凉城蛮汉山林场）

## 糙叶败酱 *Patrinia scabra* Bunge

**鉴别特征：**多年生草本，植株高 30～60 厘米。茎生叶裂片窄，中央裂片较长大，倒披针

糙叶败酱（刘铁志摄于赤峰市喀喇沁旗十家）

形，两侧裂片镰状条形。花较大，直径约 6 毫米。花序最下分枝处总苞条形，不裂或仅具 1（2）对条形侧裂片。果苞长 5.5 毫米以上，网脉常具 2 条主脉。

生境：砾石生中旱生植物。多生于草原带、森林草原带的石质丘陵顶部及砾石质草原群落中，可成为丘顶砾石质草原群落的优势杂类草。

分布：兴安南部、燕山北部、阴南丘陵、鄂尔多斯州。

### 墓头回 *Patrinia heterophylla* Bunge

别名：异叶败酱

鉴别特征：多年生草本，高 14～50 厘米，具地下横走根状茎；茎直立，被微糙伏毛。茎生叶裂片较宽，中央裂片最大，卵形、卵状披针形或近菱形，两侧裂片非镰状条形。花较小，径 4～5 毫米，黄色，顶生伞房状聚伞花序，被糙毛瘦果矩圆形或倒卵形，顶端平截；翅状果苞干膜质。

生境：石生中旱生植物。生于山地岩缝中、草丛中、路边、沙质坡或土坡上。

分布：赤峰丘陵、燕山北部、阴山、阴南丘陵州。

墓头回（刘铁志摄于包头市土默特右旗九峰山）

## 缬草属 *Valeriana* L.

### 缬草 *Valeriana officinalis* L.

别名：毛节缬草、拔地麻

缬草（徐杰摄于呼和浩特市和林县南天门林场）

鉴别特征：植株粗壮高大，高 60～150 厘米。叶裂片质厚，5～15（常为 7～11）枚，宽卵形、卵形至披针形或条形，先端尖，边缘有粗锯齿。伞房状三出聚伞圆锥花序；花小，淡粉红色，开后色渐浅至白色。

生境：中生植物。生于山地落叶松林下、白桦林下、林缘、灌丛、山地草甸及草甸草原中。

产地：兴安北部、岭东、岭西、兴安南部、辽河平原、燕山北部、锡林郭勒、阴山州。

缬草（徐杰摄于呼和浩特市和林县南天门林场）

## 西北缬草 *Valeriana tangutica* Batal.

别名：小缬草

鉴别特征：多年生草本，全株无毛，高 8～30 厘米。叶小形，基生叶丛生，羽状全裂，顶端叶裂片大，心状卵形或近于圆形，两侧裂片 1～3 对，显著小于顶生裂片，近圆形，具长柄；茎生叶 2 对，对生，3～7 深裂，裂片条形，先端尖。伞房状聚伞花序，苞片条形，全缘；花冠白色，细筒状漏斗形，先端 5 裂，裂片倒卵圆形；雄蕊长于裂片；子房狭椭圆形，无毛。果实平滑，顶端有羽毛状宿萼。

生境：中生植物。生于山地砾石质坡地、石崖及沟谷中，并可进入亚高山带。

产地：贺兰山、龙首山州。

西北缬草（徐杰摄于阿拉善右旗龙首山）

# 川续断科
Dipsacaceae

## 川续断属 *Dipsacus* L.

### 日本续断 *Dipsacus japonicus* Miq.

**鉴别特征**：多年生草本。茎高 65 厘米至 1 米以上，中空，具 4～6 棱，棱上具稀疏钩刺。茎生叶对生，常 3～5 羽裂，长椭圆形。头状花序顶生，圆球形；总苞片条形，具白色刺毛；花萼被白色柔毛；花冠管长 5～8 毫米，外被白色柔毛；雄蕊 4，稍伸出花冠外。

**生境**：生于山坡、路旁和草坡。

**分布**：燕山北部、鄂尔多斯州。

日本续断（徐杰摄于鄂尔多斯市伊金霍洛旗）

## 蓝盆花属 *Scabiosa* L.

### 窄叶蓝盆花 *Scabiosa comosa* Fisch. ex Roem. et Schult.

**鉴别特征**：多年生草本。茎高可达 60 厘米，被短毛。叶对生，1～2 回羽状深裂，裂片条形至窄披针形，叶柄短。头状花序顶生，基部有钻状条形总苞片；花冠浅蓝色至蓝紫色。边缘花花冠唇形，中央花冠较小。果序椭圆形，果实圆柱形，其顶端具萼刺 5，超出小总苞。

**生境**：喜沙中旱生植物。生于草原带及森林草原带的沙地与沙质草原中的主要伴生种。

**分布**：兴安北部、岭东、岭西、兴安南部、科尔沁、辽河平原、燕山北部、锡林郭勒、赤峰丘陵、阴山州。

窄叶蓝盆花（徐杰摄于赤峰市克什克腾旗）

## 华北蓝盆花 *Scabiosa tschiliensis* Grunning

　　**鉴别特征：** 多年生草本，根粗壮，木质。茎斜升，高 20～50（80）厘米。叶羽状分裂，裂片 2～3 裂或再羽裂，最上部叶羽裂片呈条状披针形。头状花序在茎顶成三出聚伞排列；边缘花较大而呈放射状；花萼 5 齿裂，刺毛状；花冠蓝紫色，筒状。果序椭圆形或近圆形。

　　**生境：** 沙生中旱生植物。生于沙质草原、典型草原及草甸草原群落中，为常见伴生植物。

　　**分布：** 兴安北部、岭东、岭西、兴安南部、燕山北部、赤峰丘陵、锡林郭勒、乌兰察布、阴山州。

华北蓝盆花（徐杰摄于呼和浩特市大青山）

# 葫芦科
Cucurbitaceae

## 盒子草属 *Actinostemma* Griff.

### 盒子草 *Actinostemma tenerum* Griff.

鉴别特征：一年生草本，茎细长，攀援状，长 1.5～2.0 米，具纵棱，被短柔毛。卷须分 2 叉，与叶对生；叶片戟形、披针状三角形或卵状心形，不裂或下部 3～5 裂，中裂片长，宽披针形，先端长渐尖，侧裂片较短，边缘有疏锯齿，基部通常心形。雄花花序总状或圆锥状。腋生，雌花单生或着生于雄花花序基部；花冠裂片狭卵状披针形或三角状披针形，黄绿色。

盒子草（哈斯巴根摄于通辽市大青沟国家级自然保护区）

生境：湿生植物。生于沼泽草甸与浅水中。
分布：兴安南部、辽河平原、锡林郭勒州。

## 赤瓟属 *Thladiantha* Bunge

### 赤瓟 *Thladiantha dubia* Bunge

鉴别特征：多年生攀援草本。茎少分枝，有纵棱槽，被硬毛状长柔毛。卷须不分枝，与叶对生，有毛；叶片宽卵状心形，边缘有大小不等的齿，两面均被柔毛。花单性，雌雄异株；花萼裂片披针形，反折；花冠 5 深裂，裂片矩圆形。果实浆果状，卵状矩圆形，鲜红色。
生境：中生植物。生于村舍附近、沟谷、山地草丛中。
分布：岭东、兴安南部、科尔沁、辽河平原、赤峰丘陵、贺兰山州。

赤㼇（刘铁志、徐杰摄于赤峰市喀喇沁旗旺业甸和兴安盟扎赉特旗）

## 裂瓜属 *Schizopepon* Maxim.

### 裂瓜 *Schizopepon bryoniaefolius* Maxim.

**鉴别特征：** 一年生攀援草本。茎纤细，长 2～3 米，具纵棱。卷须丝状，分 2 叉，螺旋状卷曲。叶片宽卵形、卵圆形或三角状卵形，边缘有整齐的疏锯齿或小裂片，两面疏生短硬毛。花小，两性，单生叶腋或数朵花形成短总状花序；花冠白色或黄白色。果实宽卵形或卵形。

**生境：** 湿中生植物。生于沟谷溪流沿岸、山地林下及灌丛中。

**分布：** 兴安南部、燕山北部州。

裂瓜（徐杰摄于赤峰市阿鲁科尔沁旗高格斯台罕山）

## 南瓜属 *Cucurbita* L.

### 南瓜 *Cucurbita moschata*（Duchesne ex Lam.）Duchesne ex Poir.

**别名：** 倭瓜、番瓜、中国南瓜

**鉴别特征：** 一年生蔓生草本，茎长，有棱沟，被短刚毛。卷须 3～4 分叉。叶宽卵形或心形，5 浅裂或有 5 角，边缘有不规则锯齿，柄长而粗壮。花冠钟状，黄色。果柄有棱，与果实接触处扩大成蹼掌状，果实表面有纵沟和隆起，光滑或有瘤状突起。

**生境：** 中生植物。栽培于田间和庭院。

**分布：** 内蒙古各州均有栽培。

南瓜（刘铁志摄于赤峰市元宝山区）

## 西葫芦　*Cucurbita pepo* L.

**别名：** 角瓜、美洲南瓜

**鉴别特征：** 一年生蔓生或矮生草本，茎长，棱沟深，被短刚毛。卷须多分叉。叶质硬，三角形、卵状三角形或卵圆形，3～7深裂或中裂，两面密被短刚毛，边缘有不规则锐锯齿，柄长而粗壮。花冠狭钟状，黄色。果柄上棱沟深，与果实接触处渐粗并膨大呈五裂状。

**生境：** 中生植物。栽培于田间和庭院。

**分布：** 内蒙古各州均有栽培。

西葫芦（刘铁志摄于赤峰市元宝山区）

## 葫芦属　*Lagenaria* Ser.

## 葫芦　*Lagenaria siceraria*（ Molina ）Standl.

**鉴别特征：** 一年生攀援草本，茎长，密生长软毛。卷须2分叉。叶心状卵形或肾状圆形，不分裂或稍浅裂或多少五角形，基部宽心形，两面均被柔毛，边缘有小尖齿，柄长。花白色，单生于叶腋。瓠果中间缢细，上下部膨大，顶部大于基部，成熟后果皮变木质，光滑。

**生境：** 中生植物。栽培于田间和庭院。

**分布：** 内蒙古各州均有栽培。

葫芦（刘铁志摄于赤峰市新城区）

## 苦瓜属 *Momordica* L.

苦瓜（刘铁志摄于赤峰市红山区）

### 苦瓜 *Momordica charantia* L.

**鉴别特征：**一年生攀援草本，茎长，被柔毛。卷须不分叉。叶肾形或近圆形，5～7深裂，边缘具粗齿或不规则再分裂，两面被毛，柄细长。花黄色，单生于叶腋。瓠果纺锤状或椭圆形，密生瘤状突起，成熟后橙黄色，顶端3瓣裂。种子具红色假种皮。

**生境：**中生植物。栽培于田间和庭院。

**分布：**包头市、呼和浩特市、赤峰市等多地有栽培。

## 丝瓜属 *Luffa* Mill.

### 丝瓜 *Luffa aegyptiaca* Mill.

**别名：**水瓜

**鉴别特征：**一年生攀援草本；茎柔弱，常有纵棱，较粗糙。叶三角形，近圆形或宽卵形，边缘具疏小锯齿。雄花成总状花序；雌花单生；花萼5深裂，裂片卵状披针形；花冠黄色，5深裂，辐状。果实圆柱状，不具棱角，只有纵向浅槽或条纹，幼时肉质，绿带粉白色。

  生境：栽培植物。田间、庭院有栽培。

  分布：呼和浩特市、包头市、鄂尔多斯市等地有少量种植。

丝瓜（徐杰摄于鄂尔多斯市伊金霍洛旗）

## 冬瓜属 *Benincasa* Savi.

### 冬瓜 *Benincasa hispida*（Thunb.）Cogn.

  鉴别特征：一年生蔓生草本，茎被黄褐色毛。卷须短，常分2～3叉。叶肾圆形或近圆形，5～7浅裂至中裂，边缘具小齿，基部深心形，下面被硬毛，粗糙，柄粗壮。花黄色，子房卵形或圆筒形，被硬毛。瓠果近球形或柱状矩圆形，深绿色或有白色斑纹，有毛，被白粉。

  生境：中生植物。栽培于田间和庭院。

  分布：内蒙古南部有栽培。

冬瓜（刘铁志摄于赤峰市新城区）

## 西瓜属 *Citrullus* Schrad. ex Ecklon et Zeyher

### 西瓜 *Citrullus lanatus*（Thunb.）Matsum. et Nakai

别名：寒瓜

鉴别特征：一年生蔓生草本，全株被长柔毛。茎细长，多分枝。卷须分2叉；单叶互生，叶片宽卵形至卵状长椭圆形，裂片有羽状或2回羽状浅裂或深裂，灰绿色。花托宽钟状；花萼裂片条状披针形；花冠辐状，淡黄色。果实球形或椭圆形。

生境：中生植物。栽培于大田。

分布：内蒙古各州大部分地区均有种植。

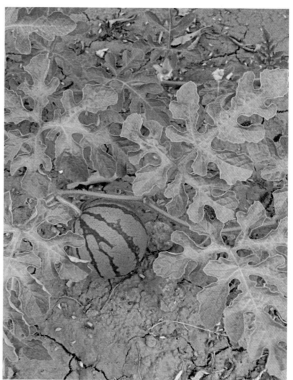

西瓜（刘铁志摄于赤峰市红山区）

## 香瓜属 *Cucumis* L.

### 黄瓜 *Cucumis sativus* L.

别名：胡瓜

鉴别特征：一年生蔓生或攀援草本；茎细长，有纵棱，被短刚毛。卷须不分枝。叶片心状宽卵形或三角状宽卵形；叶柄长5～15厘米，被短刚毛。花单性，雌雄同株，黄色，雄花常数朵簇生叶腋；花托狭钟状；花萼裂片钻形，被刚毛；花冠裂片矩圆形或狭椭圆形。

生境：中生植物。栽培于大田和温室。

分布：内蒙古各州均有种植。

黄瓜（刘铁志摄于赤峰市新城区）

## 香瓜 *Cucumis melo* L.

别名：甜瓜

鉴别特征：一年生蔓生草本，茎细长，有棱和槽，被短刚毛。卷须不分枝。叶近圆形或肾形，5～7浅裂，边缘有微波状齿，基部心形，两面有短硬毛，柄长。花黄色。瓠果卵圆形、球形、椭圆形或矩圆形，稍有纵沟和各种形态的斑纹，初具柔毛，后变光滑，有香味和甜味。

生境：中生植物。栽培于田间和庭院。

分布：内蒙古各州均有栽培。

香瓜（刘铁志摄于赤峰市红山区）

# 桔梗科
Campanulaceae

## 桔梗属 *Platycodon* A. DC.

### 桔梗 *Platycodon grandiflorus*（Jacq.）A. DC.

别名：铃当花

鉴别特征：多年生草本，高 40～50 厘米，全株带苍白色，有白色乳汁。根粗壮，长倒圆锥形，表皮黄褐色。茎直立，单一或分枝。叶 3 枚轮生，卵形或卵状披针形，边缘有尖锯齿。花 1 至数朵生于茎及分枝顶端；花萼筒钟状；花冠蓝紫色。蒴果倒卵形。

生境：中生植物。生于山地林缘草甸及沟谷草甸。

分布：兴安北部、岭东、岭西、兴安南部、科尔沁、辽河平原、赤峰丘陵、燕山北部、阴山州。

桔梗（徐杰摄于赤峰市阿鲁科尔沁旗高格斯台罕山）

## 党参属 *Codonopsis* Wall.

### 党参 *Codonopsis pilosula*（Franch.）Nannf.

**鉴别特征：**多年生草质缠绕藤本，长1～2米，全株有臭气，具白色乳汁。根锥状圆柱形，长约30厘米，外皮黄褐色至灰棕色。叶互生或对生，卵形或狭卵形，边缘有波状钝齿或全缘。花冠淡黄绿色，有污紫色斑点，宽钟形。蒴果圆锥形，花萼宿存，3瓣裂。种子矩圆形。

**生境：**中生植物。生于山地林缘及灌丛中。

**分布：**燕山北部、赤峰丘陵、阴山州。

党参（哈斯巴根摄于呼和浩特市大青山）

### 羊乳 *Codonopsis lanceolata*（Sieb. et Zucc.）Trautv.

**别名：**四叶参、奶参、轮叶党参、白蟒肉

**鉴别特征：**多年生草质缠绕藤本，有白色乳汁和特殊的臭气。根粗壮，肥大，圆锥形或近

羊乳（徐杰摄于赤峰市宁城县）

纺锤形，具横纹，淡黄褐色，有少数侧根。叶片菱状卵形或狭卵形。花通常单生于分枝顶端；花冠黄绿色，里面带紫色斑点或紫色，宽钟状，裂片先端反卷。蒴果宿存花萼，扁圆锥形。

生境：中生植物。生于山地及沟谷阔叶林中。

分布：辽河平原州（大青沟）。

羊乳（徐杰摄于赤峰市宁城县）

## 风铃草属 *Campanula* L.

### 紫斑风铃草 *Campanula punctata* Lam.

别名：山小菜、灯笼花

鉴别特征：多年生草本，高 20～50 厘米。茎直立，被柔毛。基生叶具长柄，叶片卵形，基部心形；茎生叶有叶片下延的翼状柄或无柄，卵形或卵状披针形。花萼被柔毛，萼筒在裂片之间具向后反折的卵形附属体；花冠白色，有多数紫黑色斑点，钟状。蒴果半球状倒锥形。

生境：中生植物。生于林间草甸、林缘及灌丛中。

分布：兴安北部、岭西、岭东、兴安南部、赤峰丘陵、辽河平原、燕山北部州。

紫斑风铃草（徐杰摄于赤峰市喀喇沁旗马鞍山国家森林公园）

## 聚花风铃草 *Campanula glomerata* L.

**鉴别特征：** 多年生草本，植株高 40～125 厘米，根状茎粗短，茎有时上部分枝，茎叶几乎无毛或疏或密被白色细毛；基生叶基部浅心形，茎生叶卵状三角形。花除于茎顶簇生外，下面还在多个叶腋簇生。花冠小，筒状钟形，直立，不下垂。

**生境：** 中生植物。生于山地草甸及灌丛中。

**分布：** 兴安北部、岭西、岭东、兴安南部、燕山北部、阴山州。

聚花风铃草（刘铁志、徐杰摄于兴安盟阿尔山市白狼和呼和浩特市大青山）

## 沙参属 *Adenophora* Fisch.

## 长白沙参 *Adenophora pereskiifolia*（Fisch. ex Schult.）Fisch. ex G. Don

**鉴别特征：** 多年生草本，高 70～100 厘米。茎直立，单一，被柔毛。叶轮生，菱状倒卵形或狭倒卵形，边缘具疏锯齿或牙齿。圆锥花序，分枝互生；花冠蓝紫色，宽钟状，花药条形；花盘环状至短筒状。

**生境：** 中生植物。生于林缘、林间草甸。

**分布：** 兴安北部、岭西、岭东、兴安南部、燕山北部州。

长白沙参（刘铁志摄于赤峰市宁城县）

北方沙参（徐杰摄于呼和浩特市大青山）

## 北方沙参 *Adenophora borealis* D. Y. Hong et Y. Z. Zhao

**鉴别特征：** 多年生草本。根胡萝卜状，根状茎短。茎单生，直立，高 30～70 厘米，不分枝。茎生叶大部分轮生或近轮生，狭披针形或披针形，边缘具锯齿，两面无毛或疏生白色细硬毛，无叶柄。花序圆锥状，花序分枝短而互生；花萼无毛，萼筒倒卵状圆锥形，萼裂片披针形；花冠蓝色、紫色或蓝紫色，钟状；花盘短筒状。

**生境：** 中生植物。生于林缘或沟谷草甸。

**分布：** 兴安南部、燕山北部、锡林郭勒、阴山州。

北方沙参（徐杰摄于呼和浩特市大青山）

## 薄叶荠苨 *Adenophora remotiflora*（ Sieb. et Zucc. ）Miq.

鉴别特征：多年生草本，高 60～120 厘米。茎单生，直立，常多少之字形曲折，无毛。茎生叶互生，多为卵形至卵状披针形，少为卵圆形，基部多为平截形、圆钝至宽楔形，边缘具不整齐的牙齿。聚伞花序常为单花，整个花序成假总状或狭圆锥状。花冠钟状，蓝色；花盘圆筒状；花柱与花冠近等长。

生境：中生植物。生于沟谷林缘、林下或林间草地。

分布：辽河平原、燕山北部州。

薄叶荠苨（刘铁志、徐杰摄于赤峰市喀喇沁旗马鞍山国家森林公园）

## 石沙参 *Adenophora polyantha* Nakai

别名：糙萼沙参

鉴别特征：多年生草本，高 20～50 厘米。茎直立，密被短硬毛。茎生叶互生，狭披针形至狭卵状披针形，边缘有锯齿。花序总状，常有短毛；花冠深蓝紫色或浅蓝紫色，钟状；花药黄色，条形；花盘短圆筒状，顶部有疏毛；花柱稍伸出花冠或与之近等长。蒴果卵状椭圆形。

生境：旱中生植物。生于石质山坡、山坡草地。

分布：兴安南部、燕山北部、乌兰察布、阴山州。

石沙参（徐杰、刘铁志摄于呼和浩特市大青山和乌兰察布市卓资县）

## 狭叶沙参 *Adenophora gmelinii*（Beihler）Fisch.

鉴别特征：多年生草本。茎直立，高 40～60 厘米，单一或自基部抽出数条，无毛或被短硬毛。茎生叶互生，集中于中部，狭条形或条形。花序总状或单生；花萼裂片 5；花冠蓝紫色，花盘短筒状，长 2～3 毫米，被疏毛或无毛；花柱内藏，短于花冠。蒴果椭圆。

生境：旱中生植物。生于林缘、山地草原及草甸草原。

分布：兴安北部、岭西、岭东、呼伦贝尔、兴安南部、科尔沁、赤峰丘陵、燕山北部、锡林郭勒、阴山、阴南丘陵州。

狭叶沙参（徐杰摄于赤峰市阿鲁科尔沁旗高格斯台罕山）

## 柳叶沙参 *Adenophora gmelinii*（ Beihler ）Fisch. var. *coronopifolia*（ Fisch. ）Y. Z. Zhao

**鉴别特征**：本变种与狭叶沙参的区别在于：叶多为条形至狭披针形，边缘具长而略向内弯的锐尖齿。

**生境**：中生植物。生于林缘、沟谷草甸。

**分布**：兴安北部、岭东、岭西、兴安南部、科尔沁、赤峰丘陵、锡林郭勒、阴山州。

柳叶沙参（徐杰摄于赤峰市阿鲁科尔沁旗高格斯台罕山）

## 小花沙参 *Adenophora micrantha* D.Y. Hong

**鉴别特征**：多年生草本。茎数条丛生，直立，常不分枝，高30～40厘米，密被倒生短硬毛。茎生叶互生，无柄，条形、宽条形至长椭圆形，边缘具锯齿或多少皱波状尖锯齿。总状花序，有花1至数朵；花萼倒三角状圆锥形，无毛；花冠狭钟状，蓝色。蒴果卵球形。

**生境**：旱中生植物。生于石质山坡。

**分布**：兴安南部州。

小花沙参（哈斯巴根摄于赤峰市阿鲁科尔沁旗高格斯台罕山）

## 多歧沙参 *Adenophora wawreana* A. Zahlbr.

**别名**：瓦氏沙参

**鉴别特征**：多年生草本。茎直立，高50～100厘米，被向下的短硬毛或近无毛。茎生叶互生，卵形、菱状卵形或狭卵形。圆锥花序大，多分枝，花多数；花萼无毛，裂片5，条状钻形，平展或稍反卷，常具1～2对狭长齿，少为疣状齿；花冠蓝紫色或浅蓝紫色，钟状。

**生境**：旱中生植物。生于山坡草地、林缘、沟谷。

多歧沙参（刘铁志、徐杰摄于赤峰市敖汉旗大黑山和赤峰市阿鲁科尔沁旗高格斯台罕山）

**分布**：兴安北部、岭西、岭东、兴安南部、科尔沁、辽河平源、赤峰丘陵、燕山北部、阴山、阴南丘陵、鄂尔多斯州。

## 宁夏沙参 *Adenophora ningxianica* D. Y. Hong ex S. Ge et D. Y. Hong

**鉴别特征**：多年生草本，高13～30厘米。茎自根状茎上生出数条，丛生，不分枝，无毛或被短硬毛。茎生叶互生，常披针形。花序无分枝，顶生或腋生，数朵花集成假总状花序；花梗纤细；花萼无毛，萼筒倒卵形；花冠钟状，蓝色或蓝紫色。蒴果长椭圆状。

**生境**：旱中生植物。生于荒漠带的山地阴坡岩石缝处。

**分布**：东阿拉善、贺兰山州。

宁夏沙参（徐杰摄于阿拉善贺兰山）

## 锯齿沙参 *Adenophora tricuspidata*（Fisch. et Schult.）A. DC.

**鉴别特征**：多年生草本，高30～60厘米。茎直立，单一，无毛或近无毛。茎生叶互生，卵状披针形、披针形至条状披针形，边缘有锯齿，两面无毛，无柄。圆锥花序，有花多数，萼裂片5，卵状三角形，蓝绿色，边缘有锯齿，无毛；花冠蓝紫色，宽钟状；花盘极短，环状。

**生境**：中生植物。生于山地草甸、湿草地或林绿草甸。

**分布**：见于兴安北部、岭东、岭西、兴安南部等州。

锯齿沙参（徐杰摄于赤峰市阿鲁科尔沁旗高格斯台罕山）

## 轮叶沙参 *Adenophora tetraphylla*（Thunb.）Fisch.

**别名：**南沙参

**鉴别特征：**多年生草本，高 50～90 厘米。茎直立，单一，不分枝，无毛或近无毛。茎生叶 4～5 片轮生，倒卵形、椭圆状倒卵形、狭倒卵形、倒披针形、披针形、条状披针形或条形。圆锥花序；花冠蓝色，口部微缢缩呈坛状。蒴果倒卵球形。

**生境：**中生植物。生于河滩草甸、山地林缘、固定沙丘间草甸。

**分布：**兴安北部、岭东、岭西、兴安南部、辽河平原、赤峰丘陵、燕山北部州。

轮叶沙参（徐杰摄于通辽市扎鲁特旗特金罕山）

## 紫沙参 *Adenophora paniculata* Nannf.

**鉴别特征：**多年生草本。茎直立，高 60～120 厘米，粗壮，绿色或紫色。茎生叶互生，条形或披针状条形。圆锥花序顶生；花冠口部收缢，筒状坛形，蓝紫色、淡蓝紫色或白色；雄蕊多少露出花冠；花盘圆筒状；花柱明显伸出花冠。蒴果卵形至卵状矩圆形。

**生境：**中生植物。生于山地林缘、灌丛、沟谷草甸。

**分布：**兴安南部、燕山北部、阴山、龙首山州。

紫沙参（徐杰摄于赤峰市阿鲁科尔沁旗高格斯台罕山）

## 齿叶紫沙参 *Adenophora paniculata* Nannf. var. *dentate* Y. Z. Zhao

**鉴别特征：** 本变种与紫沙参的区别在于：叶菱状狭卵形或菱状披针形，边缘具不规则的锯齿。

**生境：** 中生植物。生于山地林缘、沟谷草甸。

**分布：** 兴安南部、燕山北部、阴山州。

齿叶紫沙参（徐杰摄于呼和浩特市大青山）

## 有柄紫沙参 *Adenophora paniculata* Nannf. var. *petiolata* Y. Z. Zhao

**鉴别特征：** 本变种紫沙参的区别在于：下部叶有柄，叶片菱状狭卵形，边缘具不规则的锯齿。

**生境：** 中生植物。生于山地林缘。

**分布：** 兴安南部、燕山北部、阴山州。

有柄紫沙参（徐杰摄于赤峰市阿鲁科尔沁旗高格斯台罕山）

## 长柱沙参 *Adenophora stenanthina*（Ledeb.）Kitag.

**鉴别特征**：多年生草本。茎直立，有时数条丛生，高30～80厘米，密生极短糙毛。基生叶早落；茎生叶互生，条形，全缘。圆锥花序顶生，多分枝，无毛；花下垂；花萼无毛，裂片5，钻形；花冠蓝紫色，筒状坛形；花盘长筒状；花柱明显超出花冠约1倍。

**生境**：旱中生植物。生于山地草甸草原、沟谷草甸、灌丛、石质丘陵、草原及沙丘上。

**分布**：岭西、呼伦贝尔、兴安南部、科尔沁、燕山北部、锡林郭勒、乌兰察布、阴山、阴南丘陵、龙首山州。

长柱沙参（徐杰摄于乌兰察布市卓资县）

## 皱叶沙参 *Adenophora stenanthina*（Ledeb.）Kitag.
## var. *crispata*（Korsh.）Y. Z. Zhao

**鉴别特征**：本变种与长柱沙参的区别在于：叶披针形至卵形，长1.2～4.0厘米，宽5～15毫米，边缘具深刻而尖锐的皱波状齿。

**生境**：旱生植物。生于山坡草地、沟谷、撂荒地。

**分布**：呼伦贝尔、兴安南部、锡林郭勒、乌兰察布、阴山、阴南丘陵、龙首山州。

皱叶沙参（徐杰摄于乌兰察布市卓资县）

## 草原沙参 *Adenophora pratensis* Y. Z. Zhao

**鉴别特征：** 多年生草本，高 50～70 厘米。茎直立，单一，密被极短糙毛或近无毛。基生叶早落；茎生叶互生，狭披针形或披针形。圆锥花序，分枝，无毛；花下垂；花萼无毛，裂片 5，钻状三角形；花冠蓝紫色，钟状坛形；花盘长筒状；花柱超出花冠约 1/4。

**生境：** 中生植物。生于草原区的潮湿草甸。

**分布：** 锡林郭勒州。

草原沙参（徐杰摄于锡林郭勒盟东乌珠穆沁旗）

## 半边莲属 *Lobelia* L.

## 山梗菜 *Lobelia sessilifolia* Lamb.

**鉴别特征：** 多年生草本，高 40～100 厘米。茎直立，通常单一，无毛。叶互生，集生于茎的中部，披针形至条状披针形，边缘具内向弯曲的小齿，两面无毛，无柄。总状花序顶生；花萼无毛，裂片 5，带紫色，狭三角状披针形，全缘；花冠蓝紫色。

生境：中生植物。生于山坡湿草地。

分布：兴安北部、岭东、辽河平原州（大青沟）。

山梗菜（哈斯巴根摄于通辽市大青沟国家级自然保护区）

# 菊 科
## Asteraceae

## 泽兰属 *Eupatorium* L.

### 林泽兰 *Eupatorium lindleyanum* DC.

别名：白鼓钉、尖佩兰、佩兰、毛泽兰

林泽兰（徐杰摄于兴安盟科右前旗）

鉴别特征：多年生草本，植株高 30～60 厘米。叶对生，披针形至卵状披针形，边缘具不规则疏锯齿，有时中部叶及上部叶 3 全裂或 3 深裂为 3 小叶状，而呈 6 叶轮状排列。头状花序总苞钟状，总苞片 2～3 层，淡绿色或带紫色，边缘膜质；花淡紫色。瘦果圆柱形，有 5 棱。

生境：中生植物。生于河滩草甸或沟谷中。

分布：兴安北部、兴安南部、科尔沁、辽河平原、燕山北部。

## 一枝黄花属 *Solidago* L.

### 兴安一枝黄花 *Solidago dahurica*（Kitag.）Kitag. ex Juz.

鉴别特征：多年生草本，高 30～100 厘米。基生叶与茎下部叶椭圆状披针形或卵状披针形，基部楔形，下延成有翅的长柄，边缘有锯齿或近全缘，中部及上部叶渐小，短柄或近无柄。头状花序排列成总状或圆锥状；总苞钟形，总苞片 4～6 层；舌状花和管状花均为黄色。瘦果矩圆形，冠毛白色。

生境：中生植物。生于山地林缘、草甸、灌丛和路旁。

分布：兴安北部、兴安南部、燕山北部、阴山州。

兴安一枝黄花（刘铁志摄于乌兰察布市凉城县蛮汉山二龙什台）

## 马兰属 *Kalimeris* Cass.

### 全叶马兰 *Kalimeris integrifolia* Turcz. ex DC.

鉴别特征：多年生草本，植株高 30～70 厘米，被向上的短硬毛。叶灰绿色，条状披针形或披针形，常反卷。头状花序直径 1～2 厘米；总苞片 3 层，披针形，周边褐色或红紫色；花淡紫色。瘦果倒卵形，有微毛及腺点。

生境：中生植物。生于山地、林缘、草甸草原、河岸、砂质草地或路旁等处。

分布：兴安北部、岭东、岭西、兴安南部、辽河平原、科尔沁、燕山北部、赤峰丘陵、阴山州。

全叶马兰（赵家明摄于呼伦贝尔市牙克石市）

## 山马兰 *Kalimeris lautureana*（Debx.）Kitam.

别名：山野粉团花、山鸡儿肠

鉴别特征：多年生草本，植株高40～80厘米。茎直立，单一或上部分枝，具纵沟棱。叶质厚，全缘或有疏锯齿茎中部叶质厚，披针形、倒披针形或条状披针形。头状花序直径2～3厘米；总苞片2层，近革质，并具流苏状睫毛，舌状花1层，舌片淡紫色。瘦果倒卵形。

生境：中生植物。生于山坡、平原、杂木林或灌木林中。

分布：兴安北部、辽河平原、燕山北部州。

山马兰（刘铁志、徐杰摄于赤峰市宁城县黑里河）

## 北方马兰 *Kalimeris mongolica* (Franch.) Kitam.

**别名：**蒙古马兰、蒙古鸡儿肠

**鉴别特征：**多年生草本，高 30~60 厘米。茎下部叶和中部叶倒披针形或椭圆状披针形，基部渐狭，边缘具疏齿牙或缺刻状锯齿至羽状深裂，无柄；上部叶渐小，条形或条状披针形，全缘。头状花序总苞片 3 层，革质；舌状花淡蓝紫色，管状花黄色。瘦果倒卵形，冠毛褐色。

**生境：**中生植物。生于河岸、路旁。

**分布：**兴安北部、岭西、兴安南部、科尔沁、燕山北部州。

北方马兰（刘铁志摄于赤峰市宁城县黑里河）

## 翠菊属 *Callistephus* Cass.

### 翠菊 *Callistephus chinensis* (L.) Nees

**别名：**江西腊、六月菊

**鉴别特征：**一年生或二年生草本，高 30~60 厘米。茎具纵条棱。茎中部叶卵形、菱状卵形、匙形以至圆形。舌状花雌性，紫色，蓝色、红色或白色；管状花两性；花柱分枝三角形，具乳头状毛。瘦果倒卵形，褐色或淡褐色，密被短柔毛。

**生境：**中生植物。生于山坡、林缘或灌丛中。

**分布：**兴安南部、燕山北部、锡林郭勒、阴山州。城市园林有栽培。

翠菊（徐杰摄于呼和浩特市土默特左旗哈素海）

## 狗娃花属 *Heteropappus* Less.

### 阿尔泰狗娃花 *Heteropappus altaicus*（Willd.）Novopokr.

**别名：**阿尔泰紫菀

**鉴别特征：**多年生草本，高 20～40 厘米，全株被弯曲短硬毛和腺点。茎多由基部分枝，斜升，也有茎单一而不分枝或由上部分枝者。叶疏生或密生。头状花序直径 2～3 厘米；总苞片草质，边缘膜质；舌状花淡蓝紫色。瘦果倒卵形。

**生境：**中旱生植物。广泛生于干草原与草甸草原带，也生于山地、丘陵坡地、砂质地。

**分布：**内蒙古各州。

阿尔泰狗娃花（刘铁志摄于乌兰察布市卓资县）

### 狗娃花 *Heteropappus hispidus*（Thunb.）Less.

**鉴别特征：**一、二年生草本，高 30～60 厘米。茎生叶倒披针形至条形，全缘而稍反卷。头

狗娃花（徐杰摄于呼伦贝尔市鄂温克旗）

状花序直径3～5厘米；总苞片2层，草质，内层者边缘膜质；舌状花约30余朵，白色或淡红色。舌状花的冠毛甚短，白色膜片状或部分红褐色，糙毛状。瘦果倒卵形，密被伏糙毛。

　　**生境**：中生植物。生于山坡草甸、河岸草甸及林下等处。

　　**分布**：呼伦贝尔、兴安南部、科尔沁、燕山北部、锡林郭勒州。

## 东风菜属 *Doellingeria* Nees

### 东风菜 *Doellingeria scaber*（Thunb.）Nees

　　**鉴别特征**：多年生草本，高50～100厘米。根茎短，肥厚，具多数细根。茎直立，坚硬，粗壮，有纵条棱，稍带紫褐色，无毛，上部有分枝。头状花序多数，在茎顶排成圆锥伞房状，总苞半球形，总苞片矩圆形，边缘膜质，有缘毛；舌状花雌性，白色，条状矩圆形，管状花两性，黄色。瘦果圆柱形或椭圆形，有5条厚肋；冠毛2层，糙毛状，污黄白色。

　　**生境**：中生植物。生于森林草原带的阔叶林中、林缘、灌丛，也进入草原带。

　　**分布**：兴安北部、岭西、岭东、兴安南部、辽河平原、科尔沁、燕山北部、阴山州。

东风菜（刘铁志、徐杰摄于兴安盟科尔沁右翼前旗索伦和赤峰市阿鲁科尔沁旗高格斯台罕山）

## 女菀属 *Turczaninovia* DC.

### 女菀 *Turczaninovia fastigiata*（Fisch.）DC.

　　**鉴别特征**：多年生草本，高30～100厘米。茎密被短硬毛。叶条状披针形、披针形至条形，全缘或具微齿，无柄。头状花序密集成伞房状；总苞片3～4层；舌状花白色，管状花白色或黄色。瘦果卵形或矩圆形；冠毛糙毛状，污白色或带淡红色。

　　**生境**：旱中生植物。生于山坡和荒地。

　　**分布**：兴安北部、岭东、兴安南部、科尔沁、辽河平原、赤峰丘陵州。

女菀（刘铁志摄于呼伦贝尔市莫力达瓦达斡尔自治旗尼尔基）

## 紫菀属 *Aster* L.

### 高山紫菀 *Aster alpinus* L.

**别名：**高岭紫菀

**鉴别特征：**多年生草本，植株高 10～35 厘米。有丛生的茎和莲座状叶丛。茎直立，单一不分枝，具纵条棱，被疏或密的伏柔毛。头状花序单生于茎顶，直径 3.0～3.5 厘米，总苞半球形，直径 15～20 毫米，总苞片 2～3 层，舌状花紫色、蓝色或淡红色。瘦果密被绢毛。

**生境：**中生植物。广泛生于森林草原地带和草原带的山地草原，也进入森林；喜碎石土壤。

**分布：**兴安北部、岭西、岭东、兴安南部、科尔沁、燕山北部、赤峰丘陵、阴山州。

高山紫菀（徐杰摄于呼和浩特市大青山）

# 紫菀 *Aster tataricus* L.

**别名**：青菀

**鉴别特征**：多年生草本，植株高达1米，根茎短，茎直立，粗壮，单一，常带紫红色，具纵沟棱。基生叶大型，椭圆状或矩圆状匙形，基部渐狭，延长成具翅的叶柄。头状花序直径2.5～3.5厘米，多数在茎顶排列成复伞房状，总花梗细长，密被硬毛，舌状花蓝紫色，管状花紫褐色。瘦果紫褐色；冠毛污白色或带红色，与管状花等长。

**生境**：中生植物。生于森林、草原地带的山地林下、灌丛中或山地河沟边。

**分布**：兴安北部、岭西、岭东、兴安南部、辽河平原、燕山北部、阴山、阴南丘陵、鄂尔多斯州。

紫菀（徐杰摄于赤峰市阿鲁科尔沁旗高格斯台罕山）

# 圆苞紫菀 *Aster maackii* Regel

**别名**：麻氏紫菀

**鉴别特征**：多年生草本，植株高40～80厘米。茎直立，具纵条棱。基生叶与茎下部叶花期枯萎凋落。头状花序较大，直径3～4厘米，2个或数个在茎顶排列成疏伞房状，有时单生，总花梗较细长，密被短硬毛。总苞矩圆形，先端圆形或钝头，边缘膜质，舌状花紫红色。瘦果密被短毛。

**生境**：湿中生植物。为森林与森林草原地带的湿润草甸或沼泽地伴生种。

**分布**：兴安北部、辽河平原、燕山北部州。

圆苞紫菀（徐杰摄于通辽市大青沟国家级自然保护区）

### 三脉紫菀 *Aster ageratoides* Turcz.

**别名：** 三脉叶马兰、马兰、鸡儿肠

**鉴别特征：** 植株高 40～60 厘米。中部叶纸质，长椭圆状披针形、矩圆状披针形以至狭披针形，有离基三出脉。头状花序直径 1.5～2.0 厘米，在茎顶排列成伞房状或圆锥伞房状；总苞钟状至半球形；舌状花紫色、淡红色或白色。瘦果有微毛。

**生境：** 中旱生草本。生于山地林缘、山地草原和丘陵。

**分布：** 兴安南部、辽河平原、燕山北部、阴山、阴南丘陵、贺兰山州。

三脉紫菀（刘铁志摄于赤峰市松山区）

## 紫菀木属 *Asterothamnus* Novopokr.

### 中亚紫菀木 *Asterothamnus centraliasiaticus* Novopokr.

**鉴别特征：** 半灌木，植株高 20～40 厘米。叶矩圆状条形或近条形。边缘反卷，两面密被蛛丝状绵毛。头状花序在枝顶排列成疏伞房状，总花梗细长；总苞宽倒卵形；舌状花淡蓝紫色。瘦果倒披针形，冠毛白色，与管状花冠等长。

**生境：** 超旱生植物。生长于荒漠地带及荒漠草原的砂质地及砾石质地，常沿干河床及径流线形成群落。

**分布：** 乌兰察布、鄂尔多斯、东阿拉善、西阿拉善、额济纳州。

中亚紫菀木（刘铁志、徐杰摄于阿拉善盟阿拉善左旗贺兰山）

## 紫菀木 *Asterothamnus alyssoides*（Turcz.）Novopokr.

**别名：**庭荠紫菀木

**鉴别特征：**半灌木，植株高 20～25 厘米；由基部多分枝。叶矩圆状倒披针形，基部渐狭，边缘反卷，两面密被蛛丝状绵毛。头状花序直径约 1.5 厘米，舌状花淡紫色。瘦果矩圆状倒披针形，冠毛白色或淡黄色，与管状花冠等长。

**生境：**强旱生植物。生于荒漠草原地带的砂质坡地。

**分布：**乌兰察布州。

紫菀木（徐杰摄于乌兰察布市四子王旗）

## 乳菀属 *Galatella* Cass.

## 兴安乳菀 *Galatella dahurica* DC.

**别名：**乳菀

**鉴别特征：**多年生草本，植株高 30～60 厘米，全株密被乳头状短毛和细糙硬毛。茎具纵条

兴安乳菀（刘铁志、徐杰摄于赤峰市克什克腾旗浩来呼热和赤峰市阿鲁科尔沁旗高格斯台罕山）

棱。茎中部叶条状披针形或条形，基部渐狭，无柄，两面或仅上面有腺点，有明显的 3 脉。头状花序直径约 2.5 厘米；总苞近半球形；总苞片 3～4 层，外层披针形，内层矩圆状披针形被短柔毛及缘毛；舌状花淡紫红色。瘦果基部狭，密被长柔毛。

生境：中生植物。生于山坡、砂质草地、灌丛、林下或林缘。

分布：兴安北部、岭西、岭东、兴安南部、科尔沁、赤峰丘陵、燕山北部州。

## 莎菀属 *Arctogeron* DC.

### 莎菀 *Arctogeron gramineum*（L.）DC.

别名：禾矮翁

鉴别特征：多年生垫状草本，高 5～10 厘米。根粗壮，垂直，扭曲，伸长或短缩，黑褐色。茎自根颈处分枝，密集，外被多数厚残叶鞘。叶全部基生。在分枝顶端呈簇生状，狭条形，边缘有睫毛。花葶 2～6 个；头状花序单生于花葶顶端；舌状花雌性，淡紫色，先端有齿。瘦果矩圆形，密被银白色绢毛。

生境：旱生植物。生于草原地带的石质山地或丘陵坡地上。

分布：岭东、岭西、呼伦贝尔、兴安南部、科尔沁、锡林郭勒州。

莎菀（徐杰、蔚林格格摄于赤峰市阿鲁科尔沁旗高格斯台罕山）

## 碱菀属 *Tripolium* Nees

### 碱菀 *Tripolium pannonicum*（Jacq.）Dobr.

别名：金盏菜、铁杆蒿、灯笼花

鉴别特征：一年生草本，高 10～60 厘米。茎直立，具纵条棱。叶多少肉质，下部叶矩圆形或披针形，有柄；中部叶条形或条状披针形，基部渐狭，无柄；上部叶渐变狭小，条形或条状披针形。头状花序，总苞倒卵形，总苞片 2～3 层，肉质，外层边缘红紫色，有微毛，内层有缘毛；舌状花雌性，蓝紫色，管状花两性。瘦果狭矩圆形，有厚边肋。

　　**生境**：耐盐中生植物。生于湖边、沼泽及盐碱地。

　　**分布**：呼伦贝尔、兴安南部、辽河平原、科尔沁、锡林郭勒、赤峰丘陵、鄂尔多斯、东阿拉善州。

碱菀（刘铁志、哈斯巴根摄于乌兰察布市凉城县岱海和赤峰市阿鲁科尔沁旗）

## 短星菊属 *Brachyactis* Ledeb.

### 短星菊 *Brachyactis ciliata* Ledeb.

　　**鉴别特征**：一年生草本，高 10～60 厘米。茎红紫色，具纵条棱。叶条状披针形或条形，基部半抱茎，边缘有软骨质缘毛，有时具疏齿。头状花序排列成具叶的圆锥状花序；总苞片 3层；舌状花淡紫红色，管状花黄色。瘦果圆柱形，冠毛糙毛状。

　　**生境**：中生植物。生于湖边、盐碱湿地、砂质地和山坡石缝阴湿处。

　　**分布**：内蒙古各州。

短星菊（刘铁志摄于赤峰市新城区锡伯河）

## 飞蓬属 *Erigeron* L.

### 长茎飞蓬 *Erigeron elonggatus* Ledeb.

别名：紫苞飞蓬

鉴别特征：多年生草本，高 10～50 厘米。茎直立，疏被微毛，上部分枝。叶质较硬，全缘。头状花序，通常少数在茎顶排列成伞房状圆锥状，花序梗细长；总苞半球形，总苞片 3 层，条状披针形，长 4.5～9.0 毫米，外层者短，内层者较长，先端尖，紫色，背部有腺毛，有时混生硬毛；舌片淡紫色。瘦果矩圆状披针形。

生境：中生植物。生于山坡和草甸子。

分布：兴安北部、贺兰山州。

长茎飞蓬（徐建国摄于阿拉善贺兰山）

### 飞蓬 *Erigeron acris* L.

别名：北飞蓬

鉴别特征：二年生草本，高 10～60 厘米。叶绿色，两面被硬毛。头状花序多数在茎顶排列成密集的伞房状或圆锥状；总苞半球形，背部密被硬毛；雌花二型，外层小花舌状，淡红紫色，内层小花细管状，无色；具两性的管状小花。瘦果矩圆状披针形，密被短伏毛。

生境：中生植物。生于石质山坡、林缘、低地草甸、河岸砂质地、田边。

分布：兴安北部、岭西、呼伦贝尔、兴安南部、燕山北部、阴山、贺兰山州。

飞蓬（徐杰摄于通辽市扎鲁特旗特金罕山）

## 白酒草属 *Conyza* Less.

### 小蓬草 *Conyza canadensis*（L.）Cronq.

别名：小飞蓬、加拿大飞蓬、小白酒草

鉴别特征：一年生草本，高 50～100 厘米。根圆锥形。茎直立，具纵条棱，淡绿色，疏被硬毛，上部多分枝。叶条状披针形或矩圆状条形。头状花序直径 3～8 毫米，有短梗，在茎顶密集成长形的圆锥状或伞房式圆锥状，舌片条形，先端不裂，淡紫色。瘦果矩圆形，有短伏毛。

生境：中生杂草。生于田野、路边、村舍附近。

分布：内蒙古各州。

小蓬草（徐杰摄于赤峰市阿鲁科尔沁旗高格斯台罕山）

## 花花柴属 *Karelinia* Less.

### 花花柴 *Karelinia caspia*（Pall.）Less.

别名：胖姑娘

花花柴（徐杰、刘铁志摄于阿拉善右旗雅布赖镇和阿拉善左旗贺兰山）

鉴别特征：多年生草本，高50～100厘米。叶质厚，卵形、矩圆状卵形、矩圆形或长椭圆形，有圆形或戟形小耳，抱茎，全缘或具不规则的短齿。头状花序，约3～7个在茎顶排列成伞房式聚伞状；花序托平，有托毛；有异形小花，紫红色或黄色；两性花花冠细管状。瘦果圆柱形，具4～5棱，深褐色，无毛。

生境：肉质化的耐盐旱中生植物。常聚生于盐生荒漠，成为优势植物，也可散生于荒漠区的灌溉农田中。

分布：东阿拉善、西阿拉善、额济纳州。

## 火绒草属 *Leontopodium* R. Br.

### 矮火绒草 *Leontopodium nanum* (Hook. f. et Thoms.) Hand.-Mazz.

鉴别特征：多年生矮小垫状丛生草本，高2～10厘米。无花茎或花茎短，直立，被白色绵毛。基生叶为枯叶鞘所包围；茎生叶匙形或条状匙形，先端圆形或钝，基部渐狭成短窄的鞘部，两面被长柔毛状密绵毛。苞叶少数，与茎上部叶同形，常与花序等长，直立，不开展成星状苞叶群。头状花序常单生或3个密集；总苞4～5层，被灰白色绵毛；小花异形，通常雌雄异株。雄花花冠狭漏斗状，雌花花冠细丝状。瘦果椭圆形；冠毛亮白色，比花冠和总苞片长。

生境：为耐寒的小型中生植物。生长于海拔较高的山地，多见于亚高山灌丛与草甸。

分布：贺兰山、龙首山州。

矮火绒草（徐杰摄于阿拉善右旗龙首山）

### 团球火绒草 *Leontopodium conglobatum* ( Turcz. ) Hand.-Mazz.

别名：剪花火绒草

鉴别特征：多年生草本，植株高15～30厘米。根状茎分枝粗短，有单生或少数莲座状叶丛簇生的茎。花茎直立或稍弯曲，多少粗壮，被灰白色或白色蛛丝状绵毛。基生叶或莲座状叶狭倒披针状条形，先端稍尖，基部渐狭成长柄状。头状花序5～30个密集成团球状伞房状；总苞被白色绵毛；雄花花冠上部漏斗形，雌花花冠丝状。瘦果椭圆形，有乳头状毛。

生境：旱中生植物。生于沙地灌丛及山地灌丛中，在石质丘陵阳坡也有散生。

分布：兴安北部、岭东、岭西、兴安南部、燕山北部、阴山州。

团球火绒草（徐杰摄于赤峰市阿鲁科尔沁旗高格斯台罕山）

## 绢茸火绒草 *Leontopodium smithianum* Hand.-Mazz.

**鉴别特征：**多年生草本，植株高 10～30 厘米。根状茎短，粗壮，有少数簇生的花茎和不育茎，茎直立，被灰白色或白色绵毛。中部和上部叶条状披针形，先端稍尖或钝。头状花序，常 3～25 个密集，或有花序梗而成伞房状；总苞半球形，被白色密绵毛；总苞片 3～4 层，披针形，雄花花冠管状漏斗状，雌花花冠丝状。瘦果矩圆形，有乳头状短毛。

**生境：**中旱生植物。生于山地草原及山地灌丛。

**分布：**兴安北部、岭东、岭西、兴安南部、燕山北部、锡林郭勒、阴山、贺兰山州。

绢茸火绒草（徐杰摄于呼和浩特市大青山）

## 长叶火绒草 *Leontopodium junpeianum* Kitam.

**别名：**兔耳子草

**鉴别特征：**多年生草本，植株高 10～45 厘米。根状茎分枝短，有顶生的莲座状叶丛。花茎被白色疏柔毛或密绵毛。基生叶或莲座状叶狭匙形，中部叶条形。苞叶多数，卵状或条状披针形，被白色长柔毛状绵毛。头状花序 3～10 余个密集；总苞被长柔毛，总苞片约 3 层，椭圆状披针形；雄花花冠管状漏斗状，雌花花冠丝状管状。瘦果椭圆形被短粗毛或无毛。

**生境：**旱中生草本植物。生于山地灌丛及山地草甸。

**分布：**兴安北部、兴安南部、燕山北部、锡林郭勒、阴山、阴南丘陵、鄂尔多斯州。

长叶火绒草（徐杰摄于呼和浩特市大青山）

## 火绒草 *Leontopodium leontopodioides*（Willd.）Beauv.

**别名：**火绒蒿、老头草、老头艾、薄雪草

**鉴别特征：**多年生草本，高 10～40 厘米。叶条形或条状披针形，下面被白色或灰白色密绵毛，无柄。苞叶少数，矩圆形或条形，雄株多少开展成苞叶群，雌株散生不排列成苞叶群。头状花序密集或排列成伞房状；总苞片 4 层；雄花花冠漏斗状，雌花花冠丝状。瘦果矩圆形，冠毛白色。

**生境：**旱生植物。生于典型草原、山地草原及草原沙质地。

**分布：**兴安北部、岭东、呼伦贝尔、兴安南部、辽河平原、赤峰丘陵、燕山北部、锡林郭勒、乌兰察布、阴山、阴南丘陵、贺兰山、龙首山州。

火绒草（刘铁志摄于赤峰市巴林右旗赛罕乌拉和赤峰市宁城县黑里河）

## 香青属 *Anaphalis* DC.

### 铃铃香青 *Anaphalis hancockii* Maxim.

**别名**：铃铃香

**鉴别特征**：多年生草本，高20～35厘米。茎被蛛丝状绵毛。莲座状叶和茎下部叶匙状或条状矩圆形，基部渐狭成具翅的柄；中、上部叶条形或条状披针形，两面被蛛丝状毛及腺毛。头状花序多数在茎顶密集成复伞房状；总苞片4～5层；雌株头状花序有多层雌花，中央有1～6个雄花；雄株头状花序全部为雄花。瘦果圆柱形，冠毛较花冠稍长。

**生境**：中生植物。生于山地草甸。

**分布**：兴安南部、燕山北部州。

铃铃香青（刘铁志摄于乌兰察布市兴和县苏木山）

### 乳白香青 *Anaphalis lactea* Maxim.

**鉴别特征**：多年生草本，高10～30厘米。根状茎粗壮，灌木状，有顶生的莲座状叶丛或花

乳白香青（徐杰摄于阿拉善右旗龙首山）

茎。茎直立，不分枝，被白色或灰白色绵毛。莲座状叶披针形或匙状矩圆形，茎下部叶常较莲座状叶稍小，中部及上部叶直立，长椭圆形或条形，基部稍狭，沿茎下延成狭翅，全部叶密被白色或灰白色绵毛，具离基三出脉或1脉。头状花序在茎顶排成复伞房状；总苞钟状，总苞片4～5层，外层卵圆形，内层卵状矩圆形，乳白色，顶端圆形；最内层狭矩圆形，具长爪。瘦果圆柱形；冠毛较花冠稍长。

**生境**：中生植物。生于山坡草地、砾石地、山沟或路旁。

**分布**：龙首山州。

## 鼠麴草属 *Gnaphalium* L.

### 贝加尔鼠麴草 *Gnaphalium uliginosum* L.

**鉴别特征**：一年生草本，植株高12～15厘米。茎直立，不分枝或有弧曲的短分枝，基部通常无毛或被疏柔毛，常变红色，上部被开展的丛卷毛。基生叶花期凋萎；茎生叶条状披针形。头状花序直径4～5毫米，有短梗，在茎和枝顶密集成团伞状或成球状；总苞近杯状，总苞片2～3层，头状花序有极多的雌花，雌花花冠丝状。瘦果纺锤形，有多数乳头状突起。

**生境**：湿中生植物。生于河滩草甸及山地沟谷。

**分布**：兴安北部、岭西、呼伦贝尔、兴安南部、燕山北部、赤峰丘陵州。

贝加尔鼠麴草（刘铁志摄于兴安盟阿尔山市白狼）

欧亚旋覆花（徐杰摄于乌兰察布市凉城岱海）

## 旋覆花属 *Inula* L.

### 欧亚旋覆花 *Inula britannica* L.

**别名**：旋覆花、大花旋覆花、金沸草

**鉴别特征**：多年生草本，高20～70厘米。基生叶和下部叶在花期常枯萎，长椭圆形或披针形。头状花序1～5个生于茎顶或枝端，直径2.5～5.0厘米；苞叶条状披针形；总苞半球形；舌状花黄色，舌片条形，与管状花冠等长。瘦果有浅沟，被短毛冠毛1层，白色。

欧亚旋覆花（徐杰摄于乌兰察布市凉城岱海）

**生境：**中生植物。生于草甸及湿润的农田、地埂和路旁。

**分布：**兴安北部、岭西、呼伦贝尔、兴安南部、科尔沁、辽河平原、赤峰丘陵、燕山北部、锡林郭勒、阴山、阴南丘陵、鄂尔多斯、东阿拉善州、西阿拉善州。

## 旋覆花　*Inula japonica* Thunb.

**鉴别特征：**多年生草本，高 20～70 厘米。茎中部叶为披针形或矩圆状披针形，基部多少狭

旋覆花（徐杰摄于赤峰市阿鲁科尔沁旗高格斯台罕山）

窄，有半抱茎的小耳，下面和总苞片被疏伏毛或短柔毛。头状花序 4～10 余个，直径 3～4 厘米。瘦果具细沟。

**生境：** 中生植物。生于草甸及湿润的农田、地埂和路旁。

**分布：** 兴安北部、呼伦贝尔、兴安南部、科尔沁、赤峰丘陵、燕山北部州。

### 蓼子朴 *Inula salsoloides*（Turcz.）Ostenf.

**别名：** 绞蛆爬、秃女子草、黄喇嘛、沙地旋覆花

**鉴别特征：** 多年生草本，高 15～45 厘米。茎多分枝。叶披针形或矩圆状条形，边缘平展或稍反卷。头状花序直径 1.0～1.5 厘米；总苞倒卵形，总苞片 4～5 层；舌状花长 11～13 毫米，舌片浅黄色，椭圆状条形；管状花长 6～8 毫米。瘦果长约 1.5 毫米，具多数细沟，被腺体；冠毛白色，约与花冠等长。

**生境：** 旱生植物。生于荒漠草原带及草原带的沙地与砂砾质冲积土上，也可进入荒漠带。

**分布：** 除兴安北部、岭东、岭西州外，分布于内蒙古其他各州。

蓼子朴（徐杰摄于鄂尔多斯市准格尔旗）

## 和尚菜属 *Adenocaulon* Hooker

### 和尚菜 *Adenocaulon himalaicum* Edgew.

**别名：** 腺梗菜

**鉴别特征：** 多年生草本，高 30～90 厘米。叶互生，具长柄，柄上有翅；叶肾形至三角状心形，边缘波状浅裂或有不等形的大牙齿，基出三脉。头状花序排列成圆锥状，果期梗伸长，密被头状有柄腺毛；总苞片 5～7；全为管状花，雌花白色，两性花淡白色。瘦果棍棒状，上部被头状有柄腺毛。

**生境：** 中生植物。生于河岸、水沟边、山谷及林下阴湿地。

**分布：** 燕山北部州。

和尚菜（刘铁志摄于赤峰市宁城县黑里河）

## 苍耳属 *Xanthium* L.

### 苍耳 *Xanthium strumarium* L.

**别名**：菓耳、苍耳子、老苍子、刺儿苗

**鉴别特征**：一年生田间杂草，植株高 20～60 厘米。茎直立，粗壮，下部圆柱形，上部有纵沟棱，被白色硬伏毛，不分枝或少分枝。叶三角状卵形或心形。雄花花冠钟状；雌头状花序椭圆形，外层总苞片披针形，长约 3 毫米，被短柔毛，内层总苞片宽卵形或椭圆形，成熟的具瘦果的总苞变坚硬，绿色、淡黄绿色或带红褐色。

**生境**：中生植物。生于田野、路边。田间杂草，并可形成密集的小片群聚。

**分布**：内蒙古各州。

苍耳（徐杰摄于鄂尔多斯市准旗马栅）

## 蒙古苍耳 *Xanthium mongolicum* **Kitag.**

**鉴别特征**：一年生杂草，根粗壮，具多数纤维状根。茎直立，坚硬，圆柱形，有纵沟棱。叶三角状卵形或心形。成热的具瘦果的总苞变坚硬，椭圆形，绿色，或黄褐色，外面具较疏的总苞刺，刺长通常5毫米，直立，向上渐尖，顶端具细倒钩，基部增粗，中部以下被柔毛，常有腺点，上端无毛。

**生境**：中生杂草。生于山地及丘陵的砾石质坡地、沙地和田野。

**分布**：呼伦贝尔、兴安南部、辽河平原、科尔沁、阴南丘陵。

蒙古苍耳（徐杰摄于呼和浩特市清水河县）

## 豚草属 *Ambrosia* **L.**

## 三裂叶豚草 *Ambrosia trifida* **L.**

**鉴别特征**：一年生草本，高50～150厘米。叶对生，柄基部膨大抱茎，具狭翼；下部叶3～5深裂或不裂，边缘具锯齿，基出三脉。雄头状花序在枝端排列成总状，总苞片1层，合生，花冠淡黄色；雌头状花序聚生于雄花序下部叶腋，总苞合生，花单一，无花冠。瘦果倒卵形，藏于总苞内。

**生境**：中生植物。生于田野、路旁和河边湿地。外来种，恶性杂草。

**分布**：赤峰丘陵州（赤峰市新城区）。

三裂叶豚草（刘铁志摄于赤峰市新城区）

## 百日菊属 *Zinnia* L.

### 百日菊 *Zinnia elegans* Jacq.

**别名**：百日草、步步登高

**鉴别特征**：一年生草本，高 30～80 厘米。茎直立，具纵沟棱，密被长硬毛。叶宽卵形或矩圆状椭圆形。头状花序直径 5～8 厘米；总苞宽钟状；舌状花深红色、玫瑰色、紫堇色、橙黄色或白色，舌片倒卵形，先端全缘或 2～3 齿裂，上面被短毛，下面被短硬毛。雌花瘦果倒卵形，腹面正中和两侧边缘各有 1 棱，顶端截形，基部狭窄，被密毛。

**生境**：中生植物。观赏植物，内蒙古各地广泛栽培。

**分布**：内蒙古各州。

百日菊（刘铁志摄于赤峰市红山区）

## 豨莶属 *Siegesbeckia* L.

### 腺梗豨莶 *Sigesbeckia pubescens*（Makino）Makino

**别名**：毛豨莶、豨莶

腺梗豨莶（哈斯巴根、徐杰摄于通辽市大青沟国家级自然保护区和赤峰市喀喇沁旗）

鉴别特征：一年生草本，植株高 60～80 厘米。茎粗壮，具纵沟棱，被白色长柔毛。基部叶卵状披针形，花期枯萎；上部叶渐小，披针形或卵状披针形。头状花序直径 15～18 毫米，花序梗长 3～5 毫米，密被紫褐色头状具柄腺毛与长柔毛；总苞宽钟状，总苞片密被紫褐色头状具柄腺毛；舌状花花冠先端 3 齿裂。瘦果倒卵形。

生境：中生植物。生长于林间、灌丛及田间、路旁。

分布：辽河平原、燕山北部州。

## 鳢肠属 *Eclipta* L.

### 鳢肠 *Eclipta prostrata*（L.）L.

别名：墨旱莲、旱莲草

鉴别特征：一年生草本，高 20～30 厘米。茎斜升或平卧，被贴生糙毛。叶对生，无柄或近无柄；矩圆状披针形或披针形，边缘有细锯齿或有时成波状，两面被硬糙毛。头状花序单生，总苞片 2 层；舌状花白色，2 层；管状花白色，4 齿裂。瘦果三棱形或四棱形，无冠毛。

生境：中生植物。生于河边、路旁及水边湿地。

分布：赤峰丘陵州（赤峰市新城区）。

鳢肠（刘铁志摄于赤峰市新城区）

## 假苍耳属 *Iva* L.

### 假苍耳 *Iva xanthiifolia* Nutt.

鉴别特征：一年生草本，高达 2 米。茎直立，有分枝，下部无毛或有毛。叶对生，茎上部叶互生有长柄、疏被柔毛；叶片广卵形、卵形、长圆形或近圆形，长 5～20 厘米，宽 2.5～15.0 厘米，基部楔形。雌花花冠退化成短筒，长 0.2 毫米，花柱长，结实；雄花多数，花药基部钝头，花柱退化，先端 2 浅裂，不结实。

生境：中生植物。原产北美洲，外来入侵恶性杂草，生于路旁、农舍边或草地。

分布：赤峰丘陵州（赤峰红山区）。

假苍耳（刘铁志摄于赤峰市红山区）

## 大丽花属 *Dahlia* Cav.

### 大丽花 *Dahlia pinnata* Cav.

别名：大理花、西番莲、萝卜花

鉴别特征：多年生草本，植株高 1～2 米。茎光滑。叶 1～3 回羽状全裂，裂片卵形或矩圆状卵形，边缘有钝锯齿，上面绿色，下面灰绿色，两面无毛。头状花序常下垂（或平展）。舌状花红色、紫色、黄色或白色，舌片卵形；管状花黄色。瘦果矩圆形，黑色。

生境：中生植物。观赏花卉，栽培植物。

分布：原产美洲墨西哥，内蒙古一些城镇庭园多栽培。

大丽花（刘铁志摄于赤峰市红山区）

## 秋英属 *Cosmos* Cav.

### 秋英 *Cosmos bipinnatus* Cav.

别名：大波斯菊、八瓣梅

鉴别特征：一年生草本，高 1～2 米。茎无毛或稍被柔毛。叶 2 回羽状深裂，条形或丝状条形。头状花序单生；总苞片外层卵状披针形，内层者椭圆状卵形，膜质；托片与瘦果近等长；舌状花粉红色、紫红色或白色，舌片椭圆状倒卵形，顶端有 3～5 钝齿；管状花黄色，裂片披针形。瘦果黑色，无毛，先端具长喙，疏被向上的小刺毛。

**生境：**中生植物。观赏花卉，栽培植物。

**分布：**原产美洲墨西哥，内蒙古各州均有栽培。

秋英（徐杰摄于呼和浩特市土左旗哈素海）

## 鬼针草属 *Bidens* L.

### 狼杷草 *Bidens tripartita* L.

**别名：**鬼针、小鬼叉

狼杷草（徐杰摄于呼和浩特市南郊湿地公园）

**鉴别特征**：一年生草本，高 20～50 厘米。茎直立或斜升，圆柱状或具钝棱而稍呈四方形。叶对生，通常 3～5 深裂，侧裂片披针形至狭披针形，外层总苞片狭披针形或匙状倒披针形。无舌状花，管状花顶端 4 裂。瘦果扁，倒卵状楔形，边缘有倒刺毛，顶端有芒刺 2，两侧有倒刺毛。

　　**生境**：中生杂草。生于路边及低湿滩地。

　　**分布**：内蒙古各州。

## 兴安鬼针草 *Bidens radiata* Thuill.

　　**别名**：大羽叶鬼针草

　　**鉴别特征**：一年生草本，高 15～70 厘米。叶对生，三出复叶状分裂或羽状分裂，裂片 3～5，侧裂片披针形或狭披针形，顶生裂片较大，边缘有内弯锯齿，有柄。头状花序顶生；舌状花缺；管状花多数，顶端 4 齿裂。瘦果楔形，扁平，边缘具倒刺毛，顶端芒刺 2 枚，有倒刺毛。

　　**生境**：中生植物。生于沼泽及河边湿地。

　　**分布**：岭西、呼伦贝尔、燕山北部。

兴安鬼针草（刘铁志摄于赤峰市宁城县热水）

## 小花鬼针草 *Bidens parviflora* Willd.

　　**别名**：一包针

　　**鉴别特征**：一年生草本，高 20～70 厘米。茎直立，通常暗紫色或红紫色，下部圆柱形，中上部钝四方形，具纵条纹。叶对生，2～3 回羽状全裂，小裂片具 1～2 个粗齿或再作第三回羽裂，最终裂片条形或条状披针形。头状花序单生茎顶和枝端，具长梗；无舌状花，管状花花冠 4 裂。瘦果条形，稍具 4 棱，黑灰色，有短刚毛。顶端有芒刺 2，有倒刺毛。

　　**生境**：中生杂草。生于田野、路旁、沟渠边。

　　**分布**：内蒙古各州。

小花鬼针草（徐杰摄于赤峰市克什克腾旗）

鬼针草（徐杰摄于赤峰市喀喇沁旗）

## 鬼针草 *Bidens bipinnata* L.

**别名：** 婆婆针、刺针草

**鉴别特征：** 一年生草本，高20～50厘米。茎直立，下部略具4棱。叶对生，2回羽状深裂，小裂片三角形或菱状披针形。头状花序，总苞杯状，外层总苞片条形，内层者膜质，椭圆形，花后伸长为狭披针形；舌状花舌片椭圆形或倒卵状披针形，具数条深褐色脉纹；管状花顶端5齿裂。瘦果条形，略扁，具瘤状突起及小刚毛，顶端有芒刺3～4，有倒刺毛。

**生境：** 中生性农田杂草。生长于路边、田野。

**分布：** 辽河平原、赤峰丘陵、阴南丘陵州。

## 柳叶鬼针草 *Bidens cernua* L.

**鉴别特征：** 一年生草本，高20～60厘米。茎直立，近圆柱形，麦秆色或带红色，无毛或嫩枝上有疏毛，中上部分枝。叶对生，稀轮生，不分裂，披针形或条状披针形，边缘有疏锐锯齿，两面无毛，稍粗糙。头状花序单生于茎顶或枝端；舌状花无性，舌片黄色，卵状椭圆形。瘦果狭楔形，棱上有倒刺毛。

**生境：** 湿生植物。生于草甸及沼泽边，有时生于浅水中。

**分布：** 辽河平原、兴安南部、锡林郭勒、乌兰察布、阴山、阴南丘陵、鄂尔多斯州。

柳叶鬼针草（哈斯巴根摄于赤峰市阿鲁科尔沁旗）

## 牛膝菊属 *Galinsoga* Ruiz et Pav.

### 牛膝菊 *Galinsoga parviflora* Cav.

别名：辣子草

鉴别特征：一年生草本，高 30 余厘米。叶卵形至披针形，先端渐尖或钝，基部圆形、宽楔形或楔形，边缘有波状浅锯齿或近全缘。总苞半球形；舌状花冠白色；管状花冠长约 1 毫米，下部晰被短柔毛。瘦果黑褐色，被微毛。舌状花的冠毛毛状，管状花的冠毛膜片状，白色，披针形。

生境：中生植物。生于路边、田边为杂草。

分布：岭东、赤峰丘陵、阴南丘陵州。

牛膝菊（刘铁志、徐杰摄于赤峰市红山区和呼和浩特市）

## 向日葵属 *Helianthus* L.

### 向日葵 *Helianthus annuus* L.

别名：葵花、朝阳花、望日莲

鉴别特征：一年生高大草本。叶互生，心状宽卵形或宽卵形，边缘有粗锯齿，两面被短硬毛，有三基出脉，具长柄。头状花序大，常下倾；花序托托片半膜质；舌状花的舌片矩圆状卵形或矩圆形；管状花棕色或紫色，裂片披针形，结实。瘦果有细肋，灰色或黑色，常被白色短柔毛。

生境：中生植物。栽培油料作物。

分布：原产北美，内蒙古各州有栽培。

### 菊芋 *Helianthus tuberosus* L.

别名：洋姜、鬼子姜、洋地梨儿

鉴别特征：多年生草本，高可达 3 米。有块茎。茎直立，被短硬毛或刚毛。基部叶对生，上部叶互生，下部叶卵形或卵状椭圆形，边缘

向日葵（刘铁志摄于赤峰市新城区）

菊芋（刘铁志摄于赤峰市新城区）

有粗锯齿，具离基三出脉，上部叶长椭圆形至宽披针形，均有具狭翅的叶柄。头状花序顶生；舌状花黄色。瘦果楔形。

　　生境：中生植物。栽培于田间和庭院。

　　分布：内蒙古各州均有栽培。

## 春黄菊属 *Anthemis* L.

### 臭春黄菊 *Anthemis cotula* L.

臭春黄菊（徐杰摄于鄂尔多斯杭锦旗）

　　**鉴别特征：**一年生草本，高 10～30 厘米。茎直立，疏被伏贴或开展的柔毛或近无毛，上部呈伞房状分枝。叶卵形或卵状矩圆形，不规则 2 回羽状全裂，具软骨质小尖头，两面疏生长柔毛或短柔毛及腺点。头状花序总苞半球形；舌状花冠白色，舌片矩圆状椭圆形，管状花檐部及狭管部的基部稍膨大。瘦果陀螺形，黄白色，有钝瘤，无冠毛。

　　**生境：**中生杂草。生于田边和路旁。

　　**分布：**岭东、岭西、阴南丘陵、鄂尔多斯州有逸生。

## 蓍属 *Achillea* L.

### 齿叶蓍 *Achillea acuminata* (Ledeb.) Sch.-Bip.

　　别名：单叶蓍

齿叶蓍（刘铁志摄于兴安盟阿尔山市）

**鉴别特征**：多年生草本，高 30～90 厘米。茎直立，具纵沟棱。基生叶和茎下部叶花期凋落。中、上部叶披针形或条状披针形，无柄，边缘有上弯的重锯齿。头状花序在茎顶排列成疏伞房状；舌状花白色。

**生境**：中生植物。生于低湿草甸。

**分布**：兴安北部、岭西、兴安南部、锡林郭勒、阴山州。

## 亚洲蓍 *Achillea asiatica* Serg.

**鉴别特征**：多年生草本，植株高 15～50 厘米。根状茎细，横走，褐色。茎单生或数个，具纵沟棱，被皱曲长柔毛。叶矩圆形、宽条形或条状披针形，下部叶 2～3 回羽状全裂，小裂片条形或披针形。头状花序多数，在茎顶密集排列成复伞房状；舌状花粉红色，稀白色，舌片近圆形，顶端有 3 个圆齿；管状花淡粉红色。瘦果楔状矩圆形。

亚洲蓍（徐杰摄于赤峰市克什克腾旗）

生境：中生植物。生于河滩、沟谷草甸及山地草甸，为伴生种。

分布：兴安北部、岭东、岭西、兴安南部、燕山北部、锡林郭勒、阴山州。

## 短瓣蓍 *Achillea ptarmicoides* Maxim.

鉴别特征：多年生草本，植株高30～70厘米。根状茎短。中部叶及上部叶条状披针形，羽状深裂或羽状全裂。头状花序多数，在茎顶密集排列成复伞房状。总苞钟状；总苞片3层，宽披针形，疏被长柔毛。舌状花白色，舌片卵圆形，管状花有腺点，管状花顶端有3个圆齿，有腺点。瘦果矩圆形或倒披针形。

生境：中生植物。生于山地草甸、灌丛间，为伴生种。

分布：兴安北部、岭西、兴安南部、科尔沁、辽河平原、燕山北部、锡林郭勒、阴山州。

短瓣蓍（徐杰摄于乌兰察布市凉城蛮汉山林场）

## 高山蓍 *Achillea alpina* L.

别名：蓍、蚰蜓草、锯齿草、羽衣草

鉴别特征：多年生草本，高30～70厘米。茎直立，具纵沟棱。下部叶花期凋落。中、上部叶条状披针形，无柄，羽状浅裂或深裂，裂片有不等长的缺刻状锯齿，两面疏生长柔毛。头状花序在茎顶密集成伞房状；舌状花白色，长1.5～2.0毫米，明显超出总苞。

生境：中生植物。生于山地林缘、灌丛、沟谷草甸。

分布：兴安北部、岭西、兴安南部、燕山北部、辽河平原州。

高山蓍（刘铁志摄于赤峰市宁城县黑里河小柳树沟）

## 短舌菊属 *Brachanthemum* DC.

### 星毛短舌菊 *Brachanthemum pulvinatum*（Hand.-Mazz.）C. Shih

**鉴别特征**：半灌木，高 10～30 厘米。茎自基部多分枝，呈垫状株丛，树皮通常呈不规则条状剥裂；小枝圆柱状或近 4 棱形，密被星状毛，后脱落。叶灰绿色，密被星状毛，羽状或近掌状 3～5 深裂，裂片狭条形或丝状条形。头状花序单生枝端，半球形，梗细；舌状花冠黄色，舌片椭圆形，先端钝或截形，有的具 2～3 小齿，稀被腺点。瘦果圆柱状，无毛。

**生境**：超旱生植物。常见于山前砾石质坡地或戈壁覆沙地上的草原化荒漠群落中，为我国戈壁荒漠地带的特有植物。

**分布**：东阿拉善、西阿拉善、贺兰山州。

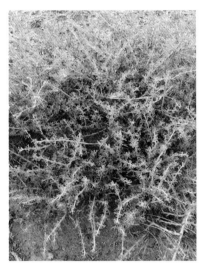

星毛短舌菊（徐杰摄于阿拉善右旗）

## 菊属 *Chrysanthemum* L.

### 菊花 *Chrysanthemum morifolium* Ramat.

**别名**：九月菊、鞠、秋菊

**鉴别特征**：多年生草本。茎直立，具纵沟棱，密被白色短柔毛。叶卵形至披针形，羽状深裂或浅裂，裂片矩圆状卵形以至近圆形，边缘有缺刻及锯齿，两面密被白色短毛。头状花序单生或数个集生于茎枝顶端；总苞片 3～4 层，外层卵形或卵状披针形，边缘膜质；内层长椭圆形，边缘宽，褐色膜质；舌状花冠白色、黄色、淡红色或淡紫色；管状花冠黄色，也有全为舌状花的。瘦果不发育。

**生境**：中生植物。为秋季庭园重要栽培的观赏花卉。

**分布**：原产我国，内蒙古各州有栽培。

菊花（徐杰摄于呼和浩特市）

## 甘菊 *Chrysanthemum lavandulifolium* （Fisch. ex Trautv.）Makino

**别名：** 岩香菊、少花野菊

**鉴别特征：** 多年生草本，高 20～80 厘米，有横走的短或长的匍匐枝。茎直立，单一或少数簇生，挺直或稍呈之字形屈曲；疏或密被白色分叉短柔毛，多分枝。叶宽卵形至三角形，1～2

甘菊（刘铁志摄于赤峰市松山区五十家子）

回羽状深裂。头状花序小；舌状花冠鲜黄色，舌片长椭圆形。瘦果倒卵形，无冠毛。

　　**生境：** 旱中生植物。生于石质山坡，为伴生种。

　　**分布：** 辽河平原、赤峰丘陵、燕山北部、阴山、阴南丘陵州。

### 蒙菊　*Chrysanthemum mongolicum* Y. Ling

　　**鉴别特征：** 多年生草本，根状茎横走。茎单生或数个簇生，直立，具纵沟棱，多少被伏贴的简单或分叉毛，不分枝或作伞房状分枝或自基部分枝。叶形多变化，茎下部叶宽卵形或卵形，羽状或少有掌状深裂或浅裂，侧裂片长楔形。头状花序单生茎顶或枝端；舌状花管白色或粉红色；管状花冠黄色。瘦果倒卵形。

　　**生境：** 旱中生植物。生于石质或砾石质山坡，为伴生种。

　　**分布：** 阴山州。

蒙菊（徐杰摄于包头市九峰山）

### 小红菊　*Chrysanthemum chanetii* Lévl.

　　**别名：** 山野菊

　　**鉴别特征：** 多年生草本。具匍匐的根状茎。基生叶及茎中、下部叶肾形、宽卵形、半圆形或近圆形，通常3～5掌状或掌式羽状浅裂或半裂，少深裂。头状花序少数至多数在茎枝顶端排列成疏松的伞房状。总苞碟形；舌状花白色、粉红色或红紫色。瘦果长顶端斜截，下部渐狭，具4～6条脉棱。

　　**生境：** 中生植物。生长于山坡、林缘及沟谷等处。

　　**分布：** 岭东、兴安南部、赤峰丘陵、燕山北部、阴山、贺兰山州。

小红菊（徐杰摄于摄于呼和浩特市大青山）

### 楔叶菊 *Chrysanthemum naktongense* Nakai

　　鉴别特征：多年生草本。具匍匐的根状茎。茎直立，茎与枝疏被皱曲柔毛。茎中部叶长椭圆形、椭圆形或卵形以至圆形，掌式羽状或羽状3～9浅裂、半裂或深裂，裂片椭圆形或卵形，裂片及齿端具小尖头，两面疏被皱曲柔毛或无毛，密被腺点。头状花序较大，2～9个在茎枝顶端排列成疏松伞房状。舌状花白色、粉红色或淡红紫色，先端全缘或具2齿。

楔叶菊（徐杰、哈斯巴根摄于呼和浩特市和林格尔县南天门林场）

生境：中生植物。生长于山坡、林缘或沟谷。

分布：岭西、兴安南部、锡林郭勒、燕山北部、阴山州。

## 紫花野菊 *Chrysanthemum zawadskii* Herb.

别名：山菊

鉴别特征：多年生草本。有地下匍匐根状茎。茎直立，不分枝或上部分枝，具纵棱，紫红色，疏被短柔毛。叶片卵形、宽卵形或近菱形，2回羽状分裂。头状花序2～5个在茎枝顶端排列成疏伞房状；舌状花粉红色、紫红色或白色。瘦果矩圆形。

生境：中生植物。生于山地林缘、林下或山顶，为伴生种。

分布：兴安北部、岭东、岭西、呼伦贝尔、兴安南部、赤峰丘陵、燕山北部、锡林郭勒州。

紫花野菊（徐杰摄于赤峰市阿鲁科尔沁旗高格斯台罕山）

## 女蒿属 *Hippolytia* Poljak.

## 女蒿 *Hippolytia trifida*（Turcz.）Poljak.

别名：三裂艾菊

鉴别特征：小半灌木。叶灰绿色，楔形或匙形，3深裂或3浅裂。头状花序钟状或狭钟状，具短梗，4～8个在茎顶排列成紧缩的伞房状；总苞片疏被长柔毛与腺点，先端钝圆，边缘宽膜质，外层者卵圆形，内层者矩圆形；管状花冠黄色。瘦果近圆柱形，黄褐色，无毛。

生境：强旱生植物。生于砂壤质棕钙土上，为荒漠草原的建群种及小针茅草原的优势种。

分布：锡林郭勒、乌兰察布、鄂尔多斯州。

女蒿（徐杰摄于乌兰察布市四子王旗）

## 贺兰山女蒿 *Hippolytia kaschgarica*（Krasch.）Poljak.

**鉴别特征：** 小半灌木，高约30厘米。茎较粗壮，多分枝，树皮灰褐色，具不规则纵裂纹，当年枝棕褐色或灰褐色，略具纵棱，密被贴伏的短柔毛，后脱落。叶矩圆状倒卵形，羽状深裂或浅裂，顶裂片矩圆形或楔状矩圆形，先端钝或具3牙齿。头状花序钟状。管状花18~24朵，花冠长约2毫米，外面有腺点。瘦果矩圆形，扁三棱状。

贺兰山女蒿（徐杰摄于阿拉善贺兰山）

生境：强旱生植物。散生于向阳石质山坡的石缝间。

分布：贺兰山州。

## 百花蒿属　*Stilpnolepis* Krasch.

### 百花蒿　*Stilpnolepis centiflora*（Maxim.）Krasch.

**鉴别特征：**一年生草本，有强烈的臭味。根粗壮，褐色。茎粗壮，被丁字毛，多分枝。叶稍肉质，狭条形，先端渐尖，两面被丁字毛或近无毛。头状花序半球形；花极多数，全部为结实的两性花，花冠高脚杯状，淡黄色，有棕色或褐色腺体；花序托半球形，裸露。瘦果长棒状，肋纹不明显，密被棕褐色腺体。

**生境：**沙生旱生植物。生于流动沙丘的丘间低地，为亚洲中部阿拉善荒漠特有种。

**分布：**鄂尔多斯、东阿拉善、西阿拉善州。

百花蒿（刘铁志、徐杰摄于乌海市乌兰布和沙漠和鄂尔多斯准格尔旗）

## 亚菊属　*Ajania* Poljak.

### 灌木亚菊　*Ajania fruticulosa*（Ledeb.）Poljak.

**别名：**灌木艾菊

**鉴别特征：**小半灌木，根粗长，木质，上部发出多数或少数直立或倾斜的花枝和当年不育枝。叶灰绿色，2回掌状或掌式羽状3～5全裂。头状花序3～25个在枝端排列成伞房状；总苞钟状或宽钟形；花冠细管状，通常稍扁；两性花花冠管状，全部花冠黄色，外面有腺点。瘦果矩圆形，褐色。

**生境：**强旱生植物。生于荒漠化草原至荒漠地带的低山及丘陵石质坡地，为常见伴生种。

**分布：**乌兰察布、鄂尔多斯、东阿拉善、贺兰山、龙首山、额济纳州。

灌木亚菊（徐杰摄于乌海市西鄂尔多斯国家级自然保护区）

## 蓍状亚菊 *Ajania achilloides*（Turcz.）Poljak. ex Grub.

**别名：**蓍状艾菊

**鉴别特征：**小半灌木。茎基部粗壮，木质，灰褐色或灰色，斜升或横走，沿地面茎部发出多数或少数垂直或倾斜的花枝和当年不育枝。不育枝短，顶端有密集的叶，2回羽状全裂，小裂片狭条形或狭匙形。头状花序5～10个在枝端排列成束状伞房状，花冠细管状；两性花花冠管状，全部花冠黄色，外面有腺点。瘦果矩圆形。

**生境：**强旱生植物。生于草原化荒漠至荒漠地带的低山砾石质坡地或沟谷，为伴生种。

**分布：**乌兰、东阿拉善、贺兰山、龙首山州。

蓍状亚菊（徐杰摄于乌海市西鄂尔多斯国家级自然保护区）

## 铺散亚菊 *Ajania khartensis*（Dunn）C. Shih

鉴别特征：多年生草本，高 10～30 厘米，全株密被灰白色绢毛。叶扇形或半圆形，2 回掌状或近掌状 3～5 全裂，两面密被灰白色短柔毛，基部渐狭成短柄，柄基常有 1 对短条形假托叶。头状花序少数，在枝端排成伞房状；花冠黄色。

生境：旱生植物。生于荒漠化草原、草原化荒漠地带的砾石质山坡或山麓。

分布：东阿拉善和贺兰山州。

铺散亚菊（刘铁志摄于阿拉善盟阿拉善左旗贺兰山）

## 线叶菊属 *Filifolium* Kitam.

## 线叶菊 *Filifolium sibiricum*（L.）Kitam.

鉴别特征：多年生草本。基生叶轮廓倒卵形或矩圆状椭圆形，全部叶 2～3 回羽状全裂。头状花序在枝端或茎顶排列成复伞房状；花序托凸起，圆锥形，无毛；有多数异形小花，外围有 1 层雌花；中央有多数两性花，花冠管状，黄色。瘦果倒卵形，压扁，腹面具 2 条纹，无冠毛。

生境：耐寒性中旱生植物。见于低山丘陵坡地的上部及顶部，山地草原的重要建群种。

分布：兴安北部、岭东、岭西、呼伦贝尔、兴安南部、科尔沁、辽河平原、燕山北部、锡林郭勒、赤峰丘陵、乌兰察布、阴山、阴南丘陵州。

线叶菊（徐杰摄于呼和浩特市和林县南天门林场）

## 石胡荽属 *Centipeda* Lour.

### 石胡荽 *Centipeda minima*（L.）A. Br. et Ascherson

**鉴别特征**：一年生小草本。茎多分枝，高5～20厘米，微被蛛丝状毛或无毛。叶互生，楔状倒披针形，顶端钝，基部楔形，边缘有少数锯齿，无毛或背面微被蛛丝状毛。头状花序小，扁球形，单生于叶腋，无花序梗或极短；边缘花性，淡绿黄色。盘花两性，淡紫红色。瘦果椭圆形。

**生境**：中生植物。生于路旁、荒野阴湿地。

**分布**：赤峰丘陵州（赤峰市红山区）。

石胡荽（刘铁志摄于赤峰市红山区）

## 蒿属 *Artemisia* L.

### 大籽蒿 *Artemisia sieversiana* Ehrhart ex Willd.

**别名**：白蒿

**鉴别特征**：一、二年生草本。主根垂直，狭纺锤形，侧根多。茎单生，直立，具纵条棱，多分枝，被灰白色短柔毛。头状花序较大，半球形或近球形；基部有小型假托叶；上部叶及苞叶羽状全裂或不分裂，而为条形或条状披针形，无柄；花序托半球形，密被白色柔毛。瘦果矩圆形，褐色。

**生境**：中生杂草。散生或群居于农田、路旁、畜群点或水分较好的撂荒地上，有时也进入人为活动较明显的草原或草甸群落中。

**分布**：内蒙古各州。

大籽蒿（徐杰摄于乌兰察布市卓资县）

## 碱蒿 *Artemisia anethifolia* Web. ex Stechm.

别名：大蒔萝蒿、糜糜蒿

鉴别特征：一或二年生草本，高 10～40 厘米，有浓烈的香味。基生叶椭圆形或长卵形，2～3 回羽状全裂，小裂片狭条形，有柄，花期渐枯萎；中部叶卵形、宽卵形或椭圆状卵形，1～2 回羽状全裂；上部叶和苞叶无柄，5 或 3 全裂或不裂，狭条形。头状花序半球形或宽卵形；总苞片背部疏被白色短柔毛或近无毛，花序托有白色托毛。

生境：中生植物。生于盐渍化土壤上。

分布：内蒙古各州。

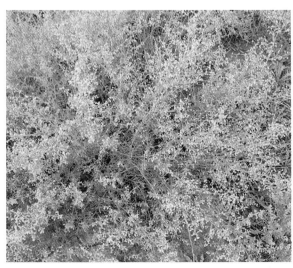

碱蒿（刘铁志摄于赤峰市克什克腾旗达里诺尔）

## 冷蒿 *Artemisia frigida* Willd.

**别名**：小白蒿、兔毛蒿

**鉴别特征**：多年生草本。中部叶矩圆形或倒卵状矩圆形，1～2回羽状全裂，小裂片披针形或条状披针形。头状花序半球形、球形或卵球形，在茎上排列成总状或狭窄的总状花序式的圆锥状。花序托有白色托毛。瘦果矩圆形或椭圆状倒卵形。

**生境**：旱生植物。生态幅度广，广布于草原带和荒漠草原带，也进入森林草原和荒漠带中，多生长在沙质、沙砾质或砾石质土壤上，是草原小半灌木群落的主要建群植物。

**分布**：内蒙古各州。

冷蒿（赵家明摄于呼伦贝尔市海拉尔区）

## 白莲蒿 *Artemisia gmelinii* Web.ex Stechm.

**别名**：铁秆蒿

**鉴别特征**：半灌木。根稍粗大，木质，垂直；根状茎粗壮，常有多数营养枝。茎多数，常成小丛，紫褐色或灰褐色，具纵条棱，下部木质，皮常剥裂或脱落，多分枝；茎、枝初时被短柔毛。茎下部叶与中部叶长卵形、三角状卵形或长椭圆状卵形。头状花序近球形，具短梗，下垂。花序托凸起。瘦果狭椭圆状卵形或狭圆锥形。

白莲蒿（赵家明摄于呼伦贝尔市满洲里市）

生境：石生的旱生植物。分布较广，内蒙古各山地均有分布，为山地半灌木群落的主要建群植物。

分布：兴安北部、呼伦贝尔、兴安南部、辽河平原、赤峰丘陵、燕山北部、锡林郭勒、乌兰察布、阴山、阴南丘陵、鄂尔多斯、贺兰山、龙首山州。

## 裂叶蒿 *Artemisia tanacetifolia* L.

别名：菊叶蒿

鉴别特征：多年生草本，高 20～75 厘米。下部与中部叶椭圆状矩圆形或长卵形，2～3 回栉齿状羽状分裂，小裂片椭圆状披针形或条状披针形，边缘有小锯齿，下面被白色短柔毛，有长柄；上部叶 1～2 回栉齿状羽状全裂，无柄或近无柄。头状花序球形或半球形，下垂；花序托无托毛。

生境：中生植物。生于山地草甸、草甸草原、山地草原、林缘和灌丛。

分布：兴安北部、岭西、岭东、呼伦贝尔、兴安南部、科尔沁、燕山北部、锡林郭勒、阴山、贺兰山州。

裂叶蒿（刘铁志摄于兴安盟阿尔山市白狼）

## 黄花蒿 *Artemisia annua* L.

别名：臭黄蒿、青蒿

鉴别特征：一年生草本，高达 1 米余，全株有浓烈的香味。下部叶宽卵形或三角状卵形，3～4 回栉齿状羽状深裂，小裂片具多数栉齿状深裂齿，具腺点及小凹点，有柄；中、上部叶渐小而简化，短柄至近无柄。头状花序球形，在茎上排列成开展而呈金字塔形的圆锥状；花黄色，花序托无托毛。

生境：中生植物。生于河边、沟谷、撂荒地和居民点附近。

分布：内蒙古各州。

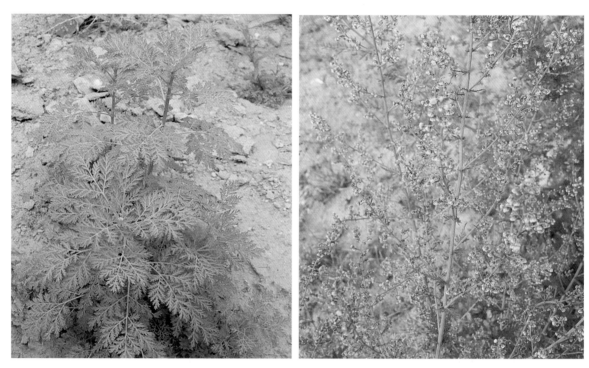

黄花蒿（刘铁志摄于赤峰市红山区）

## 山蒿 *Artemisia brachyloba* Franch.

**别名**：岩蒿、骆驼蒿

**鉴别特征**：半灌木。主根粗壮，常扭曲，有纤维状的根皮。茎多数，自基部分枝常形成球状株丛。基生叶卵形或宽卵形，2～3回羽状全裂，茎下部与中部叶宽卵形或卵形，2回羽状全裂，侧裂片3～4对，小裂片狭条形或狭条状披针形。头状花序卵球形或卵状钟形，总苞片3层，花冠有腺点，花序托微凸。瘦果卵圆形，黑褐色。

**生境**：石生旱生植物。生长于石质山坡、岩石露头或碎石质的土壤上，是山地植被的主要建群植物之一。

**分布**：兴安北部、岭东、兴安南部、赤峰丘陵、燕山北部、锡林郭勒、乌兰察布、阴山、鄂尔多斯、东阿拉善州。

山蒿（徐杰摄于赤峰市阿鲁科尔沁旗高格斯台罕山）

## 黑蒿 *Artemisia palustris* L.

别名：沼泽蒿

鉴别特征：一年生草本，高 10～40 厘米。下部与中部叶卵形或长卵形，1～2 回羽状全裂，侧裂片再次羽状全裂或三裂，小裂片狭条形，有柄至无柄；上部叶和苞叶小而简化。头状花序近球形，每 2～10 个密集成簇，并排列成短穗状，在茎上排列成稍开展或狭窄的圆锥状；花黄色，花序托无托毛。

生境：中生植物。生于河岸、低湿沙地。

分布：呼伦贝尔、兴安南部、科尔沁、辽河平原、锡林郭勒、乌兰察布、阴山、鄂尔多斯州。

黑蒿（赵家明、徐杰摄于呼伦贝尔市新巴尔虎右旗和呼伦贝尔市鄂温克旗）

## 艾 *Artemisia argyi* H. Lévl. et Van.

别名：艾蒿、家艾

鉴别特征：多年生草本，植株有浓烈香气。主根粗长，侧根多；根状茎横卧，有营养枝。

艾（徐杰摄于赤峰市阿鲁科尔沁旗高格斯台罕山）

茎单生或少数，具纵条棱，基部稍木质化，有少数分枝；茎、枝密被灰白色蛛丝状毛。叶厚纸质，基生叶花期枯萎；茎下部叶近圆形或宽卵形，羽状深裂。头状花序椭圆形，花后下倾。花序托小。瘦果矩圆形或长卵形。

生境：中生植物。在森林草原地带可以形成群落，作为杂草常侵入到耕地、路旁及村庄附近，有时也分布到林缘、林下、灌丛间。

分布：兴安南部、科尔沁、燕山北部、赤峰丘陵州。

### 蒙古蒿 *Artemisia mongolica*（Fisch. ex Bess.）Nakai

鉴别特征：多年生草本。根细，侧根多；根状茎短，半木质化，有少数营养枝。茎直立，少数或单生，具纵条棱，多分枝，初时密被灰白色蛛丝状柔毛，后稍稀疏。叶纸质或薄纸质，下部叶卵形或宽卵形，2回羽状全裂或深裂，中部叶卵形、椭圆状卵形，1～2回羽状分裂。头状花序椭圆形，无梗。花冠管状，檐部紫红色。花序托凸起。瘦果短圆状倒卵形。

生境：中生植物。广布于森林草原和草原地带。生长于沙地、河谷、撂荒地，有时也侵入到草甸群落中。多散生亦可形成小群聚。

分布：内蒙古各州。

蒙古蒿（徐杰摄于乌兰察布市卓资县）

### 蒌蒿 *Artemisia selengensis* Turcz. ex Bess.

别名：水蒿、狭叶艾

鉴别特征：多年生草本，高60～120厘米。下部叶近掌状或指状，5或3全裂或深裂，稀7裂或不裂，裂片条形或条状披针形，边缘有细锯齿；中部叶近掌状5深裂或指状3深裂，下面密被灰白色蛛丝状绵毛；上部叶3深裂或不裂。头状花序在茎上排列成狭长的圆锥状；总苞片背部初时疏被蛛丝状毛，后脱落无毛。

生境：湿中生植物。生于林下、林缘、山沟、河谷两岸、村舍和路旁。

分布：兴安北部、岭西、岭东、兴安南部、辽河平原、燕山北部、阴山州。

萎蒿（刘铁志摄于赤峰市巴林右旗赛罕乌拉）

## 阴地蒿 *Artemisia sylvatica* **Maxim.**

**别名：** 林地蒿

**鉴别特征：** 多年生草本，高可达1米，植株有香气。主根稍明显；根状茎粗短，斜向上。茎直立，通常单生，具纵条棱，中部以上有开展的分枝，茎、枝初时疏被短柔毛，后脱落。叶薄纸质，茎下部叶具长柄，叶片卵形或宽卵形，2回羽状深裂，花期枯萎。头状花序近球形或宽卵形；花序托凸起。瘦果狭卵形或狭倒卵形，褐色。

**生境：** 中生植物。多分布于森林草原地带，散生于林下、林缘或灌丛间。

**分布：** 岭东、兴安南部、燕山北部州。

阴地蒿（徐杰摄于赤峰市喀喇沁旗）

## 龙蒿 *Artemisia dracunculus* L.

**别名**：狭叶青蒿

**鉴别特征**：半灌木状草本。根粗大或稍细，木质、垂直；根状茎粗长，木质，常有短的地下茎。茎通常多数，成丛，褐色，具纵条棱，下部木质，多分枝，开展，茎、枝初时疏被短柔毛，后渐脱落。叶无柄，下部叶在花期枯萎；中部叶条状披针形或条形，全缘。头状花序近球形；花序托小，凸起。瘦果倒卵形或椭圆状倒卵形。

**生境**：中生植物。广布于森林区和草原区。多生长在砂质和疏松的砂壤质土壤上。散生或形成小群聚，作为杂草也进入撂荒地和村舍、路旁。

**分布**：兴安北部、岭西、呼伦贝尔、兴安南部、燕山北部、锡林郭勒、乌兰察布、阴山、鄂尔多斯、东阿拉善、贺兰山、额济纳州。

龙蒿（徐杰摄于呼和浩特市大青山）

## 差不嘎蒿 *Artemisia halodendron* Turcz. ex Bess.

**别名**：盐蒿、沙蒿

差不嘎蒿（徐杰摄于通辽市奈曼旗）

　　**鉴别特征：**半灌木。主根粗长；根状茎粗大，木质，具多数营养枝。茎直立或斜向上，多数或少数，稀单生，具纵条棱，上部红褐色。中部叶宽卵形或近圆形，1～2回羽状全裂，小裂片狭条形，近无柄，有假托叶；上部叶与苞叶 3～5 全裂或不分裂。头状花序卵球形，直立，具短梗或近无梗。花冠管状。花序托凸起。瘦果长卵形或倒卵状椭圆形。

　　**生境：**中旱生沙生植物。分布于草原区北部的干草原带和森林草原带。在大兴安岭东西两侧，多生于固定、半固定沙丘、沙地，是内蒙古东部沙地半灌木群落的重要建群植物。

　　**分布：**岭西、呼伦贝尔、兴安南部、科尔沁、辽河平原州。

## 白沙蒿 *Artemisia sphaerocephala* Krasch.

　　**别名：**籽蒿、圆头蒿

　　**鉴别特征：**半灌木，高达1米余。茎外皮灰白色，后呈黄褐色、灰褐色或灰黄色。茎下部叶与中部叶宽卵形或卵形，1～2回羽状全裂。头状花序球形，多数在茎上排列成大型、开展的圆锥状；花序托半球形。瘦果卵形、长卵形或椭圆状卵形，黄褐色或暗黄绿色。

　　**生境：**超旱生的沙生植物。生长于荒漠区及荒漠草原地带的流动或半固定沙丘上。

　　**分布：**库布齐沙漠、毛乌素沙地、乌兰布和沙漠、巴丹吉林沙漠、腾格里沙漠。

白沙蒿（徐杰摄于乌海市乌达区）

## 黑沙蒿 *Artemisia ordosica* Krasch.

　　**别名：**沙蒿、油蒿、鄂尔多斯蒿

　　**鉴别特征：**半灌木。主根粗而长，木质，侧根多；根状茎粗壮，具多数营养枝。茎多数，多分枝。叶稍肉质，初时两面疏被短柔毛，后无毛，茎下部叶宽卵形或卵形，1～2回羽状全裂。

黑沙蒿（徐杰摄于鄂尔多斯杭锦旗库布齐沙漠）

头状花序卵形，多数在茎上排列成开展的圆锥状；花冠狭圆锥状，中央两性花 10～14 枚，花冠管状。花序托半球形。瘦果倒卵形。

生境：旱生沙生植物。分布于暖温型的干草原和荒漠草原带，也进入草原化荒漠带。喜生长于固定沙丘、沙地和覆沙土壤上；是草原区沙地半灌木群落的重要建群植物。

分布：阴南丘陵、鄂尔多斯、东阿拉善州。

## 糜蒿 *Artemisia blepharolepis* Bunge

别名：白莎蒿、白里蒿

鉴别特征：一年生草本，植株有臭味。根较细，垂直。叶两面密被灰白色柔毛，茎下部叶与中部叶长卵形或矩圆形，2 回栉齿状羽状分裂，第 1 回全裂，侧裂片 5～8 对，第 2 回为栉齿状的深裂，裂片每侧有 5～8 个栉齿。头状花序椭圆形或长椭圆形。雌花花冠狭圆锥状，中央两性花冠钟状管形或矩圆形。花序托凸起。瘦果椭圆形。

生境：沙生旱中生植物。主要分布在阴山以南的草原地带和荒漠草原地带。喜生于沙地和覆沙土壤上，在当地常形成夏雨型一年生层片，有时单独形成小群落。

分布：锡林郭勒、乌兰察布、阴南丘陵、鄂尔多斯、东阿拉善州。

糜蒿（徐杰摄于鄂尔多斯杭锦旗库布齐沙漠）

## 牛尾蒿 *Artemisia dubia* Wall. ex Bess.

别名：指叶蒿

鉴别特征：半灌木状草本，高 80～100 厘米。主根较粗长，木质化，侧根多；根状茎粗壮，

牛尾蒿（徐杰摄于包头市九峰山）

有营养枝。茎多数或数个丛生。叶厚纸质，基生叶与茎下部叶大，中部叶卵形，羽状5深裂，裂片椭圆状披针形或披针形，全缘，基部渐狭成短柄，常有小型假托叶。头状花序球形或宽卵形，基部有条形小苞叶。总苞片3~4层，边缘雌花花冠狭小，近圆锥形，中央两性花花冠管状；花序托凸起。瘦果小，矩圆形或倒卵形。

生境：中生植物。生长于山坡林缘及沟谷草地。

分布：阴山、鄂尔多斯、龙首山、额济纳州。

## 猪毛蒿 *Artemisia scoparia* Waldst. et Kit.

别名：黄蒿、米蒿、臭蒿、东北茵陈蒿

鉴别特征：多年生或近一、二年生草本，高达1米余。基生叶与营养枝被灰白色绢状柔毛，2~3回羽状全裂，具长柄；下部叶2~3回羽状全裂，小裂片狭条形，具柄；中部叶1~2回羽状全裂，侧裂片2~3对，小裂片丝状条形或毛发状；上部叶3~5全裂或不裂。头状花序球形或卵球形，在茎上排列成大型、开展的圆锥状；总苞片背部无毛。

生境：旱生或中旱生植物。生于沙质土壤上。

分布：内蒙古各州。

猪毛蒿（刘铁志摄于赤峰市红山区）

## 漠蒿 *Artemisia desertorum* Spreng.

别名：沙蒿

鉴别特征：多年生草本，高10~90厘米。基生叶与营养枝叶二型：一型为矩圆状匙形或矩圆状倒楔形，不分裂，先端及边缘具缺刻状锯齿或全缘；另一型为椭圆形、卵形或近圆形，2回羽状全裂或深裂，小裂片条形、条状披针形，有柄；中部叶1~2回羽状深裂，短柄；上部叶3~5深裂。头状花序在茎上排列成较窄的圆锥状。

生境：旱生植物。生于砂质和砂砾质土壤上。

分布：兴安北部、岭西、岭东、呼伦贝尔、兴安南部、科尔沁、赤峰丘陵、锡林郭勒、乌兰察布、阴山、贺兰山州。

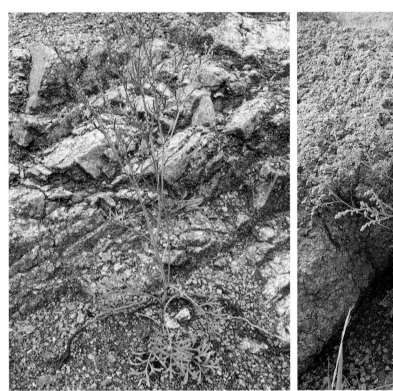

漠蒿（刘铁志摄于赤峰市巴林右旗赛罕乌拉）

## 栉叶蒿属 *Neopallasia* Poljak.

### 栉叶蒿 *Neopallasia pectinata*（Pall.）Poljak.

别名：篦齿蒿

鉴别特征：一、二年生草本，高15～50厘米。茎生叶无柄，矩圆状椭圆形，1～2回栉齿

栉叶蒿（刘铁志、徐杰摄于赤峰市宁城县黑里河和包头市达茂旗）

状的羽状全裂，小裂片刺芒状。头状花序 3 至数枚在分枝或茎端排列成稀疏的穗状，复在茎上组成狭窄的圆锥状；总苞片 3～4 层，雌花花冠狭管状，无明显裂齿；中央两性小花花冠管状钟形；花序托圆锥形，裸露。瘦果椭圆形。

生境：旱中生植物。分布极广，多生长在壤质或黏壤质的土壤上，为夏雨型一年生层片的主要成分，在退化草场上常常可成为优势种。

分布：内蒙古各州。

## 兔儿伞属 *Syneilesis* Maxim.

### 兔儿伞 *Syneilesis aconitifolia*（Bunge）Maxim.

别名：雨伞菜、帽头菜

鉴别特征：植株高 70～100 厘米。根状茎横走，具多数粗的须根。茎直立，单一，具纵沟棱，无毛，带棕褐色。基生叶花期枯萎；茎生叶 2，圆盾形。头状花序多数，密集成复伞房状，梗长 5～30 厘米，苞叶条形。瘦果长暗褐色；冠毛淡红褐色。

生境：中生植物。生于山地林下及林缘草甸。

分布：兴安北部、岭西、岭东、兴安南部、燕山北部州。

兔儿伞（刘铁志摄于赤峰市敖汉旗大黑山和喀喇沁旗马鞍山）

## 蟹甲草属 *Parasenecio* W. W. Smith. et J. Small.

### 山尖子 *Parasenecio hastatus*（L.）H. Koyama

别名：山尖菜、戟叶兔儿伞

鉴别特征：植株高 40～150 厘米。具根状茎，有多数褐色须根。茎直立，粗壮，具纵沟棱，上部密被腺状短柔毛。中部叶三角状戟形，先端锐尖或渐尖，基部戟形或近心形。头状花序多数，下垂，在茎顶排列成圆锥状，梗长密被腺状短柔毛；苞叶披针形或条形；管状花白色。瘦果黄褐色，冠毛与瘦果等长。

生境：中生植物。山地林缘草甸伴生种，也生于林下、河滩杂类草草甸。

分布：兴安北部、岭西、兴安南部、燕山北部、阴山州。

山尖子（徐杰摄于呼和浩特市大青山）

## 狗舌草属 *Tephroseris*（Reichenb.）Reichenb.

### 狗舌草 *Tephroseris kirilowii*（Turcz. ex DC.）Holub

鉴别特征：多年生草本，高15～50厘米，全株被蛛丝状毛，呈灰白色。根茎短，着生多数不定根。茎直立，单一。基生叶及茎下部叶较密集，呈莲座状，开花时部分枯萎，宽卵形、卵形，全缘，基部半抱茎；茎上部叶狭条形，全缘。舌状花橙黄色，子房具微毛。瘦果圆柱形，具纵肋，被毛；冠毛白色。

生境：中旱生植物。生于草原、草甸草原及山地林缘。

分布：兴安北部、岭东、岭西、兴安南部、辽河平原、燕山北部、赤峰丘陵、锡林郭勒、阴山、阴南丘陵州。

狗舌草（徐杰摄于呼和浩特市大青山）

### 红轮狗舌草 *Tephroseris flammea*（Turcz. ex DC.）Holub

别名：红轮千里光

鉴别特征：多年生草本，高20～70厘米。根茎短，着生密而细的不定根。茎直立，单一，具纵条棱，上部分枝，茎、叶和花序梗都被蛛丝状毛，并混生短柔毛。舌状花8～12，条形或狭条形，舌片红色、紫红色，成熟后常反卷；管状花长6～9毫米，紫红色。瘦果圆柱形，棕色，被短柔毛；冠毛污白色。

　　**生境：**中生植物。生于具丰富杂类草的草甸及林缘灌丛。

　　**分布：**兴安北部、岭西、岭东、兴安南部、燕山北部、锡林郭勒州。

红轮狗舌草（刘铁志摄于兴安盟科尔沁右翼前旗索伦）

## 湿生狗舌草 *Tephroseris palustris* （ L. ）Fourr.

　　**别名：**湿生千里光

　　**鉴别特征：**一年生或二年生草本，高20～100厘米。基生叶及下部叶矩圆形或披针形，基部半抱茎，边缘具缺刻状锯齿、波状齿或近羽状半裂，具宽叶柄或无柄；中部叶卵状披针形或披针形，基部抱茎，两面被曲柔毛；上部叶较小。头状花序在枝端排列成聚伞状；舌状花亮黄色。瘦果圆柱形，冠毛白色。

　　**生境：**湿生植物。生于湖边沙地或沼泽。

　　**分布：**兴安北部、岭东、岭西、呼伦贝尔、兴安南部、锡林郭勒州。

湿生狗舌草（刘铁志摄于呼伦贝尔市海拉尔区）

## 合耳菊属 *Synotis*（ C. B. Clarke ）C. Jeffley et Y. L. Chen

## 术叶合耳菊 *Synotis atractylidifolia*（ Y. Ling ）C. Jeffrey et Y. L. Chen

　　**别名：**术叶千里光术叶菊

　　**鉴别特征：**多年生草本，高30～60厘米。地下茎粗壮、木质。茎丛生或从基部分枝，光滑，具纵条棱，下部木质，上部多分枝。基生叶花期常枯萎。头状花序多数，在茎顶排列成密集的复伞房状，花序梗纤细，苞叶条形；舌状花亮黄色，舌片长椭圆形。瘦果圆柱形，具纵沟纹，光滑或被微毛；冠毛白色。

　　**生境：** 中生植物。生于山地沟谷，林缘灌丛。

　　**分布：** 阴山、东阿拉善、贺兰山州。

术叶合耳菊（徐杰摄于阿拉善贺兰山）

## 千里光属　*Senecio* L.

### 欧洲千里光　*Senecio vulgaris* L.

　　**鉴别特征：** 一年生草本。茎直立，稍肉质，具纵沟棱，多分枝。基生叶与茎下部叶倒卵状

欧洲千里光（徐杰摄于呼和浩特市）

匙形，具浅齿，有柄；茎中部叶倒卵状匙形至矩圆形，羽状浅裂或深裂，边缘具不整齐波状小浅齿，向下渐狭基部常扩大而抱茎。头状花序多数，在茎顶排列成伞房状；总苞近钟状；无舌状花；管状花黄色。瘦果圆柱形，有纵沟，被微毛，冠毛白色。

　　**生境：** 中生植物。生于山坡及村舍、路旁。多地逸生。

　　**分布：** 兴安北部、赤峰丘陵、燕山北部、阴南丘陵州。

## 林荫千里光 *Senecio nemorensis* L.

　　**别名：** 黄菀

　　**鉴别特征：** 多年生草本，高 45～100 厘米。基生叶及茎下部叶花期枯萎；中部叶卵状披针形或矩圆状披针形，基部楔形，边缘具细锯齿，近无柄；上部叶条状披针形或条形，较小。头状花序在顶端排列成伞房状；舌状花黄色。瘦果圆柱形，冠毛白色。

　　**生境：** 中生植物。生于林缘及河边草甸。

　　**分布：** 兴安北部、岭东、岭西、兴安南部、赤峰丘陵、燕山北部州。

林荫千里光（刘铁志摄于兴安盟阿尔山市白狼）

## 天山千里光 *Senecio tianschanicus* Regel et Schmalh.

　　**鉴别特征：** 多年生草本，高 20～25 厘米。茎单生，直立。基生叶及茎下部叶近卵形或卵状披针形，边缘有浅齿或近全缘，上面近无毛，下面常被蛛丝状毛；茎中部叶少数，长倒披针形，边缘有不规则浅钝齿，或呈不规则羽状浅裂；上部叶无柄，倒披针形，全缘或有浅齿。头状花

天山千里光（徐杰摄于阿拉善右旗龙首山）

序数个，在茎顶排列成伞房状，有时单生，具狭条形苞叶；总苞钟状，总苞基部具外层小苞片，总苞片 14～18 个，条形，边缘膜质，背部疏被蛛丝状毛及腺点；舌状花约 10 枚，黄色，舌片矩圆形或条形。瘦果圆柱形，无毛；冠毛污白色。

**生境**：旱生植物。生于荒漠区山谷及石质山坡。

**分布**：龙首山州。

## 麻叶千里光 *Senecio cannabifolius* Less.

**鉴别特征**：多年生草本，高 60～150 厘米。茎下部叶花期枯萎；中部叶羽状深裂，侧裂片 2～3 对，披针形或条形，边缘有尖锯齿，无柄或短柄，基部具 2 小叶耳；上部叶裂片少或不分裂。头状花序在顶端排列成复伞房状；舌状花黄色。瘦果圆柱形，冠毛污黄白色。

**生境**：中生植物。生于林缘及河边草甸。

**分布**：兴安北部、岭东、岭西州。

麻叶千里光（刘铁志摄于兴安盟阿尔山市白狼和呼伦贝尔市鄂伦春自治旗乌鲁布铁）

## 额河千里光 *Senecio argunensis* Turcz.

**别名**：羽叶千里光

额河千里光（徐杰摄于赤峰市阿鲁科尔沁旗高格斯台罕山）

鉴别特征：多年生草本，高30～100厘米。根状茎斜生，有多数细的不定根。茎直立，单一，具纵条棱，常被蛛丝状毛。茎中部叶卵形或椭圆形。头状花序多数，在茎顶排列成复伞房状，花序梗被蛛丝状毛；小苞片条形或狭条形；舌状花黄色，舌片条形或狭条形，管状花子房无毛。瘦果圆柱形，黄棕色；冠毛白色。

生境：中生植物。生于林缘及河边草甸，河边柳灌丛。

分布：兴安北部、岭东、兴安南部、辽河平原、燕山北部、赤峰丘陵、阴山、鄂尔多斯州。

## 橐吾属 *Ligularia* Cass.

### 全缘橐吾 *Ligularia mongolica*(Turcz.)DC.

鉴别特征：植株高30～80厘米，全体呈灰绿色，无毛。茎直立，粗壮，直径3～10毫米，具多数纵沟棱，基部为褐色的枯叶纤维所包围。叶肉质，干后亦较厚。头状花序在茎顶排列成总状，长可达25厘米，多数，上部密集，下部渐疏离；舌状花黄色，舌片短圆形。瘦果暗褐色，冠毛淡红褐色。

生境：旱中生植物。生于山地灌丛、石质坡地、具丰富杂类草的草甸草原和草甸。

分布：岭东、兴安南部、科尔沁、燕山北部、锡林郭勒、阴山州。

全缘橐吾（徐杰摄于呼和浩特市大青山）

### 箭叶橐吾 *Ligularia sagitta*(Maxim.)Mattf. ex Rehder et Kobuski

鉴别特征：植株高25～75厘米。茎直立，单一，具明显的纵沟棱，被蛛丝状丛卷毛及短柔毛。基生叶2～3，三角状卵形，先端钝或有小尖头，基部近心形或戟形，边缘有细齿。头状花序在茎顶排列成总状，长可达20厘米；总苞钟状或筒状，总苞片披针状条形、矩圆状披针形，先端尖，有微毛；舌状花黄色，舌片矩圆状条形，先端有3齿。瘦果褐色，冠毛白色。

生境：湿中生植物。河滩杂类草草甸伴生种，亦生于河边沼泽。

分布：兴安北部、岭西、兴安南部、燕山北部、锡林郭勒、鄂尔多斯州。

箭叶橐吾（刘铁志、徐杰摄于赤峰市阿鲁科尔沁旗罕山和赤峰市克什克腾旗）

## 橐吾 *Ligularia sibirica*（L.）Cass.

**别名**：西伯利亚橐吾、北橐吾

**鉴别特征**：植株高 30～90 厘米。茎直立，单一，具明显的纵沟棱，疏被蛛丝状毛或近无毛。基生叶 2～3，心形、卵状心形、箭状卵形、三角状心形或肾形。头状花序在茎顶排列成总状，有时为复总状，10～30 多朵，梗长 2～4 毫米；花后常下垂。舌状花舌片矩圆形，先端有 2～3 齿；管状花 20 余个。瘦果褐色，冠毛污白色。

**生境**：湿中生植物。生于林缘草甸、河滩柳灌丛、沼泽。

**分布**：兴安北部、岭西、兴安南部、科尔沁、锡林郭勒州。

橐吾（徐杰摄于包头市九峰山）

## 蹄叶橐吾 *Ligularia fischeri*（Ledeb.）Turcz.

**别名**：肾叶橐吾、马蹄叶、葫芦七

**鉴别特征**：多年生草本，植株高 20～120 厘米。根肉质，黑褐色。茎直立，具纵沟棱，被黄褐色有节短柔毛或白色蛛丝状毛。基生叶和茎下部叶具柄，柄长 10～45 厘米，基部鞘状，叶片肾形或心形。头状花序在茎顶排列成总状，长 20～50 厘米，基部有卵形或卵状披针形苞叶；舌状花舌片矩圆形，管状花多数。瘦果圆柱形，暗褐色；冠毛红褐色。

**生境**：中生植物。生于林缘及河滩草甸、河边灌丛。

**分布**：兴安北部、岭西、兴安南部、燕山北部、赤峰丘陵州。

蹄叶橐吾（刘铁志摄于赤峰市宁城县黑里河）

## 蓝刺头属　*Echinops* L.

### 砂蓝刺头　*Echinops gmelinii* Turcz.

**别名**：刺头、火绒草

**鉴别特征**：一年生草本，高15～40厘米。叶条形或条状披针形。复头状花序单生于枝端，直径1～3厘米，白色或淡蓝色；头状花序长约15毫米，基毛多数，污白色，不等长，糙毛状，长约9毫米；内层苞片背部被蛛丝状长毛；花冠管白色，有毛和腺点。瘦果倒圆锥形。

沙蓝刺头（徐杰摄于鄂尔多斯市准格尔旗库布其沙漠）

**生境：** 喜沙的旱生植物。为荒漠草原地带和草原化荒漠地带常见伴生杂类草，生于沙地、沙质撂荒地、居民点、畜群点周围。

**分布：** 呼伦贝尔、科尔沁、辽河平原、赤峰丘陵、燕山北部、锡林郭勒、乌兰察布、阴南丘陵、鄂尔多斯、东阿拉善、西阿拉善、额济纳州。

## 火烙草 *Echinops przewalskii* Iljin

**鉴别特征：** 多年生草本，高30～40厘米。根粗壮，木质。茎直立，具纵沟棱，密被白色绵毛，不分枝或有分枝。叶革质，茎下部及中部叶长椭圆形、长椭圆状披针形或长倒披针形。头状花序长约25毫米，基毛多数，白色，扁毛状，比头状花序短2倍或更短。花冠白色，花冠裂片条形，蓝色。瘦果圆柱形，密被黄褐色柔毛；冠毛宽鳞片状，黄色。

**生境：** 强旱生植物。生于石质山地及砂砾质戈壁、砂质戈壁。

**分布：** 阴南丘陵、鄂尔多斯、东阿拉善、贺兰山州。

火烙草（刘铁志摄于阿拉善盟阿拉善左旗贺兰山）

## 驴欺口 *Echinops davuricus* Fisch. ex Hormemann

**别名：** 单州漏芦、火绒草、蓝刺头

**鉴别特征：** 多年生草本，高30～70厘米。根粗壮，褐色。茎直立，密被白色蛛丝状绵毛。茎下部与中部叶2回羽状深裂。复头状花序单生于茎顶端，蓝色；头状花序长约2厘米，基毛多数，白色，扁毛状；花冠管白色，有腺点，花冠裂片条形，淡蓝色。瘦果圆柱形，密被黄褐色柔毛。

**生境：** 中旱生植物。多生长在含丰富杂类草的草原群落中，也见于山地草原及山地林缘草甸。

**分布：** 岭东、岭西、呼伦贝尔、兴安南部、科尔沁、赤峰丘陵、燕山北部、锡林郭勒、乌兰察布、阴山、阴南丘陵、鄂尔多斯、东阿拉善州。

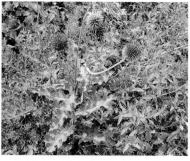

驴欺口（徐杰摄于呼和浩特市大青山）

## 褐毛蓝刺头 *Echinops dissectus* Kitag.

**别名：**东北蓝刺头、天蓝刺头、天蓝漏芦

**鉴别特征：**多年生草本，高 40～70 厘米。茎上部密被蛛丝状绵毛，下部常被褐色长节毛。下部和中部叶 2 回至近 2 回羽状深裂，小裂片全缘或具小齿，边缘具短刺，下面密被白色绵毛；上部叶变小，羽状分裂。复头状花序单生于茎顶或枝端；花冠淡蓝色。瘦果圆柱形，密被黄褐色柔毛。

**生境：**中生植物。生于林缘及河边草甸。

**分布：**兴安北部、岭东、岭西、呼伦贝尔、兴安南部、锡林郭勒、阴山州。

褐毛蓝刺头（赵家明摄于呼伦贝尔市鄂伦春自治旗）

## 羽裂蓝刺头 *Echinops pseudosetifer* Kitag.

**别名：**华北漏芦、华北蓝刺头

**鉴别特征：**多年生草本，高达 60 厘米。茎直立，具纵沟棱，上部密被白色蛛丝状毛，下部密被褐色长节毛。基生叶椭圆形，羽状深裂，侧裂片卵状矩圆形；茎生叶宽卵形或宽矩圆形，基部抱茎，羽状浅或深裂，无柄。复头状花序单生于茎顶，蓝色；头状花序的基毛多数，白色，扁毛状，花冠管部白色，花冠裂片条形，淡蓝色。瘦果圆柱形。

**生境：**旱中生植物。森林草原、林缘、山坡草地及河漫滩草甸稀见伴生种。

**分布：**兴安南部州。

羽裂蓝刺头（徐杰摄于赤峰市阿鲁科尔沁旗高格斯台罕山）

## 苍术属 *Atractylodes* DC.

### 关苍术 *Atractylodes japonica* Koidz. ex Kitam.

**鉴别特征：** 多年生草本，高 30～70 厘米。根状茎横走，肥大而呈结节状。茎生叶 3~5 羽状全裂，侧裂片矩圆形、倒卵形或椭圆形，边缘有平伏或内弯的细刺状锯齿，上面有光泽，顶裂片较大，叶柄较长。头状花序单生于枝端；花冠白色。瘦果圆柱形，冠毛淡黄色。

**生境：** 中生植物。生于山坡、灌丛、林间和林缘。

**分布：** 岭东、兴安南部、燕山北部州。

关苍术（刘铁志摄于呼伦贝尔市鄂伦春自治旗乌鲁布铁）

### 苍术 *Atractylodes lancea* ( Thunb. ) DC.

**别名：** 北苍术、枪头菜、山刺菜

苍术（徐杰摄于呼和浩特市大青山）

苍术（徐杰摄于呼和浩特市大青山）

**鉴别特征：** 多年生草本，植株高 30～50 厘米。根状茎肥大，结节状。叶革质，无毛；不分裂或大头羽状 3～5（7～9）浅裂或深裂，无柄或具短柄，边缘具开展硬刺。头状花序单生于枝端，叶状苞倒披针形，羽状裂片栉齿状，有硬刺；总苞杯状；管状花白色。瘦果圆柱形，密被银白色长柔毛；冠毛淡褐色。

**生境：** 中生植物。为山地阳坡、半阴坡草灌丛群落中的常见植物。

**分布：** 兴安北部、岭东、兴安南部、燕山北部、赤峰丘陵、阴山州。

## 革苞菊属 *Tugarinovia* Iljin

### 卵叶革苞菊 *Tugarinovia ovatifolia*（Ling et Y. C. Ma）Y. Z. Zhao

**鉴别特征：** 多年生草本。根粗壮，根颈部包被多数棉毛状叶柄残余纤维，常呈簇团状。茎基被污白色厚棉毛，上端有少数稀多数簇生或单生的花茎。叶片卵圆形或卵形，边缘不分裂，仅具不规则浅齿，离基 3～5 出掌状叶脉。花茎长 2～4 厘米，不分枝，柔弱，径约 2 毫米，具

卵叶革苞菊（徐杰摄于鄂尔多斯市鄂托克旗）

纵沟棱，密被白色绵毛，无叶。瘦果矩圆形，密被绢质长柔毛。

　　生境：强旱生植物。亚洲中部荒漠草原地带、荒漠地带的特有种，多生长在石质丘陵顶部或砂砾质坡地，局部可形成小群聚。

　　分布：东阿拉善、贺兰山州。

## 苓菊属 *Jurinea* Cass.

### 蒙新苓菊 *Jurinea mongolica* Maxim.

　　别名：蒙疆苓菊、地棉花、鸡毛狗

　　鉴别特征：多年生草本，高6～20厘米。基生叶与茎下部叶羽状深裂或浅裂，有时不分裂而具疏牙齿或近全缘，边缘常皱曲而反卷，具柄；中、上部叶渐变小而简化。头状花序单生于枝端；花冠红紫色。瘦果倒圆锥形，冠毛污黄色。

　　生境：旱生植物。生于荒漠化草原、荒漠地带小针茅草原和草原化荒漠。

　　分布：鄂尔多斯、东阿拉善、西阿拉善、龙首山州。

蒙新苓菊（刘铁志摄于乌海市海勃湾区）

## 水飞蓟属 *Silybum* Vaill.

### 水飞蓟 *Silybum marianum*（L.）Gaertn.

　　别名：水飞雉、老鼠筋

　　鉴别特征：一、二年生草本，高30～150厘米，基生叶呈莲座状，具柄；叶片矩圆状披针形，边缘羽状深裂或浅裂，裂片先端和边缘具刺，上面绿色，有白色斑纹；中部叶无柄，较小。头状花序单生于茎顶；总苞片8层；花冠淡紫色或白色。

　　生境：中生植物。生于路旁渠边。

　　分布：原产南欧和北非。兴安北部州（扎兰屯市）和锡林郭勒州（苏尼特左旗）。

水飞蓟（王长荣摄于锡林郭勒盟苏尼特左旗）

## 泥胡菜属 *Hemistepta* Bunge

### 泥胡菜 *Hemistepta lyrata*
### （Bunge）Bunge

　　**鉴别特征：**二年生草本，高 30～80 厘米。基部叶呈莲座状，具柄，叶片提琴状羽状分裂，顶裂片较大，有时 3 裂，下面有白色蛛丝状毛；中、上部叶羽状分裂，无柄。头状花序在茎顶排列成伞房状；总苞片 5～8 层，各层苞片背面先端下具 1 紫红色鸡冠状附片；管状花紫红色。瘦果椭圆形，冠毛白色。

　　**生境：**中生植物。生于路边草坪。

　　**分布：**赤峰丘陵州（赤峰红山区）。

泥胡菜（刘铁志摄于赤峰市红山区）

## 风毛菊属 *Saussurea* DC.

### 紫苞风毛菊 *Saussurea iodostegia* Hance

**别名：** 紫苞雪莲

**鉴别特征：** 多年生草本，高30～50厘米。茎带紫色，被白色长柔毛。基生叶条状披针形或披针形，基部渐狭成长柄，边缘有稀疏锐锯齿；茎生叶披针形或宽披针形，无柄，半抱茎，边缘有疏细齿；最上部叶苞叶状，椭圆形或宽椭圆形，膜质，紫色，全缘。头状花序4～6个在茎顶密集成伞房状；花冠紫色。瘦果圆柱形，冠毛2层，淡褐色。

**生境：** 中生植物。生于山地草甸和山地草甸草原。

**分布：** 兴安南部、燕山北部州。

紫苞风毛菊（刘铁志摄于乌兰察布市兴和县苏木山）

### 美花风毛菊 *Saussurea pulchella*（Fisch.）Fisch.

**别名：** 球花风毛菊

**鉴别特征：** 多年生草本，高30～90厘米。根状茎纺锤状。茎直立，有纵沟棱，上部分枝。茎下部叶及中部叶与基生叶相似，矩圆形或椭圆形，羽状深裂或全裂，裂片条形或披针状条形；上部叶披针形或条形。头状花序在茎顶成密集的伞房状，总苞球形或球状钟形。总苞片有膜质粉红色圆形而具齿的附片；花冠淡紫色。瘦果圆柱形，冠毛2层。

**生境：** 中生植物。山地森林草原及林缘、灌丛及沟谷草甸常见伴生种。

**分布：** 兴安北部、岭西、兴安南部、辽河平原、燕山北部、锡林郭勒州。

美花风毛菊（徐杰摄于赤峰市阿鲁科尔沁旗高格斯台罕山）

## 草地风毛菊 *Saussurea amara* （ L. ）DC.

**别名**：驴耳风毛菊、羊耳朵

**鉴别特征**：多年生草本。高 20～50 厘米。基生叶与下部叶椭圆形、宽椭圆形或矩圆状椭圆形，全缘或有波状齿至浅裂，密布腺点，边缘反卷。头状花序多数，在茎顶和枝端排列成伞房状，总苞钟形或狭钟形，中层和内层者矩圆形或条形，粉红色而有齿的附片；花冠粉红色。

**生境**：中生植物。村旁、路边常见杂草。

**分布**：内蒙古各州。

草地风毛菊（刘铁志摄于呼伦贝尔市新巴尔虎右旗）

## 风毛菊 *Saussurea japonica*（ Thunb. ）DC.

**别名**：日本风毛菊

**鉴别特征**：二年生草本，高 50～150 厘米。根纺锤状，黑褐色。茎直立，有纵沟棱，疏被短柔毛和腺体，上部多分枝。基生叶与下部叶具长柄，矩圆形或椭圆形，羽状半裂或深裂，叶基部不沿茎下延成翅。头状花序在茎顶成密集的伞房状；总苞筒状钟形，疏被蛛丝状毛，总苞片先端有膜质、圆形而具小齿的附片，带紫红色；花冠紫色。瘦果圆柱形，冠毛 2 层。

**生境**：生于山地、草甸草原、河岸草甸、路边、撂荒地。

**分布**：兴安北部、岭西、辽河平原、兴安南部、科尔沁、赤峰丘陵、燕山北部、锡林郭勒、阴山、阴南丘陵。

风毛菊（徐杰摄于乌兰察布市凉城县蛮汉山林场）

## 翼茎风毛菊 *Saussurea japonica*（Thunb.）DC. var. *pteroclada*（Nakai et Kitag）Raab-Straube

**鉴别特征：** 二年生草本，高 50～150 厘米。根纺锤状，黑褐色。茎直立，有纵沟棱，疏被短柔毛和腺体，上部多分枝。叶基部矩圆形或椭圆形，沿茎下延成翅，具牙齿或全缘。头状花序在茎顶成密集的伞房状；总苞筒状钟形，疏被蛛丝状毛，总苞片先端有膜质、圆形而具小齿的附片，带紫红色；花冠紫色。瘦果圆柱形。

**生境：** 中生植物。生于山地、草甸草原、河岸草甸、路边、撂荒地。

**分布：** 兴安北部、岭西、辽河平原、兴安南部、科尔沁、赤峰丘陵、燕山北部、锡林郭勒、阴山、阴南丘陵、东阿拉善。

翼茎风毛菊（徐杰摄于阿拉善左旗）

## 蓖苞风毛菊 *Saussurea pectinata* Bunge ex DC.

**别名：** 羽苞风毛菊

**鉴别特征：** 多年生草本，高 40～80 厘米。茎直立，具纵沟棱。基生叶宽卵形或披针形，侧裂片5～8对，边缘有深波状或缺刻状钝齿，具长柄；上部叶有短柄，裂片较狭，羽状浅裂或全缘。头状花序大，密集伞房状；总苞片5～6层，外层苞片卵状披针形，顶端有栉齿状附片，常反折；内层苞片顶端和边缘粉紫色，全缘；花冠粉紫色。瘦果圆柱形；冠毛2层。

　　生境：中生植物。山地森林草原及森林地带林缘，沟谷、路旁伴生植物。

　　分布：兴安北部、兴安南部、赤峰丘陵、燕山北部、阴山州。

蓖苞风毛菊（徐杰摄于包头市九峰山）

## 齿苞风毛菊 *Saussurea odontolepis* Sch. Bip. ex. Maxim.

　　鉴别特征：多年生草本，高40～70厘米。茎直立，具纵沟棱，上部有分枝。基生叶与茎下部叶椭圆形或卵状椭圆形，羽状深裂，具10对裂片，中部叶及上部叶渐变小，具短柄或无柄。头状花序较小，伞房状，具短梗，总苞筒状，总苞片紫红色，密被蛛丝状毛，先端具栉齿状附片，常反折；花冠红紫色。瘦果圆柱形，顶端截形，有具齿的小冠；冠毛2层。

　　生境：中生植物。大兴安岭南部山地林缘及灌丛中较为常见的伴生种。

　　分布：兴安北部、岭西、兴安南部、辽河平原、燕山北部州。

齿苞风毛菊（刘铁志摄于赤峰市巴林左旗浩尔吐）

## 达乌里风毛菊 *Saussurea davurica* Adam.

　　别名：毛苞风毛菊

　　鉴别特征：多年生草本，高4～15厘米，全体灰绿色。茎常单一，具纵沟棱。基生叶披针形或长椭圆形，基部楔形或宽楔形，具长柄，茎生叶2～3片，无柄或具短柄，半抱茎，矩圆形，有波状小齿或全缘。头状花序少数或多数，在茎顶密集排列成半球状或球状伞房状；花冠粉红色。瘦果圆柱形，冠毛 2 层。

　　**生境**：盐中生植物。芨芨草滩和盐化草甸常见种。

　　**分布**：呼伦贝尔、锡林郭勒、乌兰察布、东阿拉善、西阿拉善州。

达乌里风毛菊（徐杰摄于锡林郭勒盟锡林浩特市）

## 盐地风毛菊 *Saussurea salsa*（Pall.）Spreng.

　　**鉴别特征**：多年生草本，高 10～40 厘米。叶肉质，基生叶与下部叶卵形或宽椭圆形，大头羽状深裂或全裂，叶柄长；茎生叶向上渐变小，无柄，全缘或有疏齿。头状花序在茎顶排列成伞房状或复伞房状；总苞片顶端钝或稍尖；花冠粉紫色。瘦果圆柱形，冠毛 2 层，白色。

　　**生境**：中生植物。生于草原地带和荒漠地带盐渍低地。

　　**分布**：呼伦贝尔、锡林郭勒、鄂尔多斯、东阿拉善、贺兰山、西阿拉善、额济纳州。

盐地风毛菊（刘铁志摄于呼伦贝尔市新巴尔虎右旗）

## 直苞风毛菊 *Saussurea ortholepis*（Hand.-Mazz.）Y. Z. Zhao et L. Q. Zhao

　　**鉴别特征**：多年生草本，高 10～25 厘米。叶纸质，狭条形，全缘，边缘反卷。头状花序单生于茎顶；总苞钟形，被绢状长柔毛，外层者卵状披针形，顶端长渐尖，基部宽，反折；内层者条形，直立，带紫色；花冠粉紫色。瘦果圆柱形，冠毛淡褐色。

生境：耐寒中生植物。生于海拔 3000 米以上高山草甸。

分布：贺兰山州。

直苞风毛菊（徐建国摄于阿拉善贺兰山）

## 西北风毛菊 *Saussurea petrovii* Lipsch.

鉴别特征：多年生草木，高 15～25 厘米。根木质，外皮纵裂成纤维状。茎丛生，直立。叶条形先端长渐尖，基部渐狭，边缘疏具小牙齿，齿端具软骨质小尖头。头状花序少数在茎顶排列成复伞房状；总苞片 4～5 层，被蛛丝状短柔毛，边缘带紫色；花冠粉红色。瘦果圆柱形，褐色，有斑点；冠毛 2 层，白色。

西北风毛菊（徐杰、刘铁志摄于阿拉善贺兰山和阿拉善盟阿拉善左旗塔尔岭）

**生境：** 强旱生植物。荒漠草原地带小针茅草原稀见伴生种。

**分布：** 东阿拉善、贺兰山州。

## 柳叶风毛菊 *Saussurea salicifolia*（L.）DC.

**鉴别特征：** 多年生半灌状草本，高15～40厘米。茎多数丛生，直立，具纵沟棱。叶多数，条形或条状披针形，基部渐狭，具短柄或无柄，全缘，稀基部边缘具疏齿，常反卷。头状花序伞房状；总苞筒状钟形；总苞片4～5层，红紫色；花冠粉红色。瘦果圆柱形，褐色；冠毛2层，白色。

**生境：** 中旱生植物。典型草原及山地草原地带常见伴生种。

**分布：** 兴安北部、岭东、岭西、呼伦贝尔、兴安南部、锡林郭勒、贺兰山州。

柳叶风毛菊（赵家明摄于呼伦贝尔市新巴尔虎右旗）

## 银背风毛菊 *Saussurea nivea* Turcz.

**别名：** 华北风毛菊、羊耳白背

银背风毛菊（刘铁志摄于赤峰市喀喇沁旗马鞍山）

鉴别特征：多年生草本，高 50～70 厘米。茎直立，具纵沟棱，疏被蛛丝状毛。基生叶在花期常凋落，叶披针状三角形或卵状三角形，上面绿色，无毛，下面被银白色毡毛，具长叶柄。头状花序成伞房状，花梗细，被蛛丝状毛；具条形苞叶；总苞筒状钟形或钟形；总苞片 5～7 层，密被白色绵毛；花冠粉紫色。瘦果圆柱形，褐色；冠毛 2 层，白色。

生境：中生植物。生于林下或灌丛中。

分布：兴安南部、燕山北部州。

## 阿拉善风毛菊 *Saussurea alaschanica* Maxim.

鉴别特征：多年生草本，高 20～30 厘米。基生叶或下部叶椭圆形或卵状椭圆形，基部浅心形、宽楔形或近圆形，叶片上面绿色，下面被白色毡毛，有具翅的长柄。头状花序 1～3 个，在茎顶排列成伞房状，梗极粗短，被蛛丝状毛，总苞钟状筒形，暗紫色，被白色长柔毛；花冠紫红色。瘦果圆柱形，黑褐色，有纵条纹；冠毛 2 层，白色。

生境：中生植物。习生于海拔 2500～2800 米的山坡灌丛或岩石裂缝中。

分布：贺兰山、龙首山州。

阿拉善风毛菊（徐杰摄于阿拉善贺兰山）

## 折苞风毛菊 *Saussurea recurvata*( Maxim. )Lipsch.

别名：长叶风毛菊、弯苞风毛菊

鉴别特征：多年生草本，高 40～80 厘米。茎直立，具纵沟棱。叶质较厚，基生叶与茎下部叶卵状三角形或长卵形。头状花序数个，伞房状，具短梗；总苞钟状，先端通常暗紫色，背部被柔毛或无毛，外层的宽卵形，具缘毛，先端有马刀形附片或无附片而成长尖头，通常反折，内层的条形，先端稍钝或尖；花冠紫色。瘦果圆柱形；冠毛 2 层，淡褐色。

生境：中生植物。森林草原及森林地带林缘、灌丛和草甸伴生种。

分布：兴安北部、岭东、岭西、兴安南部、燕山北部、阴山州。

折苞风毛菊（徐杰、刘铁志摄于阿鲁科尔沁旗高格斯台罕山和兴安盟阿尔山市白狼）

## 硬叶风毛菊 *Saussurea firma*（Kitag.）Kitam.

别名：硬叶乌苏里风毛菊

硬叶风毛菊（徐杰摄于赤峰市阿鲁科尔沁旗高格斯台罕山）

鉴别特征：多年生草本，高 50～80 厘米。茎直立，具纵沟棱。叶质厚硬，基生叶与下部叶卵形、矩圆状卵形以至宽卵形，基部心形或截形，边缘有波状具短刺尖的牙齿，上面绿色，近无毛，有腺点，下面灰白色，被蛛丝状毛。头状花序多数，伞房状；总苞筒状钟形，总苞片边缘及先端紫红色，疏被蛛丝状毛；花冠紫红色。瘦果无毛；冠毛 2 层，白色。

生境：旱中生植物。生于山坡草地或沟谷。

分布：兴安北部、岭东、呼伦贝尔、兴安南部、燕山北部州。

## 密花风毛菊 *Saussurea acuminata* Turcz.

别名：渐尖风毛菊

鉴别特征：多年生草本，高 30～60 厘米。根状茎细长。茎单一，直立，具纵沟棱，近无毛，有由叶沿茎下延的窄翅，不分枝。叶质厚，基生叶矩圆状披针形或披针形，茎生叶披针形或条状披针形，基部渐狭成具翅的柄，柄基半抱茎，全缘。头状花序多数，在茎端密集排列成半球形伞房状；总苞筒状钟形；总苞片 4 层，先端常带紫红色；花冠淡紫色。瘦果圆柱状。

生境：中生植物。森林区、森林草原地区河谷草甸伴生种。

分布：呼伦贝尔、兴安南部、锡林郭勒州。

密花风毛菊（刘铁志摄于锡林郭勒盟正蓝旗元上都遗址）

## 羽叶风毛菊 *Saussurea maximowiczii* Herd.

鉴别特征：多年生草本，高 50～100 厘米。基生叶与下部叶长卵形、长椭圆形或长三角形，大头羽状深裂，顶裂片三角形或披针形，边缘具疏的缺刻状牙具；侧裂片 4～8 对。总苞筒状钟形，被蛛丝状长柔毛；总苞片 7～8 层，边缘带紫色；花冠紫红色。瘦果圆柱形。冠毛 2 层，淡褐色。

生境：中生植物。为大兴安岭及南部山地草甸及林缘、林下常见伴生种。

分布：兴安北部、岭西、岭东、兴安南部、燕山北部州。

羽叶风毛菊（徐杰摄于赤峰市喀喇沁旗）

## 龙江风毛菊 *Saussurea amurensis* Turcz. ex DC.

别名：齿叶风毛菊

鉴别特征：多年生草本，高 40～70 厘米。茎上有由叶沿茎下延的窄翅。基生叶宽披针形、长椭圆形或卵形，具长柄，边缘具疏锯齿，下面密被白色蛛丝状绵毛；茎生叶披针形或条状披针形，边缘有细齿或全缘。头状花序在茎顶排列成伞房状；总苞片顶端尖或稍钝；花冠粉紫色。瘦果圆柱形，冠毛 2 层，污白色。

生境：湿中生植物。生于沼泽化草甸及河流两岸草甸。

分布：兴安北部、兴安南部、燕山北部州。

龙江风毛菊（刘铁志摄于呼伦贝尔市鄂伦春自治旗大杨树）

小花风毛菊（刘铁志摄于赤峰市巴林右旗赛罕乌拉）

## 小花风毛菊 *Saussurea parviflora* （ Poir. ）DC.

别名：燕尾风毛菊

鉴别特征：多年生草本，高 40~80 厘米。茎直立，具纵沟棱，有狭翅，无毛。叶质薄，下部叶及中部叶长椭圆形或矩圆状椭圆形，先端长渐尖，基部渐狭而下延成狭翅，边缘具尖的锯齿，叶两面无毛或被微毛，边缘有糙硬毛。头状花序多数，伞房状，有短梗，近无毛；总苞筒状钟形，总苞片 3~4 层，顶端常黑色；花冠紫色。瘦果长约 3 毫米；冠毛 2 层，白色。

生境：中生植物。山地森林草原地带及森林地带林下、灌丛以及林缘草地中常见伴生种。

分布：兴安北部、岭西、兴安南部、燕山北部、阴山州。

## 齿叶风毛菊 *Saussurea neoserrata* Nakai

鉴别特征：多年本草本，高 30~100 厘米。茎直立，有狭翅。叶质薄，茎生叶椭圆形或椭圆状披针形，基部渐狭，下延成翅状叶柄，半抱茎，边缘有不规则的具尖头的牙齿，边缘被糙硬毛；上部叶披针形或条状披针形。头状花序多数，伞房状，有短梗；总苞筒状钟形；总苞片 4~5 层，绿色或顶端稍带黑紫色；花冠紫色。瘦果圆柱形，具纵沟棱；冠毛 2 层，淡褐色。

生境：中生植物。落叶松林林缘及林间草甸常见伴生种。

分布：兴安北部、燕山北部州。

齿叶风毛菊（徐杰摄于赤峰市阿鲁科尔沁旗高格斯台罕山）

## 雅布赖风毛菊 *Saussurea yabulaiensis* Y. Y. Yao

**鉴别特征**：多年生草本，高 30～35 厘米。茎多数，细长，基部有黄褐色的残存叶柄和叶轴。下部叶 1 回不整齐羽状全裂，裂片常为 2～3 对，疏离，条形或披针形，两面无毛，疏被腺点，叶柄基部半抱茎；中、上部叶不分裂，丝状条形。头状花序单生或少数在茎顶排列成伞房状；总苞筒状钟形，总苞片革质，7～8 层，密被或疏被腺点和微毛；花冠粉紫色，裂片 5，等长；花药尾部有绵毛。瘦果矩圆形，疏被腺点；冠毛白色，2 层，外层短，糙毛状，内层长，羽毛状。

**生境**：强旱生植物。生于荒漠区海拔 1380 米的山地沟谷。

**分布**：西阿拉善、龙首山州。

雅布赖风毛菊（徐杰摄于阿拉善右旗雅布赖山）

## 阿右风毛菊 *Saussurea jurineioides* H. C. Fu

**鉴别特征**：多年生草本，高 10～20 厘米。茎单生或少数丛生。叶片轮廓椭圆形或披针形，不规则羽状深裂或全裂；侧裂片 4～8 对，两面密被或疏被多细胞皱曲柔毛及腺点。头状花序单生于茎顶；总苞宽钟状，直径 1.5～2.0 厘米；花冠粉红色；花药尾部具绵毛。瘦果圆柱形，褐

阿右风毛菊（苏云摄于阿拉善贺兰山）

色，具纵肋，疏被短柔毛及腺点；冠毛 2 层，白色。

  **生境：**强旱生植物。生于石质山坡。

  **分布：**贺兰山、龙首山州。

## 碱地风毛菊 *Saussurea runcinata DC.*

  **别名：**倒羽叶风毛菊

  **鉴别特征：**多年生草本，高 5～50 厘米。根粗壮，直伸。茎直立，茎无翅或具狭翅。叶椭圆形或倒披针形、披针形或条状倒披针形，叶大头羽状全裂或深裂；头状花序少数或多数；外层总苞片伸长，常与内层总苞片等长或超出；花冠紫红色。瘦果圆柱形。

  **生境：**耐盐中生植物。广泛分布在盐渍低地，为盐化草甸恒有伴生种。

  **分布：**呼伦贝尔、辽河平原、科尔沁、锡林郭勒、乌兰察布、阴南丘陵、鄂尔多斯、东阿拉善、西阿拉善州。

碱地风毛菊（刘铁志摄于包头市达日罕茂名安联合旗希拉穆仁和锡林郭勒盟苏尼特左旗白日乌拉）

## 华北风毛菊 *Saussurea mongolica* (Franch.) Franch.

**别名：**蒙古风毛菊

**鉴别特征：**多年生草本，高 30～80 厘米。茎下部及中部叶卵状三角形或卵形，羽状深裂或下半部羽状深裂，而上半部边缘有粗齿，裂片边缘具疏齿或近全缘，有长柄；上部叶渐小，短柄或无柄，边缘有粗齿。头状花序在茎顶密集成伞房状；总苞片顶端常反折；花冠紫红色。瘦果圆柱形，冠毛 2 层，上部白色，下部淡褐色。

**生境：**中生植物。生于山地林下及林缘。

**分布：**兴安南部、燕山北部、阴山州。

华北风毛菊（刘铁志摄于赤峰市松山区老府）

## 牛蒡属 *Arctium* L.

## 牛蒡 *Arctium lappa* L.

**别名：**恶实、鼠粘草

**鉴别特征：**植株高达 1 米。根肉质，呈纺锤状。茎直立，粗壮，具纵沟棱，带紫色，被微毛，上部多分枝。基生叶大形，丛生，宽卵形或心形。头状花序单生于枝端，或多数排列成伞房状，梗长达 10 厘米；总苞球形，总苞片条状披针形或披针形，边缘有短刺状缘毛，先端钩刺状；管状花冠红紫色，花冠裂片狭长。瘦果椭圆形或倒卵形，灰褐色；冠毛白色。

**生境：**大型中生杂草、嗜氮植物。常见于村落路旁、山沟、杂草地，也有栽培者。

**分布：**兴安北部、兴安南部、辽河平原、科尔沁、燕山北部、赤峰丘陵、阴山、鄂尔多斯、贺兰山、龙首山州。

牛蒡（徐杰、刘铁志摄于乌兰察布市凉城蛮汉山林场和赤峰市宁城县黑里河）

## 顶羽菊属 Acroptilon Cass.

### 顶羽菊 *Acroptilon repens*（L.）DC.

别名：苦蒿、灰叫驴

鉴别特征：多年生草本，高40～60厘米。叶披针形至条形，全缘或疏具锯齿以至羽状深裂，两面被短硬毛或蛛丝状毛和腺点无柄；上部叶短小。头状花序单生于枝端，总苞卵形或矩圆状卵形；总苞片4～5层，外层者宽卵形，上半部透明膜质，被长柔毛，下半部绿色，质厚；花冠紫红色，狭管部与檐部近等长。瘦果矩圆形。

生境：荒漠草原地带和荒漠地带芨芨草盐化草甸中常见伴生种，也见于灌溉的农田。耐盐的强旱生植物。

分布：阴南丘陵、鄂尔多斯、乌兰察布、东阿拉善、西阿拉善、贺兰山、龙首山州。

顶羽菊（刘铁志、苏云摄于阿拉善盟阿拉善左旗巴彦浩特和贺兰山）

## 黄缨菊属 Xanthopappus Winkl.

黄缨菊（徐杰摄于阿拉善右旗龙首山）

### 黄缨菊 *Xanthopappus subacaulis* C. Winkl.

别名：黄冠菊、九头妖

鉴别特征：多年生草本。根状茎粗壮。叶革质，莲座状，平展，矩圆状披针形，羽状深裂或羽状全裂，裂片边缘有不规则小裂片或牙齿，顶端具黄色硬刺，上面绿色，无毛，稍光亮，下面灰白色，密被蛛丝状毡毛。头状花序倒卵状球形，近无梗，数个集生成近球状，密集于莲座状的叶丛中；总苞片革质多层，覆瓦状排列，条状披针形，先端具长刺尖，边缘具锯齿状缘毛。花黄色，花冠狭管状，顶端具5齿。瘦果倒卵形，扁平，灰色，有褐色斑点；冠毛多层，淡黄色，刚毛状，有微短的羽毛。

生境：旱生植物。生长于砂砾质山坡上。

分布：龙首山州。

## 蝟菊属 *Olgaea* Iljin

### 蝟菊 *Olgaea lomonosowii*（Trautv.）Iljin

**鉴别特征：** 多年生草本，高 15～30 厘米。叶近革质，矩圆状倒披针形，羽状浅裂或深裂，边缘具不等长小刺齿；茎生叶基部沿茎下延成窄翅。头状花序较大，单生于茎顶或枝端；总苞片条状披针形，先端具硬长刺尖，暗紫色，边缘有短刺状。管状花两性，紫红色，花冠裂片 5，顶端钩状内弯；花药尾部结合成鞘状，包围花丝。瘦果矩圆形，稍扁；冠毛污黄色。

**生境：** 中旱生植物。典型草原地带较为常见的伴生种，喜生于沙壤质、砾质栗钙土，也常出现于西部山地阳坡草原石质土上。

**分布：** 兴安南部、科尔沁、呼伦贝尔、赤峰丘陵、乌兰察布、阴山、东阿拉善、贺兰山州。

蝟菊（徐杰、刘铁志摄于赤峰市克什克腾旗和乌兰察布市卓资县巴音锡勒）

### 鳍蓟 *Olgaea leucophylla*（Turcz.）Iljin

**别名：** 白山蓟、白背、火媒草

鳍蓟（刘铁志、徐杰摄于通辽市科尔沁左翼后旗和鄂尔多斯市达旗）

鉴别特征：植株高 15～70 厘米。茎粗壮。叶长椭圆形或椭圆状披针形，具长针刺，基部沿茎下延成或宽或窄的翅，边缘具不规则的疏牙齿。头状花序较大；总苞钟状或卵状钟形；总苞片多层，条状披针形，先端具长刺尖，背部无毛或被微毛，管状花粉红色，花冠裂片长约 5 毫米，无毛，花药无毛。瘦果矩圆形，稍扁，具隆起的纵纹与褐斑；冠毛黄褐色。

生境：沙生旱生植物。喜生于砂质、砂壤质栗钙土、棕钙土及固定沙地。

分布：呼伦贝尔、兴安南部、辽河平原、科尔沁、赤峰丘陵、乌兰察布、阴山、阴南丘陵、鄂尔多斯、东阿拉善、西阿拉善、贺兰山州。

## 青海鳍蓟 *Olgaea tangutica* Iljin

别名：刺疙瘩

鉴别特征：多年生草本，植株高 50～90 厘米。茎直立，较细。叶革质，基生叶与下部叶宽条状披针形，较宽大，具长针刺，基部沿茎下延成翅，羽状浅裂，裂片宽三角形，上面绿色光泽，下面密被灰白色毡毛。头状花序较大，单生于枝端；总苞钟状；总苞片先端具长刺尖；管状花蓝紫色，有腺点；花药疏被柔毛。瘦果矩圆形，稍扁，具纵纹与褐斑；冠毛污黄色。

生境：旱生植物。生于阴山山脉以南黄土高原区草原及森林草原地带的撂荒地、砾石质坡地。

分布：阴南丘陵、鄂尔多斯州。

青海鳍蓟（徐杰摄于呼和浩特市大青山）

莲座蓟（徐杰摄于乌兰察布市辉腾希勒草原）

## 蓟属 *Cirsium* Mill.

### 莲座蓟 *Cirsium esculentum* （Sievers）C.A. Mey.

别名：食用蓟

鉴别特征：多年生草本。根状茎短，粗壮，具多数褐色须根。基生叶簇生，矩圆状倒披针形，先端钝或尖，有刺，基部渐狭成具翅的柄，羽状深裂，裂片卵状三角形，钝头。头状花序数个密集于莲座状的叶丛中，无梗或有短梗。

莲座蓟（徐杰摄于乌兰察布市辉腾希勒草原）

花冠红紫色。瘦果矩圆形。

　　**生境：**湿中生植物。河漫滩阶地、湖滨阶地以及山间谷地杂类草草甸、杂类草草甸中较常见的恒有伴生植物，喜生于潮湿而通气良好的典型草甸土。

　　**分布：**兴安北部、呼伦贝尔、兴安南部、岭西、科尔沁、锡林郭勒、阴山州。

## 烟管蓟　*Cirsium pendulum* Fisch. ex DC.

　　**鉴别特征：**二年生或多年生草本，高 1 米左右。基生叶与茎下部叶花期凋萎，宽椭圆形以至宽披针形，先端尾状渐尖，基部渐狭成具翅的短柄，2 回羽状深裂；茎中部叶椭圆形，无柄。头状花序下垂，在茎上部排列成总状，总苞卵形，基部凹形；总苞片先端具刺尖，常

烟管蓟（刘铁志摄于兴安盟科尔沁右翼前旗索伦）

向外反曲；花冠紫色，狭管部丝状，2～3 倍长于檐部。瘦果矩圆形，稍扁，灰褐色；冠毛淡褐色。

**生境：**中生植物。河漫滩草甸、湖滨草甸、沟谷及林缘草甸中较常见的大型杂类草。

**分布：**兴安北部、岭西、呼伦贝尔、兴安南部、辽河平原、科尔沁、燕山北部、锡林郭勒、阴山、阴南丘陵、鄂尔多斯州。

## 块蓟 *Cirsium viridifolium*（Hand. –Mazz.）C. Shih

**别名：**柳叶绒背蓟

**鉴别特征：**多年生草本，高 20～40 厘米。块根，肉质，纺锤状。茎下部及中部叶椭圆形或披针形，稀卵形或卵状披针形，先端具刺尖头，无柄，基部扩大半抱茎或渐狭成翼柄，边缘具缘毛状针刺，两面绿色，无毛或有多细胞长节毛。头状花序直立，单生于枝端；总苞钟状；花冠紫红色。瘦果压扁，倒圆锥状，有条棱，顶端截形或斜截形；冠毛淡褐色。

**生境：**中生植物。生于林缘和低湿草甸。

**分布：**兴安南部、辽河平原、锡林郭勒、燕山北部州。

块蓟（徐杰摄于赤峰市阿鲁科尔沁旗高格斯台罕山）

## 绒背蓟 *Cirsium vlassovianum* Fisch. ex DC.

**鉴别特征：**多年生草本，高 30～100 厘米。块根指状。基生叶与茎下部叶披针形，基部渐狭有短柄，花期凋萎；茎中部叶矩圆状披针形或卵状披针形，无柄，边缘密生细刺或有刺尖齿，下面密被灰白色蛛丝状丛卷毛；上部叶渐小。头状花序单生于枝端，直立；花冠紫红色。瘦果矩圆形，冠毛淡褐色。

**生境：**中生植物。生于山地林缘、山坡草地、河岸和草甸。

**分布：**兴安北部、岭东、岭西、呼伦贝尔、辽河平原、兴安南部、科尔沁、燕山北部州。

绒背蓟（刘铁志摄于赤峰市巴林右旗赛罕乌拉）

## 刺儿菜 *Cirsium segetum* Bunge

别名：小蓟、刺蓟

刺儿菜（刘铁志摄于赤峰市新城区）

鉴别特征：多年生草本，高20～60厘米。叶片全缘或疏具波状齿裂，边缘及齿端有刺。雌雄异株，头状花序通常单生或数个生于茎顶或枝端；雄株头状花序较小，雄花花冠紫红色；雌株头状花序较大，雌花花冠紫红色。瘦果椭圆形或长卵形，略扁平。

生境：中生植物。生于田间、荒地和路旁，为杂草。

分布：内蒙古各州。

## 大刺儿菜 *Cirsium setosum* ( Willd. ) M. Bieb.

别名：大蓟、刺蓟、刺儿菜、刻叶刺儿菜

鉴别特征：多年生草本，高50～100厘米。具长的根状茎。茎直立，具纵沟棱，近无毛或疏被蛛丝状毛，上部有分枝。基生叶花期枯萎；下部叶及中部叶矩圆形或长椭圆状披针形。雌雄异株，头状花序多数集生于茎的上部，排列成疏松的伞房状；雌花花冠紫红色；狭管部长为檐部的4～5倍，花冠裂片深裂至檐部的基部。瘦果倒卵形或矩圆形。

生境：中生植物。草原地带、森林草原地带退耕撂荒地上最先出现的先锋植物之一，也见于严重退化的放牧场和耕作粗放的各类农田，往往可形成较密集的群聚。

分布：内蒙古各州。

大刺儿菜（徐杰、刘铁志摄于锡林郭勒盟锡林浩特市和赤峰市红山区）

## 丝路蓟 *Cirsium arvense* ( L. ) Scop.

别名：野刺儿菜

鉴别特征：多年生草本，高20～50厘米，被蛛丝状毛。基生叶花期枯萎；茎下部叶椭圆形或椭圆状披针形，羽状浅裂或半裂，侧裂片具刺齿，下面浅绿色，被蛛丝状绵毛；中、上部叶渐小。雌雄异株；头状花序集生于上部，成圆锥状伞房花序；花冠紫红色。瘦果近圆柱形，冠毛污白色。

丝路蓟（刘铁志摄于鄂尔多斯市东胜区）

**生境**：中生植物。生于山沟边湿地、砂砾质坡地。

**分布**：鄂尔多斯、东阿拉善、西阿拉善、贺兰山、额济纳州。

## 飞廉属 *Carduus* L.

### 节毛飞廉 *Carduus acanthoides* L.

**鉴别特征**：二年生草本，高70～90厘米。下部叶椭圆状披针形，羽状半裂或深裂，边缘具缺刻状牙齿，齿端叶缘有不等长的细刺，被皱缩长柔毛；中部叶与上部叶渐变小，矩圆形或披针形，羽状深裂，边缘具刺齿。头状花序常2～3个聚生于枝端；总苞钟形。管状花冠紫红色，稀白色，花冠裂片条形。瘦果长椭圆形，冠毛白色。

**生境**：中生杂草。生于路旁，田边。

**分布**：内蒙古各州。

节毛飞廉（徐杰摄于呼和浩特市大青山）

## 麻花头属 *Klasea* Cass.

### 多头麻花头 *Klasea polycephala*（Iljin）Kitag.

**别名：** 多花麻花头

**鉴别特征：** 植株高 40～80 厘米。根粗状，直伸，黑褐色。茎直立，具黄色纵条棱，无毛或下部疏被皱曲柔毛，基部带红紫色，有褐色枯叶柄纤维，上部多分枝。基生叶长椭圆形，较大，羽状深裂。头状花序多数，在茎顶排列成伞房状。管状花红紫色，狭管部比具裂片的檐部短。瘦果倒长卵形。

**生境：** 中旱生植物。生于山坡、干燥草地。

**分布：** 岭西、呼伦贝尔、兴安南部、燕山北部、赤峰丘陵、锡林郭勒、阴山州。

多头麻花头（刘铁志摄于赤峰市喀喇沁旗十家）

### 麻花头 *Klasea centauroides*（L.）Cassini ex Kitag.

**别名：** 花儿柴

**鉴别特征：** 多年生草本，植株高 30～60 厘米。基生叶与茎下部叶椭圆形，羽状深裂或羽状全裂，稀羽状浅裂。总苞卵形或长卵形，黄绿色，无毛或被微毛，顶部暗绿色，具刺尖头，并被蛛丝状毛；管状花淡紫色或白色。瘦果矩圆形，褐色；冠毛淡黄色。

**生境：** 中旱生植物。为典型草原地带、山地森林草原地带以及夏绿阔叶林地区较为常见的伴生植物，有时在沙壤质土壤上可成为亚优势种。

**分布：** 兴安北部、岭东、岭西、呼伦贝尔、辽河平原、兴安南部、燕山北部、赤峰丘陵、锡林郭勒、乌兰察布、阴山、阴南丘陵、鄂尔多斯、贺兰山州。

麻花头（徐杰摄于赤峰市阿鲁科尔沁旗高格斯台罕山）

## 碗苞麻花头 *Klasea chanetii*（H. Lév.）Y. Z. Zhao

别名：北京麻花头

鉴别特征：多年生草本，高40～80厘米。基生叶与茎下部叶长椭圆形或披针状椭圆形，羽状深裂，裂片边缘有锯齿，具长柄；中、上部叶渐小，无柄。头状花序3～6个在茎枝顶端排列成伞房状；总苞碗状，上部不收缩，苞片具白色狭膜质边缘；花冠紫红色。瘦果楔状长椭圆形，冠毛淡黄白色。

生境：中生植物。生于山坡草地。

分布：兴安南部、乌兰察布、阴山州。

碗苞麻花头（刘铁志摄于赤峰市林西县富林林场）

## 伪泥胡菜属　*Serratula* L.

### 伪泥胡菜　*Serratula coronata* L.

**鉴别特征**：多年生草本，植株高50～100厘米。茎直立。叶卵形或椭圆形，羽状深裂或羽状全裂，裂片3～8对，披针形具刺尖头，基部渐狭，边缘有不规则缺刻状疏齿及糙硬毛。头状花序单生于枝端，具短梗；总苞片6～7层，紫褐色，密被褐色贴伏短毛；管状花紫红色。瘦果矩圆形，冠毛淡褐色。

**生境**：中生植物。广泛分布于森林地区，森林草原以及干旱、半干旱地区的山地，为杂类草草甸、林缘草甸伴生种。

**分布**：兴安北部、岭西、呼伦贝尔、辽河平原、科尔沁、兴安南部、燕山北部、锡林郭勒、阴山、阴南丘陵、鄂尔多斯州。

伪泥胡菜（刘铁志摄于兴安盟阿尔山市白狼）

## 山牛蒡属　*Synurus* Iljin

### 山牛蒡　*Synurus deltoides*（Ait.）Nakai

**别名**：老鼠愁

**鉴别特征**：植株高50～100厘米。茎直立，单一，具纵沟棱。下部叶卵形或三角形，基部稍呈戟形，边缘具不规则的缺刻状牙齿或羽状浅裂，上面疏被短毛，下面密被灰白色毡毛，具长柄。头状花序单生于顶端；总苞钟形，总苞片多层；管状花深紫色，狭管部远比具裂片的檐部短。瘦果长约7毫米；冠毛淡黄色。

**生境**：中生大型杂类草。草原地带、山地森林草原地带林缘、灌丛山坡草地常见伴生种。

**分布**：兴安北部、岭西、兴安南部、科尔沁、燕山北部州。

山牛蒡（刘铁志摄于赤峰市巴林右旗赛罕乌拉）

## 漏芦属 *Rhaponticum* Ludw.

### 漏芦 *Rhaponticum uniflorum*（L.）DC.

**别名**：祁州漏芦、和尚头、大口袋花、牛馒头

**鉴别特征**：多年生草本，植株高 20～60 厘米。基生叶与下部叶叶片长椭圆形，羽状深裂至全裂。头状花序直径 3～6 厘米；总苞宽钟状，基部凹入；总苞片上部干膜质，外层与中层者卵形或宽卵形，成掌状撕裂，内层者披针形或条形；管状花花冠淡紫红色。瘦果长 5～6 毫米，棕褐色；冠毛淡褐色，不等长，具羽状短毛。

**生境**：中旱生植物。山地草原、山地森林草原地带石质干草原、草甸草原较为常见的伴生种。

**分布**：兴安北部、岭西、兴安南部、科尔沁、辽河平原、燕山北部、赤峰丘陵、锡林郭勒、乌兰察布、阴山、阴南丘陵、鄂尔多斯、东阿拉善、贺兰山州。

漏芦（徐杰摄于呼和浩特市大青山）

## 矢车菊属 *Centaurea* L.

### 矢车菊 *Centaurea cyanus* L.

**鉴别特征：**一年生或二年生草本，高30～70厘米。茎直立，全部茎枝灰白色，被薄蛛丝状卷毛。叶长椭圆状倒披针形或披针形，不分裂，边缘全缘。头状花序多数或少数在茎枝顶端排成伞房花序或圆锥花序。边花增大，蓝色、白色、红色或紫色。盘花浅蓝色或红色。瘦果椭圆形。

**生境：**中生植物。园林栽培植物。

**分布：**内蒙古各州有栽种。

矢车菊（徐杰摄于呼和浩特市）

## 大丁草属 *Leibnitzia* Cass.

### 大丁草 *Leibnitzia anandria*（L.）Turcz.

**鉴别特征：**多年生草本，有春秋二型。春型者植株较矮小，高5～15厘米，秋型者植株高达30厘米。基生叶具柄，呈莲座状，卵形或椭圆状卵形，提琴状羽状分裂，顶裂片宽卵形，先端钝，基部心形，边缘具不规则圆齿。春型的头状花序较小，舌状花冠白色；秋型者较大，舌状花冠紫红色；管状花花冠二唇形。瘦果纺锤形；冠毛淡棕色。

**生境：**中生植物。生于山地林缘草甸及林下，也见于田边、路旁。

**分布：**兴安北部、岭东、岭西、兴安南部、辽河平原、科尔沁、燕山北部、赤峰丘陵、阴山、阴南丘陵、贺兰山州。

大丁草（秋株，徐杰摄于呼和浩特市大青山）、（春株，刘铁志摄于赤峰市红山区）

## 菊苣属 *Cichorium* L.

### 菊苣 *Cichorium intybus* L.

**鉴别特征：**多年生草本，高 40～100 厘米。基生叶逆向羽状分裂或不裂，有齿，顶裂片大，有具翅长柄；下、中部叶渐小，披针状矩圆形或披针形，边缘具牙齿；上部叶小，披针形或三角形，全缘。头状花序单生茎端或 2～3 个在中上部叶腋簇生；总苞圆柱形，总苞片 2 层；舌状花蓝色。瘦果圆锥形，先端截形，冠毛白色，鳞片状。

**生境：**中生植物。生于山坡草地。

**分布：**鄂尔多斯州（东胜区）。

菊苣（刘铁志摄于鄂尔多斯市东胜区）

## 猫儿菊属 *Hypochaeris* L.

### 猫儿菊 *Hypochaeris ciliata*（Thunb.）Makino

别名：黄金菊

鉴别特征：植株高15～60厘米。茎直立，具纵沟棱，全部或仅下部被较密的硬毛，不分枝，基部被黑褐色枯叶柄。基生叶匙状矩圆形或长椭圆形。头状花序单生于茎顶；舌状花花冠橘黄色，狭管部细长，舌片顶端截头，5齿裂。瘦果圆柱形，具10条纵肋。

生境：旱中生植物。生于山地林缘、草甸。

分布：兴安北部、岭西、兴安南部、科尔沁、辽河平原、赤峰丘陵、燕山北部州。

猫儿菊（徐杰摄于通辽市扎鲁特旗特金罕山）

## 鸦葱属 *Scorzonera* L.

### 笔管草 *Scorzonera albicaulis* Bunge

**别名**：华北鸦葱、白茎鸦葱、细叶鸦葱

**鉴别特征**：多年生草本，高 20～90 厘米。茎不分枝或上部有分枝。叶条形或宽条形。头状花序数个，在茎顶和侧生花梗顶端排成伞房状，有时成长伞形；总苞钟状筒形；舌状花黄色，干后变红紫色，冠毛黄褐色。

**生境**：中生植物。生长于山地林下、林缘、灌丛、草甸及路旁。

**分布**：兴安北部、岭东、辽河平原、兴安南部、岭西、呼锡高原、赤峰、燕山北部、阴山、阴南丘陵、鄂尔多斯州。

笔管草（徐杰摄于赤峰市阿鲁科尔沁旗高格斯台罕山）

### 蒙古鸦葱 *Scorzonera mongolica* Maxim.

**别名**：羊角菜

**鉴别特征**：多年生草本。茎直立或自基部斜升，不分枝或上部有分枝。叶肉质，基生叶披针形或条状披针形，具短尖头，基部渐狭成短柄，柄基扩大成鞘状；茎生叶互生，条状披针形或条形，无柄。头状花序单生于茎顶或枝端，总苞圆筒形，总苞片 3～4 层，无毛或被微毛及蛛丝状毛，外层卵形，内层长椭圆状条形；舌状花黄色。瘦果圆柱状，顶端被疏柔毛，无喙。

**生境**：耐盐旱中生植物。生长于荒漠草原至荒漠地带的盐化低地、湖盆边缘与河滩地上。

**分布**：锡林郭勒、乌兰察布、阴南丘陵、鄂尔多斯、东阿拉善、贺兰山、西阿拉善、额济纳州。

蒙古鸦葱（徐杰摄于包头市达茂旗百灵庙）

## 桃叶鸦葱 *Scorzonera sinensis*（Lipsch. et Krasch）Nakai

**别名：** 老虎嘴

**鉴别特征：** 多年生草本。茎单生，具纵沟棱，有白粉。基生叶灰绿色，常呈镰状弯曲，披针形或宽披针形，边缘显著呈波状皱曲，两面无毛，有白粉，具弧状脉，中脉隆起，白色；茎生叶小，长椭圆状披针形，鳞片状，近无柄，半抱茎。头状花序单生于茎顶，总苞筒形，总苞片 4～5 层，舌状花黄色。瘦果圆柱状，冠毛白色。

**生境：** 中旱生植物。生长于草原地带的山地、丘陵与沟谷中，是常见的草原伴生种。

**分布：** 岭西、兴安南部、赤峰丘陵、燕山北部、锡林郭勒、乌兰察布、阴山、阴南丘陵、东阿拉善州。

桃叶鸦葱（刘铁志摄于赤峰市喀喇沁旗十家）

## 拐轴鸦葱　*Scorzonera divaricata* Turcz.

别名：苦葵鸦葱、女苦奶

鉴别特征：多年生草本。通常由根颈上部发出多数铺散的茎，自基部多分枝，形成半球形株丛，枝细，有微毛及腺点。叶条形或丝状条形，常反卷弯曲成钩状，或平展。总苞圆筒状，总苞片3～4层，被疏或密的霉状蛛丝状毛，舌状花黄色，干后蓝紫色。瘦果圆柱形，具10条纵肋，淡褐黄色；冠毛基部不连合成环。

生境：旱生植物。生于荒漠草原、草原化荒漠群落及荒漠地带的干河床沟谷、砂质及砂砾质土壤上。

分布：乌兰察布、阴山、阴南丘陵、鄂尔多斯、东阿拉善、西阿拉善、额济纳州。

拐轴鸦葱（徐杰摄于鄂尔多斯市鄂托克旗）

## 帚状鸦葱　*Scorzonera pseudodivaricata* Lipsch.

别名：假叉枝鸦葱

鉴别特征：多年生草本，高10～40厘米，灰绿色或黄绿色。通常由根茎发出多数直立或铺散的茎，茎自中部呈帚状分枝。基生叶条形，基部扩大成鞘；茎生叶条形或狭条形，有时反卷弯曲，上部叶短小，鳞片状。头状花序单生于枝端，具7～12小花；总苞圆筒形，总苞片5层；舌状花黄色。瘦果圆柱形，冠毛污白色或淡黄褐色。

生境：旱生植物。生于石质残丘、沙滩和田埂。

分布：乌兰察布、阴山、鄂尔多斯、东阿拉善、西阿拉善、贺兰山、龙首山州。

帚状鸦葱（刘铁志摄于乌海市）

## 头序鸦葱 *Scorzonera capito* Maxim.

别名：绵毛鸦葱

鉴别特征：多年生草本。茎斜升，具纵条棱，疏被皱曲长柔毛。叶革质，灰绿色，具3～5脉，边缘呈波状皱曲，常呈镰状弯卷，被蛛丝状短柔毛。头状花序单生于茎顶，具多花；总苞钟状或筒状，总苞片4～5层，常带红紫色，边缘膜质呈白色或淡黄色，背部密被蛛丝状短柔毛，舌状花黄色。瘦果圆柱形，稍弯，具纵肋，肋棱有尖的瘤状突起；冠毛白色。

生境：砾石性旱生植物。生长于荒漠及荒漠草原带的砾石质丘顶与丘坡。

分布：乌兰察布、鄂尔多斯、东阿拉善、贺兰山州。

头序鸦葱（徐杰摄于阿拉善贺兰山）

## 鸦葱 *Scorzonera austriaca* Willd.

鸦葱（刘铁志摄于赤峰市红山区）

别名：奥国鸦葱

鉴别特征：多年生草本，高5～35厘米。根茎部被稠密而厚实的纤维状残叶。基生叶条形、披针形至长椭圆状卵形，基部渐狭成有翅的柄，边缘平展或稍呈波状皱曲；茎生叶较小，无柄，抱茎。头状花序单生于茎顶；总苞宽圆柱形；舌状花黄色，干后紫红色。瘦果圆柱形，冠毛污白色至淡褐色。

生境：中旱生植物。生于草原、丘陵坡地和石质山坡。

分布：岭西、呼伦贝尔、兴安南部、辽河平原、赤峰丘陵、燕山北部、锡林郭勒、乌兰察布、阴山、阴南丘陵、鄂尔多斯、东阿拉善、贺兰山、龙首山州。

## 毛连菜属 *Picris* L.

### 毛连菜 *Picris japonica* Thunb.

别名：枪刀菜

鉴别特征：二年生草本，高 30～80 厘米。茎直立，具纵沟棱，有钩状分叉的硬毛。下部叶矩圆状披针形或矩圆状倒披针形，两面被具钩状分叉的硬毛。头状花序多数在茎顶排列成伞房圆锥状；总苞筒状钟形。舌状花淡黄色，舌片基部疏生柔毛。冠毛污白色。

生境：中生植物。生于山野路旁、林缘、林下或沟谷中。

分布：兴安北部、岭西、兴安南部、辽河平原、科尔沁、赤峰丘陵、燕山北部、阴山、阴南丘陵、鄂尔多斯州。

毛连菜（刘铁志、徐杰摄于赤峰市喀喇沁旗旺业甸和呼和浩特市大青山）

## 蒲公英属 *Taraxacum* F. H. Wigg.

### 红梗蒲公英 *Taraxacum erythropodium* Kitag.

鉴别特征：多年生草本。叶上面有紫红色斑点或斑纹，叶柄及花葶鲜红紫色。内外层总苞片先端具角状突起；花黄色。瘦果中部以下具小瘤状突起，果体长 4～5 毫米。

生境：中生植物。生于山地草甸或轻盐渍化草甸。

分布：兴安北部、呼伦贝尔、兴安南部、科尔沁、辽河平原、燕山北部、锡林郭勒、阴山州。

红梗蒲公英（徐杰摄于赤峰市克什克腾旗）

## 凸尖蒲公英 *Taraxacum sinomongolicum* Kitag.

**鉴别特征：** 多年生草本。植株外面的叶与里面的叶较整齐一致，为规则的羽状深裂。花黄色；叶绿色。瘦果的喙长 3～5 毫米。内外层总苞片先端无角状突起，或有不明显角状突起。

**生境：** 中生杂草。生于原野和路旁。

**分布：** 岭西、兴安南部、燕山北部、阴南丘陵、东阿拉善州。

凸尖蒲公英（徐杰摄于呼和浩特市大青山）

多裂蒲公英（徐杰摄于巴彦淖尔市乌拉特前旗乌梁素海）

## 多裂蒲公英 *Taraxacum dissectum* ( Ledeb. ) Ledeb.

**鉴别特征：** 叶倒卵形、倒披针形、披针形以至条形，倒向羽状分裂，披针形以至条形，全缘。花葶数个，花期长于叶或与叶等长；总苞钟状或宽钟状，外层总苞片紧贴，宽卵形或卵状披针形，边缘膜质，内层总苞片矩圆状条形或条状披针形，两者先端无角状突起；舌状花冠黄色或白色。瘦果淡褐色或红色。

**生境：** 耐盐中生植物。生于草原及荒漠草原地带的盐渍化草甸、砾质砂地，为常见的伴生种。

**分布：** 科尔沁、锡林郭勒、阴南丘陵、鄂尔多斯、东阿拉善、贺兰山州。

### 东北蒲公英 *Taraxacum ohwianum* Kitam.

**鉴别特征：**多年生草本，植株大型。根粗壮，圆柱形，黑褐色。叶菱状三角形，叶不规则倒向羽状深裂，叶裂片间夹生小裂片或齿。总苞片先端无角状突起。瘦果麦秆黄色，果体上部具刺状突起，下部近光滑。

**生境：**旱中生植物。生长于高燥的山地阳坡或稀疏的柞树林下。

**分布：**兴安北部、兴安南部、燕山北部、阴山、贺兰山州。

东北蒲公英（徐杰摄于呼和浩特市大青山）

### 亚洲蒲公英 *Taraxacum asiaticum* Dahlst.

**鉴别特征：**多年生草本。根粗壮，圆柱形。叶羽状深裂至全裂，叶裂片间夹生小裂片或齿。外层总苞片反卷，总苞片先端具角状突起。花黄色。瘦果果体上部具刺状突起，下部近光滑。

**生境：**旱中生植物。生长于高燥的山地阳坡或稀疏的柞树林下。

**分布：**内蒙古各州。

亚洲蒲公英（徐杰摄于呼和浩特市）

### 蒲公英 *Taraxacum mongolicum* Hand.-Mazz.

**别名：**蒙古蒲公英、婆婆丁、姑姑英

**鉴别特征：**多年生草本。叶倒卵形、倒披针形，近全缘。花葶单生，花期长于叶，通常红紫色，上端常被蛛丝状毛；总苞钟状，先端具角状突起；舌状花冠黄色。瘦果褐色，果体上部具刺状突起，中部以下具小瘤状突起，冠毛白色。

**生境：**中生杂草。广泛地生于山坡草地、路边、田野、河岸砂质地。

**分布：**内蒙古各州。

蒲公英（李琴琴摄于呼和浩特市）

华蒲公英（赵家明摄于呼伦贝尔市满洲里市）

## 华蒲公英 *Taraxacum sinicum* Kitag.

**别名：** 碱地蒲公英、扑灯儿

**鉴别特征：** 多年生草本，高 5～20 厘米。叶基生，里面的叶常倒向羽状深裂或浅裂，外面的叶羽状浅裂或具波状牙齿，有时近全缘。花葶数个，长于叶；总苞片先端无角状突起；舌状花黄色。瘦果中部以下具小瘤状突起，喙长 4～5 毫米；冠毛白色。

**生境：** 中生植物。生于盐化草地。

**分布：** 内蒙古各州。

## 苦苣菜属 *Sonchus* L.

### 苣荬菜 *Sonchus brachyotus* DC.

**别名：** 取麻菜、甜苣、苦菜

**鉴别特征：** 多年生草本，高 20～80 厘米。茎直立，具纵沟棱，无毛，下部常带紫红色，通常不分枝。叶灰绿色，基生叶与茎下部叶宽披针形、矩圆状披针形或长椭圆形。头状花序多数或少数在茎顶排列成伞房状，有时单生，直径 2～4 厘米。总苞钟状，总苞片 3 层；舌状花黄色。瘦果矩圆形，稍扁，两面各有 3～5 条纵肋，微粗糙；冠毛白色。

**生境：** 中生性农田杂草。生于田间、村舍附近及路边。

**分布：** 内蒙古各州。

苣荬菜（徐杰摄于乌海市、刘铁志摄于赤峰市喀喇沁旗马鞍山）

## 苦苣菜 *Sonchus oleraceus* L.

别名：苦菜、滇苦菜

鉴别特征：一或二年生草本，高 30～80 厘米。叶柔软，无毛，长椭圆状披针形，羽状深裂、大头羽状全裂或羽状半裂。头状花序数个，梗或总苞下部疏生腺毛；总苞钟状，暗绿色。舌状花黄色。瘦果长椭圆状倒卵形，边缘具微齿，两面各有 3 条隆起的纵肋，肋间有细皱纹。

生境：中生性农田杂草。生于田野、路旁、村舍附近。

分布：兴安南部、阴山、阴南丘陵、东阿拉善、西阿拉善州。

苦苣菜（徐杰摄于赤峰市阿鲁科尔沁旗高格斯台罕山）

## 花叶滇苦菜 *Sonchus asper*（L.）Hill.

**鉴别特征：** 一年生草本。茎单生或少数茎成簇生。茎直立，高 20～50 厘米，有纵纹或纵棱，上部长或短总状或伞房状花序分枝，或花序分枝极短缩，全部茎枝光滑无毛或上部及花梗被头状具柄的腺毛。头状花序少数（5 个）或较多（10 个）在茎枝顶端排稠密的伞房花序。

**生境：** 中生植物。生于荒地、路边。

**分布：** 赤峰丘陵州（赤峰市红山区）。

花叶滇苦菜（刘铁志摄于赤峰市红山区）

## 福王草属（盘果菊属）*Prenanthes* L.

### 福王草 *Prenanthes tatarinowii* Maxim.

别名：盘果菊、卵叶福王草

鉴别特征：多年生草本，植株高90～100厘米。茎直立，具纵沟棱，被短柔毛或长柔毛，基部直径6～8毫米，上部多分枝，呈帚状。茎下部叶大，大头羽状分裂，顶裂片心状戟形或三角状戟形，先端尖，边缘具不规则牙齿。头状花序在枝上部排列成圆锥状，具细梗，梗上有条状小苞叶；舌状花污黄色。瘦果狭长椭圆形，紫褐色，有5条纵肋；冠毛淡褐色。

生境：中生植物。生长于山地林下。

分布：兴安北部、燕山北部州。

福王草（刘铁志、徐杰摄于赤峰市宁城县黑里河）

### 大叶福王草 *Prenanthes macrophylla* Franch.

别名：大叶盘果菊

鉴别特征：多年生草本，高60～100厘米。叶膜质，掌式羽状分裂，顶裂片较大，侧裂片2～3对，基部通常具1对小裂片，有时近耳状，边缘具细疏齿，有长柄；上部叶渐小。头状花序狭窄，在茎上部排列成圆锥状；舌状花淡紫色。瘦果圆柱形，冠毛淡红褐色。

生境：中生植物。生于山谷、山坡和路旁。

分布：燕山北部州。

大叶福王草（刘铁志摄于赤峰市喀喇沁旗美林）

翼柄翅果菊（刘铁志摄于赤峰市宁城县黑里河）

# 莴苣属 *Lactuca* L.

## 翼柄翅果菊 *Lactuca triangulata* Maxim.

别名：翼柄山莴苣

鉴别特征：二年生或多年生草本，高60～100厘米。茎直立，具纵沟棱。中部叶叶片三角状戟形或菱形，叶柄具宽翅，基部扩大呈戟形或耳形，抱茎。头状花序有10～15小花，总状圆锥状；总苞圆筒形或筒状钟形，总苞片2～3层，先端狭长，背部被微毛及少数短腺毛；舌状花黄色。瘦果椭圆形或宽卵形，压扁，每面有1条脉纹，边缘宽；果喙短，冠毛白色。

生境：中生植物。生于山地林下。

分布：燕山北部、阴南丘陵州。

## 翅果菊 *Lactuca indica* L.

别名：山莴苣、鸭子食

鉴别特征：一年生或二年生草本，高20～100厘米。叶互生，中部叶无柄，条形至长椭圆形，先端渐尖，基部扩大呈戟形半抱茎，全缘或具少数长而尖的裂齿，上部叶渐变小，条状披针形或条形。头状花序含多朵小花，在茎顶排列成圆锥状；总苞近圆筒形，总苞片3～4层，舌状花淡黄色。瘦果椭圆形，黑色，压扁，边缘加宽变为薄翅；冠毛白色。

生境：中生植物。生长于沟谷、林下。

分布：兴安南部、辽河平原、燕山北部州。

翅果菊（刘铁志摄于赤峰市宁城县黑里河）

## 多裂翅果菊 *Lactuca laciniata* ( Houtt. ) Makino

别名：苦麻菜、苦荬菜、苦苣、山莴苣

鉴别特征：一、二年生草本，高20～100厘米。中部叶2回羽状或倒向羽状深裂或半裂，侧裂片2～4对，先端渐尖，全缘或边缘具缺刻状牙齿、锯齿或狭长的小裂片。头状花序多数，在茎顶排列成圆锥状，舌状花淡黄色。瘦果椭圆形。

　　**生境：** 中生植物。生于山地沟谷、草甸。

　　**分布：** 呼伦贝尔、兴安南部、辽河平原、锡林郭勒、阴山州。

多裂翅果菊（徐杰摄于赤峰市阿鲁科尔沁旗高格斯台罕山）

## 野莴苣 *Lactuca serriola* L.

　　**别名：** 大叶盘果菊

　　**鉴别特征：** 一年生草本，高 50～80 厘米。茎有时具刺。中、下部茎生叶倒向羽状或羽状浅裂、半裂或深裂，有时不裂，无柄，基部抱茎，顶裂片三角状卵形或菱形，侧裂片镰刀形，边缘有细齿或刺齿，下面沿中脉有黄色刺毛。头状花序在茎枝顶端排成圆锥状；舌状花黄色。瘦果每面有 8～10 条细肋，喙长 5 毫米，冠毛白色。

　　**生境：** 中生植物。生于荒地、路旁和河滩。

　　**分布：** 呼伦贝尔、赤峰丘陵、额济纳州。

野莴苣（刘铁志摄于呼伦贝尔市海拉尔区）

## 山莴苣 *Lactuca sibirica*（L.）Beth. ex Maxim.

别名：北山莴苣、山苦菜、西伯利亚山莴苣

鉴别特征：多年生草本，高 20～90 厘米。茎直立，通常单一，红紫色，无毛，上部有分枝。叶披针形、长椭圆状披针形或条状披针形。头状花序在茎顶或枝端排列成疏伞房状或伞房圆锥状；总苞片紫红色，外层者披针形，内层者条状披针形，边缘膜质；舌状花蓝紫色。

生境：中生植物。生于林中、林缘、草甸、河边、湖边。

分布：兴安北部、兴安南部、岭西、岭东、科尔沁、辽河平原、赤峰丘陵、锡林郭勒、阴山州。

山莴苣（徐杰摄于通辽市扎鲁特旗特金罕山）

## 乳苣 *Lactuca tatarica*（L.）C. A. May.

别名：紫花山莴苣、苦菜、蒙山莴苣

鉴别特征：多年生草本，高（10）30～70 厘米。茎下部叶稍肉质，灰绿色，长椭圆形、矩圆形或披针形。头状花序多数，在茎顶排列成开展的圆锥状，梗不等长，纤细；总苞紫红色，先端稍钝，背部有微毛，外层者卵形，内层者条状披针形，边缘膜质；舌状花蓝紫色或淡紫色。

生境：中生杂类草。常见于河滩、湖边、盐化草甸、田边、固定沙丘等处。

分布：内蒙古各州。

乳苣（徐杰摄于鄂尔多斯市准格尔旗库布其沙漠）

## 黄鹌菜属　*Youngia* Cass.

### 细茎黄鹌菜　*Youngia akagii*（Kitag.）Kitag.

**鉴别特征**：多年生草本，高（5）10～40厘米。茎多数，由基部强烈分枝，二叉状，开展。基生叶多数，羽状全裂，柄基扩大。头状花序具10～12小花，多数在茎枝顶端排列成聚伞圆锥状，梗纤细；总苞片无毛，顶端鸡冠状，背面近顶端有角状突起。

**生境**：旱中生植物。多生于山坡或山顶的基岩石隙中。

**分布**：兴安南部、锡林郭勒、乌兰察布、阴山、东阿拉善、贺兰山、龙首山州。

细茎黄鹌菜（徐杰摄于阿拉善贺兰山）

### 细叶黄鹌菜　*Youngia tenuifolia*（Willd.）Babc. et Stebb.

**别名**：蒲公幌

**鉴别特征**：多年生草本，高10～45厘米。茎数个簇生或单一，直立，坚硬。基生叶多数，丛生，羽状全裂或羽状深裂，条状披针形或条形，全缘、具疏锯齿或条状尖裂片，具长柄。头状花序具（5）8～15小花，聚伞圆锥状；总苞圆柱形，总苞片顶端鸡冠状，背面近顶端有角状突起；舌状花淡黄色。瘦果纺锤形，黑色，有向上的小刺毛，向上收缩成喙状；冠毛白色。

**生境**：旱中生植物。生于山坡草甸或灌丛中。

**分布**：兴安北部、岭东、岭西、呼伦贝尔、兴安南部、科尔沁、锡林郭勒、乌兰察布、阴山、阴南丘陵、贺兰山、龙首山州。

细叶黄鹌菜（徐杰摄于乌兰察布市凉城蛮汉山林场）

### 鄂尔多斯黄鹌菜 *Youngia ordosica* Y. Z. Zhao et L. Ma

**鉴别特征：** 多年生草本。茎少数簇生或单一，部分枝或中上分枝，不呈二叉状。基生叶多数，倒向大头羽状分裂，裂片三角形，全缘。头状花序伞房状，总苞圆筒形，苞片边缘膜质；舌状花淡黄色，长约 8 毫米。瘦果圆柱状纺锤形，顶端无喙；冠毛白色。

**生境：** 中旱生植物。生于山地草甸、灌丛。

**分布：** 东阿拉善、贺兰山州。

鄂尔多斯黄鹌菜（摄于阿拉善贺兰山）

## 还阳参属 *Crepis* L.

### 西伯利亚还阳参 *Crepis sibirica* L.

**鉴别特征：** 多年生草本，高 50～100 厘米。根状茎粗壮。基生叶与茎下部叶矩圆状卵形、卵形或矩圆形，基部渐狭成具宽翅的长柄，边缘具大锯齿或羽状浅裂状，基部抱茎；中、上部叶柄渐短至无柄，抱茎。头状花序在茎顶排成伞房状；总苞钟状，黑绿色，密被弯曲长硬毛；舌状花黄色。瘦果纺锤形，冠毛白黄色。

**生境：** 中生植物。生于山地林缘、疏林及沟谷。

**分布：** 兴安北部、兴安南部州。

西伯利亚还阳参（刘铁志摄于兴安盟阿尔山市白狼）

西伯利亚还阳参（刘铁志摄于兴安盟阿尔山市白狼）

## 屋根草 *Crepis tectorum* L.

**别名：** 窄叶还阳参

**鉴别特征：** 一年生草本，高 30～90 厘米。基生叶与茎下部叶倒披针形或披针状条形，基部渐狭成窄翅的短柄，边缘具不规则牙齿，或羽状浅裂或全裂；中部叶无柄，抱茎，基部有 1 对小尖耳，边缘具牙齿或全缘。头状花序在茎顶排成伞房圆锥状；总苞狭钟状，被蛛丝状毛并混生腺毛；舌状花黄色。瘦果纺锤形，冠毛白色。

**生境：** 中生植物。生于山地草原和农田。

**分布：** 兴安北部、岭西、呼伦贝尔、兴安南部州。

屋根草（刘铁志摄于呼伦贝尔市根河市得耳布尔）

## 还阳参 *Crepis crocea*（Lam.）Babc.

别名：屠还阳参、驴打滚儿、还羊参

鉴别特征：多年生草本，高 5～30 厘米，全体灰绿色。茎直立，疏被腺毛。基生叶丛生，倒披针形，基部渐狭成具窄翅的长柄或短柄。头状花序单生于枝端，在茎顶排列成疏伞房状；总苞钟状；舌状花黄色。瘦果纺锤形；冠毛白色。

生境：中旱生植物。常见于典型草原和荒漠草原带的丘陵砂砾质坡地以及田边、路旁。

分布：呼伦贝尔、兴安南部、锡林郭勒、乌兰察布、阴山、阴南丘陵、鄂尔多斯、东阿拉善、贺兰山、西阿拉善州。

还阳参（徐杰摄于包头市达茂旗）

## 苦荬菜属 *Ixeris* Cass.

### 抱茎苦荬菜 *Ixeris sonchifolia*（Maxim.）Hance

别名：苦荬菜、苦碟子

鉴别特征：多年生草本，高 30～50 厘米，无毛。根圆锥形，伸长，褐色。茎直立，具纵条纹，上部多少分枝。基生叶多数，铺散，矩圆形。头状花序多数，排列成密集伞房状，具细梗。总苞圆筒形，总苞片无毛；舌状花黄色。瘦果纺锤形，黑褐色，喙短，冠毛白色。

生境：中生杂类草。夏季开花的植物。常见于草甸、山野、路旁、摺荒地。

分布：兴安北部、岭西、兴安南部、辽河平原、科尔沁、赤峰丘陵、燕山北部、锡林郭勒、阴山、阴南丘陵、鄂尔多斯、东阿拉善、贺兰山州。

抱茎苦荬菜（徐杰摄于包头市九峰山）

## 苦荬菜 *Ixeris denticulata*（Houtt.）Stebb.

别名：苦菜

鉴别特征：一年生或二年生草本，高30～80厘米，无毛。茎直立，多分枝，常带紫红色。基生叶花期凋萎；下部叶与中部叶质薄，先端锐尖或钝，基部渐狭成短柄，或无柄而抱茎。总苞片无毛，条状披针形；舌状花黄。瘦果纺锤形，喙长通常与果身同色；冠毛白色。

生境：中生杂类草。生于山地林缘、草甸、河谷，也常见于路旁及田野。

分布：辽河平原、燕山北部州。

苦荬菜（徐杰摄于赤峰市宁城）

## 中华苦荬 *Ixeris chinensis*（Thunb.）Nakai

**别名**：苦菜、燕儿尾

**鉴别特征**：多年生草本，高 10～30 厘米，全体无毛。基生叶莲座状，条状披针形、倒披针形或条形；茎生叶 1～3，无柄，基部稍抱茎。头状花序多数，排列成稀疏的伞房状，梗细；总苞圆筒状或长卵形，舌状花 20～25，花冠黄色、白色或变淡紫色。

**生境**：中旱生杂草。生于山野、田间、撂荒地、路旁。

**分布**：内蒙古各州。

中华苦荬（徐杰摄于呼和浩特市大青山）

## 山柳菊属 *Hieracium* L.

## 山柳菊 *Hieracium umbellatum* L.

**别名**：伞花山柳菊

**鉴别特征**：多年生草本，高 40～100 厘米。基生叶花期枯萎；茎生叶披针形、条状披针形

山柳菊（刘铁志摄于赤峰市克什克腾旗白音敖包）

或条形，基部楔形至近圆形，边缘具疏锯齿，稀全缘，无柄；上部叶变小。头状花序在茎顶排成伞房状；总苞宽钟状，黑绿色；舌状花黄色。瘦果五棱柱状，冠毛浅棕色。

**生境：**中生植物。生于山地草甸、林缘、林下、河边草甸。

**分布：**兴安北部、岭西、岭东、呼伦贝尔、辽河平原、兴安南部、科尔沁、赤峰丘陵、燕山北部、锡林郭勒、阴山、鄂尔多斯州。

### 粗毛山柳菊 *Hieracium virosum* **Pall.**

**鉴别特征：**多年生草本，高 30～100 厘米。基生叶与下部叶花期枯萎；茎生叶矩圆状披针形或披针形，基部浅心形或圆形，边缘具疏尖牙齿或全缘，抱茎，下面淡绿色，边缘及两面沿脉疏生长刚毛；上部叶变小。头状花序在茎顶排成伞房状；总苞宽钟状，黑绿色；舌状花黄色。瘦果五棱柱状，冠毛浅棕色。

**生境：**中生植物。生于山地林缘及草甸。

**分布：**兴安北部、岭西、辽河平原、兴安南部、阴山州。

粗毛山柳菊（刘铁志摄于呼伦贝尔市鄂温克族自治旗红花尔基）

# 附　录

## 内蒙古植物分区图

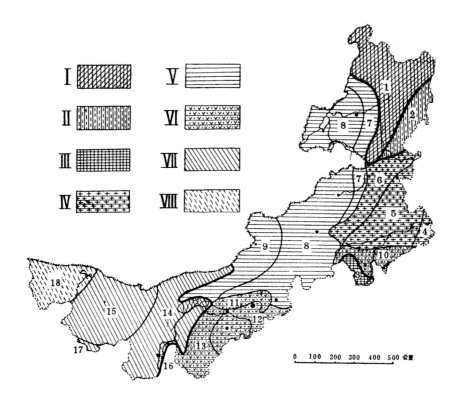

## 主要参考文献

丁崇明主编. 2011. 鄂尔多斯植物资源，上册，下册. 呼和浩特：内蒙古大学出版社.

付立国，陈谭清，郎楷永，等主编. 1999～2009. 中国高等植物，3～13卷. 青岛：青岛出版社.

傅沛云主编. 1995. 东北植物检索表. 北京：科学出版社.

哈斯巴根主编. 2010. 内蒙古种子植物名称手册. 呼和浩特：内蒙古教育出版社.

贺士元主编. 1986～1991. 河北植物志，1～3卷. 石家庄：河北科学技术出版社.

李书心主编. 1988～1992. 辽宁植物志，上册，下册. 沈阳：辽宁科学技术出版社.

刘铁志. 2013. 赤峰维管植物检索表. 呼和浩特：内蒙古大学出版社.

刘媖心主编. 1985～1992. 中国沙漠植物志，1～3卷. 北京：科学出版社.

马毓泉主编. 1989～1998. 内蒙古植物志（第二版），1～5卷. 呼和浩特：内蒙古人民出版社.

燕玲主编. 2011. 阿拉善荒漠区种子植物. 北京：现代教育出版社.

赵一之，赵利清. 2014. 内蒙古维管植物检索表. 北京：科学出版社.

赵一之. 2012. 内蒙古维管植物分类及其区系生态地理分布. 呼和浩特：内蒙古大学出版社.

赵一之主编. 1992. 内蒙古珍稀濒危植物图谱. 北京：中国农业科技出版社.

赵一之主编. 2005. 内蒙古大青山高等植物检索表. 呼和浩特：内蒙古大学出版社.

赵一之主编. 2006. 鄂尔多斯高原维管植物. 呼和浩特：内蒙古大学出版社.

赵一之主编. 2009. 世界锦鸡儿属植物分类及其区系地理. 呼和浩特：内蒙古大学出版社.

中国科学院内蒙古宁夏综合考察队. 1985. 内蒙古植被. 北京：科学出版社.

中国科学院植物研究所主编. 1972～1976. 中国高等植物图鉴，1～5册. 北京：科学出版社.

中国植物志编辑委员会. 1963～2003. 中国植物志，1～80卷. 北京：科学出版社.

朱宗元，梁存柱，李志刚主编. 2011. 贺兰山植物志. 银川：黄河出版传媒集团阳光出版社.

Wu Zhengyi and Peter H. Raven Co-chairs of the editorial committee. 1994～2011. Flora of China. Vol. 4-25. Beijing:Science Press and Louis:Missouri Botanical Garden Press.

# 内蒙古维管植物双子叶植物中文名索引

# 内蒙古维管植物双子叶植物拉丁名索引